普通高等教育“十四五”规划教

有限元分析及应用

张洪伟　张志莲　主　编
张九菊　汪道兵　副主编

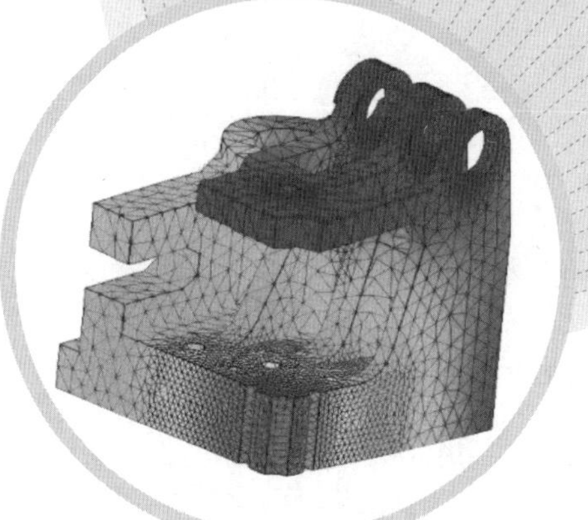

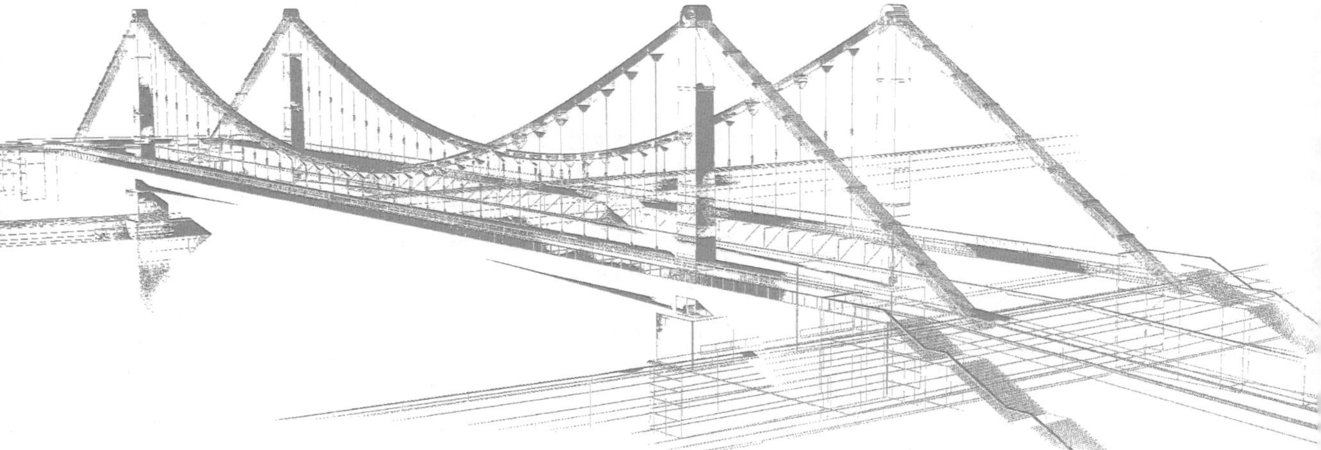

中国石化出版社
·北京·

内容提要

本书将理论和工程软件实践相结合，内容主要包括两部分：第一篇为有限元基础理论，第二篇为工程软件应用。本书重点培养学生数字化分析能力，强调有限元方法的数学求解基本原理、建模方法及实际应用，强化典型例题和工程软件应用。

本书适合于机械工程、智能制造、能源动力等相关专业的高年级本科生、研究生学习使用，也可作为工程人员和科研工作者学习和实践有限元方法及 ANSYS 软件的参考教材。

图书在版编目(CIP)数据

有限元分析及应用 / 张洪伟，张志莲主编；张九菊，汪道兵副主编 . -- 北京 ：中国石化出版社，2025. 9.

ISBN 978 - 7 - 5114 - 7872 - 6

Ⅰ. O241. 82

中国国家版本馆 CIP 数据核字第 2025KE9491 号

中国石化出版社出版发行

地址：北京市东城区安定门外大街 58 号

邮编：100011　电话：(010)57512500

发行部电话：(010)57512575

http://www.sinopec-press.com

E-mail:press@sinopec.com

北京艾普海德印刷有限公司印刷

全国各地新华书店经销

*

787 毫米×1092 毫米 16 开本 19.5 印张 455 千字

2025 年 9 月第 1 版　2025 年 9 月第 1 次印刷

定价：69.00 元

前言 PREFACE

有限元方法是计算力学和工程科学领域里最为有效的数值计算方法之一，在众多工程领域得到广泛的应用。有限元方法被普遍列为工科研究生的学位课程，也是广大工程人员的重要工具。然而对于初学者，要很好理解和掌握有限元方法还是有一定的难度，有些仅是机械地学习使用商用有限元软件，而没有掌握有限元的基本原理和方法，很难提出合理的有限元分析解决方案，难以真正地应用有限元方法解决实际工程问题，特别是针对复杂的工程问题，必须要进行合理的简化、建立准确的边界条件和有效的有限元模型，才有可能获得相对可信的计算结果，并且应对计算结果有正确的评估判断，这些均需要掌握扎实的有限元力学基础和基本理论。

本书以有限元分析流程为主线，将有限元分析的基本理论及解决实际问题作为培养工程类研究生创新设计和科学研究的核心基础能力，突出基础性、整体性、系统性学习和软件操作训练，整体优化课程内容，将基本理论学习和工程软件应用有机融合，帮助使用人员更好夯实有限元理论基础，更加深入理解和应用有限元方法。

本书将课程内容和思政元素有机结合，引导培养学生创新、勇于探索的科学精神及科技报国的家国情怀，培养学生的辩证思维和分析能力，每章后面安排有拓展阅读；强调有限元方法的数学求解原理、建模方法及实际应用，每章均安排有典型例题，便于学生复习、巩固相关的理论内容；结合 ANSYS 软件平台，通过具体实例，引导学生对于具体工程问题能够进行有限元建模和分析，加强对有限元方法的原理理解，提升解决复杂问题的综合能力和高级思维，促进科学研究。

本书由张洪伟、张志莲主编，张九菊和汪道兵为副主编，张洪伟负责全书的统筹安排。张洪伟负责编写第 1～5 章及软件应用案例，张志莲负责编写第 6 章、

第 7 章及部分软件应用案例，张九菊负责编写第 8～11 章以及各章拓展阅读及部分软件应用案例，汪道兵负责编写第 12 章及部分软件应用案例。

在编写过程中，得到了北京石油化工学院研究生处、教务处、机械工程学院等各级领导的关心和支持，机械基础教学与实验中心的老师们提出了很多意见和建议，中国石化出版社给予了编者很大的支持和帮助，在此一并表示衷心的感谢。

本书受以下项目资助：（1）北京石油化工学院研究生课程思政建设项目——有限元分析及应用（YK22－05）；（2）北京石油化工学院校内规划研究生教材建设项目——有限元分析及应用；（3）北京市高等教育学会 2023 年立项面上课题：面向新工科应用型人才工程能力培养的机械基础课程群建设与实践（MS2023244）。

本书在编写过程中参考、借鉴了许多院校的优秀教材，对相关专家表示衷心感谢。由于编者的学识和水平有限，书中难免有不足之处，恳请广大读者给予批评指正。

目 录 | CONTENTS

01

第一篇

有限元基础理论

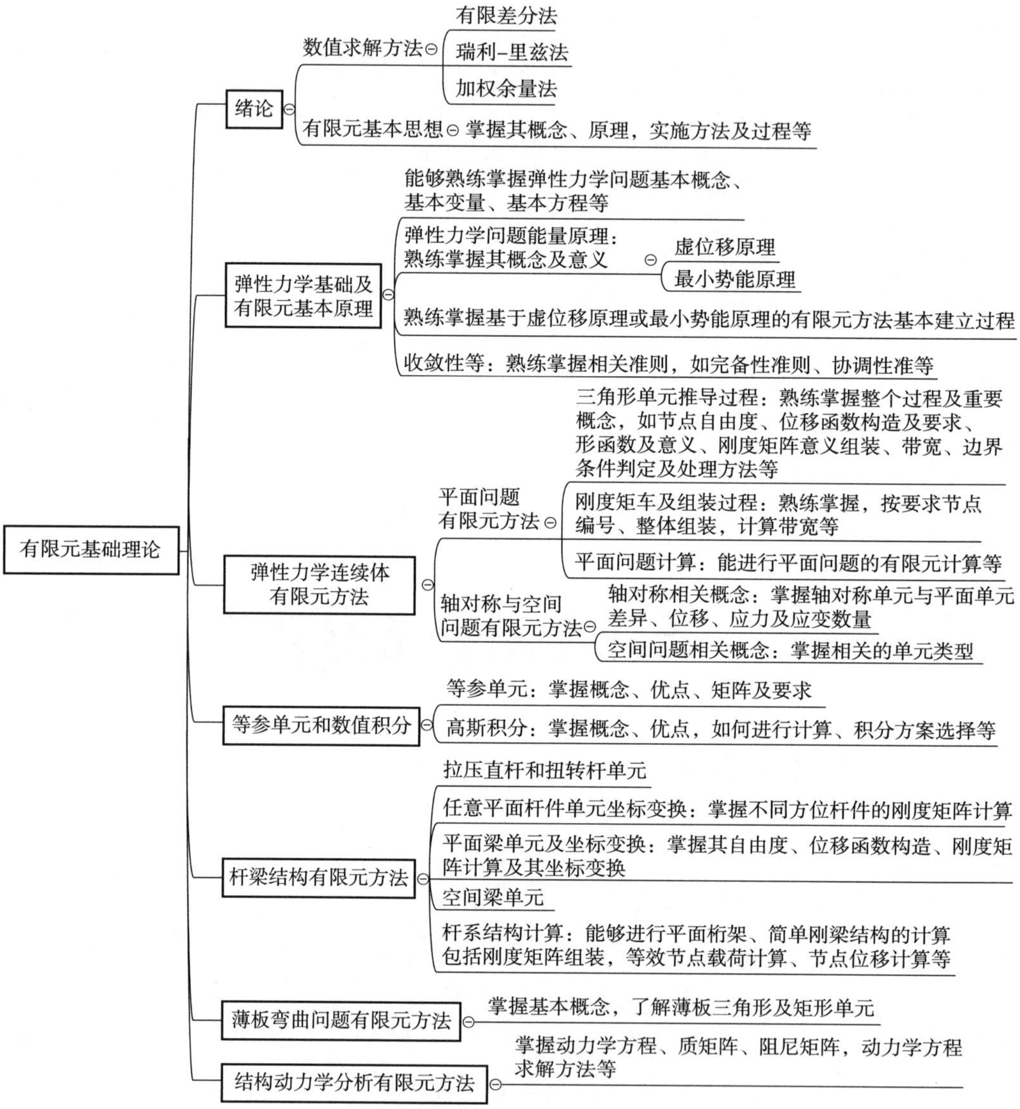

有限元基础理论思维导图

第1章　绪论

有限元方法是计算力学和工程科学领域里最为有效的数值计算方法之一，给工程、科学等带来急剧的革命性变化。本章主要介绍了物理问题的数学模型建立及几种主要的求解数值方法，进一步介绍了有限元方法的基本思想和发展历程。

1.1　引言

有限元方法的形成可以回顾到20世纪50年代，思路来源于固体力学结构分析矩阵位移法的发展和工程师对结构相似性的直觉判断。对于不同结构的杆系、不同的载荷，求解时都能得到统一的矩阵公式。从固体力学的角度看，桁架结构等标准离散系统与人为地分割成有限个分区的连续系统在结构上存在相似性，可以把结构分析的矩阵法推广到非杆系结构的求解。

从20世纪50年代发展至今，有限元方法的理论日趋完善，应用日益广泛，从最初的固体力学和结构分析领域扩展到流体力学、电磁、温度和声学等领域，从简单的静力分析发展到动力分析、非线性分析、多物理场耦合分析等复杂计算，而且开发了一批通用和专用的有限元软件。有限元方法已经渗入各个工程领域的重要环节，成为驱动产品创新、工程研发及科学研究的重要引擎。

1.2　物理问题、数学模型和数值求解

1.2.1　物理问题的数学模型建立

在工程和科技领域内，工程系统的分析要求将系统理想化为一种可求解的形式，即形成数学模型，求解该模型并对结果进行解释说明。主要考虑两类数学模型：集中参数模型和连续介质力学模型，也称为离散系统和连续系统数学模型。

离散系统可以归结为有限个已知单元体的组合。例如，材料力学中的连续梁、建筑结构框架和桁架结构。如图1.1所示平面桁架结构，由6个承受轴向力的“杆单元”组成，可以对此问题建立方程进行精确求解。但是求解复杂的离散系统，如图1.2所示的桥梁结构，要依靠计算机技术。

连续系统可以建立描述连续系统的基本方程(常微分方程或偏微分方程)和相应的边界条件。例如，弹性力学问题、热传导问题、电磁场问题等。如图1.3(a)所示等截面悬臂梁，承受均布载荷作用，由材料力学可知，其挠度y的数学模型，包括微分方程及边界条件为：

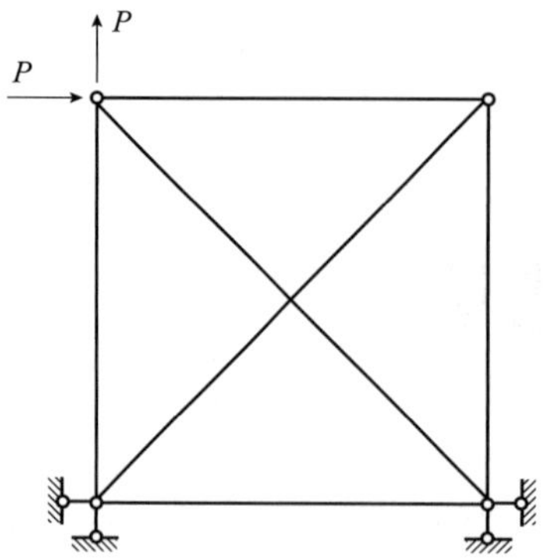

图 1.1　平面桁架结构

图 1.2　桥梁结构

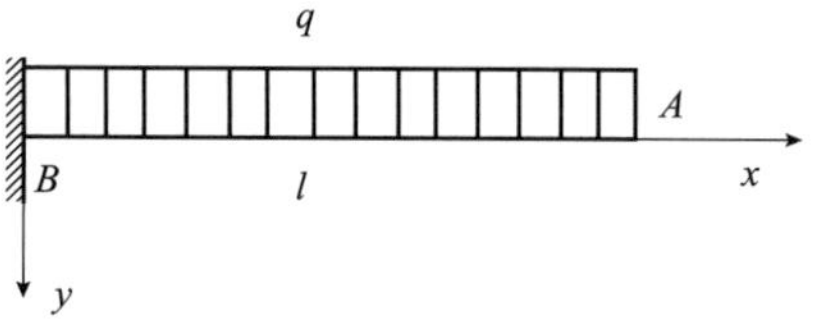

(a)承受均布载荷的悬臂梁

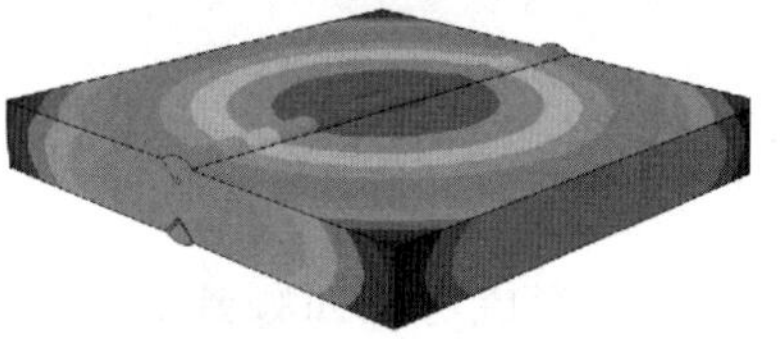

(b)某焊接结构温度场

图 1.3　物理问题及数学模型的建立

$$\begin{cases} EI\dfrac{\mathrm{d}^4 y}{\mathrm{d}x^4}=q \\ y|_{x=0}=0,\ y'|_{x=0}=0 \\ y''|_{x=l}=0,\ y'''|_{x=l}=0 \end{cases} \tag{1-1}$$

某焊接结构温度场如图 1.3(b)所示，由传热学可知，热传导问题的控制方程、初始边界条件及换热边界条件如下：

$$\begin{cases} \dfrac{\partial}{\partial x}\left(\lambda\dfrac{\partial T}{\partial x}\right)+\dfrac{\partial}{\partial y}\left(\lambda\dfrac{\partial T}{\partial y}\right)+\dfrac{\partial}{\partial z}\left(\lambda\dfrac{\partial T}{\partial z}\right)+\overline{Q}=\rho c\dfrac{\partial T}{\partial t} \\ T|_{t=0}=T_0(x,\ y,\ z) \\ \lambda\dfrac{\partial T}{\partial n}=h(T_f-T) \end{cases} \tag{1-2}$$

上述微分方程及边界条件的一般形式可以表示为：

$$A(u)=\begin{Bmatrix} A_1(u) \\ A_2(u) \\ \vdots \end{Bmatrix}=0 \qquad (\text{在域 } \Omega \text{ 内}) \tag{1-3}$$

$$B(u)=\begin{Bmatrix} B_1(u) \\ B_2(u) \\ \vdots \end{Bmatrix}=0 \qquad (\text{在边界 } \Gamma \text{ 上}) \tag{1-4}$$

其中，u 是待定求解的未知量，可以是标量场，也可以是向量场(如位移场、应力场等)，A 和 B 为独立变量(如坐标、时间等)的微分算子，上述方程可以是单个方程或是一组方程，这种以微分方程形式提出问题的方法为定解问题的微分方程提法。

1.2.2　数学模型的数值求解方法

在工程分析中，只有在少数方程性质比较简单，且几何形状相当规则的情况下，才能完全用解析方法求出精确解。对于大多数实际的工程问题，由于方程的非线性性质，或由于求解域的几何形状比较复杂，则只能采用数值方法求解。

20 世纪 60 年代以来，随着电子计算机的出现和广泛应用，数值分析方法已成为求解科学技术问题的有力工具。根据实现数值计算的近似原理不同，这类数学问题的求解可分为基于微分近似的求解，如有限差分法；基于泛函变分原理的求解，如瑞利-里兹法；基于微分方程的等效积分形式的求解，如加权余量法。

1. *有限差分法*

其特点是直接求解基本方程和相应定解条件的近似解，基本思想是将问题求解域划分为均匀的差分网格，然后在网格的节点上用差分方程来近似微分方程。当采用较密的网格，即较多的节点时，近似解的精度可以得到改进。

借助于有限差分法，能够求解相当复杂且求解域形状比较规则的问题，特别是求解方程建立于固结在空间的坐标系[欧拉(Euler)坐标系]的流体力学问题，有限差分法有自身的优势。因此在流体力学领域内，至今仍占支配地位。对于固体结构问题，由于方程通常建立于固结在物体上的坐标系[拉格朗日(Lagrange)坐标系]且形状复杂，有限差分法的计算精度将大大降低，则采用另一类数值分析方法——有限元方法更为适合。

2. *瑞利-里兹法*(Rayleigh-Ritz)

很多微分方程的求解可根据变分原理将其转换为泛函的极值的求解。变分原理就是求泛函的变分问题，如果构造出与原微分方程和相应定解条件等价的泛函，则使泛函取驻值的函数等价于原微分方程满足相应边界条件的解。

若把自变量的函数称为自变函数，则泛函就是自变函数的函数。变分原理所研究的是如何求得使泛函 Π 取驻值的函数 u，以及驻值点的性质。假设 u 是未知函数，F 和 E 是 u 及其偏导数的函数，V 是求解域，S 是 V 的边界，则如下积分形式 Π 称为未知函数 u 的泛函，Π 随函数 u 的变化而变化，即它是未知函数的函数。

$$\Pi = \int_V F\left(u, \frac{\partial u}{\partial x}, \cdots\right)\mathrm{d}V + \int_S E\left(u, \frac{\partial u}{\partial x}, \cdots\right)\mathrm{d}S \tag{1-5}$$

泛函 Π 取驻值的条件是，对于函数 u 的微小变化 δu，泛函的变分(即变化量)$\delta\Pi$ 等于零，即：

$$\delta\Pi = 0 \tag{1-6}$$

瑞利-里兹法是基于变分原理的一种求解微分方程的经典数值计算方法，其基本思想是基于变分原理和相应定解条件构造等价的泛函表达式，然后在整个求解域上假设一个满足边界条件的试函数，直接求解泛函极值来获得原问题的近似解。例如，对于微分方程(1-3)与边界条件(1-4)所表达的物理问题的求解，其精确解往往难以求得，可用近似函数来表示未知的场函数。假设满足边界条件的试函数如下：

$$u \approx \tilde{u} = \sum_{i=1}^{n} N_i a_i = Na \tag{1-7}$$

其中，a 是待定参数，N 是已知基底函数。将上式代入泛函 Π 的表达式(1-5)，得到用试探函数和待定参数表示的泛函。泛函的变分为零相当于将泛函对所包含的待定参数进行全微分，并令所得的方程等于零，即：

$$\delta\Pi = \frac{\partial\Pi}{\partial a_1}\delta a_1 + \frac{\partial\Pi}{\partial a_2}\delta a_2 + \cdots + \frac{\partial\Pi}{\partial a_n}\delta a_n = 0 \tag{1-8}$$

由于对任意的 δa_i，$\delta\Pi$ 必须等于零，所以，

$$\frac{\partial\Pi}{\partial a} = \left[\frac{\partial\Pi}{\partial a_1} \quad \frac{\partial\Pi}{\partial a_2} \quad \cdots \quad \frac{\partial\Pi}{\partial a_n}\right]^T = 0 \tag{1-9}$$

这是与待定参数 a 的个数相等的一组线性方程组，用以求解 n 个待定系数 a，将其回代到式(1－7)，可得到原问题的近似解。

3. 加权余量法

加权余量法是直接基于微分方程等效积分形式来求解微分方程的一种数值方法，它应用特定的试函数使之满足相应的边界条件，同时使余量的加权积分为零，来求解微分方程的近似解。

类似于瑞利-里兹法，假定满足边界条件(1－4)的近似函数为式(1－7)，由于上述近似函数不能精确满足微分方程，将上式代入式(1－3)，则会出现残值 R，反映了试函数与微分方程真实解之间的偏差，称为余量，并记为：

$$A(Na)=R \tag{1-10}$$

将残值乘以相应的权值函数，则可以获得如下形式方程：

$$\int_V W_i^T A(Na)\,\mathrm{d}V = 0 \quad (i = 1 \sim n) \tag{1-11}$$

其中，W_i 为权函数。上述这种使余量的加权积分为零求得微分方程近似解的方法称为加权残值法。将获得如下的以待定系数 α_i 为未知量的方程组，联立用于求解待定系数 α_i：

$$\begin{cases} \int_V W_1 A\left(\sum_{i=1}^{n} N_i\alpha_i\right)\mathrm{d}V = 0 \\ \int_V W_2 A\left(\sum_{i=1}^{n} N_i\alpha_i\right)\mathrm{d}V = 0 \\ \int_V W_n A\left(\sum_{i=1}^{n} N_i\alpha_i\right)\mathrm{d}V = 0 \end{cases} \tag{1-12}$$

选取不同的加权函数，则得到不同的近似方法。如果将权函数取为近似函数中已知基函数，即令 $W_i=N_i$，则为伽辽金残值法(Galerkin)。即：

$$\int_V N_i^T A\left(\sum_{i=1}^{n} N_i\alpha_i\right)\mathrm{d}V = 0 \quad (i = 1 \sim n) \tag{1-13}$$

进一步得到待定系数为未知变量的代数方程组，求得系数后，再代回到试函数(1－7)，可求得微分方程的近似解。

加权余量法从问题的基本微分方程出发，而不依赖明确的物理背景，可用于处理一般问题的有限元方程建立。

1.3 有限元方法的基本思想及特点

1.3.1 有限元方法基本思想

有限元方法的基本思想是将连续的求解域离散化为有限个求解子域，并在每个子域上

建立局部的近似方程，即将该子域的解表示为有限个插值点上解的插值函数。对整个求解区域进行相关的物理分析，建立整体方程，获得整个求解域内所有插值点上的解，得到原问题的数值解。

基本过程可归纳为：

(1)离散化：将连续体离散为一组有限个且按一定方式相互联结在一起的单元组合体，由于单元能按照不同的联结方式进行组合，且单元本身又可以有不同形状，因此可以模型化几何形状复杂的求解域，原始边界条件转换为节点上的边界条件。

(2)分片近似：在每一个单元内假设近似函数分片地表示全求解域上待求的未知场函数。单元内的近似函数通常由未知场函数或/及其导数在单元的各个节点的数值和其插值函数来表达。未知场函数或/及其导数在各个结点上的数值就成为新的未知量(也即自由度)，从而使一个连续的无限自由度问题变成离散的有限自由度问题。

(3)整体分析：基于变分原理或加权余量法，建立有限元整体方程，将微分方程转化为代数方程组，借助计算机求解出这些未知量，就可以通过插值函数计算出各个单元内场函数的近似值，从而得到整个求解域上的近似解。

随着单元数目的增加，也即单元尺寸的缩小，或者随着单元自由度的增加及插值函数精度的提高，解的近似程度将不断改进。如果单元是满足收敛要求的，则近似解最后将收敛于精确解。

1.3.2 有限元方法发展历程

20 世纪 40 年代，由于航空事业的飞速发展，对飞机结构提出了愈来愈高的要求，即重量轻、强度高、刚度好，人们不得不进行精确的设计和计算，正是在这一背景下，逐渐在工程中产生了矩阵力学分析方法。1941 年，Hrenikoff 使用“框架变形功方法”(Frame Work Method)求解了一个弹性问题。1943 年，Courant 发表了一篇使用三角形区域的多项式函数来求解扭转问题的论文，这些工作开创了有限元分析的先河。1956 年波音公司的 Turner、Clough、Martin 和 Topp 在分析飞机结构时系统研究了离散杆、梁、三角形的单元刚度表达式，并求得了平面应力问题的正确解答。1960 年 Clough 在处理平面弹性问题时，第一次提出并使用“有限元方法”(Finite Element Method)的名称。随后大量的工程师开始使用这一离散方法来处理结构分析、流体问题、热传导等复杂问题。

1955 年，德国斯图加特大学的 Argyris 在航空工程杂志上发表了一组能量原理和结构分析论文，为有限元研究奠定了基础。1967 年 Zienkiewicz 和 Cheung 出版了第一本有关有限元分析的专著。1970 年以后，有限元方法开始应用于处理非线性和大变形问题，Oden 于 1972 年出版了第一本关于处理非线性连续体的专著。这一时期的理论研究工作是比较超前的，但由于当时计算机的发展状态和计算能力的限制，还只能处理一些较简单的实际问题。1975 年，对一个 300 个单元的模型，在当时先进的计算机上进行 2000 万次计算大约需要 30h 的机时，花费约 3 万美元，如此高昂的计算成本严重限制了有限元方法的发展和普及。然而，许多工程师对有限元方法的发展前途非常清楚，因为它提供了一种处理复杂形状真实问题的有力工具。

在工程师研究和应用有限元方法的同时，一些数学家也在研究有限元方法的数学基础。1870 年，英国科学家 Ray leigh 采用假想的试函数来求解复杂的微分方程。1909 年

Ritz 将其发展成完善的数值计算方法。1943 年美国科学家 Courant 在应用数学界发表了第一篇有限元论文，使用三角形区域的多项式函数来求解扭转问题的近似解。1963 年 Besseling、Melosh 和 Jones 等人研究了有限元方法的数学原理。还有学者进一步研究了加权余量法与有限元方法之间的关系，对于一些尚未确定出能量泛函的复杂问题，也可以建立起有限元分析的基本方程，这可以将有限元方法的应用领域大大地扩展。有限元方法发展历程见图 1.4。

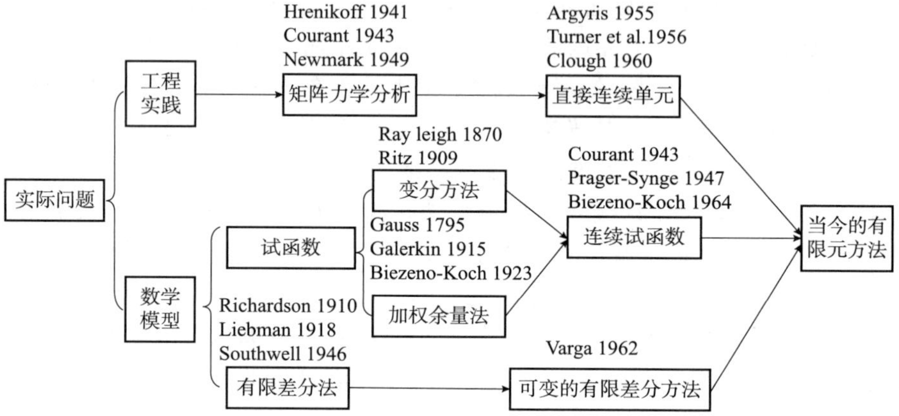

图 1.4 有限元方法发展历程简图

对于有限元方法，我国科学家也独立地做出了重要的贡献。胡海昌于 1954 年提出了广义变分原理；钱伟长最先研究了拉格朗日乘子法与广义变分原理之间的关系；钱令希于 20 世纪 50 年代就研究了余能原理；冯康在 20 世纪 60 年代初，独立于西方创立了一套现代化和系统化的求解微分方程的近似方法——“基于变分原理的差分格式”，实质上就是当时国际上差不多同一时期提出的“有限元方法”，并先于西方建立了严格的理论体系。

1.3.3 有限元方法的特点及应用

(1)基本思想简单朴素，概念清楚容易理解。基本思想就是：几何离散化、分片近似及整体分析。通过离散单元的组合体来逼近原始结构，体现了几何上的近似；单元分析体现了数学上的近似；利用与原问题等效的变分原理(最小势能原理)建立有限元基本方程体现了明确的物理背景。

(2)理论基础厚实。有限元计算格式的建立可基于纯数学原理推得，如泛函变分原理、加权余量法。或可基于物理概念获得，如直接刚度法、虚位移原理。如果所研究问题存在经典变分描述，则利用变分原理很容易建立该类问题的有限元方程，如果经典变分不存在，则可采用加权余量法建立。

(3)边界适应性强，精度可控。有限元方法可以适应各种复杂形状和边界条件，因此被广泛应用于各种工程领域；精度高，通过选择合适的单元类型和插值函数，有限元方法可以获得较高的计算精度；灵活性好，有限元方法可以灵活地处理各种复杂的几何形状和边界条件，因此被应用于各种复杂的工程问题；计算效率高，通过使用计算机软件，有限元方法可以快速地求解各种工程问题，大大缩短了计算时间。

(4)计算格式规范统一，便于程序化，已开发出多款大型通用有限元软件。目前，国际上著名的通用有限元分析软件有 ANSYS、MSC/NASTRAN、MSC/MARC、ADINA、ALGOR、PRO/MECHANICA、IDEAS，还有一些专业有限元软件，如 LS－DYNA、DEFORM、PAM－STAMP、AUTOFORM、SUPER－FORGE 等。

(5)计算方法通用，适应性广泛。有限元方法在工程领域有着广泛的应用，可以求解由杆、梁、板、壳和块体等单元构成的弹性、弹塑性问题，以及各类场分布问题，如水流管道、电路、润滑、噪声以及固体、流体、温度间的相互作用等问题。

随着计算机技术的不断发展和有限元方法的不断完善，有限元方法的应用范围还在不断扩大。未来，有限元方法将更加智能化、自动化和并行化，能够更好地满足复杂工程问题的需求。同时，随着云计算、大数据等技术的不断发展，有限元方法的应用也将更加高效和便捷。

1.4　典型例题

例题 1－1　已知某泛函数如下：

$$\Pi = \frac{1}{2}\int_0^1 u(x)^2 \mathrm{d}x - \frac{1}{2}\int_0^1 \left(\frac{\mathrm{d}u}{\mathrm{d}x}\right)^2 \mathrm{d}x + \int_0^1 xu(x)\mathrm{d}x \tag{a}$$

其边界条件为：

$$u(0)=u(1)=0 \tag{b}$$

试采用瑞利-里兹法求解该方程。

解：(1)该微分方程的精确解为：

$$u(x)=\frac{\sin(x)}{\sin(1)}-x \tag{c}$$

(2)采用瑞利-里兹法求解

假定满足边界条件式(b)的单参数及两参数试函数分别为：

$$\begin{aligned} u_1(x)&=\alpha_1 x(x-1) \\ u_2(x)&=\alpha_1 x(x-1)+\alpha_2 x^2(x-1) \end{aligned} \tag{d}$$

将式(d)中的第一个试函数代入式(a)，得到：

$$\begin{aligned} \Pi &= \frac{1}{2}\int_0^1 [\alpha_1 x(x-1)]^2 \mathrm{d}x - \frac{1}{2}\int_0^1 \alpha_1^2\ (4x-1)^2 \mathrm{d}x + \int_0^1 x\alpha_1 x(x-1)\mathrm{d}x \\ &= \int_0^1 [\alpha_1^2 x^4 + (\alpha_1 - \alpha_1^2)2x^3 + (3\alpha_1^2 + 2\alpha_1)x^2 + 4\alpha_1^2 x - \alpha_1^2]\mathrm{d}x \end{aligned} \tag{e}$$

积分求得：

$$\Pi = -\frac{3}{20}\alpha_1^2 - \frac{1}{12}\alpha_1 \tag{f}$$

对式(f)进行变分，得到

$$\delta\Pi = \frac{\partial\Pi}{\partial\alpha_1}\delta\alpha_1 = 0 = -\frac{6}{20}\alpha_1 - \frac{1}{12} \tag{g}$$

从而求得：

$$\alpha_1 = -\frac{5}{18} \tag{h}$$

因此近似解为：

$$u_1(x)=-\frac{5}{18}x(x-1) \tag{i}$$

将式(d)中的第二个试函数代入式(a)，并积分得到：

$$\Pi=-\frac{3}{20}\alpha_1^2-\frac{13}{210}\alpha_2^2-\frac{3}{20}\alpha_1\alpha_2-\frac{1}{12}\alpha_1-\frac{1}{20}\alpha_2 \tag{j}$$

对式(j)进行变分，得到：

$$\begin{aligned}\delta\Pi_1&=\frac{\partial\Pi}{\partial\alpha_1}\delta\alpha_1=0=-\frac{3}{10}\alpha_1-\frac{3}{20}\alpha_2-\frac{1}{12}\\ \delta\Pi_2&=\frac{\partial\Pi}{\partial\alpha_2}\delta\alpha_2=0=-\frac{3}{20}\alpha_1-\frac{13}{105}\alpha_2-\frac{1}{20}\end{aligned} \tag{k}$$

联立求解，得：

$$\begin{aligned}\alpha_1&=-\frac{71}{369}\\ \alpha_2&=-\frac{7}{41}\end{aligned} \tag{l}$$

因此，近似解可表达为：

$$u_2(x)=x(x-1)\left(-\frac{71}{369}-\frac{7}{41}x\right) \tag{m}$$

例题 1-2 应用伽辽金法求解以下微分方程的近似解：

$$\frac{d^2y}{dx^2}-10x^2-5=0\quad 0\leqslant x\leqslant 1$$

其边界条件为 $y(0)=y(1)=0$。

解：(1)通过积分求得其精确解，即：

$$\begin{aligned}\frac{dy}{dx}&=\int\frac{d^2y}{dx^2}dx=\int(10x^2+5x)dx=\frac{10}{3}x^3+5x+C_1\\ y&=\int\frac{dy}{dx}dx=\int\left(\frac{10}{3}x^3+5x+C_1\right)dx=\frac{5}{6}x^4+\frac{5}{2}x^2+C_1x+C_2\end{aligned} \tag{a}$$

代入边界条件，求得：

$$C_1=-\frac{10}{3},\ C_2=0 \tag{b}$$

从而该微分方程精确解为：

$$y=\frac{5}{6}x^4+\frac{5}{2}x^2-\frac{10}{3}x \tag{c}$$

(2)采用伽辽金法求解

1)假定单参数近似解为：

$$y^*(x)=C_1N_1(x)=C_1x(x-1) \tag{d}$$

将试函数代入微分方程中，求得余量表达式为：

$$R(x,C_1)=\frac{d^2y^*}{dx^2}-10x^2-5=2C_1-10x^2-5 \tag{e}$$

应用加权余量式：

$$\int_0^1 N(x)R(x)dx=\int_0^1 x(x-1)(2C_1-10x^2-5)dx=0 \tag{f}$$

$$R(x, C_1)=\frac{d^2y^*}{dx^2}-10x^2-5=2C_1-10x^2-5 \tag{g}$$

对式(g)进行积分，求解：$C_1=4$

因此近似解为：

$$y^*(x)=C_1N_1(x)=C_1x(x-1)=4x(x-1) \tag{h}$$

2)如果选择两项基底函数，近似解为：

$$y^*(x)=C_1N_1(x)+C_2N_2(x)=C_1x(x-1)+C_2x^2(x-1) \tag{i}$$

求得余量：

$$R(x, C_1, C_2)=\frac{d^2y^*}{dx^2}-10x^2-5=2C_1+2C_2(3x-1)-10x^2-5 \tag{j}$$

利用基底函数作为权函数，则加权余量表达为：

$$\begin{aligned}&\int_0^1[x(x-1)][2C_1+2C_2(3x-1)-10x^2-5]=0\\&\int_0^1[x^2(x-1)][2C_1+2C_2(3x-1)-10x^2-5]=0\end{aligned} \tag{k}$$

求得：

$$C_1=\frac{19}{6}, C_2=\frac{5}{3} \tag{l}$$

所以，以上微分方程的两项近似解为：

$$y^*(x)=\frac{19}{6}x(x-1)+\frac{5}{3}x^2(x-1)=\frac{5}{3}x^3+\frac{3}{2}x^2-\frac{19}{6}x \tag{m}$$

例题1-3 如图1.5所示，假定某线弹性一维杆两端固定，中间位置作用集中载荷$F=2$，若忽略体积力，其势能为：

$$\Pi=\frac{1}{2}\int_0^l EA\left(\frac{du}{dx}\right)^2dx-2u_1 \tag{a}$$

其中$u_1=u(x=1)$，假定弹性模量E、横截面积A均为1。试采用瑞利-里兹法求解其位移近似解。

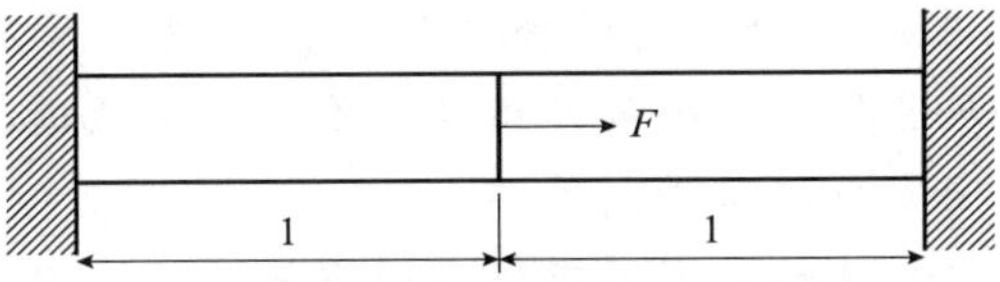

图1.5 某两端固定一维杆

解：采用瑞利-里兹法求解

假定满足边界条件式的单参数试函数为：

$$u=\alpha_1(x^2-2x) \tag{b}$$

其满足两端固定的边界条件，即$u_{(x=0)}=u_{(x=2)}=0$

此时式(a)中：$u_1=\alpha_1(x^2-2x)=-\alpha_1$

将试函数代入式(a)

$$\Pi=\frac{1}{2}\int_0^l EA[2\alpha_1(x-1)]^2dx-2\alpha_1=2\alpha_1{}^2\frac{2}{3}+2\alpha_1 \tag{c}$$

根据 $\delta\Pi=\frac{\partial\Pi}{\partial\alpha_1}\delta\alpha_1=0$，求得：

$$4\alpha_1\frac{2}{3}+2=0 \tag{d}$$

$$\alpha_1=-0.75 \tag{e}$$

因此：

$$u=-0.75(x^2-2x) \tag{f}$$

拓展阅读

中国计算数学的奠基者——冯康

冯康(1920～1993 年)是中国科学院院士，著名数学家、物理学家，中国计算数学的奠基人与开拓者。他以独立于西方提出有限元方法、开创哈密顿系统辛几何算法等标志性成果，奠定了在国际计算数学领域的学术地位，被誉为中国计算数学团队的领军人物。

冯康的学术研究覆盖基础数学、应用数学与计算数学多个领域，且在各阶段均有突破性成就。早期基础数学研究(1957 年前)，聚焦拓扑群与广义函数理论，凭借深厚的数学与物理功底，取得一系列基础性成果，为后续转向应用研究奠定了理论基础。

计算数学开创性工作(1957 年后)：20 世纪 50 年代末至 20 世纪 60 年代初，在解决大型水坝计算问题的实践中，他独立于西方创立有限元方法——这一系统化求解偏微分方程的计算方法，成为科学与工程计算领域的里程碑，至今仍被广泛应用于各类工程问题。20 世纪 70 年代，他建立间断有限元函数空间嵌入理论，将椭圆方程经典理论推广至不同维数的组合流形，为弹性组合结构提供严密数学基础，属国际首创；同时提出自然边界元方法，成为国际边界元方法三大流派之一，丰富了计算数学的方法论体系。

动态问题计算方法革新(20 世纪 80 年代)：将研究重心转向哈密顿方程与波动方程等动态问题，1984 年首次提出基于辛几何的哈密顿体系保结构算法，开创该领域新研究方向。这一算法解决了动力学长期预测的计算难题，推动天体轨道、高能加速器、分子动力学等领域的计算革新，获国家自然科学一等奖。

冯康在推动计算数学学科建设与国际交流方面贡献卓著，曾任中国科学院计算中心名誉主任，全国计算数学学会理事长、名誉理事长，国际计算力学会创始理事等职，担任国内外多家核心期刊(如美国《计算物理》、荷兰《应用力学与工程的计算方法》《中国科学》等)编委，主编 4 种计算数学杂志，为学术交流搭建重要平台。

在人才培养与学科规划上，他亲自为中国科学院计算技术研究所科研人员讲授现代计算方法，培养的研究生多成为国际知名学者；多次向国家提出重视科学与工程计算的建议，推动其列入国家基础研究重点项目，筹组“大规模科学与工程计算”攀登计划，创建“科学与工程计算”国家重点实验室，为我国计算数学学科的体系化发展奠定了基础。

冯康的成果获国内外高度认可：先后获全国科学大会重大成果奖、国家自然科学二等奖、科技进步二等奖等；两次受邀在国际数学家大会做 45 分钟邀请报告(1983 年、1994 年)，1995 年获国际工业与应用数学大会一小时大会报告邀请，彰显国际学术影响力。此外，他为“两弹一星”功勋机109丙机的研发提供了重要支持，将计算数学理论直接服务于国家战略需求。

冯康的学术生涯以“理论创新—方法突破—工程应用”的闭环模式，构建了中国计算数学的发展框架，其成果不仅推动了学科本身的进步，更在国防、工程、科技等领域产生深远影响，成为连接纯粹数学与应用科学的典范。

第 2 章　弹性力学基础及有限元基本原理

有限元方法起源于弹性力学问题的求解。弹性力学是固体力学的一个分支学科，是研究弹性体由于外力载荷作用、边界约束或温度改变等原因而发生的位移、形变和应力。其研究范畴是理想弹性体的小变形状态，包括构件、板和三维弹性体。本章将结合弹性力学问题介绍有限元方法的基本理论，包括弹性力学问题的基本方程和能量原理等，在此基础上，介绍基于能量原理建立有限元方法的基本格式及主要步骤。

2.1　弹性力学问题的基本描述

2.1.1　基本假设

弹性力学的基本假设在研究弹性力学问题中具有重要意义。这些假设为问题提供了简化的基础，使复杂的问题可以通过数学模型进行求解。

(1)连续性假设：假设所研究的整个弹性体内部完全为组成物体的介质所充满，各个质点之间不存在任何空隙。

(2)完全弹性假设：对应一定的温度，如果应力和应变之间存在一一对应关系，而且这个关系和时间无关，也和变形历史无关，则称为完全弹性材料。

(3)均匀性假设：假设弹性物体是由同一类型的均匀材料组成的。因此物体各个部分的物理性质都是相同的，不随坐标位置的变化而改变。因此，物体的弹性性质处处是相同的。

(4)各向同性假设：假定物体在各个不同的方向上具有相同的物理性质，这就是说物体的弹性常数将不随坐标方向的改变而变化。

(5)小变形假设：假设在外力或者其他外界因素(如温度等)的影响下，物体的变形与物体自身几何尺寸相比属于高阶小量，不考虑物体因变形而引起的几何尺寸变化。

符合这五个假设的物体，称为理想弹性体，其应力和应变存在一一对应关系，满足胡克定律，与时间和变形历史无关。

2.1.2　基本变量

弹性力学的基本变量包括外力、应力、应变和位移，这些变量描述了物体的变形和受力情况。分别说明如下。

1. 外力

作用于物体的外力可分为体积力和表面力，简称体力和面力。

(1)体力。

体力是指分布在物体整个体积内各个质点上的力，例如重力、惯性力和电磁力等。一般情况下，各点的体力是不同的，为了表明物体任意一点 P 所受的体力的大小和方向，在 P 点区域取一微小体积元 ΔV，如图 2.1 所示，该微体积上的体力合力为 ΔF，则 ΔV 的体力平均集度为 $\Delta F/\Delta V$。当 ΔV 趋近于 0 时，假定体力连续分布，则 $\Delta F/\Delta V$ 将趋于一定的极限，即为：

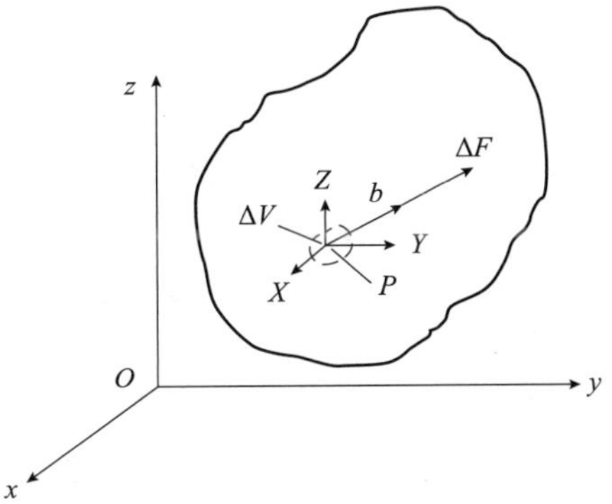

图 2.1　体力示意图

$$\lim_{\Delta V\to 0}\frac{\Delta F}{\Delta V}=b$$

这个极限矢量 b，即物体在 P 点所受体力的集度。方向就是 ΔF 的极限方向。如图 2.1所示，矢量 b 在坐标轴 x、y、z 上的投影分量分别是 X、Y、Z，称为该物体在 P 点的体力分量，表示为矢量形式 $b=\{X\quad Y\quad Z\}^T$。其符号规定：方向与坐标轴正向一致为正，方向与坐标轴负向一致为负。其量纲为 $\mathrm{L^{-2}MT^{-2}}$。

(2)面力。

也称为表面力，是指分布在物体表面的力，例如风力、流体压力、接触力等。一般情况下，各点的面力是不同的，为了表明物体任意一点 P 所受的面力的大小和方向，在 P 点区域取一微小表面元 ΔS，如图 2.2 所示，该微表面 ΔS 面力合力为 ΔF，则 ΔS 的面力平均集度为 $\Delta F/\Delta S$。当 ΔS 趋近于 0 时，假定面力连续分布，即为：

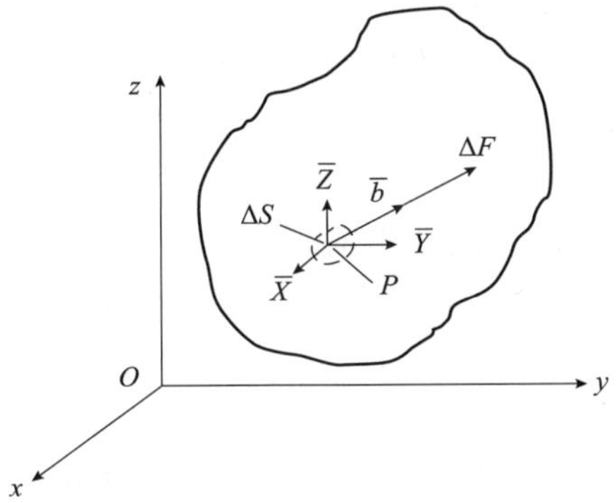

图 2.2　面力示意图

$$\lim_{\Delta S\to 0}\frac{\Delta F}{\Delta S}=\overline{b}$$

这个极限矢量 $\overline{b}$，即物体在 P 点所受面力的集度。方向就是 ΔF 的极限方向。矢量 $\overline{b}$ 在坐标轴 x、y、z 上的投影分量分别是 $\overline{X}$、$\overline{Y}$、$\overline{Z}$，称为该物体在 P 点的面力分量，表示为矢量形式 $\overline{b}=\{\overline{X}\quad \overline{Y}\quad \overline{Z}\}^T$。其符号规定：方向与坐标轴正向一致为正，方向与坐标轴负向一致为负。其量纲为 $\mathrm{L^{-1}MT^{-2}}$。

2. 应力

弹性体在外力作用下，其内部将产生内力，即物体本身不同部分之间相互作用的力。为了表示横截面上某点 P 处的内力，如图 2.3 所示，假想通过物体内任意一点 P 的截面 mn 将弹性体分为两部分，这两部分作用互为作用力和反作用力，大小相等，方向相反。

在 mn 截面上围绕点 P 取一微元面积为 ΔA，设 ΔF 是作用在微面积 ΔA 上的内力，如图 2.3 所示，ΔF 与 ΔA 的比值称为作用在 ΔA 面积上的平均应力，用 p_{m} 表示。当 ΔA 无限地缩小并趋近于零时，p_{m} 的

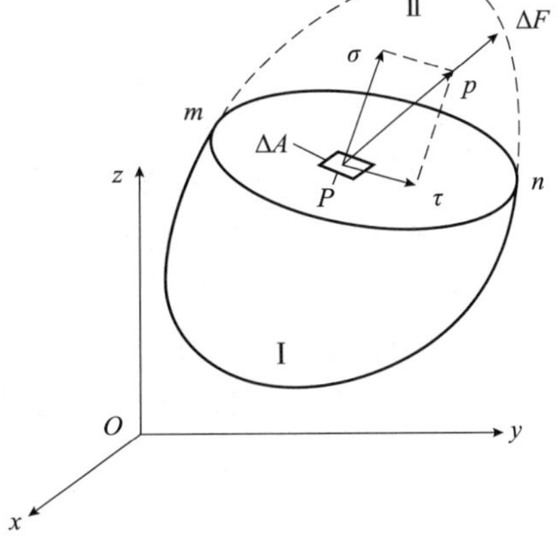

图 2.3　应力概念

极限 p 表示点 P 处的内力集度，故称 p 为截面上点 P 处的应力，表示为：

$$\lim_{\Delta A\to 0}\frac{\Delta F}{\Delta A}=p$$

这个极限矢量就是物体在 mn 截面上 P 点的应力。因为 ΔA 是标量，所以应力 p 的方向就是 ΔF 的极限方向。与物体的形变和材料强度直接相关的，是应力在其作用截面的法线方向及其切线方向的分量，即正应力 σ 和切应力 τ。应力及其分量的量纲为：$L^{-1}MT^{-2}$。

应力矢量的大小和方向既与分析点在弹性体内的位置有关，也与考察面的方位有关，为了研究弹性体内任意点 $P(x, y, z)$ 的应力分布，用平行于坐标面的平面在 P 点附近取出一无限小的微元体，可以认为每一面的应力均匀分布。便于统一分析和计算，用一个平行六面体来描述 P 点，各棱边分别与 x、y、z 轴平行，边长为 dx、dy、dz，当边长趋于0时，即为一个点。平行六面体的表面按其法向与坐标轴平行，分别称为 x 面、y 面、z 面，外法线与坐标轴正向一致的为正面，外法线与坐标轴负向一致的为负面。

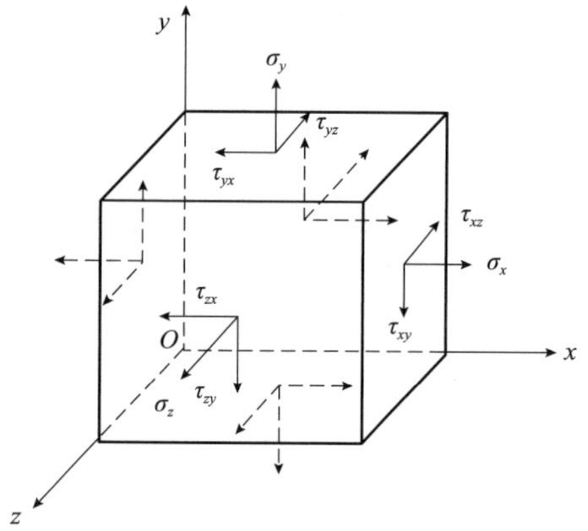

图 2.4　微元体应力分量

如图 2.4 所示，在微体表面上定义应力，将每个面上的应力分解为垂直于横截面的正应力 σ 和两个平行于横截面的剪应力 τ，分别与三个坐标轴平行。为了表示正应力的作用面和作用方向，加一个下标字母，例如正应力 σ_x 表示作用在垂直于 x 轴的面上，也是沿着 x 轴的方向作用的。剪应力分量用两个下标表示，区分作用面及其作用方向。例如 τ_{xy} 表示 x 面上与 y 轴平行的剪应力分量。所有剪应力分量包括：τ_{xy}、τ_{xz}，τ_{yx}、τ_{yz}，τ_{zx}、τ_{zy}。

正面上应力方向与坐标轴正向一致的为正，负面上应力方向与坐标轴负向一致的为正，图中所示的应力全部是正的。根据切应力互等定理：作用在两个互相垂直的面上并且垂直于该两面交线的切应力是互等的，微元体上 6 个切应力存在如下关系：

$$\tau_{xy}=\tau_{yx}、\tau_{xz}=\tau_{zx}、\tau_{yz}=\tau_{zy} \tag{2-1}$$

所以，任意点 P 的应力只有 6 个独立应力分量，即图 2.4 中的 3 个正应力分量和 3 个剪应力分量，用矢量表示为：

$$\sigma=\{\sigma_x\ \sigma_y\ \sigma_z\ \tau_{xy}\ \tau_{yz}\ \tau_{zx}\}^T \tag{2-2}$$

3. 应变

应变是描述物体内部各点在应力作用下的相对变形量，物体的变形程度一般用六面体单元的三条互相垂直的棱边的伸缩程度及棱边之间夹角的改变量来描述。棱边的相对伸长或缩短量称为正应变或线应变，用 ε_x、ε_y、ε_z 表示，正应变以伸长为正，缩短为负；棱边所夹直角的改变量称为剪应变，用 γ_{xy}、γ_{yz}、γ_{zx} 表示，剪应变以直角变小为正，变大时为负。线应变和剪应变都是量纲为 1 的量。

描述空间一点的形变需要 6 个应变分量，与应力分量对应，应变分量记为：

$$\varepsilon=\{\varepsilon_x\ \varepsilon_y\ \varepsilon_z\ \gamma_{xy}\ \gamma_{yz}\ \gamma_{zx}\}^T \tag{2-3}$$

4. 位移

描述物体位置的移动量，包括刚体位移和弹性位移两部分。刚体位移是由于物体整体在空间做刚体运动而引起的位置改变，物体内部各个点仍然保持初始状态的相对位置不变；弹性位移是物体整体位置不变，但在外力作用下发生了形状和尺寸的变化，即变形，改变了物体内部各个点的相对位置，其与弹性体应力有着密切的关系，是弹性力学研究的重点，通常称为位移。在弹性力学中，位移是基本的变量之一，通过求解位移可以确定物体的变形和运动状态。位移是矢量，可以分解沿 x、y、z 三个坐标轴上的投影 u、v、w，称为位移分量，以沿坐标轴正方向为正，沿坐标轴负方向为负，记为：

$$q=\{u\ v\ w\}^T \tag{2-4}$$

一般来说，弹性体内任意一点的体力分量、面力分量、应力分量、形变分量和位移分量，都是随着该点的位置而变的，因此都是位置坐标的函数。

2.2 弹性力学的基本方程

弹性力学的基本方程描述了弹性体内任一点应力、应变、位移和外力之间的关系，包括平衡方程、几何方程和物理方程三类。

2.2.1 平衡方程

在弹性体内任取一微元体，注意应力分量是位置坐标的函数，则作用在微元体两相对表面上的应力分量不完全相同，而具有小的增量，各个表面上的应力如图 2.5 所示，微元体上单位体积的体力为 $\{X\ Y\ Z\}^T$。根据微元体的静力平衡条件，可以得到其上的应力和体力在 x、y、z 三个方向的平衡方程。

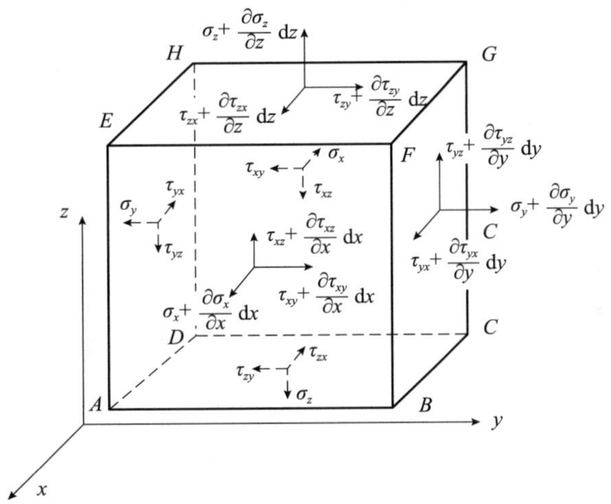

图 2.5　微元体静力平衡

平衡方程是弹性体内部任一点都必须满足的条件，它表明 6 个应力分量不是独立的，而是通过 3 个平衡方程相互联系。

$$\begin{cases}\dfrac{\partial\sigma_x}{\partial x}+\dfrac{\partial\tau_{xy}}{\partial y}+\dfrac{\partial\tau_{xz}}{\partial z}+X=0\\[2mm]\dfrac{\partial\tau_{xy}}{\partial x}+\dfrac{\partial\sigma_y}{\partial y}+\dfrac{\partial\tau_{yz}}{\partial z}+Y=0\\[2mm]\dfrac{\partial\tau_{xz}}{\partial x}+\dfrac{\partial\tau_{yz}}{\partial y}+\dfrac{\partial\sigma_z}{\partial z}+Z=0\end{cases} \tag{2-5}$$

2.2.2 几何方程

弹性力学中的几何方程是描述弹性体位移分量和应变分量之间关系的方程。图 2.6 为某点的位移与变形图。在微小位移的情况下，直角坐标系下物体内任一点的位移分量和应变分量之间的微分关系描述为：

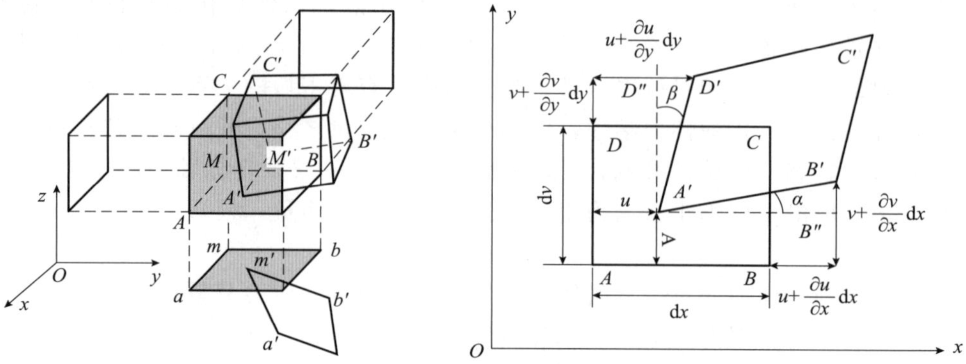

(a)空间问题变形表示　　(b)平面问题变形表示

图 2.6　某点位移与变形图

$$
\begin{cases}
\varepsilon_{xx}=\dfrac{\partial u}{\partial x},\ 2\varepsilon_{xy}=\gamma_{xy}=\dfrac{\partial v}{\partial x}+\dfrac{\partial u}{\partial y}\\
\varepsilon_{yy}=\dfrac{\partial v}{\partial y},\ 2\varepsilon_{yz}=\gamma_{yz}=\dfrac{\partial w}{\partial y}+\dfrac{\partial v}{\partial z}\\
\varepsilon_{zz}=\dfrac{\partial w}{\partial z},\ 2\varepsilon_{zx}=\gamma_{zx}=\dfrac{\partial u}{\partial z}+\dfrac{\partial w}{\partial x}
\end{cases}
\tag{2-6}
$$

写作矩阵形式：

$$
\begin{Bmatrix}\varepsilon_x\\ \varepsilon_y\\ \varepsilon_z\\ \gamma_{xy}\\ \lambda_{yz}\\ \lambda_{zx}\end{Bmatrix}=
\begin{bmatrix}
\dfrac{\partial}{\partial x} & 0 & 0\\
0 & \dfrac{\partial}{\partial y} & 0\\
0 & 0 & \dfrac{\partial}{\partial z}\\
\dfrac{\partial}{\partial y} & \dfrac{\partial}{\partial x} & 0\\
0 & \dfrac{\partial}{\partial y} & \dfrac{\partial}{\partial z}\\
\dfrac{\partial}{\partial z} & 0 & \dfrac{\partial}{\partial x}
\end{bmatrix}
\begin{Bmatrix}u\\ v\\ w\end{Bmatrix}
\tag{2-7}
$$

上式表明，空间一点的 6 个应变分量可用该点的 3 个位移分量来表示，当物体的位移分量完全确定时，则应变分量完全确定。反之，应变分量完全确定时，位移分量却不能完全确定。

2.2.3　物理方程

物理方程描述应力分量与应变分量之间的关系，对于各向同性的线弹性材料，即为广义胡克定律。

$$\begin{cases}\varepsilon_x=\dfrac{1}{E}[\sigma_x-\mu(\sigma_y+\sigma_z)],\ \gamma_{xy}=\dfrac{1}{G}\tau_{xy}\\ \varepsilon_y=\dfrac{1}{E}[\sigma_y-\mu(\sigma_z+\sigma_x)],\ \gamma_{yz}=\dfrac{1}{G}\tau_{yz}\\ \varepsilon_z=\dfrac{1}{E}[\sigma_z-\mu(\sigma_x+\sigma_y)],\ \gamma_{zx}=\dfrac{1}{G}\tau_{zx}\end{cases} \tag{2-8}$$

式中，E 为材料的弹性模量，G 为剪切模量，μ 为泊松比。三个弹性常数之间的关系为：

$$G=\frac{E}{2(1+\mu)} \tag{2-9}$$

通过上式，利用应变分量表示应力分量，写成矩阵形式：

$$\begin{Bmatrix}\sigma_x\\ \sigma_y\\ \sigma_z\\ \tau_{xy}\\ \tau_{yz}\\ \tau_{zx}\end{Bmatrix}=\frac{E(1-\mu)}{(1+\mu)(1-2\mu)}\begin{bmatrix}1 & & & & & \\ \dfrac{\mu}{1-\mu} & 1 & & & & \\ \dfrac{\mu}{1-\mu} & \dfrac{\mu}{1-\mu} & 1 & & & \\ 0 & 0 & 0 & \dfrac{1-2\mu}{2(1-\mu)} & & \\ 0 & 0 & 0 & 0 & \dfrac{1-2\mu}{2(1-\mu)} & \\ 0 & 0 & 0 & 0 & 0 & \dfrac{1-2\mu}{2(1-\mu)}\end{bmatrix}\begin{Bmatrix}\varepsilon_x\\ \varepsilon_y\\ \varepsilon_z\\ \gamma_{xy}\\ \gamma_{yz}\\ \gamma_{zx}\end{Bmatrix} \tag{2-10}$$

简记为：

$$\sigma=D\varepsilon \tag{2-11}$$

式中，D 称为弹性矩阵，由材料弹性模量 E 和泊松比 μ 确定，和坐标位置无关。

2.2.4　边界条件

弹性力学问题在数学上归结为求解偏微分方程的边值问题，除上述基本方程外，还需要定解边值条件。在弹性力学中通常将定解边值条件称为边界条件。边界条件表示在边界上位移与约束或应力与面力之间的关系，分为位移边界条件、应力边界条件和混合边界条件。

在弹性体的边界上所受的面力分量已知的条件，称为应力边界条件，即在已知边界 Γ_s 上，有：

$$\begin{cases}l\sigma_x+m\tau_{xy}+n\tau_{xz}=\overline{X}\\ m\tau_{xy}+n\sigma_y+l\tau_{yx}=\overline{Y}\\ n\sigma_z+l\tau_{zx}+m\tau_{zy}=\overline{Z}\end{cases} \tag{2-12}$$

式中，$l=\cos(N,\ x)$，$m=\cos(N,\ y)$，$n=\cos(N,\ z)$分别表示边界 Γ_s 上外法线 N 的方向余弦。

在边界上的位移分量已知的条件称为位移边界条件，即在已知边界 Γ_u 上，有：

$$u_s=\overline{u},\ \nu_s=\overline{v},\ w_s=\overline{w} \tag{2-13}$$

弹性体在一部分应力边界 Γ_s 上的应力分量已知，满足边界条件式(2－12)，另一部分

位移边界 Γ_u 上的位移分量已知，满足边界条件式(2－13)，称为混合边界条件。

综上，弹性力学问题包括 6 个应力分量、6 个应变分量、3 个位移分量，共 15 个基本变量，基本方程包括 3 个平衡方程、6 个几何方程及 6 个物理方程。弹性力学解析法就是通过上述 15 个基本方程，求解满足边界条件的 15 个基本变量。通过解析法求解弹性力学问题比较困难，只有少数边界条件规则的问题可以获得解析解。因此，常采用泛函变分原理近似求解上述弹性力学问题，即把上述求解微分方程的边值问题转换为求解泛函的极值问题。在弹性力学中，这种泛函就是能量的表达式，从而这种基本变分原理的求解方法称为能量原理，也是有限元方法的理论基础。

2.3 弹性力学问题的能量原理

2.3.1 能量表示

弹性力学的能量问题主要涉及物体的变形和受力过程中能量的转化和守恒。在弹性力学中，外力在微小位移上做功而释放外力势能，变形体由于变形而储存变形能，即应变能。外力势能和应变能称为弹性问题的自然能量。

1. *外力功*

外力功又称为可能功，即施加的外力在可能的位移上所做的功。如图 2.7 所示横截面积为 A 的一维受拉杆，当载荷从零增加到 F 时，端部位移也从零增加到 δ，加载过程中，不发生冲击和振动，且弹性体在弹性范围内，则外力所做的功为：

$$W=\frac{1}{2}F\delta \tag{2-14}$$

外力包括作用在物体上的面力和体力两种，并与变形无关，即保守力系。外力功包括两部分：①在力的边界条件下，由外力(面力)在对应位移上所做的功(在 Γ 上)；②在问题内部，由体积力在对应位移上所做的功(在 Ω 上)。外力场通过外力做功将使外力势能降低，其大小即为外力功，所以外力势能就是外力功的负值。

对于任意三维体，其上受体力 $b=\{X \quad Y \quad Z\}^T$ 和表面力 $\bar{b}=\{\bar{X} \quad \bar{Y} \quad \bar{Z}\}^T$ 作用，外力分别在其对应位移上做功，总的外力功为：

$$W=\int_{\Omega}(Xu+Yv+Zw)\mathrm{d}\Omega+\int_{\Gamma}(\bar{X}u+\bar{Y}v+\bar{Z}w)\mathrm{d}\Gamma \tag{2-15}$$

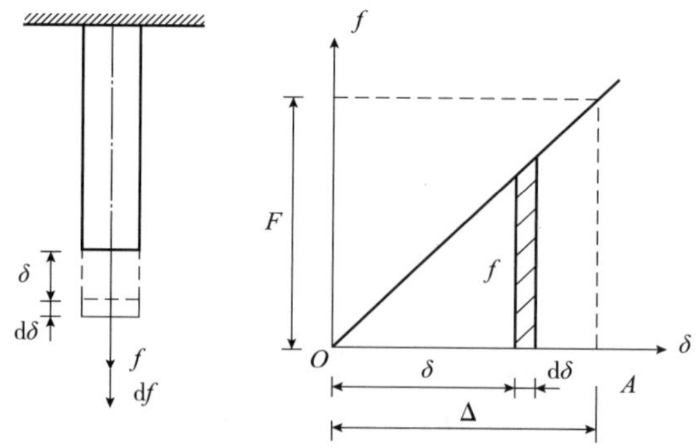

图 2.7 外力功与应变能

2. 应变能

不计外力作用下弹性体变形过程中的热量损失、动能及外界阻尼，根据能量守恒，外力在弹性体变形过程中克服内力所做的外力功全部转化为应变能储存在弹性体内。应变能包括两部分：①正应力与正应变的应变能；②剪应力和剪应变对应的应变能。

如图 2.7 中所示受拉杆，在未变形时应变能为零，当受拉后，弹性体内应变能也在不断增加，当应变为 ε 时，单体体积的应变能为：

$$\Delta U=\frac{1}{2}\sigma\varepsilon \tag{2-16}$$

整个杆件体积的应变能为：

$$U=\frac{1}{2}\sigma\varepsilon Al \tag{2-17}$$

可以证明 $W=U$，即杆件外力功完全转化为弹性应变能。

对于任意三维弹性体，其内任意点的应力和应变可以表示为：

$$\sigma=\{\sigma_x\ \sigma_y\ \sigma_z\ \tau_{xy}\ \tau_{yz}\ \tau_{zx}\}^T$$
$$\varepsilon=\{\varepsilon_x\ \varepsilon_y\ \varepsilon_z\ \gamma_{xy}\ \gamma_{yz}\ \gamma_{zx}\}^T$$

不考虑初始应力和初始应变的情况，则单位体积的应变能为：

$$\Delta U=\frac{1}{2}(\sigma_x\varepsilon_x+\sigma_y\varepsilon_y+\sigma_z\varepsilon_z+\tau_{xy}\gamma_{xy}+\tau_{yz}\gamma_{yz}+\tau_{zx}\gamma_{zx})=\frac{1}{2}\varepsilon^T\sigma=\frac{1}{2}\varepsilon^TD\varepsilon \tag{2-18}$$

对整个体积积分可得弹性体总的应变能为：

$$U=\int_\Omega \Delta U\mathrm{d}\Omega=\int_\Omega\left(\frac{1}{2}\varepsilon^TD\varepsilon\right)\mathrm{d}\Omega \tag{2-19}$$

3. 系统的势能

对于受外力作用的变形体，其系统势能表示为外力势能和应变能之和，即：

$$\Pi=U-W \tag{2-20}$$

基于上述外力功和应变能的公式，则系统势能记作：

$$\begin{aligned}\Pi=&\int_\Omega\frac{1}{2}(\sigma_x\varepsilon_x+\sigma_y\varepsilon_y+\sigma_z\varepsilon_z+\tau_{xy}\gamma_{xy}+\tau_{yz}\gamma_{yz}+\tau_{zx}\gamma_{zx})\mathrm{d}\Omega-\\&\left[\int_\Omega(Xu+Yv+Zw)\mathrm{d}\Omega+\int_\Gamma(\overline{X}u+\overline{Y}v+\overline{Z}w)\mathrm{d}\Gamma\right]\end{aligned} \tag{2-21}$$

2.3.2　虚位移原理

虚位移是一种假想的加到结构上的可能的、任意的、微小的位移。在给定的瞬时和位形上，虚位移是符合约束条件的无穷小位移。虚位移是可能发生但尚未发生的位移，与实际发生的位移不同。在约束许可情况下所能产生的位移称为“可能位移”，可以把虚位移视为可能发生却尚未发生的可能位移，实位移是众多虚位移中的一个。

在发生虚位移的过程中，弹性体将产生虚应变。把弹性体上外力在虚位移上发生过程中所做的虚功记作 δW，弹性体内的应力在虚应变上所做的虚功，即储存在弹性体内的虚应变能，记作 δU。虚位移原理表达如下：

外力作用下处于平衡状态的弹性体，产生约束许可的微小虚位移(并同时在弹性体内产生虚应变)，外力在虚位移上所做的虚功等于弹性体内各点的应力在相应的虚应变上所做的虚功，即：

$$\delta U = \delta W \tag{2-22}$$

对于任意三维弹性体，在外力作用下处于平衡状态，其实际位移分量为 u、v、w，体内的应力分量为 σ_x、σ_y、σ_z、τ_{xy}、τ_{yz}、τ_{zx}，满足约束条件所产生的虚位移为 δu、δv、δw，相应的虚应变为 $\delta\varepsilon_x$、$\delta\varepsilon_y$、$\delta\varepsilon_z$、$\delta\gamma_{xy}$、$\delta\gamma_{yz}$、$\delta\gamma_{zx}$，则式(2－22)可记作：

$$\begin{aligned}&\int_\Omega (\sigma_x\delta\varepsilon_x + \sigma_y\delta\varepsilon_y + \sigma_z\delta\varepsilon_z + \tau_{xy}\delta\gamma_{xy} + \tau_{yz}\delta\gamma_{yz} + \tau_{zx}\delta\gamma_{zx})\mathrm{d}\Omega \\ &= \int_\Omega (X\delta u + Y\delta v + Z\delta w)\mathrm{d}\Omega + \int_\Gamma (\overline{X}\delta u + \overline{Y}\delta v + \overline{Z}\delta w)\mathrm{d}\Gamma\end{aligned} \tag{2-23a}$$

即

$$\int_\Omega \delta\varepsilon^T\sigma\,\mathrm{d}\Omega = \int_\Omega \delta q^T b\,\mathrm{d}\Omega + \int_\Gamma \delta q^T\overline{b}\,\mathrm{d}\Gamma \tag{2-23b}$$

2.3.3 最小势能原理

在弹性力学中，物体的变形和受力情况可以通过位移、应变和应力等基本变量来描述。如应力和应变是坐标的函数，是自变函数，而应变能是应力和应变的函数，系统总势能就是一种泛函。相对于弹性力学问题的微分方程提法，弹性力学问题的泛函可通过微分方程等效积分的弱形式或其他方式得到，如势能可由平衡微分方程和边界条件的等效积分的弱形式得到，具体证明过程可参考相关文献。微分方程表达与泛函变分表达具有等价性，其求解就是基于变分原理寻求使泛函取驻值的函数。

在实际应用中，通常需要考虑物体的边界条件和约束条件，如位移边界条件、应力边界条件和材料属性等，这些条件会对势能泛函的极值产生影响。在满足一定的约束条件下，物体的位移、应变和应力等基本变量应该使势能泛函取极值。势能变分原理是指，在所有满足边界条件的可能位移中，那些满足平衡方程的真实位移使物体势能泛函取驻值，即势能的变分为零：

$$\delta\Pi = \delta U - \delta W = 0 \tag{2-24}$$

此式也称为变分方程。

对于线性弹性体，势能取最小值，即：

$$\delta^2\Pi = \delta^2 U - \delta^2 W \geqslant 0 \tag{2-25a}$$

此即最小势能原理。其物理意义就是在自然状态下系统势能总是趋于最小化，这是一个普遍的物理规律。最小势能原理证明过程如下：

假设位移分量发生了满足边界条件所容许的微小改变，即虚位移或位移变分 δu、δv、δw，变为：

$$u^* = u + \delta u,\quad v^* = v + \delta v,\quad w^* = w + \delta w$$

称为可能位移。将可能位移代入式(2－21)考察系统势能的变化(假设不存在初应力和初应变)，并注意相应的应变分量，则对应可能位移的势能为：

$$\begin{aligned}\Pi^* &= \frac{1}{2}\int_\Omega \varepsilon^{*T}D\varepsilon^*\,\mathrm{d}\Omega \int_\Omega (Xu^* + Yv^* + Zw^*)\mathrm{d}\Omega + \int_\Gamma (\overline{X}u^* + \overline{Y}v^* + \overline{Z}w^*)\mathrm{d}\Gamma \\ &= \Pi + \delta\Pi + \frac{1}{2}\delta^2\Pi\end{aligned}$$

其中，$\delta\Pi$、$\delta^2\Pi$ 分别是系统势能的一阶变分和二阶变分，其表达式如下：

$$\delta\Pi = \int_{\Omega} \partial\varepsilon^{T}\sigma \mathrm{d}\Omega - \int_{\Omega} (X\delta u + Y\delta v + Z\delta w)\mathrm{d}\Omega - \int_{\Gamma} (\overline{X}\delta u + \overline{Y}\delta v + \overline{Z}\delta w)\mathrm{d}\Gamma$$

$$\delta^2 \Pi = \frac{1}{2}\int_{\Omega} \delta\varepsilon^{T} D\delta\varepsilon \,\mathrm{d}\Omega \tag{2-25b}$$

根据泛函驻值条件，一阶变分 $\delta\Pi = 0$ 。考虑到应变能的非负性，即二阶变分非负，由式(2－25b)可知：

$$\Pi^{*} - \Pi \geqslant 0 \tag{2-26}$$

式(2－26)说明满足位移边界条件的所有可能位移所对应的势能总是不小于真实位移所对应的势能，即真实位移使系统总势能取最小值，最小势能原理得证。

比较虚功原理和最小势能原理可知，势能变分原理与虚功原理是完全等价的。通过运算，可以由最小势能原理(或虚功原理)导出弹性体的微分平衡方程与应力边界条件。这说明最小势能原理或虚功原理都可以代替平衡微分方程与应力边界条件，用于描述弹性体的平衡状态，只是前者是基于能量的描述，后者是基于力的平衡。两者之间的区别在于：虚功原理不涉及本构关系，适用于任何材料，只要满足小变形条件；最小势能原理除了小变形条件，还需要满足应变能密度函数表达的本构关系，因此仅限于线性和非线性弹性体。对于一些按实际情况简化后的弹性力学问题，可以通过最小势能原理推导出其对应的平衡微分方程和面力边界条件。

综上所述，在求解弹性力学问题时，一般方法是求解使用位移表示的平衡微分方程，并且该位移分量分别满足位移边界条件和应力边界条件。现在可以利用最小势能原理求解总势能 Π 的极值，即 $\delta\Pi = 0$。在使用时，假设有许可位移场，满足位移边界条件，不必事先满足应力边界条件，可使系统势能取极小值，由于许可位移场，因此几何方程及物理方程也可满足，并且可推导出力平衡方程及力边界条件，即最小势能原理与原有方程等价。

2.4　弹性力学问题的有限元分析过程

2.4.1　有限元分析实例

为了便于理解有限元分析的基本思想和求解的基本步骤，利用一个实例来说明有限元的基本过程。如图 2.8(a)所示一阶梯形杆件，右端受有 $F=10\mathrm{N}$ 的外载，试通过有限元方法计算杆件的位移和应力等情况。其材料属性及几何参数如下所示：弹性模量 $E=2\times 10^{7}\,\mathrm{Pa}$，横截面积 $A_1=2A_2=2\mathrm{cm}^2$，各段长度相等，均为 $l_1=l_2=10\mathrm{cm}$。

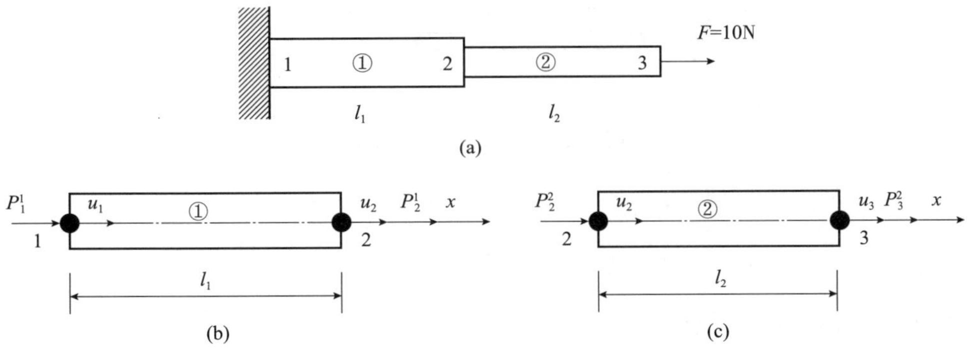

图 2.8　平面阶梯形杆件

1. 几何离散化

该结构由两杆件组成，自然离散为两个杆单元，单元和节点编号如图 2.8(b)和图 2.8(c)所示。结构离散化之后，单元与单元、单元与边界之间通过节点连接。单元组成信息表如表 2.1 所示，表中标题栏中的 i、j(或用数字 1、2)表示单元的节点局部编号，结构上相应的编号为整体编号。

表 2.1 单元组成信息表

单元编号	节点编号		局部编号
	i	j	
①	1	2	整体编号
②	2	3	

只考虑沿轴线方向位移，即每个节点有一个方向位移 u，该结构共有 3 个节点，将所有节点上的位移组成一个列阵，称为整体节点位移列阵，记作：

$$q=\begin{Bmatrix} u_1 \\ u_2 \\ u_3 \end{Bmatrix} \tag{2-27}$$

节点处作用有节点力，也就是节点对单元或单元对节点的作用力，例如图 2.8 中 P_1^1 表示单元 1 中节点 1 的节点力，上标表示单元号，下标表示节点，其他类似。作用于节点上的外力，称为节点载荷，本例中左端的约束反力 R_1，右端的作用力 F，注意约束产生的作用力也属于外载荷。如果承受非节点载荷，将其等效到节点上，称为等效节点载荷。将所有节点上的外载荷组成一个列阵，称为整体等效节点载荷列阵，包括直接作用于或等效到节点上的外载荷及由于约束产生的约束力，对于本例，包括节点 1 处的约束反力和直接作用节点 3 处的集中力，记作：

$$P=\begin{Bmatrix} P_1 \\ P_2 \\ P_3 \end{Bmatrix}=\begin{Bmatrix} R_1 \\ 0 \\ F \end{Bmatrix} \tag{2-28}$$

2. 单元特征分析

两个单元具有相同的特征，现针对其中的某一单元进行分析，不失一般性，假定两端节点局部编号分别为 i 与 j，分别对应单元的两个节点，如图 2.9 所示。

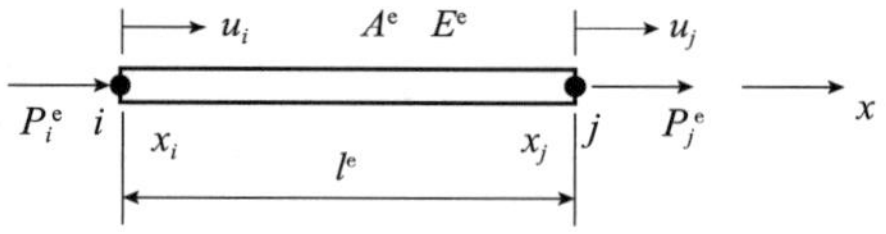

图 2.9 2 节点杆单元分析

单元节点位移列阵，记作：

$$q^e=\begin{Bmatrix} u_i \\ u_j \end{Bmatrix} \tag{2-29}$$

单元节点坐标列阵，记作：

$$x^e=\begin{Bmatrix}x_i\\x_j\end{Bmatrix}\tag{2-30}$$

对于单元本身来说，节点力是作用于单元的外力，单元等效节点力列阵，记作：

$$P^e=\begin{Bmatrix}P_i^e\\P_j^e\end{Bmatrix}\tag{2-31}$$

(1)位移函数构造。

假定构造的单元位移函数为多项式形式，表示为：

$$u(x)=a_0+a_1x\tag{2-32}$$

利用节点条件：

$$\begin{cases}u(x=x_i)=a_0+a_1x_i=u_i\\u(x=x_j)=a_0+a_1x_j=u_j\end{cases}\tag{2-33}$$

求得：

$$\begin{cases}a_0=u_j-x_j(u_j-u_i)/(x_j-x_i)=(x_ju_i-x_iu_j)/(x_j-x_i)=(x_ju_i-x_iu_j)/l^e\\a_1=(u_j-u_i)/(x_j-x_i)=(u_j-u_i)/l^e\end{cases}\tag{2-34}$$

$$u(x)=(x_ju_i-x_iu_j)/l^e+x(u_j-u_i)/l^e=\frac{1}{l^e}[(x_j-x)u_i+(x-x_i)u_j]\tag{2-35}$$

$$u(x)=[(x_j-x)/l^e\quad(x-x_i)/l^e]\begin{Bmatrix}u_i\\u_j\end{Bmatrix}=N(x)q^e\tag{2-36}$$

$$u(x)=N(x)q^e\tag{2-37}$$

其中 N 为形状函数矩阵：

$$N(x)=[(x_j-x)/l^e\quad(x-x_i)/l^e]\tag{2-38}$$

(2)单元应变分析。

根据几何方程

$$\varepsilon(x)=\frac{\mathrm{d}u(x)}{\mathrm{d}x}=\begin{bmatrix}-\frac{1}{l^e}&\frac{1}{l^e}\end{bmatrix}\begin{Bmatrix}u_i\\u_j\end{Bmatrix}=Bq^e\tag{2-39}$$

其中 B 为应变矩阵

$$B(x)=\begin{bmatrix}-\frac{1}{l^e}&\frac{1}{l^e}\end{bmatrix}\tag{2-40}$$

根据物理方程

$$\sigma(x)=E^e\varepsilon(x)=\begin{bmatrix}-\frac{E^e}{l^e}&\frac{E^e}{l^e}\end{bmatrix}\begin{Bmatrix}u_i\\u_j\end{Bmatrix}=S(x)q^e\tag{2-41}$$

其中 S 为应力矩阵

$$S(x)=\begin{bmatrix}-\frac{E^e}{l^e}&\frac{E^e}{l^e}\end{bmatrix}\tag{2-42}$$

(3)单元势能表达。

单元应变能计算：

$$\begin{aligned}U^e&=\frac{1}{2}\int_{\Omega_e}\sigma(x)\varepsilon(x)\mathrm{d}V=\frac{1}{2}\int_{l^e}E^e\varepsilon(x)\varepsilon(x)A^e\mathrm{d}x=\frac{1}{2}\int_{l^e}E^eB(x)q^eB(x)q^eA^e\mathrm{d}x\\&=\frac{1}{2}q^{eT}\left[\int_{l^e}B^T(x)E^eA^eB(x)\mathrm{d}x\right]q^e=\frac{1}{2}q^{eT}K^eq^e\end{aligned}\tag{2-43}$$

其中 K^e 为单元刚度矩阵。

$$K^e = \int_{l^e} B^T(x)E^eA^eB(x)\mathrm{d}x = \frac{E^eA^e}{l^e}\begin{bmatrix} 1 & -1 \\ -1 & 1 \end{bmatrix} \tag{2-44}$$

单元外力功计算：

$$W^e = q^{eT}P^e = \{u_i \quad u_j\}\begin{Bmatrix} P_i^e \\ P_j^e \end{Bmatrix} \tag{2-45}$$

因此，由式(2-43)和式(2-45)可知，单元总势能表达为：

$$\Pi^e = \frac{1}{2}q^{eT}K^eq^e - q^{eT}P^e \tag{2-46}$$

(4)建立单元平衡方程。

根据最小势能原理，对单元总势能式(2-46)进行变分处理，即：

$$\delta\Pi^e = \frac{1}{2}\delta q^{eT}K^eq^e + \frac{1}{2}q^{eT}K^e\delta q^e - \delta q^{eT}P^e = \delta q^{eT}(K^eq^e - P^e) = 0 \tag{2-47}$$

由于 δq^e 的任意性，所以得以下方程：

$$K^eq^e = P^e \tag{2-48}$$

该方程即为单元平衡方程或单元刚度方程。或根据最小势能原理，针对每个节点未知位移 u_i、u_j 取极小值，必须满足：$\frac{\partial\Pi^e}{\partial u_1} = 0, \frac{\partial\Pi^e}{\partial u_2} = 0$，可以获得同样的单元平衡方程。

3. 整体分析

(1)处于静力平衡的物体，其任意节点也是处于平衡的，作用于节点上的力包括节点力和节点载荷，因此节点的静力平衡就是节点力与节点载荷的平衡。在整体结构中，每个节点往往同时被几个单元所共有，则节点上的节点力为共享该节点的几个单元所引起的节点力之和。例如，某节点 i，作用于该节点上的外载荷为 R_i，则节点 i 的平衡方程为：

$$\sum\nolimits_e P_i^e = P_i \tag{2-49}$$

式中，$\sum_e$ 表示对围绕节点 i 相连的所有单元求和。对于本例，$P_1^1 = R_1$、$P_2^1 + P_2^2 = 0$、$P_3^2 = F$，这是根据节点平衡得到的，所以整体分析时节点载荷仅考虑直接作用于节点上或等效到节点的外力。

(2)由单元平衡方程建立整体平衡方程。

根据式(2-48)分别写出两个单元的平衡方程，对于第一个单元：

$$\begin{bmatrix} \frac{E^{(1)}A^{(1)}}{l^{(1)}} & -\frac{E^{(1)}A^{(1)}}{l^{(1)}} \\ -\frac{E^{(1)}A^{(1)}}{l^{(1)}} & \frac{E^{(1)}A^{(1)}}{l^{(1)}} \end{bmatrix}\begin{Bmatrix} u_1 \\ u_2 \end{Bmatrix} = \begin{Bmatrix} P_1^1 \\ P_2^1 \end{Bmatrix} \tag{2-50}$$

对于第二个单元：

$$\begin{bmatrix} \frac{E^{(2)}A^{(2)}}{l^{(2)}} & -\frac{E^{(2)}A^{(2)}}{l^{(2)}} \\ -\frac{E^{(2)}A^{(2)}}{l^{(2)}} & \frac{E^{(2)}A^{(2)}}{l^{(2)}} \end{bmatrix}\begin{Bmatrix} u_2 \\ u_3 \end{Bmatrix} = \begin{Bmatrix} P_2^2 \\ P_3^2 \end{Bmatrix} \tag{2-51}$$

注意上述两个式子不能直接相加，必须将每个单元的平衡方程，按整体节点位移进行扩充，多余的补充 0 元素，从而得到如下两个单元扩大方程：

$$\begin{bmatrix} \frac{E^{(1)}A^{(1)}}{l^{(1)}} & -\frac{E^{(1)}A^{(1)}}{l^{(1)}} & 0 \\ -\frac{E^{(1)}A^{(1)}}{l^{(1)}} & \frac{E^{(1)}A^{(1)}}{l^{(1)}} & 0 \\ 0 & 0 & 0 \end{bmatrix} \begin{Bmatrix} u_1 \\ u_2 \\ u_3 \end{Bmatrix} = \begin{Bmatrix} P_1^1 \\ P_2^1 \\ 0 \end{Bmatrix} \tag{2-52}$$

$$\begin{bmatrix} 0 & 0 & 0 \\ 0 & \frac{E^{(2)}A^{(2)}}{l^{(2)}} & -\frac{E^{(2)}A^{(2)}}{l^{(2)}} \\ 0 & -\frac{E^{(2)}A^{(2)}}{l^{(2)}} & \frac{E^{(2)}A^{(2)}}{l^{(2)}} \end{bmatrix} \begin{Bmatrix} u_1 \\ u_2 \\ u_3 \end{Bmatrix} = \begin{Bmatrix} 0 \\ P_2^2 \\ P_3^2 \end{Bmatrix} \tag{2-53}$$

上面两个式子相加，由节点平衡，得到如下整体平衡方程：

$$\begin{bmatrix} \frac{E^{(1)}A^{(1)}}{l^{(1)}} & -\frac{E^{(1)}A^{(1)}}{l^{(1)}} & 0 \\ -\frac{E^{(1)}A^{(1)}}{l^{(1)}} & \frac{E^{(1)}A^{(1)}}{l^{(1)}}+\frac{E^{(2)}A^{(2)}}{l^{(2)}} & -\frac{E^{(2)}A^{(2)}}{l^{(2)}} \\ 0 & -\frac{E^{(2)}A^{(2)}}{l^{(2)}} & \frac{E^{(2)}A^{(2)}}{l^{(2)}} \end{bmatrix} \begin{Bmatrix} u_1 \\ u_2 \\ u_3 \end{Bmatrix} = \begin{Bmatrix} P_1^1 \\ P_2^1+P_2^2 \\ P_3^2 \end{Bmatrix} = \begin{Bmatrix} R_1 \\ 0 \\ F \end{Bmatrix} \tag{2-54}$$

将式(2－54)记作：

$$Kq=P \tag{2-55}$$

其中，K 为整体刚度矩阵，q 为整体节点位移矩阵，P 为整体等效节点载荷矩阵。

(3)根据最小势能原理建立整体平衡方程。

计算整体结构的总势能，由于能量是标量，可以直接将每个单元的势能相加得到结构的总势能，即：

$$\begin{aligned} \Pi=\Pi^{(1)}+\Pi^{(2)} &= \frac{1}{2}\begin{Bmatrix} u_1 \\ u_2 \end{Bmatrix}^T \frac{E^{(1)}A^{(1)}}{l^{(1)}}\begin{bmatrix} 1 & -1 \\ -1 & 1 \end{bmatrix}\begin{Bmatrix} u_1 \\ u_2 \end{Bmatrix} - \begin{Bmatrix} u_1 \\ u_2 \end{Bmatrix}^T \begin{Bmatrix} P_1^1 \\ P_2^1 \end{Bmatrix} \\ &+ \frac{1}{2}\begin{Bmatrix} u_2 \\ u_3 \end{Bmatrix}^T \frac{E^{(2)}A^{(2)}}{l^{(2)}}\begin{bmatrix} 1 & -1 \\ -1 & 1 \end{bmatrix}\begin{Bmatrix} u_2 \\ u_3 \end{Bmatrix} - \begin{Bmatrix} u_2 \\ u_3 \end{Bmatrix}^T \begin{Bmatrix} P_2^2 \\ P_3^2 \end{Bmatrix} \end{aligned} \tag{2-56}$$

将其表达成整体节点位移矢量的函数，如下：

$$\Pi = \frac{1}{2}\begin{Bmatrix} u_1 \\ u_2 \\ u_3 \end{Bmatrix}^T \begin{bmatrix} \frac{E^{(1)}A^{(1)}}{l^{(1)}} & -\frac{E^{(1)}A^{(1)}}{l^{(1)}} & 0 \\ -\frac{E^{(1)}A^{(1)}}{l^{(1)}} & \frac{E^{(1)}A^{(1)}}{l^{(1)}}+\frac{E^{(2)}A^{(2)}}{l^{(2)}} & -\frac{E^{(2)}A^{(2)}}{l^{(2)}} \\ 0 & -\frac{E^{(2)}A^{(2)}}{l^{(2)}} & \frac{E^{(2)}A^{(2)}}{l^{(2)}} \end{bmatrix} \begin{Bmatrix} u_1 \\ u_2 \\ u_3 \end{Bmatrix} - \begin{Bmatrix} u_1 \\ u_2 \\ u_3 \end{Bmatrix}^T \begin{Bmatrix} R_1 \\ 0 \\ F \end{Bmatrix} \tag{2-57}$$

可记作：

$$\Pi = \frac{1}{2}q^TKq - q^TP \tag{2-58}$$

其中 K 为整体刚度矩阵。对整体应用最小势能原理，有：

$$\delta\Pi = \delta q^T \frac{\partial \Pi}{\partial q} = \delta q^T(Kq-P) = 0$$

由于 δq 的任意性，从而得到式(2－59)，$Kq=P$，即由整体刚度矩阵表达的平衡方程：

$$\begin{bmatrix} \frac{E^{(1)}A^{(1)}}{l^{(1)}} & -\frac{E^{(1)}A^{(1)}}{l^{(1)}} & 0 \\ -\frac{E^{(1)}A^{(1)}}{l^{(1)}} & \frac{E^{(1)}A^{(1)}}{l^{(1)}}+\frac{E^{(2)}A^{(2)}}{l^{(2)}} & -\frac{E^{(2)}A^{(2)}}{l^{(2)}} \\ 0 & -\frac{E^{(2)}A^{(2)}}{l^{(2)}} & \frac{E^{(2)}A^{(2)}}{l^{(2)}} \end{bmatrix} \begin{Bmatrix} u_1 \\ u_2 \\ u_3 \end{Bmatrix} = \begin{Bmatrix} R_1 \\ 0 \\ F \end{Bmatrix} \tag{2-59}$$

今后在整体分析时，只需要对所有单元刚度矩阵进行组装形成整体刚度矩阵，直接写出整体节点等效载荷列阵即可。

4. 处理位移边界条件并求解

(1)引入位移边界条件，为获取许可位移场，需引入边界条件左端固定，即 $u_1=0$。在式(2-59)中可划去它所对应的行和列，得：

$$\begin{bmatrix} \frac{E^{(1)}A^{(1)}}{l^{(1)}}+\frac{E^{(2)}A^{(2)}}{l^{(2)}} & -\frac{E^{(2)}A^{(2)}}{l^{(2)}} \\ -\frac{E^{(2)}A^{(2)}}{l^{(2)}} & \frac{E^{(2)}A^{(2)}}{l^{(2)}} \end{bmatrix} \begin{Bmatrix} u_2 \\ u_3 \end{Bmatrix} = \begin{Bmatrix} 0 \\ F \end{Bmatrix} \tag{2-60}$$

具体求解时，采用国际单位制，将结构参数和外部载荷代入，有：

$$2\times10^4\begin{bmatrix} 3 & -1 \\ -1 & 1 \end{bmatrix} \begin{Bmatrix} u_2 \\ u_3 \end{Bmatrix} = \begin{Bmatrix} 0 \\ 10 \end{Bmatrix} \tag{2-61}$$

求解该方程，有 $u_2=2.5\times10^{-4}\,\mathrm{m}$，$u_3=7.5\times10^{-4}\,\mathrm{m}$，加上位移边界条件 $BC(u)$，$u_1=0$，有各单元的节点位移为：

$$q^{(1)}=[u_1 \quad u_2]^T=[0 \quad 2.5\times10^{-4}]^T\mathrm{m} \tag{2-62}$$

$$q^{(2)}=[u_2 \quad u_3]^T=[2.5\times10^{-4} \quad 7.5\times10^{-4}]^T\mathrm{m} \tag{2-63}$$

因此，该结构的节点位移为：

$$q=[u_1 \quad u_2 \quad u_3]^T=[0 \quad 2.5\times10^{-4} \quad 7.5\times10^{-4}]^T\mathrm{m}$$

(2)求得各单元的应变。

由几何方程，有：

$$\varepsilon^{(1)}(x)=B^{(1)}(x)\cdot q^{(1)}=\begin{bmatrix} -\frac{1}{l^{(1)}} & \frac{1}{l^{(1)}} \end{bmatrix}\begin{bmatrix} u_1 \\ u_2 \end{bmatrix}=2.5\times10^{-3} \tag{2-64}$$

$$\varepsilon^{(2)}(x)=B^{(2)}(x)\cdot q^{(2)}=\begin{bmatrix} -\frac{1}{l^{(2)}} & \frac{1}{l^{(2)}} \end{bmatrix}\begin{bmatrix} u_2 \\ u_3 \end{bmatrix}=5\times10^{-3} \tag{2-65}$$

(3)求得各单元的应力。

由应力方程，有：

$$\sigma^{(1)}(x)=S^{(1)}(x)\cdot q^{(1)}=\begin{bmatrix} -\frac{E^{(1)}}{l^{(1)}} & \frac{E^{(1)}}{l^{(1)}} \end{bmatrix}\begin{bmatrix} u_1 \\ u_2 \end{bmatrix}=0.05\mathrm{MPa} \tag{2-66}$$

$$\sigma^{(2)}(x)=S^{(2)}(x)\cdot q^{(2)}=\begin{bmatrix} -\frac{E^{(2)}}{l^{(2)}} & \frac{E^{(2)}}{l^{(2)}} \end{bmatrix}\begin{bmatrix} u_2 \\ u_3 \end{bmatrix}=0.1\mathrm{MPa} \tag{2-67}$$

(4)求支反力。

约束反力只能在求出所有位移分量，再代回到没有引入约束条件的整体方程式(2-59)中才能求解。将式(2-59)中第一式展开，可求得支反力 $R_1=-10\mathrm{N}$。比较图 2.8 中坐标系的方向可知，节点 1 处的支反力向左。

另外，通过单元平衡方程求解各单元的节点力。对于单元 1，有：

$$\frac{E^{(1)}A^{(1)}}{l^{(1)}}\begin{bmatrix}1 & -1\\ -1 & 1\end{bmatrix}\begin{bmatrix}u_1\\ u_2\end{bmatrix}=\begin{bmatrix}P_1^1\\ P_2^1\end{bmatrix} \tag{2-68}$$

其中 P_1^1 为单元 1 的节点 1 的节点力，P_2^1 为单元 1 的节点 2 的节点力，将 u_1 和 u_2 的值代入式(2-68)，有 $P_1^1=-10\text{N}$，$P_2^1=10\text{N}$。

对于单元 2，利用单元 2 的刚度方程，有：

$$\frac{E^{(2)}A^{(2)}}{l^{(2)}}\begin{bmatrix}1 & -1\\ -1 & 1\end{bmatrix}\begin{bmatrix}u_2\\ u_3\end{bmatrix}=\begin{bmatrix}P_2^2\\ P_3^2\end{bmatrix}$$

其中 P_2^2 为单元 2 的节点 2 的节点力，P_3^2 为单元 2 的节点 3 的节点力，求得：$P_2^2=-10\text{N}$，$P_3^2=10\text{N}$。

可以看出，对于节点 1，$P_1^1=R$，对于节点 2 来说，其节点力合力 $P_2^1+P_2^2=0$，即节点 2 所受外载荷为 0，对于节点 3 来说，$P_3^2=F$。今后在整体分析时，仅考虑直接作用于节点上或等效到节点的外力即可。

以上是一个简单结构有限元方法求解的完整过程，对于复杂结构，其求解过程完全相同。

2.4.2　有限元方法基本步骤

1. 结构离散化

所谓离散化也就是网格划分，就是将要分析的连续体(结构或系统)分割成由有限个单元组成的模型，单元与单元之间仅通过节点相连接。单元节点的设置、性质、数目等问题需要视计算精度而定，一般情况下，单元划分越细则描述变形情况越精确，但计算量也越大。所以有限元方法中分析的结构已不是原有的物体或结构物，而是同样材料的众多单元以一定方式联结成的离散物体。这样，用有限元分析计算所获得的结果只是近似的。如果划分单元数目非常多而又合理，则所获得结果就与实际情况相符合。

单元类型选择是非常重要的一方面，选择的单元类型应能反映出结构的几何特征及受力状态，可分为杆系结构、平面问题、轴对称问题、空间问题、板壳问题等。根据单元的维度，可以分为一维单元、二维单元和三维单元。具体参见表 2.2。

表 2.2　单元类型汇总表

单元类型		节点数	节点自由度	应用
一维单元	杆单元  	2	1	平面或空间桁架；承受杆件轴向力
	梁单元  	2	3	平面或空间刚架；承受横向力和弯矩作用
		2	6	

续表

单元类型		节点数	节点自由度	应用
二维单元	平面三角形 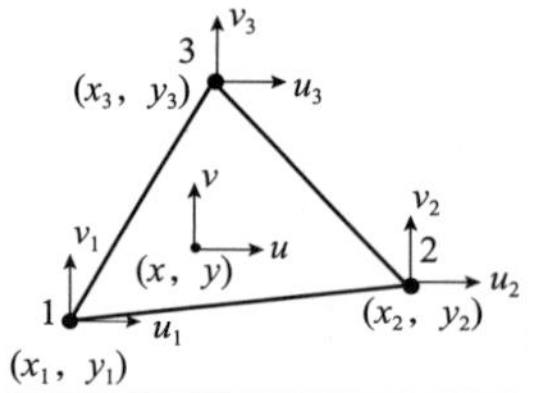	3	2	平面应力或平面应变问题； 所受外力位于平面内
	平面四边形 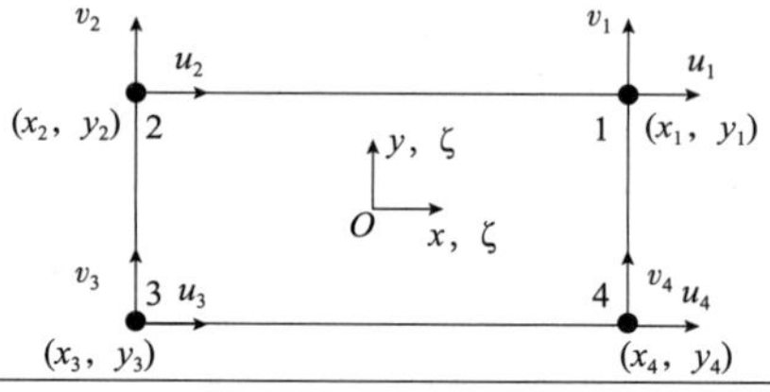	4	2	
	轴对称三角形 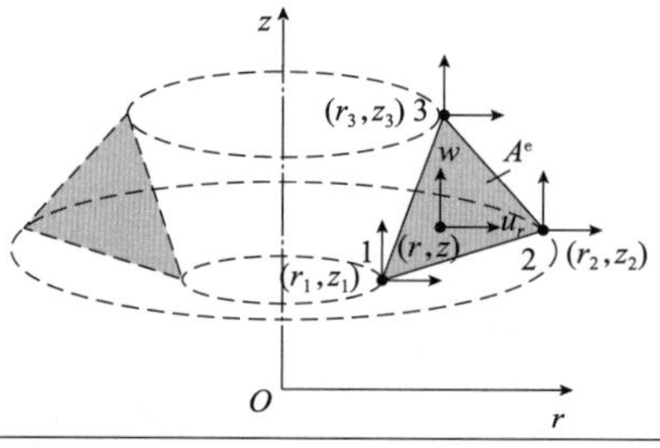	3	2	轴对称问题； 几何形状、外载荷均为轴对称
	轴对称四边形 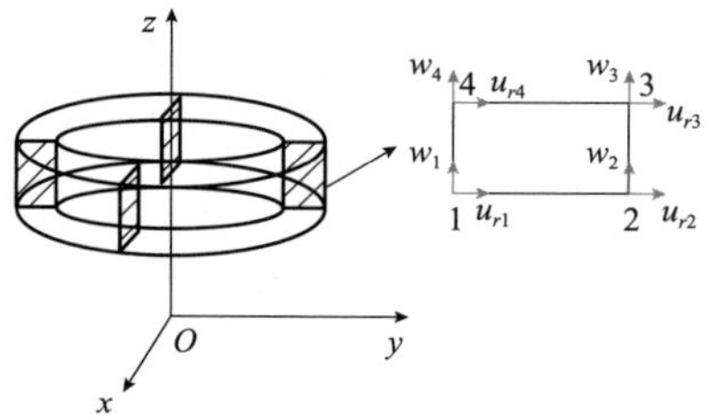	4	2	
	板壳三角形单元 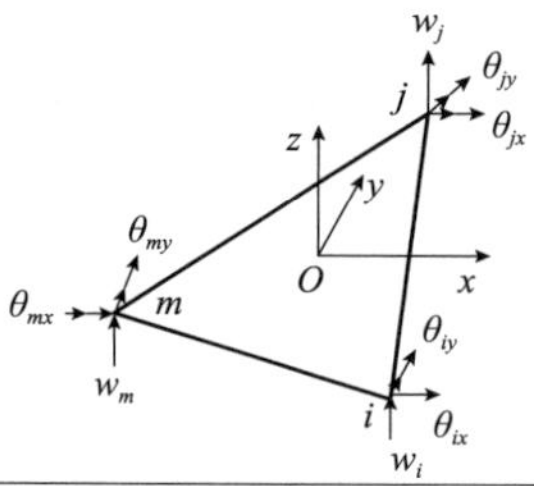	3	6	平板弯曲问题； 承受垂直于板面横向力作用
	板壳矩形单元 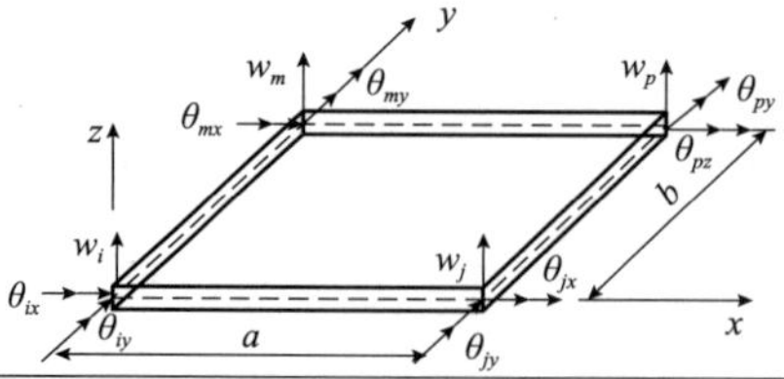	4	6	

续表

单元类型		节点数	节点自由度	应用
三维单元	空间四面体 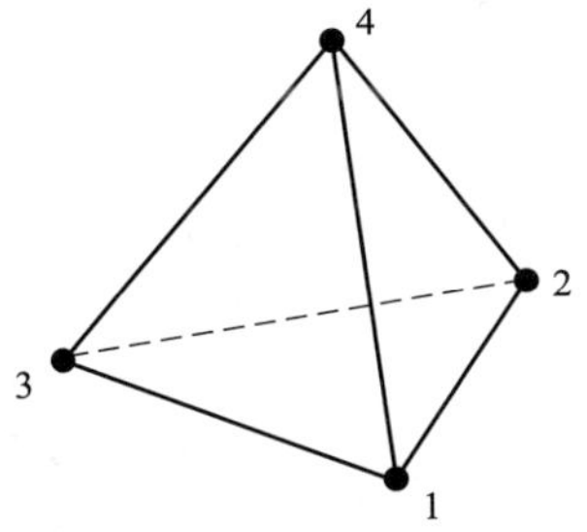	4	3	空间问题； 适用于任意几何形状、外载荷作用
	空间六面体 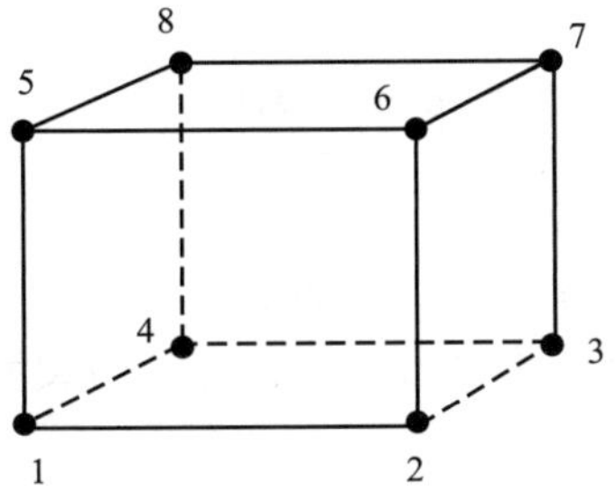	8	3	

2. 单元特性分析

(1)构建每个单元内的位移函数或位移模式，构造位移函数时，通常以节点位移为未知量通过插值来表示单元内任一点的位移。在实际应用中普遍采用的是多项式函数，因为多项式函数的数学运算(微分和积分)比较方便，而且所有光滑函数的局部都可以用多项式来逼近。例如，对于平面问题，位移函数如下：

$$\begin{cases} u=\alpha_1+\alpha_2 x+\alpha_3 y+\alpha_4 xy+\alpha_5 x^2+\alpha_6 y^2+\cdots \\ v=\beta_1+\beta_2 x+\beta_3 y+\beta_4 xy+\beta_5 x^2+\beta_6 y^2+\cdots \end{cases} \tag{2-69}$$

关于多项式的项数和阶次，要根据单元的节点自由度数和有关解的收敛性要求来确定。应考虑以下几个方面：

- 多项式项数的多少由单元的自由度数确定，即待定系数的个数是由节点位移条件来确定，其数量与单元整体节点位移自由度相等，例如平面 3 节点三角形单元，每个节点有 2 个自由度，共有 6 个位移自由度，则待定系数共 6 个。
- 选择多项式，由低阶到高阶，尽量选择完全多项式以提高单元的精度。
- 选取多项式时，应使所选取的多项式具有坐标的对称性，保证单元的位移分布不会因为人为选取的坐标不同而变化，即 x、y 坐标能够互换，称为几何各向同性，一般根据如图 2.10 所示的 Pascal 三角形来选择位移函数多项式。

结合节点条件，将单元内任一点的位移分量使用单元的节点位移来表达，即表示为节点位移的插值函数：

$$u(x)=N(x)q^{e} \tag{2-70}$$

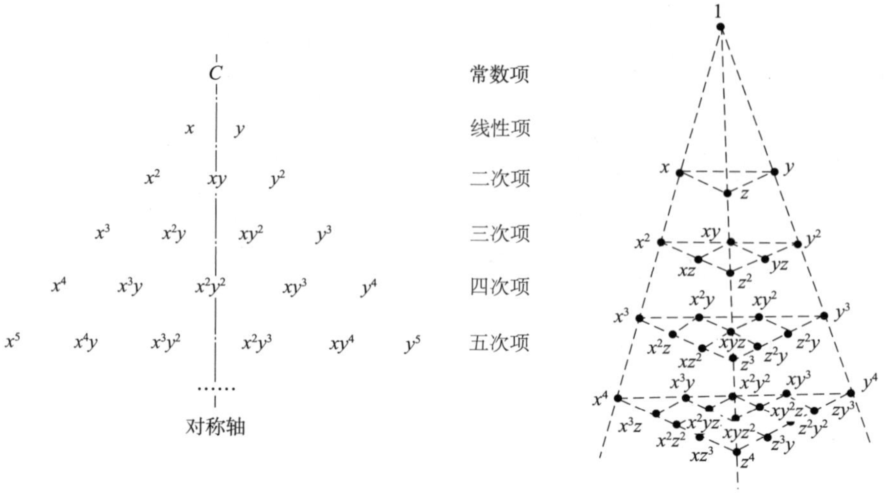

图 2.10　多项式函数构成的 Pascal 三角形

(2)单元特性分析。

其主要任务是建立单元的平衡方程或刚度方程，步骤如下：

1)利用几何方程，由位移表达式导出用节点位移表示单元应变的关系式：

$$\varepsilon = Bq^e \tag{2-71}$$

2)利用物理方程，由应变表达式导出用节点位移表示应力的关系式：

$$\sigma = DBq^e = Sq^e \tag{2-72}$$

3)利用虚功原理或最小势能原理建立单元的刚度方程，即单元节点力与节点位移间的关系：

$$K^e q^e = P^e \tag{2-73}$$

(3)整体分析。

其主要任务是建立整体的平衡方程，形成整体刚度矩阵和节点载荷向量，可以基于能量原理(最小势能原理或虚位移原理)推导，或通过节点力平衡条件利用刚度矩阵直接集成得到。

1)建立系统总势能

$$\Pi = \sum \Pi^e = \frac{1}{2}q^T K q - q^T P \tag{2-74}$$

利用最小势能原理，推得整体平衡方程：

$$Kq = P \tag{2-75}$$

其中 q 为整体节点位移矩阵，$K = \sum K^e$，即将各个单元的刚度矩阵 K^e 集合成为整个结构的刚度矩阵 K，注意这里求和符号表示集成，不是简单相加。P 为总的等效节点载荷矩阵，在有限元模型中，只有节点是可以承受载荷和约束的，因此对于非节点载荷，例如作用在单元边界上的表面力以及作用在单元上的体积力、集中力等都需要通过静力等效移置到相应的节点上，转化为等效节点载荷。

对整体分析时只需要对所有单元刚度矩阵进行组装，直接写出整体节点等效载荷列阵即可。

2)求解未知节点位移和单元应力

由于整体刚度矩阵是奇异的，因此需引入边界条件，解出未知位移。再根据弹性力学的基本公式，计算出单元的应力和应变。对静力问题，最后建立的控制方程为代数方程组，对线性问题为线性代数方程组，对非线性问题为非线性代数方程组，对于动力问题则分别为线性微分方程组和非线性微分方程组。

2.5　有限元解的收敛性准则

2.5.1　误差原因分析

有限元方法是一种数值计算方法，不能像弹性力学那样获得其精确解，所求得的解是一个近似解，因此，存在误差是不可避免的。一般来说，产生误差的原因主要包括模型误差和计算误差。

模型误差主要是指将实际物理问题简化为有限元模型时所产生的误差，即有限元模型与实际物理问题之间的差异。包括物理问题的抽象表示误差(即数学描述的正确性)、有限元方法离散处理和简化造成的误差，例如模型边界在网格划分过程中的以直代曲会导致离散模型与实际模型有差异；单元位移函数的近似构造导致与实际位移场存在差异；边界条件(载荷及约束)的简化处理导致与实际情况存在差异；单元形状的不规则或尺寸相差太大会导致局部应力严重失真，产生很大误差。总体来说，如果单元尺寸趋于无穷小，或单元数目足够多，则离散误差、位移函数误差以及边界条件误差将趋于零。这类误差可以按工程要求进行控制。

计算误差是指由于计算机的数值字长的限制导致计算过程中存在的舍入误差和计算方法所产生的截断误差。就目前计算机的数字表示和计算方法而言，计算误差理论上讲是难以避免的，只能通过提高计算机性能、选择合适的运算次数和计算方法等来降低计算误差。

2.5.2　收敛性准则

由于单元应变矩阵、应力矩阵、刚度矩阵及等效载荷计算等都依赖位移模式，当单元形状、节点数目确定之后，单元位移函数的选取是影响有限元解精确性的关键，若单元尺寸不断减小，解答将趋于精确解，此时我们称有限元的解是收敛的，否则为发散的。当位移函数满足以下条件时，有限元的解答一定是收敛于真实解的。

(1)位移函数中应包含刚体位移，若不包含，则在单元节点位移为单元刚体位移时，单元会产生非零应变。

(2)位移函数应能反映单元的常应变状态。因为在单元尺寸趋于零时，单元的应变趋于常数。

(3)位移函数在单元内要连续，在单元之间的边界上要协调。以免连续模型用离散型代替后产生不连续，即单元边界处产生裂缝或重叠。

满足条件(1)和(2)的单元为完备性单元；满足条件(3)的单元为协调性单元。

以上准则是从物理意义角度阐述的，从数学意义上，上述收敛准则可以表述如下。

准则 1：完备性准则——如果在能量泛函(如势能)中所出现的位移函数的最高阶导数是 m 阶，则有限元解收敛的条件之一是单元位移函数至少是 m 阶完全多项式。

准则 2：协调性准则——如果在能量泛函(如势能)中位移函数出现的最高阶导数是 $m-1$ 阶，则位移函数在单元边界界面上必须具有直到 $m-1$ 阶的连续导数，即 C^{m-1} 连续性。当 $m=1$ 时，称为 C^0 级连续，即只涉及位移函数本身，不涉及其导数，当 $m=2$ 时，称为 C^1 级连续，不仅位移连续，且其导数连续。

准则 1 和准则 2 分别针对单元内部和单元之间位移函数的连续性提出要求，单元既完备又协调构成有限元解收敛的充分条件，完备性要求构成有限元解收敛的必要条件。

不满足收敛准则的单元并不一定不收敛，实际上，放松对协调性的要求的一些非协调单元，也可得到收敛解，并且，其收敛速度比协调单元更快、精度更高。

2.5.3 有限元解的下限性

有限元解具有下限性，即有限元解小于实际的精确解。因为实际结构本来是有无限自由度的，当结构被离散为有限个单元的集合体时，就成为有限自由度了。可认为对结构增加了约束，将导致系统的刚度增大，即使得离散后系统的刚度矩阵比实际刚度大，限制了结构的变形能力，得到的位移场也将减小。随着网格的细分，自由度增加，相当于逐步解除约束，刚度减小、位移增加。

2.6 典型例题

例题 2-1 考虑一个左端固定，右端受拉的一维杆件，长度为 l，横截面积为 A，材料弹性模量为 E，求解其应力、应变及变形等(见图 2.11)。

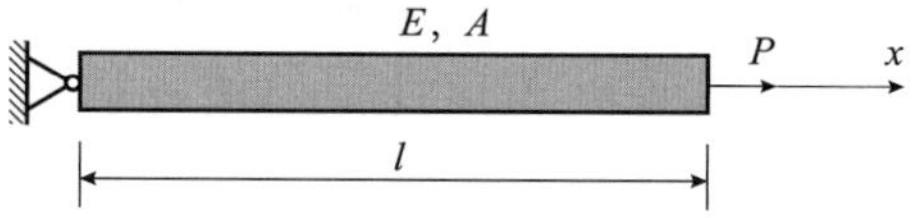

图 2.11 一端固定的拉杆

解：该问题是沿 x 方向的一维问题，只有沿 x 方向的基本变量。

(1)依据弹性力学方法，建立该问题的基本方程及边界条件如下：

平衡方程：$\dfrac{d\sigma_x}{dx}=0$

几何方程：$\varepsilon_x=\dfrac{du}{dx}$

物理方程：$\sigma_x=E\varepsilon_x$

边界条件：

$$BC(u)=u(x)_{x=0}=0$$

$$BC(p)=\sigma(x)_{x=l}=\frac{P}{A}$$

直接对上式进行求解，获得如下结果：

$$\begin{cases}\sigma_x = C_1 \\ \varepsilon_x = \dfrac{C_1}{E} \\ u(x) = \dfrac{C_1}{E}x + C_2\end{cases} \tag{a}$$

根据边界条件，求得 $C_1=0$，$C_2=P/A$，因此可以得到该问题的精确解：

$$\begin{cases}\sigma_x = \dfrac{P}{A} \\ \varepsilon_x = \dfrac{P}{EA} \\ u(x) = \dfrac{P}{EA}x\end{cases} \tag{b}$$

(2)利用虚功原理或最小势能原理求解。

假定近似解为多项式形式：

$$u = \alpha_1 + \alpha_2 x \tag{c}$$

其必须满足位移边界条件，在约束端 $u=0$，即：

$$u(x)_{x=0} = 0 \tag{d}$$

根据边界条件，求得 $a_1=0$，$a_2=\mathrm{C}$(常数)

其应变能 $U = \dfrac{1}{2}\int_V \sigma_x \varepsilon_x \mathrm{d}V = \dfrac{1}{2}EAla_2^2$

外力做功：$W = P \cdot u(x=l) = Pa_2 l$

1)由虚功原理，$\delta W = \delta U$，得到

$$EAla_2 = Pl \tag{e}$$

求得：$a_2 = \dfrac{P}{EA}$

所以：$u = \dfrac{P}{EA}x$

2)杆件总势能为

$$\Pi = U - W = \frac{1}{2}EAla_2^2 - Pl \tag{f}$$

根据最小势能原理：$\delta\Pi = 0$

$\dfrac{\partial \Pi}{\partial a_2} = 0$，求得 $a_2 = \dfrac{P}{EA}$

例题 2-2　图 2.12 所示为一维杆，长度为 L，横截面积为 A，材料弹性模量为 E，长度方向受到均布载荷 p 作用，利用伽辽金法求其位移分布。

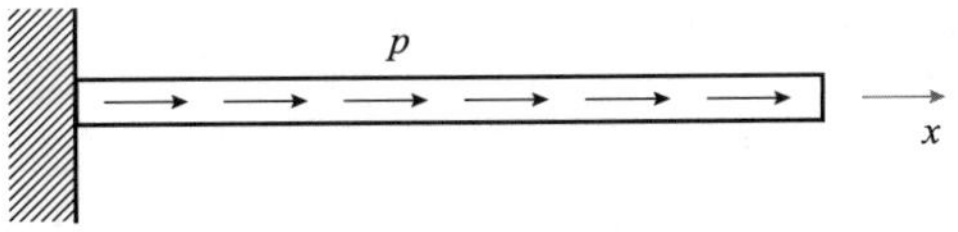

图 2.12　受均布载荷的杆

解：(1)依据弹性力学方法，建立该问题的基本方程及边界条件如下：

$$\frac{\mathrm{d}^2 u}{\mathrm{d}x^2}+\frac{P}{EA}=0$$

$$\begin{cases} u(x=0)=0 \\ \dfrac{\mathrm{d}u(x=L)}{\mathrm{d}x}=0 \end{cases} \tag{a}$$

对上述方程求解，可得到精确解为：

$$u(x)=-\frac{1}{2}\frac{px^2}{EA}+\frac{pLx}{EA} \tag{b}$$

(2)利用 Galerkin 法，求解该问题近似解。

假定一个试函数近似解，其满足上述所有边界条件：

$$u=C_1\sin\left(\frac{\pi x}{2L}\right) \tag{c}$$

将其代入控制方程，可得其残值为：

$$R(x)=-C_1\left(\frac{\pi x}{2L}\right)^2\sin\left(\frac{\pi x}{2L}\right)+\frac{p}{EA} \tag{d}$$

利用 Galerkin 法，取权函数为基底函数，则得到：

$$\int_0^L\sin\left(\frac{\pi x}{2L}\right)\cdot R(x)\mathrm{d}x=\int_0^L\sin\left(\frac{\pi x}{2L}\right)\cdot\left[-C_1\left(\frac{\pi x}{2L}\right)^2\sin\left(\frac{\pi x}{2L}\right)+\frac{p}{EA}\right]\mathrm{d}x=0 \tag{e}$$

求得：

$$C_1=\frac{16PL^2}{\pi^2 EA} \tag{f}$$

所以近似解：

$$u(x)=\frac{16PL^2}{\pi^3 EA}\sin\left(\frac{\pi x}{2L}\right) \tag{g}$$

例题 2-3 某简支梁，受均布载荷 q 作用(见图 2.13)，试分别：

(1)利用虚功原理求解梁的挠曲线方程的近似解。

(2)利用瑞利-里兹法求解梁的挠曲线方程的近似解。

(3)利用 Galerkin 法求解梁的挠曲线方程的近似解。

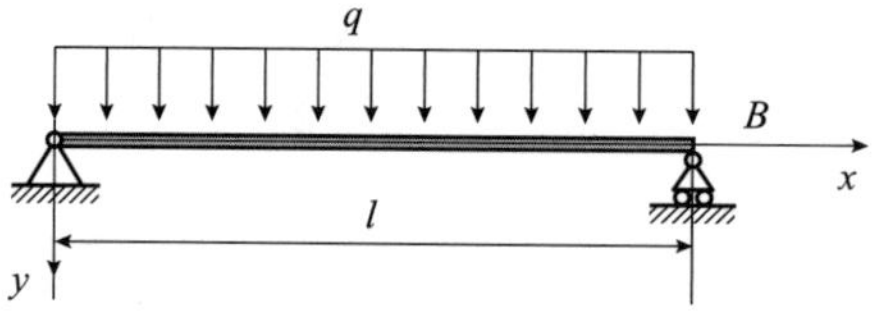

图 2.13 承受均布载荷的简支梁

解：(1)该问题的精确解求解。

该问题的控制方程及边界条件如下：

控制方程 $EI\dfrac{\mathrm{d}^4 y}{\mathrm{d}x^4}=q$

边界条件 $BC(u)$：$y|_{x=0}=0 \quad y|_{x=l}=0$

$BC(q)$：$y''|_{x=0}=0 \quad y''|_{x=l}=0$

该常微分方程其解的形式为：

$$y(x)=\frac{1}{EI}\left(\frac{q}{24}x^4+C_3x^3+C_2x^2+C_1x+C_0\right)$$

其中 $C_0 \sim C_3$ 为待定系数，可由四个边界条件求出：

解得：$y(x)=\frac{q}{24EI}(x^4-2lx^3+l^3x)$

中点位置($x=l/2$ 处)挠度为：

$$y\left(x=\frac{1}{2}l\right)=0.013020833\frac{ql^4}{EI}$$

(2)利用虚功原理求解该问题。

设简支梁的挠曲线方程为：

$$y_1=C_1\sin\left(\frac{\pi x}{l}\right) \tag{a}$$

其中 C_1 为待定系数。不难验证式(a)满足简支梁的位移边界条件。

梁的虚位移为：

$$\delta y=\delta C_1\sin\left(\frac{\pi x}{l}\right) \tag{b}$$

虚位移下的外力虚功为：

$$\delta W=\int_0^l q\cdot\delta y\cdot \mathrm{d}x=p\cdot\delta C_1\cdot\int_0^l\sin\left(\frac{\pi x}{l}\right)\mathrm{d}x=\frac{2lq}{\pi}\cdot\delta C_1 \tag{c}$$

虚位移引起的虚应变能：

$$\delta U=\int_V\sigma_x\delta\varepsilon_x\mathrm{d}V=\int_0^l\int_A E\cdot\varepsilon_x\cdot\delta\varepsilon_x\mathrm{d}A\mathrm{d}x \tag{d}$$

对于平面弯曲变形：

$$\varepsilon_x=-y\cdot\frac{\mathrm{d}^2y}{\mathrm{d}x^2} \tag{e}$$

将式(e)代入式(d)，得到：

$$\delta U=\int_0^l E\left(\int_A y^2\mathrm{d}A\right)\cdot\frac{\mathrm{d}^2y}{\mathrm{d}x^2}\cdot\frac{\mathrm{d}^2\delta y}{\mathrm{d}x^2} \tag{f}$$

梁横截面的惯性矩定义为：

$$I=\int_A y^2\mathrm{d}A \tag{g}$$

将式(a)、式(b)、式(g)代入式(f)，得到：

$$\delta U=\int_0^l EI\left(\frac{\pi}{l}\right)^2\cdot C_1\sin\left(\frac{\pi x}{l}\right)\left(\frac{\pi}{l}\right)^2\sin\left(\frac{\pi x}{l}\right)\cdot\delta C_1\cdot\mathrm{d}x=\frac{EI}{2}\left(\frac{\pi}{l}\right)^4\cdot C_1\cdot\delta C_1 \tag{h}$$

由虚功原理，$\delta W=\delta U$，得到：

$$\frac{EI}{2}\left(\frac{\pi}{l}\right)^4\cdot C_1\cdot\delta C_1=\frac{2lq}{\pi}\cdot\delta C_1$$

$$C_1=\frac{4l^4}{EI\pi^5}q \tag{i}$$

将式(i)代入式(a)，得到挠度曲线方程的近似解为：

$$y=\frac{4ql^4}{EI\pi^5}\sin\left(\frac{\pi x}{l}\right) \tag{j}$$

中点位置($x=l/2$ 处)挠度为：

$$y\left(x=\frac{1}{2}l\right)=0.0130711\frac{ql^4}{EI}$$

(3)用 Rayleigh-Ritz 法求解该问题。

取满足位移边界条件的近似解为：

$$y_1=C_1\sin\left(\frac{\pi x}{l}\right)+C_2\sin\left(\frac{\pi x}{l}\right) \tag{a}$$

其中 C_1 和 C_2 为待定系数，不难验证式(a)满足简支梁的位移边界条件。

简支梁的应变能为：

$$U=\frac{1}{2}\int_V\sigma_x e_x \mathrm{d}V=\frac{1}{2}\int_0^l\int_A E\cdot\varepsilon_x\cdot\varepsilon_x \mathrm{d}A\mathrm{d}x \tag{b}$$

对平面弯曲变形，有：

$$\varepsilon_x=-y\cdot\frac{\mathrm{d}^2 y}{\mathrm{d}x^2} \tag{c}$$

将式(c)代入式(b)，得：

$$U=\frac{1}{2}\int_0^l E\left(\int_A y^2\mathrm{d}A\right)\frac{\mathrm{d}^2 y}{\mathrm{d}x^2}\mathrm{d}x \tag{d}$$

梁横截面惯性矩为：

$$I=\int_A y^2\mathrm{d}A \tag{e}$$

将式(a)和式(e)代入式(d)，得：

$$U=\frac{1}{2}EI\int_0^l\left(\frac{\mathrm{d}^2 y}{\mathrm{d}x^2}\right)^2\mathrm{d}x=\frac{EI}{2}\left[C_1^2\left(\frac{\pi}{l}\right)^4\frac{l}{2}+C_2^2\left(\frac{3\pi}{l}\right)^4\frac{l}{2}\right] \tag{f}$$

外力势能为：

$$W_p=-\int_0^l q\cdot y\cdot\mathrm{d}x=-q\left(C_1\frac{2l}{\pi}+C_2\frac{2l}{3\pi}\right) \tag{g}$$

将式(f)和式(g)代入，得到简支梁的总势能 $\Pi=U-W$ 。再将得到的总势能 Π，代入式(2-19)，得到：

$$\begin{cases}\dfrac{\partial\Pi}{\partial C_1}=\dfrac{EI}{2}\left[2C_1\left(\dfrac{\pi}{l}\right)^4\dfrac{l}{2}\right]-q\dfrac{2l}{\pi}=0\\[2ex]\dfrac{\partial\Pi}{\partial C_2}=\dfrac{EI}{2}\left[2C_2\left(\dfrac{3\pi}{l}\right)^4\dfrac{l}{2}\right]-q\dfrac{2l}{3\pi}=0\end{cases} \tag{h}$$

由式(h)求出待定系数 C_1 和 C_2，再代回式(a)，得到挠曲线方程的近似解：

$$y(x)=\frac{4ql^4}{\pi^5 EI}\sin\left(\frac{\pi x}{l}\right)+\frac{4ql^4}{243\pi^5 EI}\sin\left(\frac{3\pi x}{l}\right) \tag{i}$$

中点位置($x=l/2$ 处)挠度为：

$$y\left(x=\frac{1}{2}l\right)=0.013017264\frac{ql^4}{EI}$$

(4)加权残值法求解该问题。

由材料力学可知，简支梁的控曲线微分方程为：

$$EI\frac{\mathrm{d}^2 y}{\mathrm{d}x^4}-q=0 \tag{a}$$

设简支梁挠曲线方程的近似解为：

$$y=C_1 N_1(x) \tag{b}$$

式中，C_1 为待定系数；$N_1(x)$为基函数，取：

$$N_i(x)=\sin\left(\frac{\pi r}{l}\right) \tag{c}$$

不难验证基函数式(c)和近似解式(b)满足简支梁的位移边界条件及力边界条件，将式(b)代入式(a)，得到余量表达式：

$$R=C_1 EI\left(\frac{\pi}{l}\right)^4\sin\left(\frac{\pi x}{l}\right)-q \tag{d}$$

权函数取 $W_1=N_1$ 代入，得到：

$$\int_0^l N_i R\,\mathrm{d}l = C_l EI\left(\frac{\pi}{l}\right)^4\int_0^l \sin\left(\frac{\pi x}{l}\right)\sin\left(\frac{\pi x}{l}\right)\mathrm{d}x - q\int_0^l \sin\left(\frac{\pi x}{l}\right)\mathrm{d}x = 0 \tag{e}$$

由式(e)解出：

$$C_1=\frac{4ql^4}{\pi^5 EI} \tag{f}$$

将式(f)代回到式(b)，得到简支梁挠曲线方程的近似解为：

$$y=\frac{4ql^4}{\pi^5 EI}\sin\left(\frac{\pi x}{l}\right) \tag{g}$$

中点位置($x=l/2$ 处)挠度为：

$$y\left(x=\frac{1}{2}l\right)=0.0130711\,\frac{ql^4}{EI}$$

该结果与虚功原理方法得到的结果相同，这是因为两种方法采用了相同的试函数。

拓展阅读

国内有限元方法的发展之路

国内有限元方法的发展历经理论奠基、工程突破、自主探索、困境挑战与复苏转型等阶段，始终与国家需求紧密相连，凝聚了几代科研工作者的智慧。

20 世纪 60 年代初，我国力学界为有限元方法奠定了重要理论基础。陈伯屏的结构矩阵方法、钱令希的余能原理、钱伟长与胡海昌的广义变分原理，构建了有限元方法的理论框架。其中，胡海昌提出的三类变量广义变分原理(胡-鹫津原理)，为有限元离散化提供了核心数学支撑。

1964 年，崔俊芝院士研制出国内首个平面问题通用有限元程序，成功解决刘家峡大坝复杂应力分析问题，标志着有限元方法从理论走向工程实践。冯康在总结工程计算经验的基础上，发表《基于变分原理的差分格式》，系统建立有限元方法的数学理论，独立于西方完成这一领域的开创性工作，其成果被国际学界视为中国数学对世界的重要贡献。

20 世纪 70 年代，国内有限元技术进入快速发展期。大连理工大学研制的 JEFIX 有限元软件、航空工业部开发的 HAJIF 系列程序，在水利、航空、机械等领域完成数十项大型工程计算，如葛洲坝水电站、运-10飞机设计等。

理论研究持续突破，冯康团队提出自然边界元方法，拓展了椭圆方程理论的应用范围；钱伟长将广义变分原理应用于板壳结构分析，推动有限元在复杂几何问题中的应用。1976年，林同骥通过分析吉林陨石雨烧蚀现象，建立飞行器再入烧蚀模型，展现了有限元方法在极端工程条件下的价值。此外，北京大学袁明武、北京农业大学李明瑞等学者研发的SAP84、FEM等软件，进一步丰富了国内有限元工具生态。

20世纪90年代，国外CAE软件大量涌入，凭借成熟功能和易用性占据市场主导，国内自主软件发展受到冲击。同时，因政策支持不足，CAE研发投入锐减，与国际差距逐渐拉大。

进入21世纪，国内有限元技术在困境中复苏。北京飞箭FEPG、郑州机械研究所紫瑞CAE、华中科技大学华铸CAE等软件，针对特定行业需求实现突破，在汽车、铸造等领域获得应用。有限元与机器学习的融合催生新方法，如湖南大学KMAS系统通过AI优化汽车冲压工艺，显著缩短设计周期。

近年来，国家"自主可控"战略推动有限元技术回归政策视野，"科学与工程计算"被纳入重点研发计划，企业与高校协同攻关，在多物理场耦合、大规模并行仿真等领域取得进展，支撑了新能源、半导体等关键产业的技术突破。

国内有限元方法的发展历程，是中国科技工作者"需求牵引、创新驱动"的生动实践。从解决大坝应力问题到服务高端制造，其发展始终与国家建设同频共振，未来将在数字化转型与新型工业化进程中持续发挥关键作用。

第 3 章　弹性力学连续体有限元方法

杆梁结构具有自然的连接关系，可以根据其组成将其进行自然的离散，但连续体不同，必须通过人工的方法进行离散。有限元方法的重大贡献在于成功处理了连续体(场)问题。本章将结合弹性力学知识，针对平面问题、轴对称问题及空间问题有限元方法进行研究和讨论。

3.1　弹性力学平面问题

3.1.1　平面问题概述

在实际问题中，任何弹性体都是空间物体，所受的外力一般都是空间力系，但是当弹性体的几何形状和受力情况具有一定特殊性时，经过合理的简化和力学的抽象处理，可以把空间问题简化成近似的平面问题。

平面问题是指这样一些问题，其结构尺寸及荷载分布沿某个方向(通常取为 z 轴)不变，且具有特殊的边界条件，结构内部的应力和应变就与 z 坐标无关，而只是 x、y 坐标的函数。平面问题分为两种，即平面应力问题和平面应变问题。

1. 平面应力问题

假设有很薄的等厚度薄板，在板边上承受有平行于板面且沿厚度方向不变的面力，同时体力也平行于板面且沿厚度方向不变化，如图 3.1 所示，这类问题称为平面应力问题。

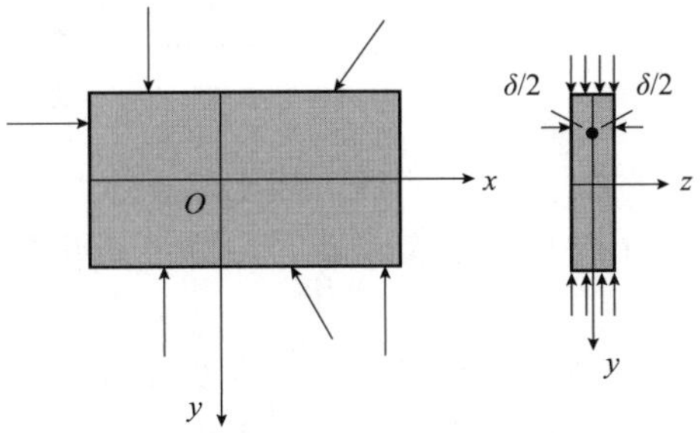

图 3.1　平面应力问题

平面应力问题对于物体的几何形状和受力有如下要求：

(1)几何形状方面：弹性体在一个方向(通常取为 z 轴)上的尺寸比另外两个方向上的尺寸小很多；

(2)受力方面：所受外力均平行于板面方向，沿板厚方向均匀分布，垂直于板面方向的外力分量为 0。

在实际工程中，满足此几何要求的物体有很多，如墙体、楼板等。但受力方面要求较为苛刻，在实际分析中，当横向作用很小，可以忽略时，则认为满足受力要求，例如不考虑风载、不考虑偏载影响的墙体等可简化为平面应力问题。

下面讨论平面应力问题的应力状态，如图 3.1 所示，在板面上$\left(z=\pm\frac{t}{2}\right)$不受力，所以：

$$(\sigma_z)_{z=\pm\frac{t}{2}}=0,\ (\tau_{zx})_{z=\pm\frac{t}{2}}=0,\ (\tau_{zy})_{z=\pm\frac{t}{2}}=0$$

由于板很薄，故可认为在整个薄板的所有各点都有上述特征，即：

$$\sigma_z=\tau_{zx}=\tau_{zy}=0$$

根据切应力互等定理，在结构内部只存在 xoy 平面内的三个应力分量σ_x、σ_y、τ_{xy}，且只是 x、y 的函数。根据物理方程，可求得与应力分量对应的三个应变分量为ε_x、ε_y、γ_{xy}，且 γ_{zx} 和 γ_{zy} 为零，ε_z 不为零，但不是独立变量，由下式确定：

$$\varepsilon_z=-\frac{\mu}{E}(\sigma_x+\sigma_y)$$

2. 平面应变问题

如图 3.2 所示，平面应变问题与平面应力问题相反，物体的几何形状及受力有如下要求：

(1)几何形状方面：弹性体在一个方向(通常取为 z 轴)上的尺寸远大于另外两个方向上的尺寸，且横截面沿长度方向不变；

(2)受力方面：所受外力均平行于横截面且不沿长度方向变化，平行于轴线方向的所有外力分量为零；所有外力及边界约束状态沿中心轴线长度方向不变化。

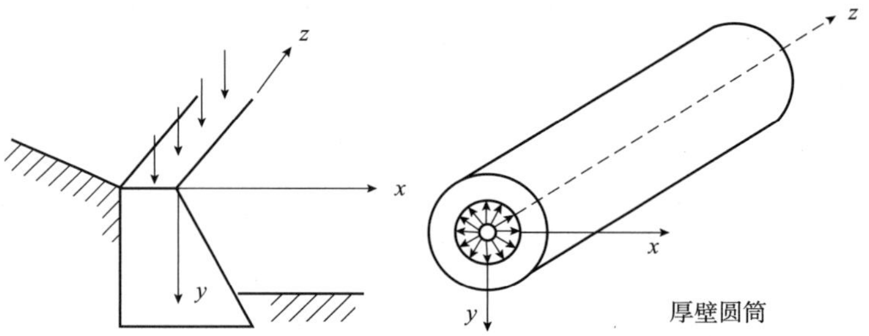

图 3.2　平面应变问题

例如，实际工程中挡土墙、水坝、边坡、隧道等接近于平面应变问题，虽然这些结构不是无限长，但实践表明，对于离开两端较远处，按平面应变问题计算，结果在工程上是可用的。

在平面应变问题中，应变分量 $\varepsilon_z=\gamma_{zx}=\gamma_{zy}=0$，只存在 xy 平面内的三个应变分量 ε_x、ε_y、γ_{xy}。根据物理方程，平面应变问题中的 τ_{zx} 和 τ_{zy} 也为零，σ_z 由下式确定：

$$\sigma_z=\mu(\sigma_x+\sigma_y)$$

综上，在平面问题(无论平面应力还是平面应变)中，共有 8 个基本未知量，非零或独立的应力和应变各有三个，即 σ_x、σ_y、τ_{xy} 和 ε_x、ε_y、γ_{xy}，位移只有 x 和 y 方向的上分量，用矢量表示如下：

$$\sigma=\{\sigma_x\quad\sigma_y\quad\tau_{xy}\}^T$$
$$\varepsilon=\{\varepsilon_x\quad\varepsilon_y\quad\gamma_{xy}\}^T$$
$$u=\{u\quad v\}^T \tag{3-1}$$

3.1.2　基本方程及边界条件

1. 平衡方程

$$\begin{cases}\dfrac{\partial\sigma_x}{\partial x}+\dfrac{\partial\tau_{yx}}{\partial y}+X=0\\[2mm]\dfrac{\partial\tau_{xy}}{\partial x}+\dfrac{\partial\sigma_y}{\partial y}+Y=0\end{cases}\tag{3-2}$$

其中 X、Y 分别为沿 x、y 方向的体力分量。

2. 几何方程

$$\begin{cases}\varepsilon_x=\dfrac{\partial u}{\partial x}\\[2mm]\varepsilon_y=\dfrac{\partial v}{\partial y}\\[2mm]\gamma_{xy}=\dfrac{\partial v}{\partial x}+\dfrac{\partial u}{\partial y}\end{cases}\tag{3-3}$$

3. 物理方程

$$\begin{Bmatrix}\sigma_x\\\sigma_y\\\tau_{xy}\end{Bmatrix}=\frac{E}{(1-\mu^2)}\begin{bmatrix}1&\mu&0\\\mu&1&0\\0&0&\dfrac{1-\mu}{2}\end{bmatrix}\begin{Bmatrix}\varepsilon_x\\\varepsilon_y\\\gamma_{xy}\end{Bmatrix}\tag{3-4}$$

平面应力问题弹性矩阵 D 为：

$$D=\frac{E}{(1-\mu^2)}\begin{bmatrix}1&\mu&0\\\mu&1&0\\0&0&\dfrac{1-\mu}{2}\end{bmatrix}\tag{3-5}$$

平面应变问题弹性矩阵 D 为：

$$D=\frac{E(1-\mu)}{(1+\mu)(1-2\mu)}\begin{bmatrix}1&\mu/(1-\mu)&0\\\mu/(1-\mu)&1&0\\0&0&\dfrac{1-2\mu}{2(1-\mu)}\end{bmatrix}\tag{3-6}$$

比较式(3-5)与式(3-6)，只要把平面应力问题弹性矩阵中的 E 换成 $E/(1-\mu^2)$，把 μ 换成 $\mu/(1-\mu)$ 即可得到平面应变问题弹性矩阵。

4. 边界条件

边界条件是指求解域 Ω 的边界 Γ 上所受到的外加约束或作用。通常 Γ 可以分为两个部分，即面力边界 Γ_σ 和位移边界 Γ_u；在 Γ_σ 上给定面力，在 Γ_u 上给定位移。有时一部分边界给定已知面力、一部分边界给定已知位移，这种边界称为混合边界。边界条件见图 3.3。

(1)应力边界条件：

$$\begin{cases}l\sigma_x+m\tau_{yx}=\overline{X}\\l\tau_{xy}+m\sigma_y=\overline{Y}\end{cases}\tag{3-7}$$

其中，$\overline{X}$、$\overline{Y}$ 为已知的边界面力沿 x、y 方向的分量。l、m 为边界外法线 N 的方向余弦，$l=\cos(N,x)$、$m=\cos(N,y)$。

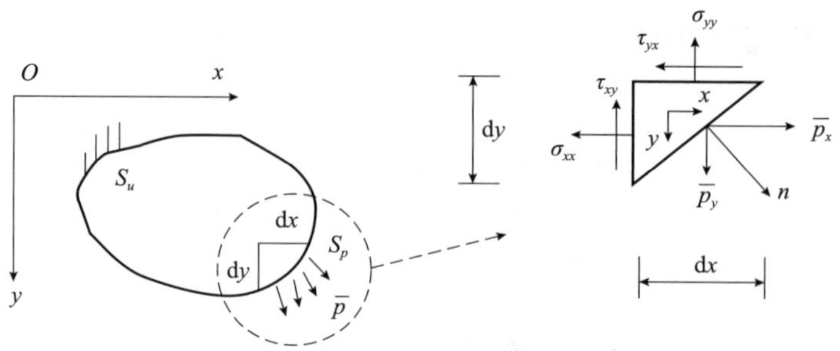

图 3.3 边界条件

(2)位移边界条件：

$$u=\bar{u},\ \nu=\bar{v} \tag{3-8}$$

其中，$\bar{u}$、$\bar{v}$ 为已知边界位移分量。

3.1.3 平面三角形单元

1. 结构离散化

对于平面问题，结构离散常用的网格形状有三角形、矩形和任意四边形等。离散后的单元与单元之间只通过节点相互连接，且对于平面问题，节点只传递集中力，不传递弯矩。如图 3.4 所示某带圆孔薄板对称结构，载荷沿板厚方向均匀分布，按平面应力问题分别划分为三角形网格和四边形网格。

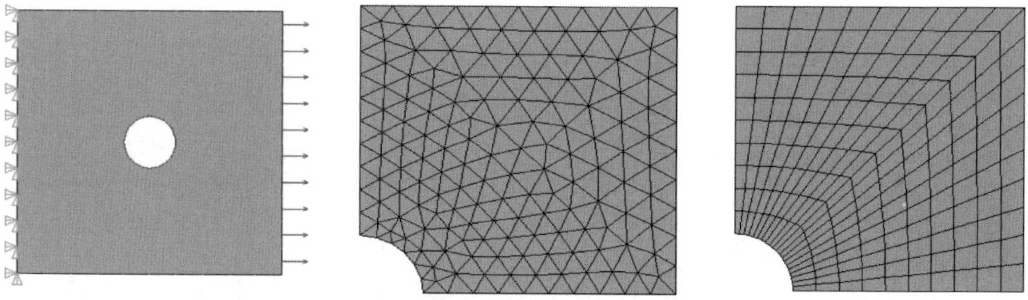

图 3.4 平面结构离散化(三角形单元、四边形单元)

2. 三角形单元分析

(1)单元描述。

平面问题 3 节点单元具有几何特征简单、描述能力强的特点，是平面问题有限元分析中最基础的单元，也是最重要的单元之一。不失一般性，任意一个 3 节点三角形单元如图 3.5 所示，设其单元编号为 e，按逆时针顺序，3 个节点的局部编号为 1、2、3，单元节点整体编号为 $i-j-m$，在定义的坐标系 xOy 中，各自的位置坐标为(x_i，y_i)，$i=1$，2，3，各个节点分别沿 x 方向和 y 方向的位移为(u_i，v_i)，$i=1$，2，3，各个节点的节点力为(P_{xi}，P_{yi})，$i=1$，2，3。节点位移和节点力表示如图 3.5 所示。

将所有节点位移写出，形成节点位移列阵。所有节点上各个节点形成节点力列阵。

$$q^e=\{u_1\ v_1\ u_2\ v_2\ u_3\ v_3\}^T \tag{3-9}$$

$$P^e=\{P_{x1}\ P_{y1}\ P_{x2}\ P_{y2}\ P_{x3}\ P_{y3}\}^T \tag{3-10}$$

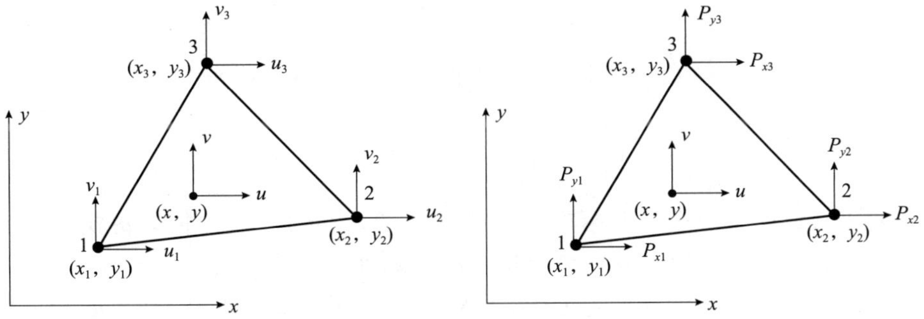

图 3.5 3 节点三角形单元节点位移及节点力

(2)位移函数构造。

考虑到完备性、连续性及待定系数的唯一确定性原则，分别选取单元中各个方向的位移函数为：

$$\begin{cases} u(x, y)=\alpha_1+\alpha_2 x+\alpha_3 y \\ v(x, y)=\beta_1+\beta_2 x+\beta_3 y \end{cases} \tag{3-11}$$

式中，α_1，β_1，…为待定系数，不具任何物理意义，称为广义坐标。

由节点条件，在$(x=x_i, y=y_i)$处，有：

$$\begin{cases} u(x_i, y_i)=u_i \\ v(x_i, y_i)=v_i \end{cases} \quad (i=1, 2, 3) \tag{3-12}$$

将节点条件代入式(3-11)，共有 6 个方程，可求解出待定系数 α_1、α_2、α_3、β_1、β_2、β_3。

$$\alpha_1=\frac{1}{2A}\begin{vmatrix} u_1 & x_1 & y_1 \\ u_2 & x_2 & y_2 \\ u_3 & x_3 & y_3 \end{vmatrix}=\frac{1}{2A}(a_1u_1+a_2u_2+a_3u_3) \tag{3-13}$$

$$\alpha_2=\frac{1}{2A}\begin{vmatrix} 1 & u_1 & y_1 \\ 1 & u_2 & y_2 \\ 1 & u_3 & y_3 \end{vmatrix}=\frac{1}{2A}(b_1u_1+b_2u_2+b_3u_3) \tag{3-14}$$

$$\alpha_3=\frac{1}{2A}\begin{vmatrix} 1 & x_1 & u_1 \\ 1 & x_2 & u_2 \\ 1 & x_3 & u_3 \end{vmatrix}=\frac{1}{2A}(c_1u_1+c_2u_2+c_3u_3) \tag{3-15}$$

$$\beta_1=\frac{1}{2A}(a_1\nu_1+a_2\nu_2+a_3\nu_3) \tag{3-16}$$

$$\beta_2=\frac{1}{2A}(b_1\nu_1+b_2\nu_2+b_3\nu_3) \tag{3-17}$$

$$\beta_3=\frac{1}{2A}(c_1\nu_1+c_2\nu_2+c_3\nu_3) \tag{3-18}$$

其中：

$$A=\frac{1}{2}\begin{vmatrix} 1 & x_1 & y_1 \\ 1 & x_2 & y_2 \\ 1 & x_3 & y_3 \end{vmatrix}=\frac{1}{2}(a_1+a_2+a_3)=\frac{1}{2}(b_1c_2-b_2c_1) \tag{3-19}$$

$$\begin{cases} a_1 = \begin{vmatrix} x_2 & y_2 \\ x_3 & y_3 \end{vmatrix} = x_2 y_3 - x_3 y_2 \\ b_1 = -\begin{vmatrix} 1 & y_2 \\ 1 & y_3 \end{vmatrix} = y_2 - y_3 \quad (1,\ 2,\ 3) \\ c_1 = \begin{vmatrix} 1 & x_2 \\ 1 & x_3 \end{vmatrix} = -x_2 + x_3 \end{cases} \tag{3-20}$$

式中的符号(1，2，3)表示下标轮换，例如 1→2，2→3，3→1 同时更换。

重写位移函数式(3-11)，并以节点位移的形式进行表示，有：

$$\begin{cases} u(x,\ y) = N_1(x,\ y)\cdot u_1 + N_2(x,\ y)\cdot u_2 + N_3(x,\ y)\cdot u_3 \\ v(x,\ y) = N_1(x,\ y)\cdot v_1 + N_2(x,\ y)\cdot v_2 + N_3(x,\ y)\cdot v_3 \end{cases} \tag{3-21}$$

可用矩阵表示为：

$$u(x,\ y) = \begin{bmatrix} u(x,\ y) \\ v(x,\ y) \end{bmatrix} = \begin{bmatrix} N_1 & 0 & N_2 & 0 & N_3 & 0 \\ 0 & N_1 & 0 & N_2 & 0 & N_3 \end{bmatrix} \begin{bmatrix} u_1 \\ v_1 \\ u_2 \\ v_2 \\ u_3 \\ v_3 \end{bmatrix} = N(x,\ y)\cdot q^e \tag{3-22}$$

其中 $N(x,\ y)$为形状函数矩阵：

$$N(x,\ y) = \begin{bmatrix} N_1 & 0 & N_2 & 0 & N_3 & 0 \\ 0 & N_1 & 0 & N_2 & 0 & N_3 \end{bmatrix} \tag{3-23}$$

$$N_i = \frac{1}{2A}(a_i + b_i x + c_i y) \quad (i=1,\ 2,\ 3) \tag{3-24}$$

由式(3-22)可看出，只要求得了节点位移，则单元上任意一点的位移都可以通过形函数插值得到，说明单位上的位移分布完全由形函数的性质决定。

(3)单元应变场的表达。

将位移函数式(3-22)代入几何方程式(3-3)，得到：

$$\varepsilon(x,\ y) = \begin{bmatrix} E_{xx} \\ E_{yy} \\ \gamma_{yy} \end{bmatrix} = \begin{bmatrix} \frac{\partial u}{\partial x} \\ \frac{\partial v}{\partial y} \\ \frac{\partial u}{\partial y} + \frac{\partial v}{\partial x} \end{bmatrix} = \begin{bmatrix} \frac{\partial}{\partial x} & 0 \\ 0 & \frac{\partial}{\partial y} \\ \frac{\partial}{\partial y} & \frac{\partial}{\partial x} \end{bmatrix} \begin{bmatrix} u(x,\ y) \\ \nu(x,\ y) \end{bmatrix} = [\partial]u \tag{3-25}$$

其中算子矩阵：

$$[\partial] = \begin{bmatrix} \frac{\partial}{\partial x} & 0 \\ 0 & \frac{\partial}{\partial y} \\ \frac{\partial}{\partial y} & \frac{\partial}{\partial x} \end{bmatrix} \tag{3-26}$$

记作：

$$\varepsilon(x,\ y)=[\partial]N(x,\ y)\cdot q^e=B(x,\ y)\cdot q^e \tag{3-27}$$

其中：

$$B(x,\ y)=[\partial]N=\begin{bmatrix}\dfrac{\partial}{\partial x} & 0\\ 0 & \dfrac{\partial}{\partial y}\\ \dfrac{\partial}{\partial y} & \dfrac{\partial}{\partial x}\end{bmatrix}\begin{bmatrix}N_1 & 0 & N_2 & 0 & N_3 & 0\\ 0 & N_1 & 0 & N_2 & 0 & N_3\end{bmatrix}$$

$$=\frac{1}{2A}\begin{bmatrix}b_1 & 0 & b_2 & 0 & b_3 & 0\\ 0 & c_1 & 0 & c_2 & 0 & c_3\\ c_1 & b_1 & c_2 & b_2 & c_3 & b_3\end{bmatrix}=[B_1\quad B_2\quad B_3] \tag{3-28}$$

B 称为应变矩阵或几何矩阵，这是 3×6 矩阵，有 3 个应变分量，列数与单元的总的自由度数目有关，它反映了单元中任意一点的应变分量和单元节点位移矢量之间的关系。每个分块矩阵的形式为：

$$B_i=\frac{1}{2A}\begin{bmatrix}b_i & 0\\ 0 & c_i\\ c_i & b_i\end{bmatrix},\ i=1,\ 2,\ 3 \tag{3-29}$$

(4)单元应力场的表达。

由物理方程式(3-4)，可以得到单元应力表达式，将其写成矩阵形式：

$$\sigma(x,\ y,\ z)=\begin{bmatrix}\sigma_{xx}\\ \sigma_{yy}\\ \tau_{xy}\end{bmatrix}=\frac{E}{1-\mu^2}\begin{bmatrix}1 & \mu & 0\\ \mu & 1 & 0\\ 0 & 0 & \dfrac{1-\mu}{2}\end{bmatrix}\begin{bmatrix}\varepsilon_{xx}\\ \varepsilon_{yy}\\ \gamma_{xy}\end{bmatrix}=D\cdot\varepsilon \tag{3-30}$$

D 为弹性系数矩阵

$$D=\frac{E}{1-\mu^2}\begin{bmatrix}1 & \mu & 0\\ \mu & 1 & 0\\ 0 & 0 & \dfrac{1-\mu}{2}\end{bmatrix}$$

将应变表达式(3-27)代入式(3-30)，则有：

$$\sigma=D\varepsilon=DBq^e=Sq^e \tag{3-31}$$

式中 $S=DB$ 为应力矩阵，将其表示为分块矩阵形式，为：

$$S=[S_1\quad S_2\quad S_3] \tag{3-32}$$

(5)单元势能的表达。

结合应变表达式(3-27)和应力表达式(3-30)，单元应变能为：

$$\begin{aligned}U^e &= \frac{1}{2}\int_{\Omega^e}\sigma^T\varepsilon\,\mathrm{d}V=\frac{1}{2}\int_{\Omega^e}\varepsilon^T D\varepsilon\,\mathrm{d}V=\frac{1}{2}\int_{S^e}\varepsilon^T D\varepsilon t\,\mathrm{d}x\mathrm{d}y\\ &=\frac{1}{2}\int_{S^e}q^{e^T}B^TDBq^e t\,\mathrm{d}x\mathrm{d}y=\frac{1}{2}q^{e^T}\left(\int_{S^e}B^TDBt\,\mathrm{d}x\mathrm{d}y\right)q^e=\frac{1}{2}q^{eT}K^eq^e\end{aligned} \tag{3-33}$$

对于一个平衡单元来说，作用在其上的节点力相当于外力，单元外力功为：

$$W^e=q^{eT}P^e \tag{3-34}$$

单元总势能为：

$$\Pi^e = U^e - W^e = \frac{1}{2} q^{eT} K^e q^e - q^{eT} P^e \tag{3-35}$$

其中 K^e 是单元刚度矩阵：

$$K^e = \int_{A^e} B^T D B \, \mathrm{d}\Omega \tag{3-36}$$

对于三角形单元，B 矩阵为常系数矩阵，因此：

$$K^e = \int_{A^e} B^T D B \, \mathrm{d}A \cdot t = B^T D B A t = \begin{bmatrix} k_{11} & k_{12} & k_{13} \\ k_{21} & k_{22} & k_{23} \\ k_{31} & k_{32} & k_{33} \end{bmatrix} \tag{3-37}$$

其中：

$$k_{rs} = \frac{Et}{4(1-\mu^2)A} \begin{bmatrix} k_1 & k_3 \\ k_2 & k_4 \end{bmatrix} \tag{3-38}$$

$$k_1 = b_r b_s + \frac{1-\mu}{2} c_r c_s$$

$$k_2 = \mu c_r b_s + \frac{1-\mu}{2} b_r c_s$$

$$k_3 = \mu b_r c_s + \frac{1-\mu}{2} c_r b_s$$

$$k_4 = c_r c_s + \frac{1-\mu}{2} b_r b_s$$

（6）单元平衡方程。

对单元的总势能式（3－35），由最小势能原理，可得到单元刚度方程：

$$K^e q^e = P^e \tag{3-39}$$

（7）整体平衡方程。

假定整个有限元模型中共有 m 个单元，n 个节点，因为能量是标量，可以直接将每个单元的势能进行相加，得到结构的总势能。表达为：

$$\Pi = \sum \Pi^e = \frac{1}{2} q^T K q - q^T P \tag{3-40}$$

式中，q 为整体节点位移列阵，即系统中所有节点位移组成的列阵，$q = \{u_1 v_1 u_2 v_2 \cdots u_n v_n\}^T$，$P = \sum_m P_i^e = \{P_{x1} P_{y1} P_{x2} P_{y2} \cdots P_{xn} P_{yn}\}^T$ 为整体等效节点载荷列阵，$K = \sum_m K^e$ 为整体刚度矩阵，将系统中所有单元刚度矩阵按一定规则集成组装起来。

由最小势能原理，根据 $\delta\Pi = 0$，得到整体平衡方程：

$$Kq = P \tag{3-41}$$

（8）由于整体刚度矩阵是奇异的，引入边界条件，可求出未知位移。再根据弹性力学的基本公式，计算出单元的应力和应变。

3.1.4 单元性质特征、等效节点载荷及求解后处理

1. 形函数与面积坐标

形函数 N 是 x 和 y 的线性函数，具有非常重要的作用和明确的物理意义，反映了单

元内任一点位移分量与节点位移矢量之间的关系，例如，N_i 表示当节点 i 在某坐标方向发生单位位移而其他节点的位移为零时的单元内的位移分布规律，其表明了单元的位移形态。结合式(3-20)，由式(3-24)可以看出，形函数具有以下性质：

(1)在节点 1，$N_1(x_1, y_1)=1$，$N_2(x_1, y_1)=0$，$N_3(x_1, y_1)=0$

在节点 2，$N_1(x_2, y_2)=0$，$N_2(x_2, y_2)=1$，$N_3(x_2, y_2)=0$

在节点 3，$N_1(x_3, y_3)=0$，$N_2(x_3, y_3)=0$，$N_3(x_3, y_3)=1$

记作：

$$N_i(x_j, y_j)=\delta_{ij}=\begin{cases}1(i=j)\\0(i\neq j)\end{cases}\quad (i, j=1, 2, 3)$$

(2)单元内任一点形函数之和为 1，即：

$$N_1(x, y)+N_2(x, y)+N_3(x, y)=1$$

除了形函数，也经常使用面积坐标。

(3)面积坐标。

三角形内任意一点 $P(x, y)$，与各顶点相连，将三角形分成 3 个小的三角形，如图 3.6 所示。

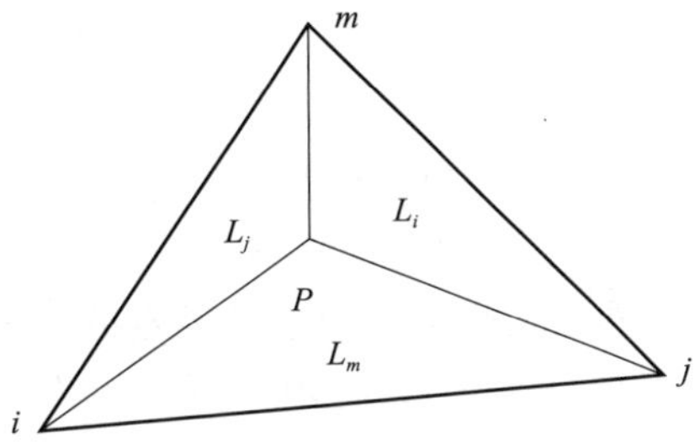

图 3.6　面积坐标图

如果 3 个小三角形的面积分别记为 A_i、A_j、A_m，令：

$$L_i=\frac{A_i}{A}, \ L_j=\frac{A_j}{A}, \ L_m=\frac{A_m}{A}$$

则 L_i、L_j、L_m 就可以作为一种确定 P 点位置的坐标，L_i、L_j、L_m 称为 P 点的面积坐标。面积坐标是根据面积来定义的，是一种固定于单元的局部坐标。面积坐标具有以下性质。

①P 为三角形内任意一点：

$$L_i+L_j+L_m=1$$

②P 在节点上(如节点 i)：

$$L_i=1, \ L_j=L_m=0$$

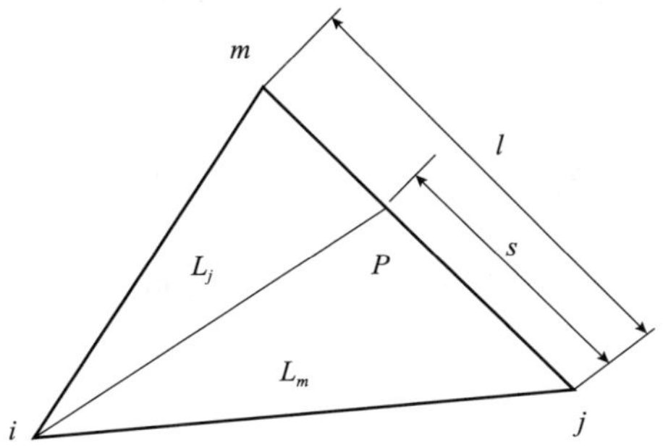

图 3.7　边界上的点

③P 在边线上(如在 jm 边，如图 3.7 所示)：

$$L_i=0, \ L_j=L_m=1$$

④P 在 jm 边上(距 j 节点的距离为 s，jm 边长为 l)：

$$L_j=1-\frac{s}{l}, \ L_m=\frac{s}{l}$$

⑤P 在单元的形心处：

$$L_i(x_C, y_C)=L_j(x_C, y_C)=L_m(x_C, y_C)=\frac{1}{3}$$

⑥直角坐标与面积坐标的关系：

$$\begin{aligned}x&=x_iL_i+x_jL_j+x_mL_m\\y&=y_iL_i+y_jL_j+y_mL_m\end{aligned}\qquad(3-42)$$

利用分部积分，可以证明面积坐标中非常有用的积分公式：

$$\iint_{\Omega} L_i^{\alpha} L_j^{\beta} L_m^{\gamma} \mathrm{d}x\mathrm{d}y = 2A \frac{\alpha!\beta!\gamma!}{(\alpha+\beta+\gamma+2)!} \tag{3-43}$$

$$\int_S L_i^{\alpha} L_j^{\beta} \mathrm{d}s = L \frac{\alpha!\beta!}{(\alpha+\beta+1)!}(i,j,m) \tag{3-44}$$

式中，α、β、γ 为整常数；A 为三角形单元的面积；L 为$\overline{ij}$边的长度。

(4)形函数与面积坐标的关系：

$$L_i = \frac{A_i}{A} = \frac{1}{2A}\left(\begin{vmatrix} x_i & y_i \\ x_m & y_m \end{vmatrix} - x\begin{vmatrix} 1 & y_i \\ 1 & y_m \end{vmatrix} + y\begin{vmatrix} 1 & x_j \\ 1 & x_m \end{vmatrix}\right) = \frac{1}{2A}(a_i + b_i x + c_i y)$$

上式与式(3－24)比较可见，虽然形函数与面积坐标是从不同方面定义的，但其数学表达式完全相同，形函数与面积坐标的关系为：

$$N_i = L_i,\ (i = i,\ j,\ m) \tag{3-45}$$

因此，可借鉴面积坐标的性质来表达形函数的性质。形函数与节点坐标之间的关系为：

$$\begin{aligned} N_i x_i + N_j x_j + N_m x_m &= x \\ N_i y_i + N_j y_j + N_m y_m &= y \end{aligned} \tag{3-46}$$

2. 刚度矩阵性质及其特点

(1)单元刚度矩阵物理意义。

单元刚度矩阵大小是固定的，元素排列与对应的节点编号相关联。假定单元三个节点编号为 $i-j-m$，将单元刚度矩阵按其 3 个节点进行分块，形式为：

$$K^e = \begin{bmatrix} K_{ii} & K_{ij} & K_{im} \\ K_{ji} & K_{jj} & K_{jm} \\ K_{mi} & K_{mj} & K_{mm} \end{bmatrix} \begin{matrix} i \\ j \\ m \end{matrix}$$

其中 K_{rs}(r，$s=i$，j，m)为 2×2 阶子矩阵。

对于每个分块阵 K_{ij} 来说，当 j 节点产生单位位移而其他节点被完全约束时，在 i 节点处产生的节点力。对于每一个元素 k_{ij} 来说，当某节点第 j 自由度产生单位位移而其他自由度被完全约束时，在该节点第 i 自由度处产生的节点力。例如，刚度矩阵元素 $k_{(2m-1),(2m-1)}$ 中的元素，表示节点 m 在 x 方向产生单位位移，而其他位移均为零时，在节点 m 的 x 方向上必须施加的力。其特点有：

· 对称性

单元刚度矩阵是对称方阵，其元素都关于主对角线对称。

· 奇异性

单元刚度矩阵中任意一行或列元素之和为零。其物理意义是在没有给单元施加任何约束时，单元可有刚体运动，位移不能唯一地确定。

· 主对角线元素恒为正值

主对角线元素是正值说明结点位移方向与施加结点荷载的方向是一致的。

· 单元刚度矩阵元素与单元位置无关

单元在平移时，K^e 不变；单元节点排列顺序不同时，K^e 中元素大小不变，而排列顺序相应改变。单元转动 180°时，应变矩阵 B、应力矩阵 S 不同，但 K^e 不变。

根据前面三角形单元的构建过程，单元刚度矩阵计算过程总结如下：

①根据平面应力或应变问题属性，计算弹性矩阵 D；

②根据单元组成及节点编号 $i-j-m$，提取对应节点的坐标；

③计算单元面积 A，计算各系数 a_i、b_i、c_i（i、j、m 轮换）；

④计算应变矩阵 B；应力矩阵 S；

⑤计算单元刚度矩阵 K^e。

(2)整体刚度矩阵组装。

对于单元刚度矩阵是按照局部编码排列的，即对应单元刚度矩阵中的 i、j、m；对于整体刚度矩阵是按照整体编码排列的，即按节点号码以从小到大的顺序排列。单元刚度矩阵组装为整体刚度矩阵时，先将其扩充为整体刚度矩阵相同的阶数 $2n\times 2n$（n 为节点数目），根据整体节点编号，直接对号入座将对应子块放置到整体刚度矩阵对应的位置，其位置区域为$[(2r-1):2r,(2s-1):2s]$（r，$s=i$、j、m）。节点 i、j、m 所对应具体位置的元素保持原来的数值不变，其余各个位置均用 0 填充，得到单元的扩大刚度矩阵。在组装过程中，必须知道单元节点的局部编码与该节点在整体结构中的整体编码之间的关系，才能得到单元刚度矩阵中的每个子块在整体刚度矩阵中的位置。例如，式(a)为某单元刚度矩阵 K^e（局部编号 $i-j-m$），假定对应的整体节点编号 $i<j<m$，则单元扩充之后的矩阵为式(b)。

$$K^e=\begin{bmatrix} K_{ii} & K_{ij} & K_{im} \\ K_{ji} & K_{jj} & K_{jm} \\ K_{mi} & K_{mj} & K_{mm} \end{bmatrix}\begin{matrix} i \\ j \\ m \end{matrix} \tag{a}$$

$$K_{(2n\times 2n)}=\begin{bmatrix} 0 & 0 & \cdots 0 & \cdots 0 & \cdots 0 & \cdots 0 \\ 0 & 0 & \cdots 0 & \cdots 0 & \cdots 0 & \cdots 0 \\ & & & \vdots & & \\ 0 & 0 & \cdots K_{ii}^e & \cdots K_{ij}^e & \cdots K_{im}^e & \cdots 0 \\ & & & \vdots & & \\ 0 & 0 & \cdots K_{ji}^e & \cdots K_{jj}^e & \cdots K_{jm}^e & \cdots 0 \\ & & & \vdots & & \\ 0 & 0 & \cdots K_{mi}^e & \cdots K_{mj}^e & \cdots K_{mm}^e & \cdots 0 \\ & & & \vdots & & \\ 0 & 0 & \cdots 0 & \cdots 0 & \cdots 0 & \cdots 0 \end{bmatrix} \tag{b}$$

实际操作时，不必将每个单元刚度矩阵扩充成为 $2n\times 2n$ 形式后再进行累加，而是将单元刚度矩阵分块后的子矩阵根据其下标的实际编号，按统一的节点编号顺序，放置到用于存放整体刚度矩阵元素的二维数组中 r、s 所对应的位置，依次叠加单元刚度矩阵中的 9 个子矩阵，完成一个单元刚度矩阵的组装，再逐个进行其他单元的叠加，最终获得整体刚度矩阵，即“整体编号、对号入座”。但是要注意：单元刚度矩阵的各子矩阵在总刚度矩阵的位置由节点编号确定，不再保持原来的相对位置关系。依次叠加全部单元，数组中的元素就是结构刚度矩阵的元素，这个集成或组装过程是累加计算过程。

如图 3.8 所示某平面结构由 4 个单元组成，其单元组成、局部节点编号和整体节点编号对应关系如图中所示。将单元刚度矩阵中的每个子块按整体编码顺序重新排列后，可以得到单元的扩大矩阵，再进行叠加。

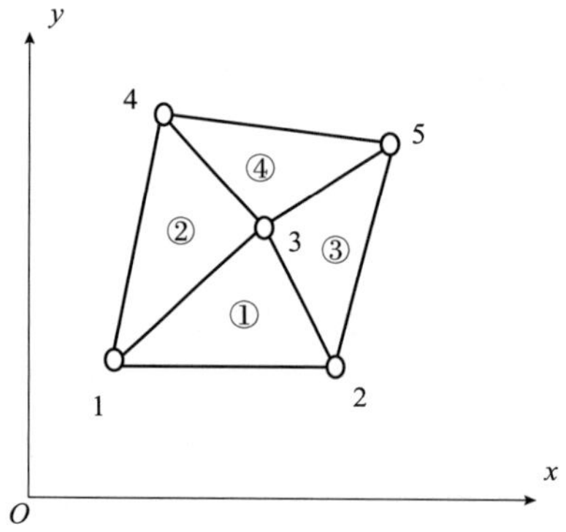

单元编号	3个节点编号对应关系		
	i	j	m
1	1	2	3
2	1	3	4
3	2	5	3
4	3	5	4

图 3.8　平面结构由 4 个单元组成及单元信息表

例如单元②的局部编码为 i、j、m，对应整体编码为 1、3、4，然后将单元②刚度矩阵中的每个子块按总体编码顺序重新排列后，放置到整体刚度矩阵中的 1、3、4 行与列所对应的 9 个位置。单元③的局部编码为 i、j、m，对应整体编码为 3、2、5，然后将单元③刚度矩阵中的每个子块按总体编码顺序重新排列后，放置到整体刚度矩阵中的 3、2、5 行与列所对应的 9 个位置。对于图 3.8 中的 4 个单元的扩大矩阵分别为：

$$K^{(1)}=\begin{bmatrix} K_{11}^{(1)} & K_{12}^{(1)} & K_{13}^{(1)} & 0 & 0 \\ K_{21}^{(1)} & K_{22}^{(1)} & K_{23}^{(1)} & 0 & 0 \\ K_{31}^{(1)} & K_{32}^{(1)} & K_{33}^{(1)} & 0 & 0 \\ 0 & 0 & 0 & 0 & 0 \\ 0 & 0 & 0 & 0 & 0 \end{bmatrix} K^{(2)}=\begin{bmatrix} K_{11}^{(2)} & 0 & K_{13}^{(2)} & K_{14}^{(2)} & 0 \\ 0 & 0 & 0 & 0 & 0 \\ K_{31}^{(2)} & 0 & K_{33}^{(2)} & K_{34}^{(2)} & 0 \\ K_{41}^{(2)} & 0 & K_{43}^{(2)} & K_{44}^{(2)} & 0 \\ 0 & 0 & 0 & 0 & 0 \end{bmatrix}$$

$$K^{(3)}=\begin{bmatrix} 0 & 0 & 0 & 0 & 0 \\ 0 & K_{22}^{(3)} & K_{23}^{(3)} & 0 & K_{25}^{(3)} \\ 0 & K_{32}^{(3)} & K_{33}^{(3)} & 0 & K_{35}^{(3)} \\ 0 & 0 & 0 & 0 & 0 \\ 0 & K_{52}^{(3)} & K_{53}^{(3)} & 0 & K_{55}^{(3)} \end{bmatrix} K^{(4)}=\begin{bmatrix} 0 & 0 & 0 & 0 & 0 \\ 0 & 0 & 0 & 0 & 0 \\ 0 & 0 & K_{33}^{(4)} & K_{34}^{(4)} & K_{35}^{(4)} \\ 0 & 0 & K_{43}^{(4)} & K_{44}^{(4)} & K_{45}^{(4)} \\ 0 & 0 & K_{53}^{(4)} & K_{54}^{(4)} & K_{55}^{(4)} \end{bmatrix}$$

根据上述方法，按对号入座的方法，依次将各个单元刚度矩阵元素叠加到整体刚度矩阵中，得到：

$$K=K^{(1)}+K^{(2)}+K^{(3)}+K^{(4)}$$

$$=\begin{bmatrix} K_{11} & K_{12} & K_{13} & K_{14} & K_{15} \\ K_{21} & K_{22} & K_{23} & K_{24} & K_{25} \\ K_{31} & K_{32} & K_{33} & K_{34} & K_{35} \\ K_{41} & K_{42} & K_{43} & K_{44} & K_{45} \\ K_{51} & K_{52} & K_{53} & K_{54} & K_{55} \end{bmatrix}$$

$$=\begin{bmatrix} K_{11}^{(1)}+K_{11}^{(2)} & K_{12}^{(1)} & K_{13}^{(1)}+K_{13}^{(2)} & K_{14}^{(2)} & 0 \\ K_{21}^{(1)} & K_{22}^{(1)}+K_{22}^{(3)} & K_{23}^{(1)}+K_{23}^{(3)} & 0 & K_{25}^{(3)} \\ K_{31}^{(1)}+K_{31}^{(2)} & K_{32}^{(1)}+K_{32}^{(3)} & K_{33}^{(1)}+K_{33}^{(2)}+K_{33}^{(3)}+K_{33}^{(4)} & K_{34}^{(2)}+K_{34}^{(4)} & K_{35}^{(3)}+K_{35}^{(4)} \\ K_{41}^{(2)} & 0 & K_{43}^{(2)}+K_{43}^{(4)} & K_{44}^{(2)}+K_{44}^{(4)} & K_{45}^{(4)} \\ 0 & K_{52}^{(3)} & K_{53}^{(3)}+K_{53}^{(4)} & K_{54}^{(4)} & K_{55}^{(3)}+K_{55}^{(4)} \end{bmatrix}$$

根据上述集成过程，可以得到组装整体刚度矩阵的一般规则：

①当整体刚度矩阵中的子矩阵 K_{rs} 中 $r=s$ 时，该节点(节点 r 或 s)被哪几个单元所共有，则就是这几个单元的刚度矩阵中的子矩阵 K_{rs}^{e} 的相加。例如节点 3 由 4 个单元共有，因此，K_{33} 应该是单元①～④中对应子矩阵的集成，$K_{33}=K_{33}^{(1)}+K_{33}^{(2)}+K_{33}^{(3)}+K_{33}^{(4)}$。

②当 K_{rs} 中 $r\neq s$ 时，若 rs 边是组合体的内边，则 K_{rs} 就是共用该边的两相邻单元刚度矩阵中的子矩阵 K_{rs}^{e} 的相加。如 13 边为单元①和②的共用边，则 $K_{13}=K_{13}^{(1)}+K_{13}^{(3)}$。

③当 K_{rs} 中 r 和 s 不同属于任何单元时，则 $K_{rs}=0$。如节点 $r=1$ 和 $s=5$ 不同属于任何单元，此时 $K_{15}=0$。

(3)整体刚度矩阵性质。

· 对称性

整体刚度矩阵是对称方阵，其元素都对称于主对角线。

· 奇异性

无约束的弹性体的整体刚度矩阵是奇异的，不存在逆矩阵，即关于位移的解不唯一。这是因为弹性体在外力的作用下处于平衡，外力的分量应该满足三个静力平衡方程。这反映在整体刚度矩阵中就意味着存在三个线性相关的行或列，所以 K 是奇异阵，不存在逆矩阵。

· 主对角元素恒为正值

很显然在此情况下力的方向应该与位移方向一致，故应为正号。

· 稀疏性，非零元素呈带状分布

刚度矩阵中不相关节点所对应的元素为零元素，实际上很多节点都不存在相关性，因此刚度矩阵中零元素很多，使其表现为稀疏矩阵。如果遵守一定的节点编号规则，就可使矩阵的非零元素都集中在主对角线附近呈带状，如图 3.9 所示。整体刚度矩阵中的子矩阵只有当下标 s 等于 r 或者 s 与 r 同属于一个单元时才不为零，这就说明，在第 r 双行中非零子矩阵的块数，应该等于节点 r 周围直接相邻的节点数目加 1，且非零元素呈带状分布。

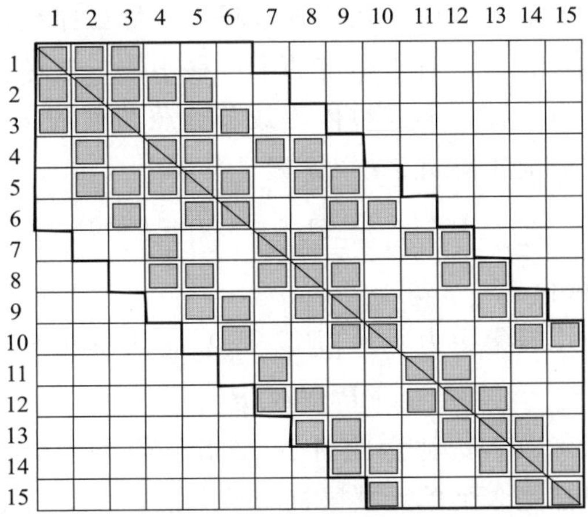

图 3.9　刚度矩阵稀疏性及带状分布特点

(4)整体刚度矩阵带宽。

带状刚度矩阵的带宽取决于单元网格中相邻节点号码的最大差值 D。把半个斜带形区域中各行所具有的非零元素的最大个数叫作刚度矩阵的半带宽(包括主对角元素)，用 B 表示为：

$$B=2(D+1) \tag{3-47}$$

通常的有限元程序，一般都利用刚度矩阵的对称和稀疏带状的特点，在计算求解中，只存储上半带的元素，即所谓的半带存储。因此，在划分完有限元网格进行节点编号时，要采用合理的编码方式，使同一单元中相邻两节点的号码差尽可能小，以便节省存储空间、提高计算效率。如图 3.10 所示同一平面结构的 3 种不同节点编号方法，可以看出，最大的半带宽为 B 分别为 14、18、10。

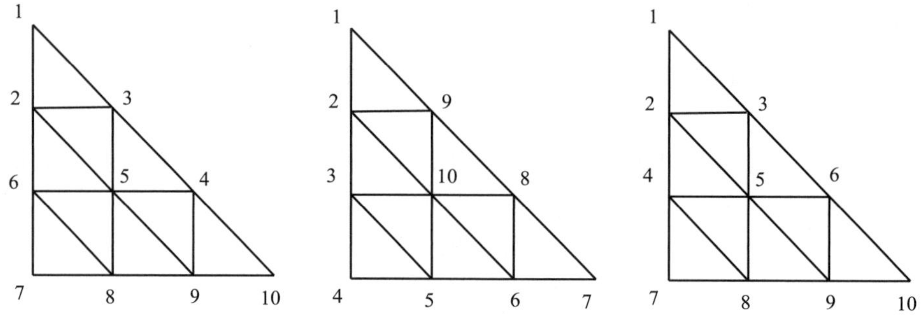

图 3.10　同一平面结构的 3 种不同节点编号方法

3. 等效节点载荷计算

对于任意一个节点，可能承受两种力的作用：一种是其他单元给予该节点的反作用力；另一种是作用在节点上的等效节点力或节点载荷。对整体而言，前者属于内力，后者属于外力，每个节点在两种力的作用下处于平衡。对于整体而言，单元给予节点的反作用力属于内力，在相加过程中相互抵消，所以各节点所受力相加的结果只有外力，即等效节点力，从而得到整体节点荷载列阵。

单元在承受非节点载荷时，如承受分布体力或面力时，需要根据静力等效原则来获得节点载荷的等效值，即等效节点载荷。在移置过程中，保证原载荷和移置产生的节点载荷在任意虚位移上所做的虚功相等，对于给定的虚位移函数，这种移置是唯一的。整体分析时，根据各单元的等效节点载荷，形成整体等效节点载荷列阵 P。如果有限元模型共有 n 个节点，则整体等效节点载荷矩阵有 $2n$ 个元素。

$$P=\sum_m P_i^e=\sum_m (P+P_v+P_s)=\{P_{x1}\ P_{y1}\ P_{x2}\ P_{y2}\cdots\ P_{xn}\ P_{yn}\}^T$$

(1)集中力等效节点载荷。

在单元内任意一点作用有集中力 $P=\{P_x \quad P_y\}^T$，其单元的等效节点载荷为：

$$P^e=N^T P \tag{3-48}$$

移置的结果取决于形函数 N，注意此时 N 是指载荷作用点的形函数数值。当集中载荷作用在节点上时，一般都是多个单元共同拥有该节点，不必考虑集中力在单元之间的分配问题，直接将集中力叠加到整体载荷矢量中。

(2)体力等效节点载荷。

设单元所受的均匀分布体力为 $p_v=\{X \quad Y\}^T$，将其对整个单元体积积分，可得：

$$P^e = t\iint N^T p_v \mathrm{d}x\mathrm{d}y = t\iint \begin{bmatrix} N_i & 0 \\ 0 & N_i \\ N_j & 0 \\ 0 & N_j \\ N_m & 0 \\ 0 & N_m \end{bmatrix} \begin{Bmatrix} X \\ Y \end{Bmatrix} \mathrm{d}x\mathrm{d}y = t\iint \begin{bmatrix} N_iX \\ N_iY \\ N_iX \\ N_jY \\ N_iX \\ N_mY \end{bmatrix} \mathrm{d}x\mathrm{d}y = \begin{Bmatrix} P_{xi} \\ P_{yi} \\ P_{xj} \\ P_{yj} \\ P_{mi} \\ P_{mj} \end{Bmatrix} \qquad (3-49)$$

一般认为体力分量为常量，则将上式进行积分，可以得到单元等效节点载荷。以 i 节点 X 方向的等效节点载荷为例，其计算如下：

$$P_{xi} = tX\iint N_i \mathrm{d}x\mathrm{d}y = \iint \frac{1}{2A}(a_i + b_i x + c_i y)\mathrm{d}x\mathrm{d}y = \frac{a_i}{2A}\iint \mathrm{d}x\mathrm{d}y + \frac{b_i}{2A}\iint x\mathrm{d}x\mathrm{d}y + \frac{c_i}{2A}\iint y\mathrm{d}x\mathrm{d}y$$

$$= \frac{A}{2A}(a_i + b_i x_C + c_i y_C) = AN_i(x_C, y_C) = \frac{A}{3}tX$$

对于 Y 方向和其他节点的等效载荷与此计算类似，因此，当体力为常量时，单元等效节点载荷可以写成统一形式：

$$P^e = \left\{ \frac{A}{3}tX \quad \frac{A}{3}tY \quad \frac{A}{3}tX \quad \frac{A}{3}tY \quad \frac{A}{3}tX \quad \frac{A}{3}tY \right\}$$

其中 At 是单元体积，AtX、AtY 实际是单元体力在 x 和 y 方向上的合力，当体力为常量时，先计算出单元体力的合力，再平均分配到对应的 3 个节点上，即为等效节点载荷。

(3)表面力等效节点载荷。

设单元所受的表面力 $\overline{P}_s = \{\overline{X} \quad \overline{Y}\}^T$，其单元的等效节点载荷为：

$$\overline{P}^e = t\iint N^T \overline{p}_s \mathrm{d}x\mathrm{d}y = t\iint \begin{bmatrix} N_i & 0 \\ 0 & N_i \\ N_j & 0 \\ 0 & N_j \\ N_m & 0 \\ 0 & N_m \end{bmatrix} \begin{Bmatrix} \overline{X} \\ \overline{Y} \end{Bmatrix} \mathrm{d}s = t\iint \begin{bmatrix} N_i\overline{X} \\ N_i\overline{Y} \\ N_i\overline{X} \\ N_j\overline{Y} \\ N_i\overline{X} \\ N_m\overline{Y} \end{bmatrix} \mathrm{d}s = \begin{Bmatrix} \overline{P}_{xi} \\ \overline{P}_{yi} \\ \overline{P}_{xj} \\ \overline{P}_{yj} \\ \overline{P}_{mi} \\ \overline{P}_{mj} \end{Bmatrix} \qquad (3-50)$$

物体表面力作用方向及大小分布有不同的形式，如面力作用方向有法线方向、切线方向或倾斜方向。面力大小则有线性或高次分布方式。例如三角形单元某边线上受有分布载荷，可根据上述公式计算等效节点载荷。平面承受表面力的 3 节点三角形单元的节点等效外载荷列阵如表 3.1 所示。

表 3.1　节点三角形单元的等效节点载荷列表

受载情况图示	等效节点载荷(t 为板厚度，单元边长为 l)
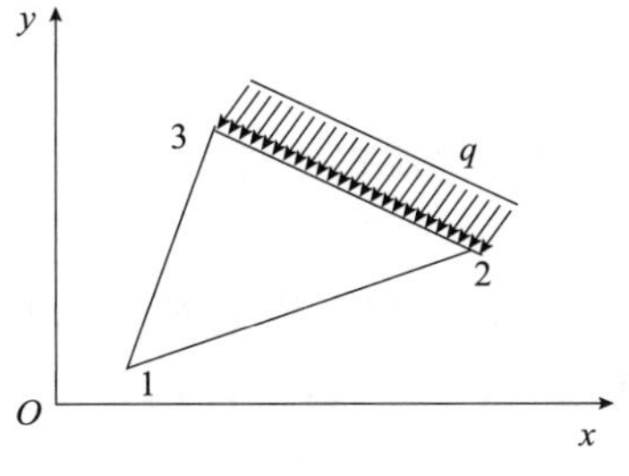	假定单元 23 边受法向均布面力 q $P^e = \{P_{x1} P_{y1} P_{x2} P_{y2} P_{x3} P_{y3}\}^T =$ $\frac{qt}{2}\{0 0\ y_2 - y_3 \quad x_3 - x_2 \quad y_2 - y_3 x_3 - x_2\}^T$ 假定单元 23 边受线性分布法向面力，节点 2 值为 q_2，节点 3 值为 q_3，则 2 个节点的等节点载荷分别为： $\{P_{x2} P_{y2}\}^T = \frac{(2q_2 + q_3)t}{6}\{y_2 - y_3 x_3 - x_2\}^T$ $\{P_{x3} P_{y3}\}^T = \frac{(q_2 + 2q_3)t}{6}\{y_2 - y_3 x_3 - x_2\}^T$

续表

<table>
<tr><th>受载情况图示</th><th>等效节点载荷（t 为板厚度，单元边长为 l）</th></tr>
<tr><td>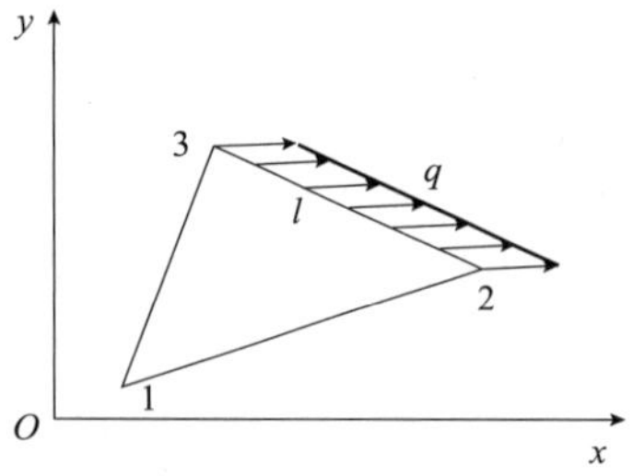</td><td>$P^e=\{P_{x1}\,P_{y1}\,P_{x2}\,P_{y2}\,P_{x3}\,P_{y3}\}^T=\frac{qlt}{2}\{0\quad 0\quad 1\quad 0\quad 1\quad 0\}^T$
假定单元 23 边受沿 x 方向的均布载荷 q</td></tr>
<tr><td>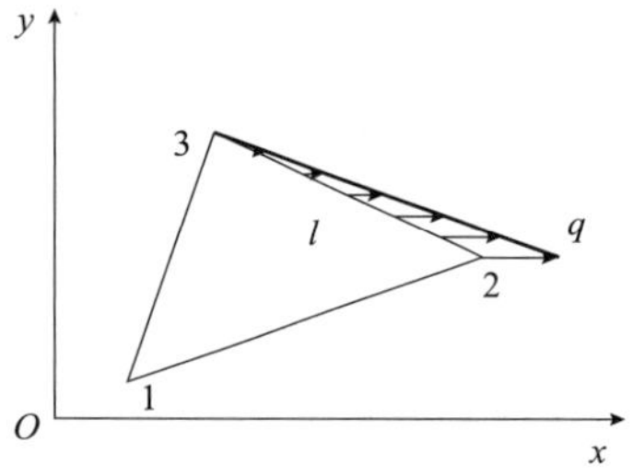</td><td>$P^e=\{P_{x1}\,P_{y1}\,P_{x2}\,P_{y2}\,P_{x3}\,P_{y3}\}^T=\frac{qlt}{2}\left\{0\quad 0\quad \frac{2}{3}\quad 0\quad \frac{1}{3}\quad 0\right\}^T$
假定单元 23 边受沿 x 方向的三角形分布载荷，最大值为 q</td></tr>
</table>

(4)整体等效节点载荷的集成。

综合上述各单元等效节点载荷计算，将其集成为整体等效节点载荷过程为：

①对于集中力，其作用点一般为节点，按作用点编号及其作用力方向直接叠加到整体等效节点载荷矩阵对应的位置即可；如果集中力作用位置不是节点，则需要先转为节点力。根据集中力个数，累加所有集中力。

②体力分布在整个结构，如果有体力，需要每个单元都循环计算对应各节点的等效节点载荷，再按节点编号累加到整体等效节点载荷矩阵对应的位置。

③对于分布在边界上的面力，先求出每个有面力的单元的等效节点载荷，再按单元节点编号累加到整体等效节点载荷矩阵对应的位置。

4．边界条件处理

基于能量法获得整体平衡方程 $Kq=P$，其中整体刚度矩阵 K 及整体等效节点列阵 P 在前面已经分析确定，因此求解整体平衡方程可以得到整体节点位移。但是整体刚度矩阵是奇异的，必须在整体刚度矩阵方程引入位移边界条件(约束条件)，消除整体结构的刚体位移，才能求解整体刚度方程获得节点位移的位移解。对于平面问题，要消除刚体位移，至少要引入 3 个位移约束条件。

(1)约束边界条件引入方法。

通常引入位移边界条件的方法有两个：对角元素置 1 法与乘大数法。

1)对角元素置 1 法

将对总刚度矩阵中的主对角线元素置为 1，其他元素置为 0，并将节点载荷列阵中相应的元素改为 u，其余元素在原有的基础上减去 ku。这样处理后，原问题就转化为一个添加约束条件的有限元方程进行求解。

将整体刚度方程按照自由度展开为：

$$\begin{bmatrix} k_{11} & k_{12} & \cdots & k_{1r} & \cdots & k_{1N} \\ k_{21} & k_{22} & \cdots & k_{2r} & \cdots & k_{2N} \\ \vdots & \vdots & & \vdots & & \vdots \\ k_{r1} & k_{r2} & \cdots & k_{rr} & \cdots & k_{rN} \\ \vdots & \vdots & & \vdots & & \vdots \\ k_{N1} & k_{N2} & \cdots & k_{Nr} & \cdots & k_{NN} \end{bmatrix} \begin{bmatrix} u_1 \\ v_1 \\ \vdots \\ u_r \\ \vdots \\ v_n \end{bmatrix} = \begin{bmatrix} R_{1x} \\ R_{1y} \\ \vdots \\ R_{rx} \\ \vdots \\ R_{ny} \end{bmatrix} \tag{3-51}$$

式中，n 为总节点数；$N=n^{*}$ 节点自由度数，为整体结构总的自由度数。假设第 r 自由度方向的位移分量是已知的，即：

$$u_r=c_r \tag{3-52}$$

为了不改变整体刚度矩阵的行和列的排列顺序，将边界约束条件直接引入式(3－51)，即将整体刚度矩阵中对应主对角元素改为 1，对应行列其他元素改为 0，在节点载荷列阵中，对应 u_r 的右端项改为 c_r，而其余各元素减去已知位移与 k 中相应列项元素的乘积。经过这样的处理后，就可得到引入了第 r 个自由度约束条件后的整体刚度方程：

$$\begin{bmatrix} k_{11} & k_{12} & \cdots & 0 & \cdots & k_{1N} \\ k_{21} & k_{22} & \cdots & 0 & \cdots & k_{2N} \\ \vdots & \vdots & & \vdots & & \vdots \\ 0 & 0 & \cdots & 1 & \cdots & 0 \\ \vdots & \vdots & & \vdots & & \vdots \\ k_{N1} & k_{N2} & \cdots & 0 & \cdots & k_{NN} \end{bmatrix} \begin{bmatrix} u_1 \\ v_1 \\ \vdots \\ u_r \\ \vdots \\ v_n \end{bmatrix} = \begin{bmatrix} R_{1x}-k_{1r}c_r \\ R_{1y}-k_{2r}c_r \\ \vdots \\ c_r \\ \vdots \\ R_{ny}-k_{Nr}c_r \end{bmatrix} \tag{3-53}$$

如果已知节点位移分量为固定支座约束，即 $u_r=c_r=0$，则此时的处理显得特别简单，即将被约束的位移分量所对应的主元素改为 1，而对应行、列上的其他元素改为 0，并将节点载荷列阵 R 中的对应元素也改为 0，即：

$$\begin{bmatrix} k_{11} & k_{12} & \cdots & 0 & \cdots & k_{1N} \\ k_{21} & k_{22} & \cdots & 0 & \cdots & k_{2N} \\ \vdots & \vdots & & \vdots & & \vdots \\ 0 & 0 & \cdots & 1 & \cdots & 0 \\ \vdots & \vdots & & \vdots & & \vdots \\ k_{N1} & k_{N2} & \cdots & 0 & \cdots & k_{NN} \end{bmatrix} \begin{bmatrix} u_1 \\ v_1 \\ \vdots \\ u_r \\ \vdots \\ v_n \end{bmatrix} = \begin{bmatrix} R_{1x} \\ R_{1y} \\ \vdots \\ R_{rx} \\ \vdots \\ R_{ny} \end{bmatrix} \tag{3-54}$$

显然，对角元素置 1 法不难在程序中实现，特别是对于已知位移为 0 的所谓载荷作用问题比较方便。对某些已知位移不为 0 的所谓支座移动问题，则采用下面的乘大数法更为方便。

2)乘大数法

设第 r 自由度方向的位移分量是已知的，$u_r=c_r$。所谓乘大数法就是将整体刚度矩阵中与该被约束的位移分量 u_r 对应的主对角元素 k_{rr} 乘一个大数 M[一般取($10^8\sim10^{10}$)]即改为 Mk_{rr}，再将节点载荷列阵中相应的元素改为乘积 $Mk_{rr}c_r$，则整体刚度矩阵变为：

$$\begin{bmatrix} k_{11} & k_{12} & \cdots & k_{1r} & \cdots & k_{1N} \\ k_{21} & k_{22} & \cdots & k_{2r} & \cdots & k_{2N} \\ \vdots & \vdots & & \vdots & & \vdots \\ k_{r1} & k_{r2} & \cdots & k_{rr} & \cdots & k_{rN} \\ \vdots & \vdots & & \vdots & & \vdots \\ k_{N1} & k_{N2} & \cdots & k_{Nr} & \cdots & k_{NN} \end{bmatrix} \begin{bmatrix} u_1 \\ v_1 \\ \vdots \\ u_r \\ \vdots \\ v_n \end{bmatrix} = \begin{bmatrix} R_{1x} \\ R_{1y} \\ \vdots \\ Mk_{rr}c_r \\ \vdots \\ R_{ny} \end{bmatrix} \tag{3-55}$$

实际上，这里只改变了整体刚度矩阵方程(3－55)中的第 r 个方程的写法，使之成为：

$$k_{r1}u_1+k_{r2}v_1+\cdots+Mk_{rr}u_r+\cdots+k_{rn}v_n=Mk_{rr}c_r \tag{3-56}$$

若将上述方程左右两边同除以 Mk_{rr}，可知左边除第 r 项为 u_r，应保留外，其余各项均为微小量可略去，则方程成为：

$$u_r=c_r$$

即已知的位移边界条件被引入整体刚度矩阵。

(2)支反力计算。

当引入约束条件时，对应于约束自由度的载荷项均被修改成相应的给定位移值，所以载荷向量中对应约束自由度的约束反力不存在，即不能直接由引入边界条件的整体方程求出约束自由度上的约束反力。在由引入约束的整体方程求出所有节点位移分量以后，再代回到没有引入约束条件的整体方程的相应方程中求出约束反力。

5. 计算结果分析及处理

(1)整体方程的求解方法。

整体平衡方程一旦引入约束条件，消除了整体结构的刚体位移，则方程的求解归结为求解一个大型的线性方程组。解线性方程组常用直接法和迭代法。

直接法是通过对方程组的系数矩阵进行一系列的数学运算，直接求出方程组的解。这种方法不需要迭代，计算过程相对简单，但需要满足一定的条件，如系数矩阵必须是方阵、系数矩阵的行列式值不为 0 等。迭代法是通过不断迭代逼近方程组的解，逐步修正解的近似值。这种方法不需要满足直接法的条件，可以求解更广泛的线性方程组问题，但计算过程相对复杂，需要迭代多次才能得到较为精确的解。常用的迭代法包括雅可比迭代法、高斯-赛德尔迭代法等。在选择使用直接法还是迭代法时，需要根据具体问题进行分析和判断。对于较简单的问题，直接法可能更方便快捷；对于较复杂的问题，迭代法可能更适合求解。

直接法中常用的有高斯法和因式分解法。迭代法中常用的有 Jacobi 迭代法、赛德尔迭代法和松弛迭代法。如果方程组小于几千阶，可以用直接法，因为直接法计算精度和效率都很高。如果方程组阶数高，且存储空间不足，则使用迭代法，迭代法需不断读写磁盘，因此计算效率较低。实际上，由于工程中问题大都具有较高自由度，迭代法用得更多。

(2)单元应力计算及处理。

引入位移边界条件后，修正了整体刚度矩阵和载荷列阵，通过求解可得到节点位移矢量，位移计算结果一般不需要特别处理。在求解各个节点的位移分量后，对于任一单元应力计算过程如下：

1)根据该单元节点 i、j、m 的实际编号，提取对应的位移矢量；

2)计算单元应变矩阵 B，计算单元应变分量；

3)利用应力表达式 $\sigma = D\varepsilon = DBd^e$，计算每个单元内部的应力分量。

因 B 矩阵是形函数对坐标的导数，而求导将使多项式的阶次下降，所以求导运算得到的应力精度会比位移精度低。即利用位移法求解得到的应力应变解答比位移解具有较大的误差。其误差表现在：单元内部不满足平衡方程；单元与单元边界处应力一般不连续；在边界上应力解一般与力的边界条件不相符。

(3)单元内部应力的处理。

由于节点往往为多个单元所共有，而不同单元得到的应力不同，因此，要对应力节点上的应力进行处理，使其接近实际应力值。对于常应变三角形单元，常用的应力处理方式有绕节点平均法和面积加权平均法。

1)绕节点平均法，就是将围绕节点 i 的所有 m 个单元的应力进行算术平均：

$$\sigma_i = \frac{1}{m}\sum_{e=1}^{m}\sigma^e \tag{3-57}$$

2)面积加权平均法，考虑到单元尺寸大小对节点应力的影响，可利用反映单元尺寸大小的面积 A 进行加权平均：

$$\sigma_i = \sum_{e=1}^{m}A^e\sigma^e \Big/ \sum_{e=1}^{m}A^e \tag{3-58}$$

其中，A^e、σ^e 分别为单元 e 的面积和应力。

3)二单元平均法，即把两相邻单元的应力加以平均，用以表示公共边界中点的应力。为了由这样平均所得到的应力具有较好的精度，两相邻单元的面积不应相差太大。

(4)边界上应力的处理。

边界上的应力处理一般不采用平均法，而是由内部节点应力外插的方法确定，外插法采用拉格朗日公式。如图 3.11 所示，边界点 1 的应力，可以先用节点平均法求得节点 2～4 处的应力，再构造相应的插值函数推算边界点 1 的应力，如常用的抛物线插值公式，如下所示：

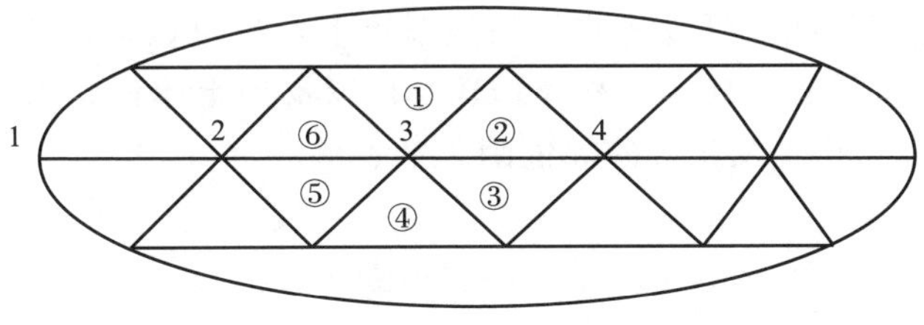

图 3.11　单元网格及节点

$$\sigma_1 = \frac{(x-x_3)(x-x_4)}{(x_2-x_3)(x_2-x_4)}\sigma_2 + \frac{(x-x_2)(x-x_4)}{(x_3-x_2)(x_3-x_4)}\sigma_3 + \frac{(x-x_2)(x-x_3)}{(x_4-x_2)(x_4-x_3)}\sigma_4 \tag{3-59}$$

在不同的有限元软件中均具有各自的后处理方法，但无论后期怎样处理，应力的精度主要依赖单元的尺寸、单元的类型。在应力梯度较小区域，绕节点平均法、相邻单元平均法和二单元平均法求出的结果精度相当高，具有较好的应力表征性。但在应力集中、截面变化等应力变化明显处，单元间应力变化大甚至出现应力跳跃现象，采用上述方法不符合实际应力状态。

3.1.5 平面矩形单元

矩形单元由于形状简单和规范将作为基准单元进行研究，在实际的应用中，可以根据真实情况将矩形单元“映射”所需要的任意四边形单元。

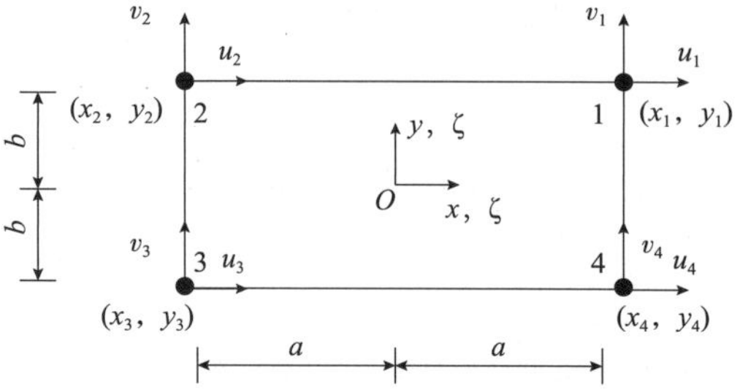

图 3.12 平面 4 节点矩形单元

1. 单元几何和节点描述

平面 4 节点矩形单元如图 3.12 所示，边长分别为 $2a$、$2b$，按逆时针顺序，节点的编号依次为 1、2、3、4，为了方便，以矩形单元中心为原点，建立一个局部坐标系 Oxy，且 x、y 轴分别与矩形的两边平行，各自的位置坐标为(x_i, y_i)，$i=1$、2、3、4，各个节点的位移(分别沿 x 方向和 y 方向)为(u_i, v_i)，$i=1$，2，3，4，单元的节点位移共有 8 个自由度。

采用无量纲坐标：

$$\xi=\frac{x}{a},\quad \eta=\frac{y}{b} \tag{3-60}$$

则单元 4 个节点的几何位置为：

$$\begin{aligned} &\xi_1=1,\quad \eta_1=1\\ &\xi_2=-1,\quad \eta_2=1\\ &\xi_3=-1,\quad \eta_3=-1\\ &\xi_4=1,\quad \eta_4=-1 \end{aligned} \tag{3-61}$$

将所有节点上的位移组成一个列阵，记作 q^e；同样，将所有节点上的各个力也组成一个列阵，记作 P^e，那么：

$$q^e=[u_1 \quad v_1 \quad u_2 \quad v_2 \quad u_3 \quad w_3 \quad u_{r4} \quad w_4]^T \tag{3-62}$$

$$P^e=[P_{x1} \quad P_{y1} \quad P_{x2} \quad P_{y2} \quad P_{x3} \quad P_{y3} \quad P_{x4} \quad P_{y4}]^T \tag{3-63}$$

若该单元承受分布外载，可以将其等效到节点上，也可以表示为如式(3-63)所示的等效节点力。利用函数插值、几何方程、物理方程以及势能计算公式，可以将单元的所有力学参量用节点位移列阵 q^e 及相关的插值函数来表示。

2. 位移函数

按照 Pascal 三角形，矩形单元内任一点位移函数为：

$$\begin{cases} u=u(x, y)=a_1+a_2x+a_3y+a_4xy\\ v=v(x, y)=a_5+a_6x+a_7y+a_8xy \end{cases} \tag{3-64}$$

式(3-64)是具有完全一次项的非完全二次项，式中的常数项和线性项的系数反映了单元的刚体位移和常量应变，满足了收敛性的必要条件。xy 项是考虑到 x 方向和 y 方向的对称性而取的，由于 u、v 分别仅为 x 或 y 的线性函数，则这种单元的位移函数是双线性函数，当 x 或 y 不变时，沿 y 方向或 x 方向位移函数呈线性变化，这与前面的线性项最为相容，而 x^2 或 y^2 项是二次曲线变化的。

类似三节点三角形单元，利用节点条件，将节点位移分量和节点坐标代入式(3-64)，求出待定系数，再代回，经整理后得到：

$$\begin{cases} u(x, y)=N_1(x, y)u_1+N_2(x, y)u_2+N_3(x, y)u_3+N_4(x, y)u_4 \\ v(x, y)=N_1(x, y)v_1+N_2(x, y)v_2+N_3(x, y)v_3+N_4(x, y)v_4 \end{cases} \tag{3-65}$$

其中

$$\begin{cases} N_1(x, y)=\frac{1}{4}\left(1+\frac{x}{a}\right)\left(1+\frac{y}{b}\right) \\ N_2(x, y)=\frac{1}{4}\left(1-\frac{x}{a}\right)\left(1+\frac{y}{b}\right) \\ N_3(x, y)=\frac{1}{4}\left(1-\frac{x}{a}\right)\left(1-\frac{y}{b}\right) \\ N_4(x, y)=\frac{1}{4}\left(1+\frac{x}{a}\right)\left(1-\frac{y}{b}\right) \end{cases} \tag{3-66}$$

引入无量纲坐标式(3－60)，式(3－66)写作：

$$N_i=\frac{1}{4}(1+\xi_i\xi)(1+\eta_i\eta)\quad (i=1, 2, 3, 4) \tag{3-67}$$

矩阵形式表达为：

$$u(x, y)=\begin{bmatrix} u(x, y) \\ v(x, y) \end{bmatrix}=\begin{bmatrix} N_1 & 0 & N_2 & 0 & N_3 & 0 & N_4 & 0 \\ 0 & N_1 & 0 & N_2 & 0 & N_3 & 0 & N_4 \end{bmatrix}\begin{bmatrix} u_1 \\ v_1 \\ u_2 \\ v_2 \\ u_3 \\ v_3 \\ u_4 \\ v_4 \end{bmatrix}=Nq^e \tag{3-68}$$

其中，$N(x, y)$为形函数矩阵。

3. 单元应变场的表达

由弹性力学平面问题的几何方程，有单元应变的表达：

$$\varepsilon(x, y)=\begin{bmatrix} \varepsilon_{xx} \\ \varepsilon_{yy} \\ \gamma_{xy} \end{bmatrix}=[\partial]u=[\partial]N\cdot q^e=B\cdot q^e \tag{3-69}$$

其中几何矩阵 $B(x, y)$为：

$$B(x, y)=[\partial]N=\begin{bmatrix} \frac{\partial}{\partial x} & 0 \\ 0 & \frac{\partial}{\partial y} \\ \frac{\partial}{\partial y} & \frac{\partial}{\partial x} \end{bmatrix}\begin{bmatrix} N_1 & 0 & N_2 & 0 & N_3 & 0 & N_4 & 0 \\ 0 & N_1 & 0 & N_2 & 0 & N_3 & 0 & N_4 \end{bmatrix} \tag{3-70}$$

$$=[B_1\quad B_2\quad B_3\quad B_4]$$

分块子矩阵为：

$$B_i=\begin{bmatrix}\dfrac{\partial N_i}{\partial x} & 0\\ 0 & \dfrac{\partial N_i}{\partial y}\\ \dfrac{\partial N_i}{\partial y} & \dfrac{\partial N_i}{\partial x}\end{bmatrix}\quad (i=1,\ 2,\ 3,\ 4) \tag{3-71}$$

4. 单元应力场的表达

由弹性力学中平面问题的物理方程，可得到单元的应力表达式：

$$\sigma=D\varepsilon=DBq^e=Sq^e \tag{3-72}$$

其中，应力函数矩阵为 $S=DB$。

5. 单元势能的表达

将式(3-68)、式(3-69)与式(3-72)代入单元的势能表达式中，有 $\Pi^e=\frac{1}{2}q^{eT}K^eq^e-P^{eT}q^e$，其中 K^e 是 4 节点矩形单元刚度矩阵，即：

$$K^e=\int_{A^e}B^TDB\,\mathrm{d}A\cdot t=\begin{bmatrix}k_{11} & & & \\ k_{21} & k_{22} & \text{对称} & \\ k_{31} & k_{32} & k_{33} & \\ k_{41} & k_{42} & k_{43} & k_{44}\end{bmatrix} \tag{3-73}$$

其中 A 为平面矩形单元的面积，t 为单元的厚度，式中的各个分块子矩阵为：

$$k_{rs}=\frac{Et}{4(1-\mu^2)A}\begin{bmatrix}k_1 & k_3\\ k_2 & k_4\end{bmatrix} \tag{3-74}$$

在无量纲坐标下，分块子矩阵各元素为：

$$k_1=b^2\xi_r\xi_s\left(1+\frac{1}{3}\eta_r\eta_s\right)+\frac{1-\mu}{2}a^2\eta_r\eta_s\left(1+\frac{1}{3}\xi_r\xi_s\right)$$

$$k_2=ab\left(\mu\eta_r\xi_s+\frac{1-\mu}{2}\xi_r\eta_s\right)$$

$$k_3=ab\left(\mu\xi_r\eta_s+\frac{1-\mu}{2}\eta_r\xi_s\right)$$

$$k_4=a^2\eta_r\eta_s\left(1+\frac{1}{3}\xi_r\xi_s\right)+\frac{1-\mu}{2}b^2\xi_r\xi_s\left(1+\frac{1}{3}\eta_r\eta_s\right)\quad (r,\ s=1,\ 2,\ 3,\ 4)$$

将单元的势能对节点位移取一阶极值，可得到单元的刚度方程：

$$K^eq^e=P^e \tag{3-75}$$

3.1.6 平面单元特征分析

3 节点三角形单元的位移场为线性关系式(3-11)，单元的应变矩阵 B 和应力矩阵 S 只与 3 个节点的坐标位置相关，是常系数，因而 B 和 S 都为常系数矩阵，即单元内任意一点的应变和应力都为常数，因此，3 节点三角形单元被称为常应变(应力)CST 单元(Constant Strain Triangle)。在实际使用过程中，对于应变梯度较大的区域，单元划分应适当加密，否则将不能反映应力的真实变化情况，导致较大的误差。

由矩形单元的位移表达式(3-64)可知，4 节点矩形单元的位移在 x、y 方向呈线性变化，所以称为双线性位移模式，在单元的边界 $x=\pm a$ 和 $y=\pm b$ 上，位移是按线性变化的，且相邻单元公共节点上有共同的节点位移值，可保证两个相邻单元在其公共边界上的位移是连续的，这种单元的位移模式是完备和协调的，它的应变和应力为一次线性变化，因而比 3 节点常应变单元精度高。

3.2　轴对称问题及其单元构造

3.2.1　轴对称问题的有限元方法

工程中有一类结构，其几何形状、约束条件及作用的荷载都对称于某一固定轴，其力学分析称为轴对称问题，它是空间问题的一种特殊情况。如飞轮、回转类的压力容器、发动机汽缸套等。几何轴对称结构，可以认为是某个任意形状平面绕某轴旋转 360°构成的实体，该轴为对称轴，该平面被称为子午面。

对于轴对称问题采用圆柱坐标(r，θ，z)，如图 3.13 所示。以对称轴作为 z 轴，由于整体关于 z 轴对称，所有应力、应变和位移都与 θ 方向无关，只是 r 和 z 的函数。用子午面上的点，完全可以表达物体内任意 P 点的位移、应变和应力情况。任一点 P 的位移有两个方向的分量，即沿着 r 方向的径向位移 u 和沿着 z 方向的轴向位移 w。由于物体变形后仍保持轴对称，不发生扭转，因此 θ 方向的位移为零。

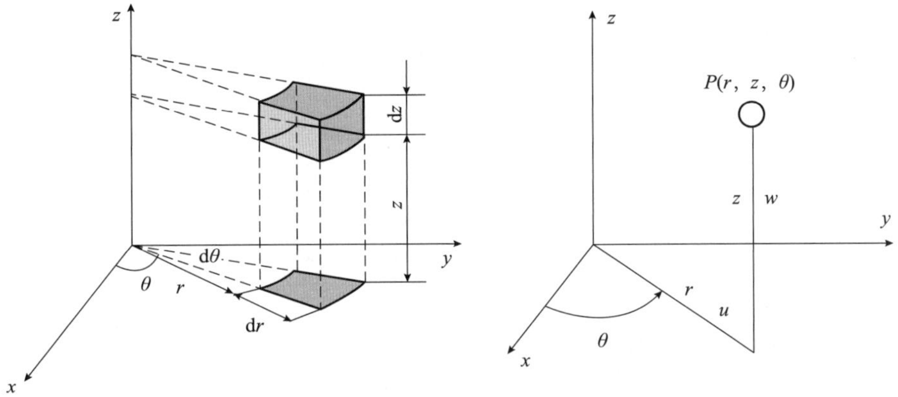

图 3.13　圆柱坐标系及子午面

对于轴对称问题，在柱坐标中的基本变量位移、应力和应变分量有 10 个，即 2 个位移分量、4 个应力分量和 4 个应变分量。分别为：

$$
\begin{aligned}
q^e &= \{u_r \quad w\}^T \\
\sigma &= \{\sigma_r \quad \sigma_\theta \quad \sigma_z \quad \tau_{rz}\}^T \\
\varepsilon &= \{\varepsilon_r \quad \varepsilon_\theta \quad \varepsilon_z \quad \gamma_{rz}\}^T
\end{aligned}
\qquad (3-76)
$$

其中 u_r 为沿着 r 方向的位移分量，称为径向位移，w 为沿 z 方向的位移分量；σ_r 为径向正应力，σ_θ 为环向正应力，σ_z 为轴向正应力，τ_{rz} 为圆柱坐标面上沿 z 方向的剪应力；ε_r 为径向正应变，ε_θ 为环向正应变，ε_z 为轴向正应变，γ_{rz} 为 r 方向与 z 方向之间的剪应变。

3.2.2 轴对称问题的基本方程

1. 平衡方程

$$\begin{cases}\dfrac{\partial\sigma_r}{\partial r}+\dfrac{\partial\tau_{rz}}{\partial z}+\dfrac{\sigma_r-\sigma_\theta}{r}+\bar{b}_r=0\\ \dfrac{\partial\sigma_z}{\partial z}+\dfrac{\partial\tau_{rz}}{\partial r}+\dfrac{\tau_{rz}}{r}+\bar{b}_z=0\end{cases} \tag{3-77}$$

2. 几何方程

$$\begin{cases}\varepsilon_r=\dfrac{\partial u_r}{\partial r},\\ \varepsilon_\theta=\dfrac{u_r}{r}\\ \varepsilon_{zz}=\dfrac{\partial w}{\partial z},\\ \gamma_{rz}=\dfrac{\partial u_r}{\partial z}+\dfrac{\partial w}{\partial r}\end{cases} \tag{3-78}$$

3. 物理方程

$$\begin{cases}\varepsilon_r=\dfrac{1}{E}[\sigma_r-\mu(\sigma_\theta+\sigma_z)]\\ \varepsilon_\theta=\dfrac{1}{E}[\sigma_\theta-\mu(\sigma_z+\sigma_r)]\\ \varepsilon_z=\dfrac{1}{E}[\sigma_z-\mu(\sigma_r+\sigma_\theta)]\\ \gamma_{rz}=\dfrac{1}{G}\tau_{rz}=\dfrac{2(1+\mu)}{E}\tau_{rz}\end{cases} \tag{3-79}$$

将物理方程写成矩阵形式：

$$\sigma=\begin{bmatrix}\sigma_r\\ \sigma_\theta\\ \sigma_z\\ \tau_{rz}\end{bmatrix}=\frac{E(1-\mu)}{(1+\mu)(1-2\mu)}\begin{bmatrix}1 & \dfrac{\mu}{1-\mu} & \dfrac{\mu}{1-\mu} & 0\\ \dfrac{\mu}{1-\mu} & 1 & \dfrac{\mu}{1-\mu} & 0\\ \dfrac{\mu}{1-\mu} & \dfrac{\mu}{1-\mu} & 1 & 0\\ 0 & 0 & 0 & \dfrac{1-2\mu}{2(1-\mu)}\end{bmatrix}\begin{bmatrix}\varepsilon_r\\ \varepsilon_\theta\\ \varepsilon_z\\ \gamma_{rz}\end{bmatrix} \tag{3-80}$$

即

$$\sigma=D\varepsilon \tag{3-81}$$

其中 D 为轴对称问题的弹性矩阵：

$$D=\frac{E(1-\mu)}{(1+\mu)(1-2\mu)}\begin{bmatrix}1 & \dfrac{\mu}{1-\mu} & \dfrac{\mu}{1-\mu} & 0\\ \dfrac{\mu}{1-\mu} & 1 & \dfrac{\mu}{1-\mu} & 0\\ \dfrac{\mu}{1-\mu} & \dfrac{\mu}{1-\mu} & 1 & 0\\ 0 & 0 & 0 & \dfrac{1-2\mu}{2(1-\mu)}\end{bmatrix} \tag{3-82}$$

3.2.3 3 节点三角形轴对称单元

1. 单元描述

分析轴对称问题时，采用的是圆环形单元，其截面常用三角形或四边形，由子午面 rOz 上的三角形或四边形环绕对称轴回转一周得到。在相邻单元之间是通过圆环形线铰连，单元的棱边是圆，称为节圆，节圆与子午面的交点称为节点。

3 节点三角形轴对称单元如图 3.14 所示，该单元是横截面为 3 节点三角形的 360°环形单元。其横截面上 3 个节点的编号为 1、2、3，各自的位置坐标为(r_i, z_i)，$i=1$, 2, 3，各个节点的位移(分别沿 r 方向和 z 方向)为(u_{ri}, w_i)，$i=1$, 2, 3。

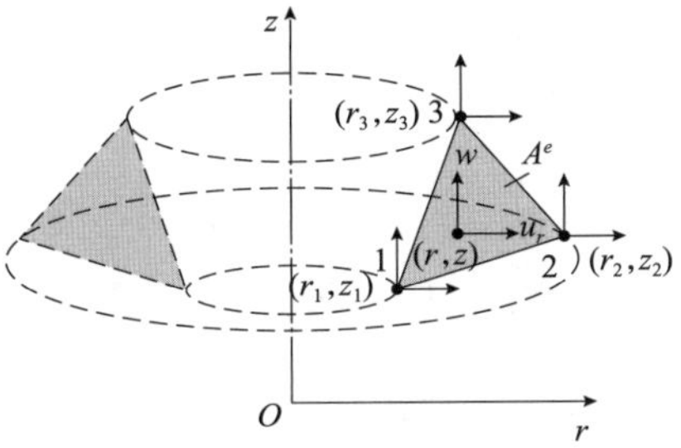

图 3.14 3 节点三角形轴对称单元

在 rOz 平面内，单元的节点位移有 6 个自由度。将所有节点上的位移组成一个列阵，记作 q^e；同样，将所有节点上的各个力也组成一个列阵，记作 P^e。

$$q^e=[u_{r1}\quad w_1\quad u_{r2}\quad w_2\quad u_{r3}\quad w_3]^T \tag{3-83}$$

$$P^e=[P_{r1}\quad P_{z1}\quad P_{r2}\quad P_{z2}\quad P_{r3}\quad P_{z3}]^T \tag{3-84}$$

2. 位移场描述

由于有 3 个节点，在 r 方向和 z 方向上各有 3 个节点条件，因此设单元位移模式为：

$$\begin{cases}u_r(r,\ z)=\bar{a}_0+\bar{a}_1 r+\bar{a}_2 z\\ w(r,\ z)=\bar{b}_0+\bar{b}_1 r+\bar{b}_2 z\end{cases} \tag{3-85}$$

其中，$\bar{a}_0$、$\bar{a}_1$、$\bar{a}_2$、$\bar{b}_0$、$\bar{b}_1$、$\bar{b}_2$ 为待定系数，由节点条件求得，可以推出如下形式的位移函数：

$$u(r,\ z)=\begin{bmatrix}u_r(r,\ z)\\ w(r,\ z)\end{bmatrix}=\begin{bmatrix}N_1 & 0 & N_2 & 0 & N_3 & 0\\ 0 & N_1 & 0 & N_2 & 0 & N_3\end{bmatrix}\begin{bmatrix}u_{r1}\\ w_1\\ u_{r2}\\ w_2\\ u_{r3}\\ w_3\end{bmatrix}=N(r,\ z)\cdot q^e \tag{3-86}$$

形函数为：

$$N_s=\frac{1}{2A}(a_s+b_s r+c_s z)\quad (s=1,\ 2,\ 3) \tag{3-87}$$

式中，A 为三棱圆环体单元横截面面积，即在子午面上的面积，形函数中的各个系数，与平面三角形单元的形式相同，只需要用 r、z 替换 x、y，即

$$a_1=r_2 z_3-r_3 z_2,\ b_1=z_2-z_3,\ c_1=r_3-r_2$$

3. 应变场和应力场描述

由轴对称问题的几何方程可以推出相应的几何矩阵，即：

$$\varepsilon(r, z)=\begin{bmatrix}\varepsilon_{rr}\\ \varepsilon_{\theta\theta}\\ \varepsilon_{zz}\\ \gamma_{rz}\end{bmatrix}=\begin{bmatrix}\frac{\partial}{\partial r} & 0\\ \frac{1}{r} & 0\\ 0 & \frac{\partial}{\partial z}\\ \frac{\partial}{\partial z} & \frac{\partial}{\partial r}\end{bmatrix}\begin{bmatrix}u_r(r, z)\\ w(r, z)\end{bmatrix}=[\partial]u=[\partial]Nq^e=Bq^e \tag{3-88}$$

其中应变矩阵 B 为：

$$B=\begin{bmatrix}\frac{\partial}{\partial r} & 0\\ \frac{1}{r} & 0\\ 0 & \frac{\partial}{\partial z}\\ \frac{\partial}{\partial z} & \frac{\partial}{\partial r}\end{bmatrix}\begin{bmatrix}N_1 & 0 & N_2 & 0 & N_3 & 0\\ 0 & N_1 & 0 & N_2 & 0 & N_3\end{bmatrix}=[B_1\quad B_2\quad B_3] \tag{3-89}$$

应变矩阵分块子矩阵为：

$$B_s=\frac{1}{2A}\begin{bmatrix}b_s & 0\\ f_s & 0\\ 0 & c_s\\ c_s & b_s\end{bmatrix}\quad (s=1, 2, 3) \tag{3-90}$$

式中：$f_s=\frac{a_s}{r}+b_s+\frac{c_s z_s}{r}$ $(s=1, 2, 3)$。

由于 f_s 是坐标 r、z 的函数，对应的分量在单元中不为常量，其他三个应变分量在单元中仍为常量。应变矩阵 B 不再是常数，轴对称三角形单元内的应变也不全为常量，不同于平面三角形单元的常应变特性。

4. 应力场描述

由弹性力学中轴对称问题的物理方程可以得到应力场的表达式：

$$\sigma=D\varepsilon=DBq^e=Sq^e \tag{3-91}$$

其中应力函数矩阵 $S=DB=[S_1\quad S_2\quad S_3]$。

应力矩阵的分块子矩阵为：

$$S_s=DB_s=\frac{E(1-\mu)}{2(1+\mu)(1-2\mu)A}\begin{bmatrix}b_s+f_s & A_1c_s\\ A_1b_s+f_s & A_1c_s\\ A_1(b_s+f_s) & c_s\\ A_2c_s & A_2b_s\end{bmatrix}\quad (s=1, 2, 3) \tag{3-92}$$

式中：$A_1=\frac{\mu}{1-\mu}$，$A_2=\frac{1-2\mu}{2(1-\mu)}$。

5. 单元刚度矩阵及等效节点载荷矩阵

单元的势能计算表达式，有 $\Pi^e=\frac{1}{2}q^{eT}K^eq^e-q^{eT}P^e$，其中单元刚度矩阵为：

$$K^e = \int_{A^e} B^T DB\mathrm{d}A \cdot t = \int_{A^e}\int_0^{2\pi} B^T DBr\mathrm{d}\theta\mathrm{d}r\mathrm{d}z = \int_{A^e} B^T DB2\pi r\mathrm{d}r\mathrm{d}z \tag{3-93}$$

单元等效节点载荷矩阵为：

$$P^e = \int_{\Omega_e} N^T\overline{b}\mathrm{d}\Omega + \int_{S_p^e} N^T\overline{p}\mathrm{d}A = \int_{\Omega_e} N^T\overline{b}2\pi r\mathrm{d}r\mathrm{d}z + \int_{l_p^e} N^T\overline{p}2\pi r\mathrm{d}l \tag{3-94}$$

6. 单元刚度方程

将单元的势能对节点位移取一阶极值，可得到单元的刚度方程：

$$K^e q^e = P^e \tag{3-95}$$

为简化计算，将单元中的 r 和 z 近似地当作常量，用三角形单元形心位置的 r_c、z_c 坐标代替，即 $r \approx r_c = \frac{1}{3}(r_i + r_j + r_m)$，$z \approx z_c = \frac{1}{3}(z_i + z_j + z_m)$，应变矩阵和应力矩阵均为常量矩阵，刚度矩阵可写作：

$$\overline{K^e} = 2\pi r_c \overline{B}^T D\overline{B} \tag{3-96}$$

单元刚度矩阵分块子矩阵为：

$$\begin{aligned}\overline{K}_{sp} &= 2\pi r_c \overline{B}_s{}^T \overline{DB}_p \\ &= \begin{bmatrix} b_s b_p + \overline{f}_s\overline{f}_p + A_1(b_s\overline{f}_p + \overline{f}_s b_p) + A_2 c_s c_p & A_1(b_s c_p + \overline{f}_s c_p) + A_2 c_s b_p \\ A_1(c_s b_p + c_s\overline{f}_p) + A_2 b_s c_p & c_s c_p + A_2 b_s b_p \end{bmatrix}\end{aligned} \tag{3-97}$$

7. 等效节点载荷计算

在轴对称问题中，单元为环状体，作用在单元上的非节点载荷，如体积力、面力和集中力都应分别等效移置到单元的节圆上去，形成节圆载荷。假设单元内所受的集中力 $P = \{P_r \quad P_z\}^T$；体积力 $P_v = \{r \quad z\}^T$；表面力 $\overline{P}_s = \{\overline{r} \quad \overline{z}\}^T$，移置时遵循静力等效原则。

集中力的移置：$P^e = 2\pi r N^T P$；

体积力的移置：$P^e = 2\pi \iint_A N^T P_v r\mathrm{d}r\mathrm{d}z$；

表面力的移置：$P^e = 2\pi \int_L N^T \overline{P}_s r\mathrm{d}s$。

假定结构的对称轴为 z 轴，垂直于地面，设单位体积质量为 ρ，则单位体积重力为 ρg；绕对称轴 z 轴转动，角速度为 ω。轴对称问题三角形单元等效节点载荷见表 3.2。

表 3.2 轴对称问题三角形单元等效节点载荷

受载情况	等效节点载荷
自重，体力分量 $P_v = \{0 \quad -\rho g\}^T$	$P_i = \{P_{ri} \quad P_{zi}\}^T = \left\{0 \quad -\frac{1}{6}\pi A(r_i + 3r_C\rho g)\right\}^T \quad (i=1,2,3)$
旋转离心力，体力分量 $P_v = \left\{\frac{\rho}{g}\omega^2 r \quad -\rho\right\}^T$	$P_i = \{P_{ri} \quad P_{zi}\}^T = \left\{\frac{\pi\rho\omega^2 A}{15g}(2r_i^2 + 9r_C^2 - r_j r_m) \quad 0\right\}^T$
假定单元 ij 边承受均布压力 q $\overline{P}_s = \frac{q}{l_{ij}}\{z_i - z_j \quad r_j - r_i\}^T$	$P_i = \{P_{ri} \quad P_{zi}\}^T = \frac{1}{3}\pi q(2r_i + r_j)\{z_i - z_j \quad r_j - r_i\}^T \quad (i, j)$

3.2.4 矩形 4 节点轴对称单元

矩形 4 节点轴对称单元如图 3.15 所示，该单元为横截面为 4 节点矩形的 360°环形单元，节点编号为1、2、3、4，各自的位置坐标为(r_i，w_i)，$i=1$、2、3、4，各个节点的位移(分别沿r方向和z方向)为(u_{ri}，w_i)，$i=1$，2，3，4。

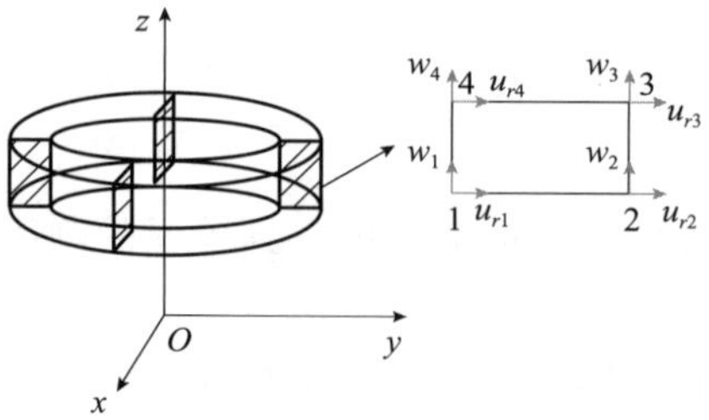

图3.15　轴对称4节点四边形单元

如图3.15所示，该单元为绕z轴的环状单元，在子午面Orz平面内，单元的节点位移有8个自由度。将所有节点上的位移组成一个列阵，记作q^e；同样，将所有节点上的各个力也组成一个列阵，记作P^e，记作：

$$q^e=\{u_{r1}\quad w_1\quad u_{r2}\quad w_2\quad u_{r3}\quad w_3\quad u_{r4}\quad w_4\}^T \tag{3-98}$$

$$P^e=\{P_{r1}\quad P_{z1}\quad P_{r2}\quad P_{z2}\quad P_{r3}\quad P_{z3}\quad P_{r4}\quad P_{z4}\}^T \tag{3-99}$$

若该单元承受分布外载，可以将其等效到节点上，即也可以表示为如式(3-99)所示的节点力。利用函数插值、几何方程、物理方程以及势能计算公式，可以将单元的所有力学参量用节点位移列阵q^e及相关的插值函数来表示。

由于该单元有4个节点，在x方向和y方向上各有4个节点条件，类似于平面4节点矩形单元，设它的单元位移模式为：

$$\left.\begin{aligned}u_r(r,\ z)&=a_0+a_1r+a_2z+a_3rz\\ w(r,\ z)&=b_0+b_1r+b_2z+b_3rz\end{aligned}\right\} \tag{3-100}$$

参考平面4节点矩形单元，可推出它的形状函数矩阵$N(r,\ z)$，由轴对称问题的几何方程可以推出相应的几何矩阵$B(r,\ z)$，最后可导出单元的刚度方程：

$$K^eq^e=P^e \tag{3-101}$$

单元刚度矩阵为：

$$K^e=\int_{\Omega^e}B^TDB\,\mathrm{d}\Omega=\int_{A^e}\int_0^{2\pi}B^TDBr\,\mathrm{d}\theta\mathrm{d}r\mathrm{d}z=\int_{A^e}B^TDB2\pi r\mathrm{d}r\mathrm{d}z \tag{3-102}$$

相应的单元等效节点载荷矩阵为：

$$P^e=\int_{\Omega_e}N^T\bar{b}\,\mathrm{d}\Omega+\int_{S_p^e}N^T\bar{p}\,\mathrm{d}A=\int_{\Omega_e}N^T\bar{b}2\pi r\mathrm{d}r\mathrm{d}z+\int_{\Gamma_p^e}N^T\bar{p}2\pi r\mathrm{d}l \tag{3-103}$$

3.3　空间问题及其单元构造

如图3.16所示，如果物体的形状、尺寸和边界条件不具备某种特殊性，不能简化为平面问题和轴对称问题处理，则必须作为空间问题来分析。与平面问题和轴对称问题相比，空间问题的计算要复杂得多，其基本方程包括3个平衡方程、6个几何方程和6个物理方程，参见第2章相关内容。

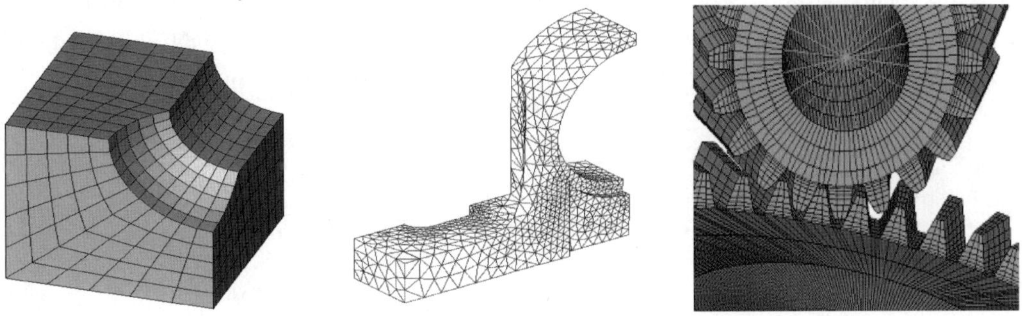

图 3.16　空间问题三维单元

3.3.1　4 节点四面体单元

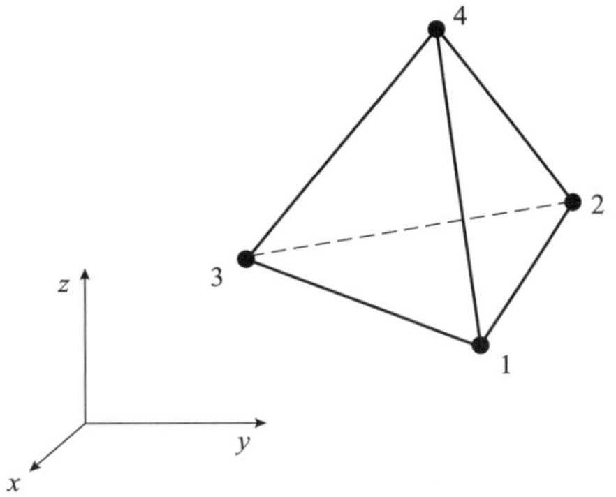

图 3.17　空间四面体单元

空间问题 4 节点四面体单元具有几何特征简单、描述能力强的特点，是空间问题有限元分析中最基础的单元，也是最重要的单元之一。

1. 单元的几何和节点描述

如图 3.17 所示，该单元为由 4 节点组成的四面体单元。编号约定：当沿节点 1、2、3 的方向转动时，节点 4 在大拇指所指的方向。各自的位置坐标为(x_i，y_i)，i=1、2、3，每个节点有 3 个位移(分别沿 x、y 和 z 方向)为(u_i，v_i，w_i)，i=1、2、3、4。单元的节点位移列阵 q^e 和节点力列阵 P^e 为：

$$q^e=[u_1\quad v_1\quad w_1\quad u_2\quad v_2\quad w_2\quad u_3\quad v_3\quad w_3\quad u_4\quad v_4\quad w_4]^T \tag{3-104}$$

$$P^e=[P_{x1}\quad P_{y1}\quad P_{z1}\quad P_{x2}\quad P_{y2}\quad P_{z2}\quad P_{x3}\quad P_{y3}\quad P_{3z}\quad P_{x4}\quad P_{y4}\quad P_{z4}]^T \tag{3-105}$$

2. 单元位移场的表达

该单元有 4 个节点，单元的节点位移有 12 个自由度(DOF)。因此每个方向的位移场可以设定 4 个待定系数，根据节点个数以及确定位移模式的基本原则，选取该单元的位移模式为：

$$\begin{cases}u(x,\ y,\ z)=\alpha_1+\alpha_2 x+\alpha_3 y+\alpha_4 z\\ v(x,\ y,\ z)=\alpha_5+\alpha_6 x+\alpha_7 y+\alpha_8 z\\ w(x,\ y,\ z)=\alpha_9+\alpha_{10} x+\alpha_{11} y+\alpha_{12} z\end{cases} \tag{3-106}$$

由节点条件，在 $x=x_i$，$y=y_i$，$z=z_i$ 处，有：

$$\begin{cases}u(x_i,\ y_i,\ z_i)=u_i\\ v(x_i,\ y_i,\ z_i)=v_i\quad (i=1,\ 2,\ 3,\ 4)\\ w(x_i,\ y_i,\ z_i)=w_i\end{cases} \tag{3-107}$$

将节点条件式(3-107)代入式(3-106)中，可求取待定系数 α_1，α_2，…，α_{12}。在求得待定系数后，可重写式(3-106)为：

$$u(x,\ y,\ z)=\begin{Bmatrix} u \\ v \\ w \end{Bmatrix}=\begin{bmatrix} N_1 & 0 & 0 & N_2 & 0 & 0 & N_3 & 0 & 0 & N_4 & 0 & 0 \\ 0 & N_1 & 0 & 0 & N_2 & 0 & 0 & N_3 & 0 & 0 & N_4 & 0 \\ 0 & 0 & N_1 & 0 & 0 & N_2 & 0 & 0 & N_3 & 0 & 0 & N_4 \end{bmatrix}\cdot q^e=N\cdot q^e$$

(3－108)

其中，

$$N_i=\frac{1}{6V}(a_i+b_ix+c_iy+d_iz)\quad (i=1,\ 2)$$
$$N_i=-\frac{1}{6V}(a_i+b_ix+c_iy+d_iz)\quad (i=3,\ 4)$$

(3－109)

式中的 a_i、b_i、c_i、d_i 为与节点几何位置相关的系数，V 为四面体的体积，且有

$$a_i=\begin{vmatrix} x_j & y_j & z_j \\ x_m & y_m & z_m \\ x_n & y_n & z_n \end{vmatrix}\qquad b_i=\begin{vmatrix} 1 & y_j & z_j \\ 1 & y_m & z_m \\ 1 & y_n & z_n \end{vmatrix}$$

$$c_i=\begin{vmatrix} x_j & 1 & z_j \\ x_m & 1 & z_m \\ x_n & 1 & z_n \end{vmatrix}\qquad d_i=\begin{vmatrix} x_j & y_j & 1 \\ x_m & y_j & 1 \\ x_n & y_j & 1 \end{vmatrix}\qquad (3-110)$$

$$6V=\begin{vmatrix} 1 & x_i & y_i & z_i \\ 1 & x_j & y_j & z_j \\ 1 & x_m & y_m & z_m \\ 1 & x_n & y_n & z_n \end{vmatrix}$$

3. 单元应变场及应力场的表达

由弹性力学空间问题的几何方程式(2－7)，并将单元位移场的表达式(3－108)代入，有：

$$\varepsilon(x,\ y,\ z)=\begin{bmatrix} \varepsilon_{xx} \\ \varepsilon_{yy} \\ \varepsilon_{zz} \\ \gamma_{yy} \\ \gamma_{yz} \\ \gamma_{zx} \end{bmatrix}=\begin{bmatrix} \frac{\partial}{\partial x} & 0 & 0 \\ 0 & \frac{\partial}{\partial y} & 0 \\ 0 & 0 & \frac{\partial}{\partial z} \\ \frac{\partial}{\partial y} & \frac{\partial}{\partial x} & 0 \\ 0 & \frac{\partial}{\partial z} & \frac{\partial}{\partial y} \\ \frac{\partial}{\partial z} & 0 & \frac{\partial}{\partial x} \end{bmatrix}\begin{bmatrix} u \\ v \\ w \end{bmatrix}=[\partial]u=[\partial]N\cdot q^e=B\cdot q^e\qquad (3-111)$$

几何矩阵 B 为：

$$B=[B_1\quad -B_2\quad B_3-B_4]\qquad (3-112)$$

式(3－112)中分块子矩阵为 B_i：

$$B_i=[\partial]\begin{bmatrix}N_i & 0 & 0\\ 0 & N_i & 0\\ 0 & 0 & N_i\end{bmatrix}=\frac{1}{6V}\begin{bmatrix}b_i & 0 & 0\\ 0 & c_i & 0\\ 0 & 0 & d_i\\ c_i & b_i & 0\\ 0 & d_i & c_i\\ d_i & 0 & b_i\end{bmatrix}(i=1,\ 2,\ 3,\ 4) \tag{3-113}$$

可以看出，应变矩阵 B 是常量矩阵，因此，四面体单元称为常应变四面体单元。

再由弹性力学中空间问题的物理方程式(2-10)可以得到应力场的表达式：

$$\sigma=D\varepsilon=DBq^e=Sq^e \tag{3-114}$$

其中，D 为空间问题的弹性系数矩阵，见式(2-10)。S 为应力矩阵：

$$S=[S_1\quad -S_2\quad S_3-S_4] \tag{3-115}$$

分块子矩阵 S_i 为：

$$[S_i]=[D][B_i]=\frac{A_3}{6V}\begin{bmatrix}b_i & A_1c_i & A_1d_i\\ A_1b_i & c_i & A_1d_i\\ A_1b_i & A_1c_i & d_i\\ A_2c_i & A_2b_i & 0\\ 0 & A_2d_i & A_2c_i\\ A_2d_i & 0 & A_2d_i\end{bmatrix}\quad(i=1,\ 2,\ 3,\ 4) \tag{3-116}$$

$$A_1=\frac{\mu}{1-\mu}\quad A_2=\frac{1-2\mu}{2(1-\mu)}\quad A_3=\frac{E(1-\mu)}{(1+\mu)(1-2\mu)}$$

4. 单元的刚度矩阵及节点等效载荷矩阵

在获得几何矩阵 $B(x,\ y,\ z)$后，由刚度矩阵的计算公式，可计算单元的刚度矩阵为：

$$K^e=\int_{\Omega^e}B^TDB\,\mathrm{d}\Omega \tag{3-117}$$

写成分块子矩阵形式：

$$K_{12\times12}=\begin{bmatrix}k_{ii} & -k_{ij} & k_{im} & -k_{in}\\ -k_{ji} & k_{jj} & -k_{jm} & k_{jn}\\ k_{mi} & -k_{mj} & k_{mm} & -k_{mn}\\ -k_{ni} & k_{nj} & -k_{nm} & k_{nn}\end{bmatrix} \tag{3-118}$$

$$k_{rs}=B_r{}^TDB_sV$$

$$=\frac{A_3}{36V}\begin{bmatrix}b_rb_s+A_2(c_rc_s+d_rd_s) & A_1b_rc_s+A_2c_rb_s & A_1b_rd_s+A_2d_rd_s\\ A_1c_rb_s+A_2b_rc_s & c_rc_s+A_2(d_rd_s+b_rb_s) & A_1c_rd_s+A_2d_rc_s\\ A_1d_rb_s+A_2b_rd_s & A_1d_rc_s+A_2c_rd_s & d_rd_s+A_2(b_rb_s+c_rc_s)\end{bmatrix}$$

$$(r,\ s=1,\ 2,\ 3,\ 4)$$

等效节点载荷矩阵为：

$$P^e=\int_{\Omega_e}N^T\bar{b}\,\mathrm{d}\Omega+\int_{S_p^e}N^T\bar{p}\,\mathrm{d}A \tag{3-119}$$

5. 单元刚度方程

将单元的势能对节点位移 q^e 取一阶极值，可得到单元的刚度方程：

$$K^eq^e=P^e \tag{3-120}$$

3.3.2 8节点正六面体单元

1. 单元的几何和节点描述

如图3.18所示的8节点正六面体单元，各节点的位置坐标为(x_i, y_i, z_i)，$i=1, 2, 3, \cdots, 8$，每个节点有3个位移(分别沿x、y和z方向)为(u_i, v_i, w_i)，$i=1, 2, 3, 4, \cdots, 8$，单元的节点位移有24个自由度。

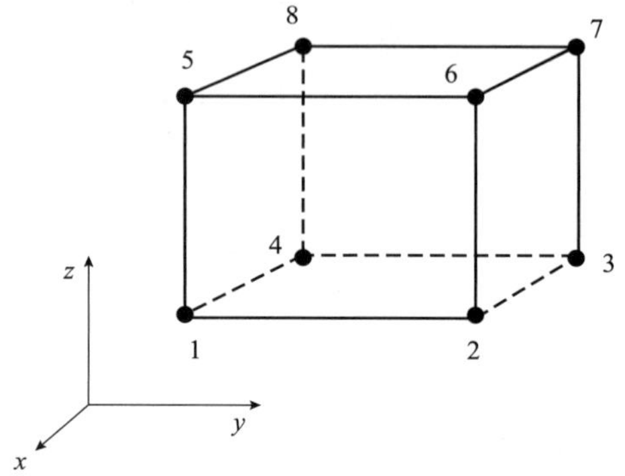

图3.18 8节点正六面体单元

单元的节点位移列阵q^e和节点力列阵P^e为：

$$q^e=[u_1 \quad v_1 \quad w_1 \quad \vdots \quad u_2 \quad v_2 \quad w_2 \quad \vdots \quad \cdots \quad \vdots \quad u_8 \quad \nu_8 \quad w_8]^T \tag{3-121}$$

$$P^e=[P_{x1} \quad P_{y1} \quad P_{z1} \quad \vdots \quad P_{x2} \quad P_{y2} \quad P_{z2} \quad \vdots \quad \cdots \quad \vdots \quad P_{x8} \quad P_{y8} \quad P_{z8}]^T \tag{3-122}$$

2. 单元位移场的表达

该单元有8个节点，每个方向的位移场可以设定8个待定系数，根据确定位移模式的基本原则，选取该单元的位移模式为：

$$\begin{cases} u(x, y, z)=a_0+a_1x+a_2y+a_3z+a_4xy+a_5yz+a_6zx+a_7xyz \\ v(x, y, z)=b_0+b_1x+b_2y+b_3z+b_4xy+b_5yz+b_6zx+b_7xyz \\ w(x, y, z)=c_0+c_1x+c_2y+c_3z+c_4xy+c_5yz+c_6zx+c_7xyz \end{cases} \tag{3-123}$$

可由节点条件确定出待定系数(a_i, b_i, c_i)，$i=0, 1, 2, \cdots, 8$，再代回式(3-121)中，可整理出该单元的形状函数矩阵，即：

$$u=\begin{bmatrix} u \\ v \\ w \end{bmatrix}=\begin{bmatrix} N_1 & 0 & 0 & \vdots & N_2 & 0 & 0 & \vdots & \cdots & \vdots & N_8 & 0 & 0 \\ 0 & N_1 & 0 & \vdots & 0 & N_2 & 0 & \vdots & \cdots & \vdots & 0 & N_8 & 0 \\ 0 & 0 & N_1 & \vdots & 0 & 0 & N_2 & \vdots & \cdots & \vdots & 0 & 0 & N_8 \end{bmatrix} \cdot q^e=N \cdot q^e \tag{3-124}$$

由于节点位移多达24个，由节点条件直接确定位移模式中的待定系数和形状函数矩阵的方法非常麻烦，因此可利用单元的自然坐标直接应用拉格朗日插值公式写出形状函数矩阵。

在得到该单元的形状函数矩阵后，就可以按照有限元分析的标准过程推导相应的几何矩阵、刚度矩阵、节点等效载荷矩阵以及刚度方程。

3. 单元应变场的表达

由弹性力学平面问题的几何方程式(2-7)，可得单元应变的表达：

$$\varepsilon=[\partial]N\cdot q^e=B\cdot q^e \tag{3-125}$$

4. 单元的刚度矩阵及等效节点载荷矩阵

由弹性力学中平面问题的物理方程式(2-10)，可得到单元的应力表达，然后计算单元的势能，与前面推导其他单元的过程类似，可以得到单元的刚度矩阵及等效节点载荷矩阵为：

$$K^e=\int_{\Omega^e}B^TDB\,\mathrm{d}\Omega \tag{3-126}$$

$$P^e=\int_{\Omega_e}N^T\bar{b}\,\mathrm{d}\Omega+\int_{S_p^e}N^T\bar{p}\,\mathrm{d}A \tag{3-127}$$

5. 单元刚度方程

将单元的总势能对节点位移 q^e 取一阶极值，可得到单元的刚度方程：

$$K^eq^e=P^e \tag{3-128}$$

3.3.3　空间单元特征分析

与平面 3 节点三角形单元类似，4 节点四面体单元的位移场为线性关系式(3-106)，求出的单元的应变矩阵 B 和应力矩阵 S 都为常量矩阵，单元内任意一点的应变和应力都为常数，因此，4 节点四面体单元称为常应变单元。在实际使用过程中，对于应变梯度较大的区域，单元划分应适当加密，否则将不能反映应变或应力的真实变化情况，导致较大的计算误差。

空间 8 节点正六面体单元与 4 节点四面体单元类似，由位移表达式(3-123)可知，该单元的位移在 x、y、z 方向呈线性变化，所以称为线性位移模式，在单元的边界上，位移是按线性变化的，且相邻单元公共节点上有共同的节点位移值，可保证两个相邻单元在其公共边界上的位移是连续的，这种单元的位移模式是完备和协调的，它的应变和应力为一次线性变化，因而比 4 节点四面体常应变单元精度高。

3.4　典型例题

例题 3-1　证明 3 节点三角形单元(ijm)的插值函数满足 $N_i(x_j,\ y_j)=\delta_{ij}$，及 $N_i+N_j+N_m=1$。

证明：3 节点三角形单元的插值函数 N_i、N_j、N_m 形式如下：

$$N_i=\frac{1}{2A}(a_i+b_ix+c_iy)\ (i,\ j,\ m)$$

其中，

$$2A=\begin{vmatrix}1 & x_i & y_i\\ 1 & y_j & y_j\\ 1 & x_m & y_m\end{vmatrix}$$

$$a_i=\begin{vmatrix}x_j & y_j\\ x_m & y_m\end{vmatrix}\quad b_i=-\begin{vmatrix}1 & y_j\\ 1 & y_m\end{vmatrix}\quad c_i=\begin{vmatrix}1 & x_j\\ 1 & x_m\end{vmatrix}(i,\ j,\ m)$$

根据行列式的性质：行列式的任一行(或列)的元素与其相应的代数余子式乘积之和等于行列式的值，而任一行(或列)的元素与其他行(或列)的元素的代数余子式乘积之和等于零。所以：

$$N_i(x_i,\ y_i)=\frac{1}{2A}\left(\begin{vmatrix}x_j & y_j\\ x_m & y_m\end{vmatrix}-\begin{vmatrix}1 & y_j\\ 1 & y_m\end{vmatrix}x_i+\begin{vmatrix}1 & x_j\\ 1 & x_m\end{vmatrix}y_i\right)=\frac{1}{2A}\cdot 2A=1$$

$$N_i(x_j,\ y_j)=\frac{1}{2A}\left(\begin{vmatrix}x_j & y_j\\ x_m & y_m\end{vmatrix}-\begin{vmatrix}1 & y_j\\ 1 & y_m\end{vmatrix}x_j+\begin{vmatrix}1 & x_j\\ 1 & x_m\end{vmatrix}y_j\right)=\frac{1}{2A}\cdot 0=0$$

$$N_i(x_m,\ y_m)=\frac{1}{2A}\left(\begin{vmatrix}x_j & y_j\\ x_m & y_m\end{vmatrix}-\begin{vmatrix}1 & y_j\\ 1 & y_m\end{vmatrix}x_m+\begin{vmatrix}1 & x_j\\ 1 & x_m\end{vmatrix}y_m\right)=\frac{1}{2A}\cdot 0=0$$

即：

$$N_i(x_j,\ y_j)=\delta_{ij}$$

另外：

$$\begin{aligned}N_i+N_j+N_m&=\frac{1}{2A}(a_i+b_ix+c_iy+a_j+b_jx+c_jy+a_m+b_mx+c_my)\\&=\frac{1}{2A}[(a_i+a_j+a_m)+(b_i+b_j+b_m)x+(c_i+c_j+c_m)y]\\&=\frac{1}{2A}(2A+0\cdot x+0\cdot y)=1\end{aligned}$$

例题 3-2 假定三角形单元在 jm 边上有 x 方向的面力作用，设 jm 边长度为 l，单元厚度为 t，求该单元的等效节点载荷(如图 3.19 所示)。

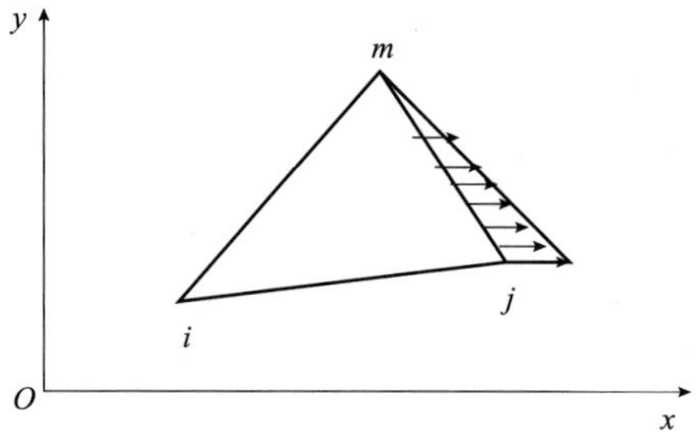

图 3.19 例题 3-2 图

解：

方法一：
$$\begin{Bmatrix}\bar{p}_{xi}\\ \bar{p}_{yi}\\ \bar{p}_{xj}\\ \bar{p}_{yj}\\ \bar{p}_{xm}\\ \bar{p}_{ym}\end{Bmatrix}=t\int_s N^T\bar{p}\,\mathrm{d}s=t\int_s\begin{bmatrix}N_i & 0\\ 0 & N_i\\ N_j & 0\\ 0 & N_j\\ N_m & 0\\ 0 & N_m\end{bmatrix}\begin{Bmatrix}\overline{X}\\ \overline{Y}\end{Bmatrix}$$

假设以 m 为原点，取局部坐标 s，沿 jm 边上任意位置 s 处的面力分量为：

$$\{\bar{p}\}=\begin{Bmatrix}\dfrac{q}{l}s\\ 0\end{Bmatrix}$$

形函数的值：

$$N_i=0,\ N_j=\frac{s}{l},\ N_m=1-\frac{s}{l}$$

根据上述公式：

$$\overline{P}_{xj}=\int_s \frac{s}{l}\frac{q}{l}st\,\mathrm{d}s=\frac{1}{3}\frac{qt}{l}$$

$$\overline{P}_{xm}=\int_s\left(1-\frac{s}{l}\right)\frac{q}{l}st\,\mathrm{d}s=\frac{1}{6}\frac{qt}{l}$$

其余各个分量均为零，计算得到的等效节点载荷为：

$$\overline{P}_e=\frac{1}{2}\frac{qt}{l}\left\{1\quad 0\quad \frac{2}{3}\quad 0\quad \frac{1}{3}\quad 0\right\}$$

可以看出，当面力不是均匀分布时，面力的等效节点载荷也不是均匀分布。

方法二：

根据形函数的性质，在 jm 边上任意位置 s 处的面力分量，可以表示为：

$$\overline{X}=N_jq_j+N_mq_m=N_jq$$
$$\overline{Y}=0$$

根据面积坐标积分公式：

$$\overline{P}_{xj}=t\int_s N_j\overline{X}=t\int_s N_j(N_jq)\mathrm{d}s=q\frac{2!0!}{(2+0+1)!}=\frac{1}{3}ql$$

$$\overline{P}_{xm}=t\int_s N_m\overline{X}=t\int_s N_m(N_jq)\mathrm{d}s=q\frac{1!1!}{(1+1+1)!}=\frac{1}{6}ql$$

其余各个分量均为 0，面力的等效节点载荷为：

$$\overline{P}_e=\frac{1}{2}\frac{ql}{t}\left\{0\quad 0\ \frac{2}{3}\quad 0\ \frac{1}{3}\quad 0\right\}$$

例题 3－3　如图 3.20 所示为平面应力状态下的等腰直角三角形单元 ijm。若已知弹性模量 E 和泊松比 μ，厚度为 t。求该单元应变矩阵 B、应力矩阵 S 和单元刚度矩阵 K。

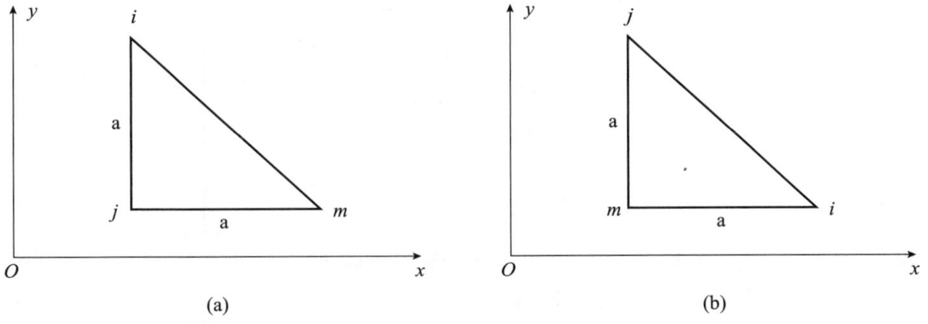

图 3.20　例题 3－3 图

解：(1)针对图 3.20(a)所示等腰直角三角形，三个节点坐标 $i(0,\ \mathrm{a})$、$j(0,\ 0)$、$m(\mathrm{a},\ 0)$：

利用式
$$\begin{cases}a_i=x_jy_m-x_my_j\\a_j=x_my_i-x_iy_m\\a_m=x_iy_j-x_jy_i\end{cases},\quad\begin{cases}b_i=y_j-y_m\\b_j=y_m-y_i\\b_m=y_i-y_j\end{cases},\quad\begin{cases}c_i=-x_j+x_m\\c_j=-x_m+x_i\\c_m=-x_i+x_j\end{cases}$$

计算出各系数：

$$b_i=0,\ b_j=-a,\ b_m=a$$
$$c_i=a,\ c_j=-a,\ c_m=0$$

三角形面积：$A=\frac{1}{2}a^2$。

(2)计算单元应变矩阵和单元应力矩阵：

$$[B]=\frac{1}{2A}\begin{bmatrix} b_i & 0 & b_j & 0 & b_m & 0 \\ 0 & c_i & 0 & c_j & 0 & c_m \\ c_i & b_i & c_j & b_j & c_m & b_m \end{bmatrix}=\frac{1}{a}\begin{bmatrix} 0 & 0 & -a & 0 & a & 0 \\ 0 & a & 0 & -a & 0 & 0 \\ a & 0 & -a & -a & 0 & a \end{bmatrix}$$

单元应力矩阵：

$$[S]=\frac{E}{(1-\mu^2)a}\begin{bmatrix} 1 & 0 & 0 & \mu & -1 & -\mu \\ \mu & 0 & 0 & 1 & -\mu & -1 \\ 0 & \frac{1-\mu}{2} & \frac{1-\mu}{2} & 0 & -\frac{1-\mu}{2} & -\frac{1-\mu}{2} \end{bmatrix}$$

(3)计算单元刚度矩阵：

$$[K]=\frac{Et}{2(1-\mu^2)}\begin{bmatrix} 1 & 0 & 0 & \mu & -1 & -\mu \\ 0 & \frac{1-\mu}{2} & \frac{1-\mu}{2} & 0 & -\frac{1-\mu}{2} & -\frac{1-\mu}{2} \\ 0 & \frac{1-\mu}{2} & \frac{1-\mu}{2} & 0 & -\frac{1-\mu}{2} & -\frac{1-\mu}{2} \\ \mu & 0 & 0 & 1 & -\mu & -1 \\ -1 & -\frac{1-\mu}{2} & -\frac{1-\mu}{2} & -\mu & \frac{3-\mu}{2} & \frac{1+\mu}{2} \\ -\mu & -\frac{1-\mu}{2} & -\frac{1-\mu}{2} & -1 & \frac{1+\mu}{2} & \frac{3-\mu}{2} \end{bmatrix}$$

取特殊值 $\mu=0$，此时单元 a 刚度矩阵为：

$$K^a=\frac{Et}{4}\begin{bmatrix} 1 & 0 & -1 & -1 & 0 & 1 \\ 0 & 2 & 0 & -2 & 0 & 0 \\ -1 & 0 & 3 & 1 & -2 & -1 \\ -1 & -2 & 1 & 3 & 0 & -1 \\ 0 & 0 & -2 & 0 & 2 & 0 \\ 1 & 0 & -1 & -1 & 0 & 1 \end{bmatrix}$$

(4)图 3.2(b)，相对于图 3.2(a)来说，仅是节点编号位置发生了变化，因此可以根据单元刚度性质，由单元 a 推出单元 b 的刚度矩阵：

$$K^b=\frac{Et}{4}\begin{bmatrix} 2 & 0 & 0 & 0 & -2 & 0 \\ 0 & 1 & 1 & 0 & -1 & -1 \\ 0 & 1 & 1 & 0 & -1 & -1 \\ 0 & 0 & 0 & 2 & 0 & -2 \\ -2 & -1 & -1 & 0 & 3 & 1 \\ 0 & -1 & -1 & -2 & 1 & 1 \end{bmatrix}$$

例题 3－4　如图 3.21 所示为某对角受压的正方形薄板，集中载荷 P 沿厚度均匀分布，弹性模量为 E，厚度为 $t=1$，为简化计算取 $\mu=0$，用有限元方法分析位移、应力情况。

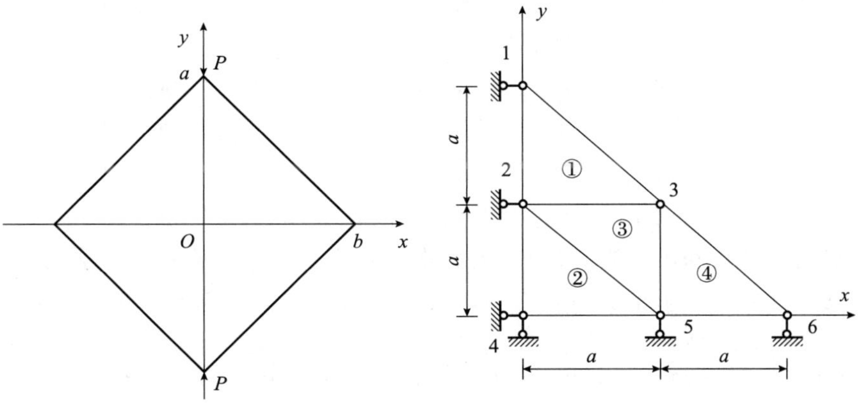

(a)正方形薄板　　(b)1/4有限元模型

图 3.21　例题 3-4 图

解：(1)结构离散化。

由于该模型关于 xz 和 yz 面对称，所以仅取图 3.21(b)中 1/4 模型进行分析。将其划分为 4 个单元，共 6 个节点，对称面上节点没有垂直于对称面的位移分量，因此，1、2、4 三个节点设置了水平连杆支座，4、5、6 三个节点设置了铅直连杆支座，单元和节点的编码如图 3.21(b)中所示。各单元信息如表 3.3 所示。

表 3.3　各单元信息表

单元编号	①	②	③	④
局部编号	i、j、m	i、j、m	i、j、m	i、j、m
整体编号	1、2、3	2、4、5	5、3、2	3、5、6
以整体编码表示的单元刚度矩阵子块	$K_{11}^{(1)}$ $K_{12}^{(1)}$ $K_{13}^{(1)}$ $K_{21}^{(1)}$ $K_{22}^{(1)}$ $K_{23}^{(1)}$ $K_{31}^{(1)}$ $K_{32}^{(1)}$ $K_{33}^{(1)}$	$K_{21}^{(2)}$ $K_{24}^{(2)}$ $K_{25}^{(2)}$ $K_{42}^{(2)}$ $K_{44}^{(2)}$ $K_{45}^{(2)}$ $K_{52}^{(2)}$ $K_{54}^{(2)}$ $K_{55}^{(2)}$	$K_{55}^{(3)}$ $K_{53}^{(3)}$ $K_{52}^{(3)}$ $K_{35}^{(3)}$ $K_{33}^{(3)}$ $K_{32}^{(3)}$ $K_{25}^{(3)}$ $K_{23}^{(3)}$ $K_{55}^{(3)}$	$K_{33}^{(4)}$ $K_{35}^{(4)}$ $K_{32}^{(4)}$ $K_{53}^{(4)}$ $K_{55}^{(4)}$ $K_{56}^{(4)}$ $K_{63}^{(4)}$ $K_{65}^{(4)}$ $K_{66}^{(4)}$

(2)单元刚度矩阵计算。

参考例题 3-3 分析过程，可求得单元刚度 2 矩阵为：

$$K^{(2)}=\begin{bmatrix} K_{21}^{(2)} & K_{24}^{(2)} & K_{25}^{(2)} \\ K_{42}^{(2)} & K_{44}^{(2)} & K_{45}^{(2)} \\ K_{52}^{(2)} & K_{54}^{(2)} & K_{55}^{(2)} \end{bmatrix}=\frac{Et}{4}\begin{bmatrix} 1 & 0 & -1 & -1 & 0 & 1 \\ 0 & 2 & 0 & -2 & 0 & 0 \\ -1 & 0 & 3 & 1 & -2 & -1 \\ -1 & -2 & 1 & 3 & 0 & -1 \\ 0 & 0 & -2 & 0 & 2 & 0 \\ 1 & 0 & -1 & -1 & 0 & 1 \end{bmatrix}$$

根据单元刚度矩阵的性质，$K^1=K^2=K^4$，对于单元 3，其按表中所列的局部节点顺序，转动 180°与单元 2 可重合，所以 $K^2=K^5$，即各个单元的刚度矩阵相同。

(3)整体刚度矩阵组装。

整体刚度矩阵中的各子块是对所有单元相应的子块求和得到的(对号入座原则)，其中各子块矩阵均为 2 行×2 列，整体刚度矩阵用子块矩阵可以表示为：

$$K=\begin{bmatrix} [K_{11}] & [K_{12}] & [K_{13}] & [K_{14}] & [K_{15}] & [K_{16}] \\ [K_{21}] & [K_{22}] & [K_{23}] & [K_{24}] & [K_{25}] & [K_{26}] \\ [K_{31}] & [K_{32}] & [K_{33}] & [K_{34}] & [K_{35}] & [K_{36}] \\ [K_{41}] & [K_{42}] & [K_{43}] & [K_{44}] & [K_{45}] & [K_{46}] \\ [K_{51}] & [K_{52}] & [K_{53}] & [K_{54}] & [K_{55}] & [K_{56}] \\ [K_{61}] & [K_{62}] & [K_{63}] & [K_{64}] & [K_{65}] & [K_{66}] \end{bmatrix}$$

上式中任意一子块矩阵均为 2 行×2 列，在计算过程中，无需将每个单元刚度矩阵进行扩大，只需判断整体刚度矩阵子块的下标，然后利用组装整体刚度矩阵的一般规则进行计算。如 K_{22}，节点 2 为单元①、②和③所共有，则 $K_{22}=K_{22}^{(1)}+K_{22}^{(2)}+K_{22}^{(3)}$；由图形可知，25 边为单元②和③的共用边，则 $K_{25}=K_{25}^{(2)}+K_{25}^{(3)}$；由图形可知，节点 1、5 不同属于任何单元，则 $K_{15}=0$。采用同样的方法进行计算，可以得到整体刚度矩阵为：

$$K=\frac{Et}{4}\begin{bmatrix} 1 & 0 & -1 & -1 & 0 & 1 & 0 & 0 & 0 & 0 & 0 & 0 \\ 0 & 2 & 0 & -2 & 0 & 0 & 0 & 0 & 0 & 0 & 0 & 0 \\ -1 & 0 & 6 & 1 & -4 & -1 & -1 & -1 & 0 & 1 & 0 & 0 \\ -1 & -2 & 1 & 6 & -1 & -2 & 0 & -2 & 1 & 0 & 0 & 0 \\ 0 & 0 & -4 & -1 & 6 & 1 & 0 & 0 & -2 & -1 & 0 & 1 \\ 1 & 0 & -1 & -2 & 1 & 6 & 0 & 0 & -1 & -4 & 0 & 0 \\ 0 & 0 & -1 & 0 & 0 & 0 & 3 & 1 & -2 & -1 & 0 & 0 \\ 0 & 0 & -1 & -2 & 0 & 0 & 1 & 3 & 0 & -1 & 0 & 0 \\ 0 & 0 & 0 & 1 & -2 & -1 & -2 & 0 & 6 & 1 & -2 & -1 \\ 0 & 0 & 1 & 0 & -1 & -4 & -1 & -1 & 1 & 6 & 0 & -1 \\ 0 & 0 & 0 & 0 & 0 & 0 & 0 & 0 & -2 & 0 & 2 & 0 \\ 0 & 0 & 0 & 0 & 1 & 0 & 0 & 0 & -1 & -1 & 0 & 1 \end{bmatrix}$$

(4)等效节点载荷。

总的节点载荷矢量为 12 阶列阵，本例载荷简单，仅在 1 号节点作用有集中力 $\frac{P}{2}$，作用方向与坐标轴方向相反，同时要考虑由于边界约束产生的反作用力。根据约束条件，$u_1=u_2=u_4=0$，$v_4=v_5=v_6=0$，所以总的等效节点载荷：

$$P=\left\{R_{x1} \quad -\frac{P}{2} \quad R_{x2} \quad 0 \quad 0 \quad 0 \quad R_{x4} \quad R_{y4} \quad 0 \quad R_{y5} \quad 0 \quad R_{y6}\right\}^T$$

(5)引入边界条件。

注意对于平面问题，每个节点是 2 个自由度，每个子矩阵是 2×2 分块阵。将整体刚度矩阵中已知约束位移所对应的行与列删掉，即第 1、3、7、8、10 与 12 行与列划掉或将其对应的主对角元素置 1。

$$K=E\begin{bmatrix} 0.5 & -0.5 & 0 & 0 & 0 & 0 \\ -0.5 & 1.5 & -0.25 & -0.5 & 0.25 & 0 \\ 0 & -0.25 & 1.5 & 0.25 & -0.5 & 0 \\ 0 & -0.5 & 0.25 & 1.5 & -0.25 & 0 \\ 0 & 0.25 & -0.5 & -0.25 & 1.5 & -0.5 \\ 0 & 0 & 0 & 0 & -0.5 & 0.5 \end{bmatrix}$$

(6)求解位移。

$$\begin{Bmatrix} v_1 \\ v_2 \\ u_3 \\ v_3 \\ u_5 \\ u_6 \end{Bmatrix} = \frac{P}{2E} \begin{Bmatrix} -3.253 \\ -1.253 \\ -0.088 \\ -0.374 \\ 0.176 \\ 0.176 \end{Bmatrix}$$

(7)求得单元应力。

对于单元①、②、④，应力矩阵 S 相同，如下所示：

$$S = E\begin{bmatrix} 0 & 0 & -1 & 0 & 1 & 0 \\ 0 & 1 & 0 & -1 & 0 & 0 \\ 0.5 & 0 & -0.5 & -0.5 & 0 & 0.5 \end{bmatrix}$$

对于单元③，应力矩阵 S 求得如下：

$$S^{(3)} = E\begin{bmatrix} 0 & 0 & 1 & 0 & -1 & 0 \\ 0 & -1 & 0 & 1 & 0 & 0 \\ -0.5 & 0 & 0.5 & 0.5 & 0 & -0.5 \end{bmatrix}$$

从总的节点位移中提取各单元对应的节点位移分量，例如对于单元①，节点编号为 1、2、3，提取这些节点位移组成单元位移分量。从而，获得各单元的应力，如下所示：

$$\begin{bmatrix} \sigma_x \\ \sigma_y \\ \tau_{xy} \end{bmatrix}_1 = E\begin{bmatrix} 0 & 0 & -1 & 0 & 1 & 0 \\ 0 & 1 & 0 & -1 & 0 & 0 \\ 0.5 & 0 & -0.5 & -0.5 & 0 & 0.5 \end{bmatrix}\begin{bmatrix} 0 \\ v_1 \\ 0 \\ v_2 \\ u_3 \\ v_3 \end{bmatrix} = \frac{P}{2}\begin{bmatrix} 0.088 \\ -2.000 \\ 0.440 \end{bmatrix}\text{Pa}$$

$$\begin{bmatrix} \sigma_x \\ \sigma_y \\ \tau_{xy} \end{bmatrix}_2 = E\begin{bmatrix} 0 & 0 & -1 & 0 & 1 & 0 \\ 0 & 1 & 0 & -1 & 0 & 0 \\ 0.5 & 0 & -0.5 & -0.5 & 0 & 0.5 \end{bmatrix}\begin{bmatrix} 0 \\ v_2 \\ 0 \\ 0 \\ u_5 \\ 0 \end{bmatrix} = \frac{P}{2}\begin{bmatrix} 0.176 \\ -1.253 \\ 0 \end{bmatrix}\text{Pa}$$

$$\begin{bmatrix} \sigma_x \\ \sigma_y \\ \tau_{xy} \end{bmatrix}_3 = E\begin{bmatrix} 0 & 0 & 1 & 0 & -1 & 0 \\ 0 & -1 & 0 & 1 & 0 & 0 \\ -0.5 & 0 & 0.5 & 0.5 & 0 & -0.5 \end{bmatrix}\begin{bmatrix} u_5 \\ 0 \\ u_3 \\ v_3 \\ 0 \\ v_2 \end{bmatrix} = \frac{P}{2}\begin{bmatrix} -0.088 \\ -0.374 \\ 0.308 \end{bmatrix}\text{Pa}$$

$$\begin{bmatrix} \sigma_x \\ \sigma_y \\ \tau_{xy} \end{bmatrix}_4 = E\begin{bmatrix} 0 & 0 & -1 & 0 & 1 & 0 \\ 0 & 1 & 0 & -1 & 0 & 0 \\ 0.5 & 0 & -0.5 & -0.5 & 0 & 0.5 \end{bmatrix}\begin{bmatrix} u_3 \\ v_3 \\ u_5 \\ 0 \\ u_6 \\ 0 \end{bmatrix} = \frac{P}{2}\begin{bmatrix} 0 \\ -0.374 \\ -0.132 \end{bmatrix}\text{Pa}$$

例题 3-5 如图 3.22 所示边长为 $2a$ 的正方形薄板，厚度为 t，两侧边固定，上边受均布载荷 q 作用。泊松比 $\mu=0$，利用有限元方法对该薄板进行应力分析。

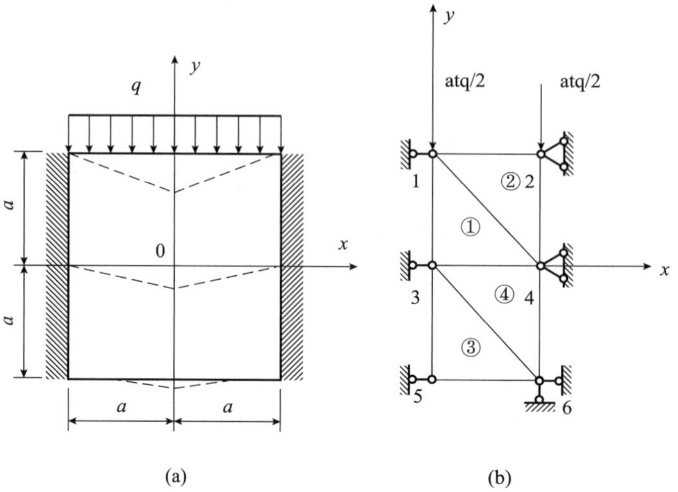

图 3.22 平面正方形薄板

解：(1)结构的有限元离散。

由于结构具有对称性，可取其一半作为计算对象。单元编码和节点编码如图 3.22(b)所示，其中带圈的数字代表单元编号、不带圈的数字代表节点编号。各单元节点整体编码和局部编码的对应关系如表 3.4 所示。

表 3.4 对应关系

单元编号	3 个节点编号		
	i	j	m
①	4	1	3
②	1	4	2
③	6	3	5
④	3	6	4

整体节点位移列阵：

$$q=\{u_1\ v_1\ u_2\ v_2\ u_3\ v_3\ u_4\ v_4\ u_5\ v_5\ u_6\ v_6\}^T \tag{a}$$

关于节点载荷列阵，包括直接作用于或等效到节点上的外载荷及由于约束产生的约束力，对于本题，由于只有 12 边受均布压力 q 作用，按静力等效原则变换成作用于 1、2 节点的沿着 y 轴负方向的大小为 $atq/2$ 的等效集中载荷，即 $P_{y1}=-atq/2$，$P_{y2}=-atq/2$，其余各节点外载荷分量都是零。

整体节点载荷列阵：

$$P=F+R=\{X_1\ Y_1\ X_2\ Y_2\ X_3\ Y_3\ X_4\ Y_4\ X_5\ Y_5\ X_6\ Y_6\}^T=$$

$$\left\{R_{x1}\ -\frac{atq}{2}\ R_{x2}\ R_{y2}\ -\frac{atq}{2}\ R_{x3}\ 0\ R_{x4}\ R_{y4}\ R_{x5}\ 0\ R_{x6}\ R_{y6}\right\}^T \tag{b}$$

其中 F 表示外载荷的等效节点载荷，R 表示约束反力。

(2)计算单元刚度矩阵。

各个单元的形状、大小、材料性质、厚度完全一致，只是②、④单元和①、③单元在方位相差 180°，但将它们采用相同方位的局部编号，根据单元刚度矩阵的性质，所有单元的刚度矩阵 K 都是一样的。

参考图 3.20(b)，获得单元刚度矩阵：

$$K^1=K^2=K^3=K^4=\frac{Et}{4}\begin{bmatrix}2&0&0&0&-2&0\\0&1&1&0&-1&-1\\0&1&1&0&-1&-1\\0&0&0&2&0&-2\\-2&-1&-1&0&3&1\\0&-1&-1&-2&1&1\end{bmatrix} \tag{c}$$

(3)计算总体刚度矩阵。

图(b)所示有限元模型的总体刚度矩阵，可写为如下分块子矩阵形式：

$$K=\begin{bmatrix}[K_{11}]&[K_{12}]&[K_{13}]&[K_{14}]&[K_{15}]&[K_{16}]\\ [K_{21}]&[K_{22}]&[K_{23}]&[K_{24}]&[K_{25}]&[K_{26}]\\ [K_{31}]&[K_{32}]&[K_{33}]&[K_{34}]&[K_{35}]&[K_{36}]\\ [K_{41}]&[K_{42}]&[K_{43}]&[K_{44}]&[K_{45}]&[K_{46}]\\ [K_{51}]&[K_{52}]&[K_{53}]&[K_{54}]&[K_{55}]&[K_{56}]\\ [K_{61}]&[K_{62}]&[K_{63}]&[K_{64}]&[K_{65}]&[K_{66}]\end{bmatrix} \tag{d}$$

根据图(b)所示单元节点整体编码和局部编码的对应关系，利用对号入座法前面计算出的单元刚度矩阵的子矩阵，计算出总体刚度矩阵式中的所有非零分块子矩阵。

$$[K_{11}]=[k_{jj}]^{(1)}+[k_{ii}]^{(2)}=\frac{Et}{4}\begin{bmatrix}2&0\\1&1\end{bmatrix}\qquad [K_{12}]=[k_{im}]^{(2)}=\frac{Et}{4}\begin{bmatrix}-2&0\\-1&-1\end{bmatrix}$$

$$[K_{13}]=[k_{jm}]^{(1)}=\frac{Et}{4}\begin{bmatrix}-1&-1\\0&-2\end{bmatrix}\qquad [K_{14}]=[k_{ji}]^{(1)}+[k_{ij}]^{(2)}=\frac{Et}{4}\begin{bmatrix}0&1\\1&0\end{bmatrix}$$

$$[K_{21}]=[k_{mi}]^{(2)}=\frac{Et}{4}\begin{bmatrix}-2&-1\\0&-1\end{bmatrix}\qquad [K_{22}]=[k_{mm}]^{(2)}=\frac{Et}{4}\begin{bmatrix}3&1\\1&3\end{bmatrix}$$

$$[K_{24}]=[k_{mj}]^{(2)}=\frac{Et}{4}\begin{bmatrix}-1&0\\-1&-2\end{bmatrix}\qquad [K_{31}]=[k_{mj}]^{(1)}=\frac{Et}{4}\begin{bmatrix}-1&0\\-1&-2\end{bmatrix}$$

$$[K_{33}]=[k_{mm}]^{(1)}+[k_{jj}]^{(3)}+[k_{ii}]^{(4)}=\frac{Et}{4}\begin{bmatrix}6&1\\1&6\end{bmatrix}$$

$$[K_{34}]=[k_{mi}]^{(1)}+[k_{mi}]^{(4)}=\frac{Et}{4}\begin{bmatrix}-4&-1\\-1&-2\end{bmatrix}\qquad [K_{35}]=[k_{jm}]^{(3)}=\frac{Et}{4}\begin{bmatrix}-1&-1\\0&-2\end{bmatrix}$$

$$[K_{36}]=[k_{ji}]^{(3)}+[k_{ij}]^{(4)}=\frac{Et}{4}\begin{bmatrix}0&1\\1&0\end{bmatrix}\qquad [K_{41}]=[k_{ij}]^{(1)}+[k_{ji}]^{(2)}=\frac{Et}{4}\begin{bmatrix}0&1\\1&0\end{bmatrix}$$

$$[K_{42}]=[k_{jm}]^{(2)}=\frac{Et}{4}\begin{bmatrix}-1&-1\\0&-2\end{bmatrix}$$

$$[K_{43}]=[k_{im}]^{(1)}+[k_{mi}]^{(4)}=\frac{Et}{4}\begin{bmatrix}-4&-1\\-1&-2\end{bmatrix}$$

$$[K_{44}]=[k_{ii}]^{(1)}+[k_{ij}]^{(2)}+[k_{mm}]^{(4)}=\frac{Et}{4}\begin{bmatrix}6 & 1\\1 & 6\end{bmatrix}$$

$$[K_{46}]=[k_{mj}]^{(4)}=\frac{Et}{4}\begin{bmatrix}-1 & 0\\-1 & -2\end{bmatrix} \qquad [K_{53}]=[k_{mj}]^{(3)}=\frac{Et}{4}\begin{bmatrix}-1 & 0\\-1 & -2\end{bmatrix}$$

$$[K_{55}]=[k_{mm}]^{(3)}=\frac{Et}{4}\begin{bmatrix}3 & 1\\1 & 3\end{bmatrix} \qquad [K_{56}]=[k_{mi}]^{(3)}=\frac{Et}{4}\begin{bmatrix}-2 & -1\\0 & -1\end{bmatrix}$$

$$[K_{63}]=[k_{ij}]^{(3)}+[k_{ji}]^{(4)}=\frac{Et}{4}\begin{bmatrix}1 & 0\\0 & 1\end{bmatrix} \qquad [K_{64}]=[k_{jm}]^{(4)}=\frac{Et}{4}\begin{bmatrix}-1 & -1\\0 & -2\end{bmatrix}$$

$$[K_{65}]=[k_{im}]^{(3)}=\frac{Et}{4}\begin{bmatrix}-2 & 0\\-1 & -1\end{bmatrix} \qquad [K_{66}]=[k_{ij}]^{(3)}+[k_{jj}]^{(4)}=\frac{Et}{4}\begin{bmatrix}3 & 0\\0 & 3\end{bmatrix}$$

将上面计算得到的总刚度矩阵的非零子矩阵代入式(d)，得到总体刚度矩阵：

$$K=\frac{Et}{4}\begin{bmatrix}
3 & 0 & -2 & 0 & -1 & -1 & 0 & 1 & 0 & 0 & 0 & 0\\
0 & 3 & -1 & -1 & 0 & -2 & 1 & 0 & 0 & 0 & 0 & 0\\
-2 & -1 & 3 & 1 & 0 & 0 & -1 & 0 & 0 & 0 & 0 & 0\\
0 & -1 & 1 & 3 & 0 & 0 & -1 & 2 & 0 & 0 & 0 & 0\\
-1 & 0 & 0 & 0 & 6 & 1 & -4 & -1 & -1 & -1 & 0 & 1\\
-1 & -2 & 0 & 0 & 1 & 6 & -1 & -2 & 0 & -2 & 1 & 0\\
0 & 1 & -1 & -1 & -4 & -1 & 6 & 1 & 0 & 0 & -1 & 0\\
1 & 0 & 0 & -2 & -1 & -2 & 1 & 6 & 0 & 0 & -1 & -2\\
0 & 0 & 0 & 0 & -1 & 0 & 0 & 0 & 3 & 1 & -2 & -1\\
0 & 0 & 0 & 0 & -1 & -2 & 0 & 0 & 1 & 3 & 0 & -1\\
0 & 0 & 0 & 0 & 0 & 1 & -1 & -1 & -2 & 0 & 3 & 0\\
0 & 0 & 0 & 0 & 1 & 0 & 0 & -2 & -1 & -1 & 0 & 3
\end{bmatrix} \tag{e}$$

(4)总体刚度方程求解。

得到总体刚度矩阵(e)后，写出如式(f)所示有限元结构的整体平衡方程，即整体刚度方程组：

$$\frac{Et}{4}\begin{bmatrix}
3 & 0 & -2 & 0 & -1 & -1 & 0 & 1 & 0 & 0 & 0 & 0\\
0 & 3 & -1 & -1 & 0 & -2 & 1 & 0 & 0 & 0 & 0 & 0\\
-2 & -1 & 3 & 1 & 0 & 0 & -1 & 0 & 0 & 0 & 0 & 0\\
0 & -1 & 1 & 3 & 0 & 0 & -1 & 2 & 0 & 0 & 0 & 0\\
-1 & 0 & 0 & 0 & 6 & 1 & -4 & -1 & -1 & -1 & 0 & 1\\
-1 & -2 & 0 & 0 & 1 & 6 & -1 & -2 & 0 & -2 & 1 & 0\\
0 & 1 & -1 & -1 & -4 & -1 & 6 & 1 & 0 & 0 & -1 & 0\\
1 & 0 & 0 & -2 & -1 & -2 & 1 & 6 & 0 & 0 & -1 & -2\\
0 & 0 & 0 & 0 & -1 & 0 & 0 & 0 & 3 & 1 & -2 & -1\\
0 & 0 & 0 & 0 & -1 & -2 & 0 & 0 & 1 & 3 & 0 & -1\\
0 & 0 & 0 & 0 & 0 & 1 & -1 & -1 & -2 & 0 & 3 & 0\\
0 & 0 & 0 & 0 & 1 & 0 & 0 & -2 & -1 & -1 & 0 & 3
\end{bmatrix}\begin{bmatrix}0\\v_1\\0\\0\\0\\v_3\\0\\0\\0\\v_5\\0\\0\end{bmatrix}=\begin{Bmatrix}X_1\\-atq/2\\X_2\\Y_2\\X_3\\0\\X_4\\Y_4\\X_5\\0\\X_6\\Y_6\end{Bmatrix} \tag{f}$$

式中节点位移列阵中只有 v_1、v_3、v_5 是未知的，其余结点位移分量都为零。

在求解总体刚度方程式(f)时，将总体刚度矩阵中与零节点位移分量对应的行和列划去，得到只有 v_1、v_3、v_5 三个未知量的方程组：

$$\frac{Et}{4}\begin{bmatrix} 3 & -2 & 0 \\ -2 & 6 & -2 \\ 0 & -2 & 3 \end{bmatrix}\begin{Bmatrix} v_1 \\ v_3 \\ v_5 \end{Bmatrix}=\begin{Bmatrix} -atq/2 \\ 0 \\ 0 \end{Bmatrix} \tag{g}$$

解得：

$$v_1=-\frac{14}{15}\frac{atq}{E},\quad v_3=-\frac{6}{15}\frac{atq}{E},\quad v_5=-\frac{4}{15}\frac{atq}{E} \tag{h}$$

(5)约束反力计算。

将节点位移代入整体刚度平衡方程，可以求得约束反力。先求得等效节点载荷为：

$$X_1=\frac{Et}{4}(-v_3)=\frac{1}{10}atq,\qquad Y_1=\frac{Et}{4}(3v_1-2v_3)=-\frac{atq}{2}$$

$$X_2=\frac{Et}{4}(-v_1)=\frac{7}{30}atq,\qquad Y_2=\frac{Et}{4}(-v_1)=\frac{7}{30}atq$$

$$X_3=\frac{Et}{4}(v_3-v_s)=-\frac{1}{30}atq,\qquad Y_3=\frac{Et}{4}(-2v_1+6v_3-2v_s)=0$$

$$X_4=\frac{Et}{4}(v_1-v_3)=-\frac{2}{15}atq,\qquad Y_4=\frac{Et}{4}(-2v_3)=\frac{1}{5}atq$$

$$X_5=-\frac{Et}{4}v_5=-\frac{1}{15}atq,\qquad Y_5=\frac{Et}{4}(-2v_3+3v_5)=0$$

$$X_6=\frac{Et}{4}v_3=-\frac{1}{10}atq,\qquad Y_6=\frac{Et}{4}(-v_5)=\frac{1}{15}atq$$

进一步求得各节点的约束反力 R：

$$R_{x1}=X_1=\frac{1}{10}atq$$

$$R_{x2}=X_2=\frac{7}{30}atq,\quad R_{y2}=Y_2+\frac{atq}{2}=\frac{22}{30}atq$$

$$R_{x3}=X_3=\frac{1}{30}atq$$

$$R_{x4}=X_4=-\frac{2}{15}atq,\quad R_{y4}=Y_4=\frac{1}{5}atq$$

$$R_{x5}=X_5=\frac{1}{15}atq$$

$$R_{x6}=X_6=-\frac{1}{10}atq,\quad R_{y6}=Y_6=\frac{1}{15}atq$$

(6)单元应力计算。

令 $\mu=0$，则可计算出单元应力矩阵为：

$$[S]=\frac{E}{2a}\begin{bmatrix} 2 & 0 & 0 & 0 & -2 & 0 \\ 0 & 0 & 0 & 2 & 0 & -2 \\ 0 & 1 & 1 & 0 & -1 & -1 \end{bmatrix}$$

求得各单元中应力列阵如下：

单元①应力列阵为：

$$\begin{Bmatrix}\sigma_x\\\sigma_y\\\tau_{xy}\end{Bmatrix}^{(1)}=\frac{E}{2a}\begin{bmatrix}2&0&0&0&-2&0\\0&0&0&2&0&-2\\0&1&1&0&-1&-1\end{bmatrix}\begin{Bmatrix}0\\0\\0\\-14atq/15E\\0\\-6atq/15E\end{Bmatrix}=\begin{Bmatrix}0\\-8atq/15\\atq/5\end{Bmatrix}$$

单元②应力列阵为：

$$\begin{Bmatrix}\sigma_x\\\sigma_y\\\tau_{xy}\end{Bmatrix}^{(2)}=\frac{E}{2a}\begin{bmatrix}2&0&0&0&-2&0\\0&0&0&2&0&-2\\0&1&1&0&-1&-1\end{bmatrix}\begin{Bmatrix}0\\-14atq/15E\\0\\0\\0\\0\end{Bmatrix}=\begin{Bmatrix}0\\0\\-7atq/15\end{Bmatrix}$$

单元③应力列阵为：

$$\begin{Bmatrix}\sigma_x\\\sigma_y\\\tau_{xy}\end{Bmatrix}^{(3)}=\frac{E}{2a}\begin{bmatrix}2&0&0&0&-2&0\\0&0&0&2&0&-2\\0&1&1&0&-1&-1\end{bmatrix}\begin{Bmatrix}0\\0\\0\\-6atq/15E\\0\\-4atq/15E\end{Bmatrix}=\begin{Bmatrix}0\\-2atq/15\\2atq/15\end{Bmatrix}$$

单元④应力列阵为：

$$\begin{Bmatrix}\sigma_x\\\sigma_y\\\tau_{xy}\end{Bmatrix}^{(4)}=\frac{E}{2a}\begin{bmatrix}2&0&0&0&-2&0\\0&0&0&2&0&-2\\0&1&1&0&-1&-1\end{bmatrix}\begin{Bmatrix}0\\-14atq/15E\\0\\0\\0\\0\end{Bmatrix}=\begin{Bmatrix}0\\0\\-7atq/15\end{Bmatrix}$$

例题 3-6 如图 3.23 所示，受内压的厚壁轴对称圆筒，该圆筒内径 80mm，外径 120mm，承受内压 $p=2\text{MPa}$，材料弹性模量 $E=200\text{GPa}$，泊松比 0.3。试利用轴对称三角形单元，求该圆筒的位移及应力。

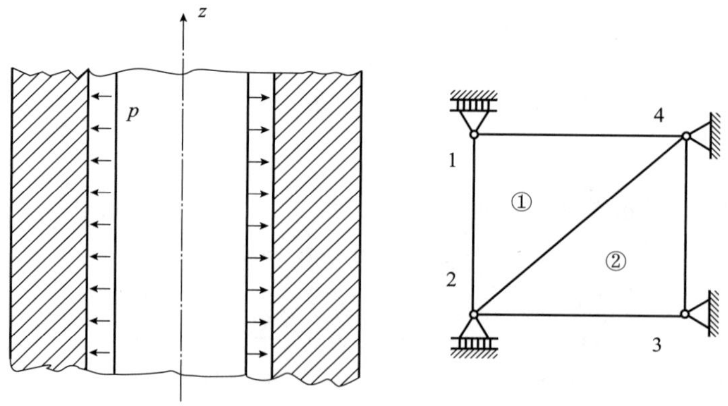

图 3.23 轴对称内压圆筒及有限元网格

解：(1)结构离散化。

厚壁圆筒长度方向较长，为了方便，选择长度方向一段长度进行分析，在子午面上将其离散为如图 3.23 所示的 2 个三角形环状单元，见表 3.5、表 3.6。

表 3.5 节点编号及坐标信息

节点编号	1	2	3	4
坐标(r，z)	40，10	40，0	60，0	60，10

表 3.6 单元组成

单元	①	②
组成节点	1，2，4	2，3，4

整体节点位移列阵：$q=\{u_{r1} \quad w_1 \quad u_{r2} \quad w_2 \quad u_{r3} \quad w_3 \quad u_{r4} \quad w_4\}^T$

整体节点载荷列阵：$F=\{F_{r1} \quad F_{z1} \quad F_{r2} \quad F_{z2} \quad F_{r3} \quad F_{z3} \quad F_{r4} \quad F_{z4}\}^T$

(2)各个单元刚度矩阵计算。

单元弹性矩阵表达为：

$$D=\begin{bmatrix} 2.69\times10^5 & 1.15\times10^5 & 1.15\times10^5 & 0 \\ 1.15\times10^5 & 2.69\times10^5 & 1.15\times10^5 & 0 \\ 1.15\times10^5 & 1.15\times10^5 & 2.69\times10^5 & 0 \\ 0 & 1.15\times10^5 & 0 & 0.77\times10^5 \end{bmatrix}$$

各个单元的应变矩阵为：

对于单元①，形心：$\bar{r}=\dfrac{1}{3}(40+60+40)=46.67\text{mm}$

对于单元②来说，形心：$\bar{r}=\dfrac{1}{3}(40+60+60)=53.33\text{mm}$

$$\overline{B}^1=\begin{bmatrix} -0.05 & 0 & 0 & 0 & 0.05 & 0 \\ 0.0071 & 0 & 0.0071 & 0 & 0.0071 & 0 \\ 0 & 0.1 & 0 & -0.1 & 0 & 0 \\ 0.1 & -0.05 & -0.1 & 0 & 0 & 0.05 \end{bmatrix}$$

$$\overline{B}^2=\begin{bmatrix} -0.05 & 0 & 0.05 & 0 & 0 & 0 \\ 0.00625 & 0 & 0.00625 & 0 & 0.00625 & 0 \\ 0 & 0 & 0 & -0.1 & 0 & 0.1 \\ 0 & -0.05 & -0.1 & 0.05 & 0.1 & 0 \end{bmatrix}$$

$$\overline{DB}^1=10^4\times\begin{bmatrix} -1.26 & 1.15 & 0.082 & -1.15 & 1.43 & 0 \\ -0.384 & 1.15 & 0.191 & -1.15 & 0.766 & 0 \\ -0.495 & 2.692 & 0.082 & -2.692 & 0.659 & 0 \\ 0.77 & -0.385 & -0.77 & 0 & 0 & 0.385 \end{bmatrix}$$

$$\overline{DB}^2=10^4\times\begin{bmatrix} -1.27 & 0 & 1.42 & -1.15 & 0.072 & 1.15 \\ -0.407 & 0 & 0.743 & -1.15 & 0.168 & 1.15 \\ -0.505 & 0 & 0.649 & -2.692 & 0.0721 & -2.692 \\ 0 & -0.385 & -0.77 & 0.385 & 0.77 & 0 \end{bmatrix}$$

各个单元的刚度矩阵为：

$$K^1 = 10^7 \times \begin{bmatrix} 4.03 & -2.58 & -2.34 & 1.45 & -1.932 & 1.13 \\ & 8.45 & 1.37 & -7.89 & 1.93 & -0.565 \\ & & 2.3 & -0.24 & 0.16 & -1.13 \\ & & & 7.89 & -1.93 & 0 \\ & & & & 2.25 & 0 \\ & & & & & 5.565 \end{bmatrix}$$

$$K^2 = 10^7 \times \begin{bmatrix} 2.05 & 0 & -2.22 & 1.69 & -0.085 & -1.69 \\ & 0.645 & 1.29 & -0.645 & -1.29 & 0 \\ & & 5.11 & -3.46 & -2.42 & 2.17 \\ & & & 9.66 & 1.05 & -9.01 \\ & & & & 2.62 & 0.241 \\ & & & & & 9.01 \end{bmatrix}$$

(3)节点位移计算。

将边界条件引入，$w_1 = w_2 = 0$、$u_{r3} = w_3 = 0$、$u_{r4} = 0$、$w_4 = 0$，采用划行划列法，方程修改为：

$$10^7 \begin{bmatrix} 4.03 & -2.34 \\ -2.34 & 4.35 \end{bmatrix} \begin{Bmatrix} u_1 \\ u_2 \end{Bmatrix} = \begin{Bmatrix} 2514 \\ 2514 \end{Bmatrix}$$

求得：$u_1 = 1.394 \times 10^{-4}\,\text{mm}$，$u_2 = 1.328 \times 10^{-4}\,\text{mm}$

(4)单元应力计算。

根据 $\sigma = D\overline{B}q$，式中的应力就是矩阵在三角形单元中心处的值。

求得各单元应力：

$$\sigma^1 = \{-1.652 \quad -0.281 \quad -0.580 \quad 0.059\}^T$$
$$\sigma^2 = \{-1.692 \quad -0.543 \quad -0.670 \quad 0\}^T$$

拓展阅读

中国计算数学家助力刘家峡水电站建成

20 世纪 60 年代，刘家峡水电站作为我国首座百万千瓦级大型水利工程，其建设承载着“驯服黄河、造福百姓”的重大使命。这座超百米高的混凝土大坝是我国自主设计施工的里程碑工程，而计算数学家们以创新方法攻克了工程核心难题，为大坝安全建成提供了关键支撑。

为响应“向科学进军”的号召，中国科学院采用“任务带学科”模式，将刘家峡大坝计算纳入重点攻关任务。这项任务最初由计算技术研究所三室(现数学院计算数学与科学工程计算研究所前身)二组承担，冯康提供业务指导。黄鸿慈等人编写的高质量计算程序，为后续工作奠定了基础，但研究团队很快在“计算方法”环节陷入瓶颈——传统算法难以精准求解大坝复杂结构的应力场，成为工程推进的主要障碍。

冯康的学术指引带来了转机。他在报告中引荐了普拉格与辛格1947年发表的论文，阐述如何将微分方程转化为变分形式，并用变分原理推导差分格式。这一思路为团队打开了新视野，崔俊芝回忆："冯先生实际是在播撒有限元方法的种子，那次报告拉开了系统性研究的序幕。"

在冯康的理论启发下，崔俊芝牵头研发我国首个平面弹性问题有限元计算程序。当时的科研条件极为艰苦："104"计算机既无操作系统也无编译系统，所有程序需用机器指令直接编写；内存仅2048个存储单元，扣除500个用于存放程序，剩余空间需承载1000阶代数方程组的求解。

崔俊芝团队通过精打细算的算法设计，在有限资源下实现了高效迭代。经过无数个日夜的调试、查错与验算，他们最终完成了十多组设计方案及工况下的应力场计算，结果精准满足工程需求。这项工作不仅解决了刘家峡大坝的关键技术问题，更成为我国有限元方法从理论探索走向工程实践的标志性突破——冯康在此基础上系统构建了有限元方法的数学理论，独立于西方开创了这一科学与工程计算的新领域。

1966年10月，刘家峡大坝成功截流，奔腾的黄河水被"驯服"，这座"高原明珠"从此发挥发电、灌溉、防洪的综合效益。工程建成后，中央发出明码电报表彰科研人员的突出贡献，肯定了计算数学在重大工程中的核心价值。

刘家峡水电站的建设实践，印证了"任务带学科"模式的生命力——计算数学家们既解决了国家急需的工程难题，又推动了基础理论创新。冯康团队创立的有限元方法，此后广泛应用于水利、航空、航天等领域，成为支撑我国重大工程建设的关键技术工具。这段历史深刻诠释了中国科学家"把论文写在祖国大地上"的使命担当，为青年科技工作者树立了"需求导向、创新引领"的典范。

第4章 等参单元和数值积分

在有限元的网格划分中常用的一些单元，如三角形、矩形、正六面体单元等，都是形状规则的单元。由于实际问题的复杂性，特别是在一些复杂的边界上，需要使用一些几何形状不太规整的单元来逼近原问题，比如平面任意四边形和空间任意六面体单元；但直接研究这些不规整单元，比如单元位移函数构建及单元刚度矩阵计算等方面则比较困难。如何利用几何规整单元的结果来研究所对应的几何不规整单元的表达式，这将涉及几何形状映射、坐标系变换及数值积分等问题。本章将介绍等参单元的基本概念，主要为平面四节点及空间六面体等参数单元，并介绍高斯积分方法及高阶单元。

4.1 等参单元的基本概念

将满足收敛条件的形状规则的高精度单元作为基本单元(或称为标准单元、母单元)，通过坐标变换映射成几何边界任意的单元，将其作为有限元分析的实际单元或参数单元，这种映射必须保证实际单元和母单元之间是一一对应的关系。由基本单元映射成实际单元的关系有多种，在有限元方法中普遍采用的是等参变换，即单元坐标变换和位移函数采用相同数目的节点参数和相同的插值函数，这种单元称为等参数单元。

等参单元已成为有限元方法中应用最为广泛的单元形式，其优点在于等参单元能够描述复杂几何形状，更好适应各种实际结构；计算方便，其刚度、载荷等特性矩阵的计算仍在前面所表示单元的规则域内进行，因此不管各个积分形式的矩阵表示的被积函数如何复杂，仍然可以方便地采用标准化的数值积分方法计算。

4.1.1 等参数单元坐标系的变换

由前面的单元构造过程可以看出，一个单元的关键就是计算它的刚度矩阵，以平面问题为例，对于两个坐标系(x, y)和(ξ, η)，单元刚度矩阵的计算公式：

在整体直角坐标系(x, y)中：

$$K^{e}_{(xy)} = \int_{A^e} B^T\left(x, y, \frac{\partial}{\partial x}, \frac{\partial}{\partial y}\right) \cdot D \cdot B\left(x, y, \frac{\partial}{\partial x}, \frac{\partial}{\partial y}\right) \mathrm{d}x\mathrm{d}y \cdot t \tag{4-1}$$

其中，$B\left(x, y, \frac{\partial}{\partial x}, \frac{\partial}{\partial y}\right)$为$(x, y)$坐标系中的单元几何矩阵，它是$\left(x, y, \frac{\partial}{\partial x}, \frac{\partial}{\partial y}\right)$的函数。

在自然(局部)坐标系(ξ, η)中：

$$K^{e}_{(\xi\eta)} = \int_{A^e} B^{*\mathrm{T}}\left(\xi, \eta, \frac{\partial}{\partial \xi}, \frac{\partial}{\partial \eta}\right) \cdot D \cdot B^{*}\left(\xi, \eta, \frac{\partial}{\partial \xi}, \frac{\partial}{\partial \eta}\right) \mathrm{d}\xi\mathrm{d}\eta \cdot t \tag{4-2}$$

其中，$B^*\left(\xi,\ \eta,\ \frac{\partial}{\partial\xi},\ \frac{\partial}{\partial\eta}\right)$为$(\xi,\ \eta)$坐标系中的单元几何矩阵，它是$\left(\xi,\ \eta,\ \frac{\partial}{\partial\xi},\ \frac{\partial}{\partial\eta}\right)$的函数。

可以看出，要实现两个坐标系中单元刚度矩阵的变换或映射，必须计算两个坐标系之间的三种映射关系，即：

坐标映射

$$(x,\ y)\Rightarrow(\xi,\ \eta) \tag{4-3}$$

偏导数映射

$$\left(\frac{\partial}{\partial x},\ \frac{\partial}{\partial y}\right)\Rightarrow\left(\frac{\partial}{\partial\xi},\ \frac{\partial}{\partial\eta}\right) \tag{4-4}$$

面积(体积)映射

$$\int_{A^e}\mathrm{d}x\mathrm{d}y\Rightarrow\int_{A^e}\mathrm{d}\xi\mathrm{d}\eta \tag{4-5}$$

下面结合平面四边形单元，就两个坐标系之间的这三种映射关系进行具体的推导，在获得这三种映射关系后，就可以实现不同坐标系下单元刚度矩阵之间的变换。

1. 坐标变换

就图 4.1 所示平面问题情形，假设有两个坐标系：自然(局部)坐标系$(\xi,\ \eta)$和整体直角坐标系$(x,\ y)$；其中自然坐标系$(\xi,\ \eta)$用于描述几何形状非常规整的基准单元(如矩形单元、正六面体单元)，而工程问题中曲边单元(往往其几何形状不太规整，但可以映射为规整的几何形状)是在整体坐标系$(x,\ y)$中描述的，可以看出，前面所讨论的几种单元都是在基准坐标系$(\xi,\ \eta)$中进行研究的，希望利用在自然坐标系$(\xi,\ \eta)$中所得到的单元表达来推导在整体坐标系$(x,\ y)$中的单元表达，由此，可将已有单元的应用范围大大地扩大。

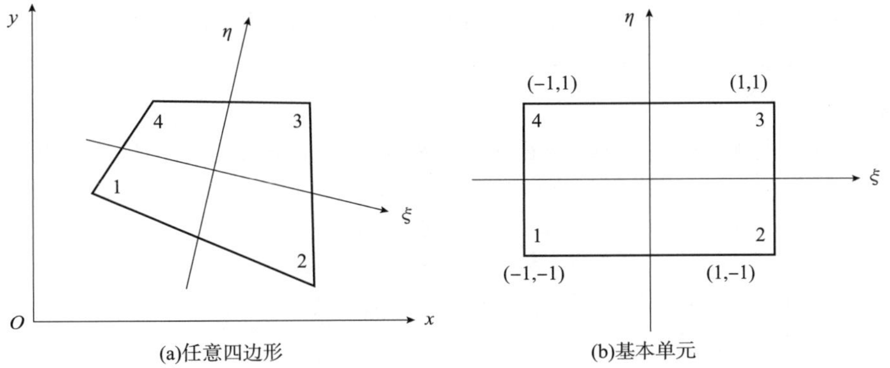

图 4.1　矩形单元映射为任意四边形单元

设如图 4.1 所示的两个坐标系的坐标映射关系为：

$$\begin{cases}x=x(\xi,\ \eta)\\ y=y(\xi,\ \eta)\end{cases} \tag{4-6}$$

针对图 4.1 中的四节点四边形的坐标映射，给出式(4-7)的具体表达式。由于基准坐标系$(\xi,\ \eta)$中的一点对应于整体坐标系$(x,\ y)$中的一个相应点，就图中的四个角点，有节点映射条件：

$$\begin{cases} x_i = x(\xi_i, \ \eta_i) \\ y_i = y(\xi_i, \ \eta_i) \end{cases} \quad (i=1, \ 2, \ 3, \ 4) \tag{4-7}$$

这表明 x 方向和 y 方向各有 4 个节点条件，如果用多项式来表达坐标映射关系，则 x 和 y 方向上可以分别写出各包含有 4 个待定系数的多项式，即：

$$\begin{cases} x(\xi, \ \eta) = a_0 + a_1\xi + a_2\eta + a_3\xi\eta \\ y(\xi, \ \eta) = b_0 + b_1\xi + b_2\eta + b_3\xi\eta \end{cases} \tag{4-8}$$

其中待定系数 a_0，…，a_3 和 b_0，…，b_3 可由节点映射条件式(4-7)来唯一确定。对照前面 4 节点矩形单元的位移函数式(3-64)，映射函数式(4-8)具有完全相同的形式，同样，将求出的待定系数再代回式(4-8)中，重写该式为：

$$\begin{cases} x(\xi, \ \eta) = \tilde{N}_1(\xi, \ \eta)x_1 + \tilde{N}_2(\xi, \ \eta)x_2 + \tilde{N}_3(\xi, \ \eta)x_3 + \tilde{N}_4(\xi, \ \eta)x_4 \\ y(\xi, \ \eta) = \tilde{N}_1(\xi, \ \eta)y_1 + \tilde{N}_2(\xi, \ \eta)y_2 + \tilde{N}_3(\xi, \ \eta)y_3 + \tilde{N}_4(\xi, \ \eta)y_4 \end{cases} \tag{4-9}$$

其中：

$$\tilde{N}_i = \frac{1}{4}(1+\xi_i\xi)(1+\eta_i\eta) \quad (i=1, \ 2, \ 3, \ 4) \tag{4-10}$$

如果将整体坐标系$(x, \ y)$中的每一个节点坐标值进行排列，并写成一个列阵，有：

$$\tilde{q} = [x_1 \quad y_1 \quad x_2 \quad y_2 \quad x_3 \quad y_3 \quad x_4 \quad y_4]^T \tag{4-11}$$

进一步可将式(4-9)写成：

$$x = \begin{bmatrix} x(\xi, \ \eta) \\ y(\xi, \ \eta) \end{bmatrix} = \begin{bmatrix} \tilde{N}_1 & 0 & \tilde{N}_2 & 0 & \tilde{N}_3 & 0 & \tilde{N}_4 & 0 \\ 0 & \tilde{N}_1 & 0 & \tilde{N}_2 & 0 & \tilde{N}_3 & 0 & \tilde{N}_4 \end{bmatrix} \cdot \tilde{q} = \tilde{N}(\xi, \ \eta) \cdot \tilde{q} \tag{4-12}$$

按式(4-9)或式(4-12)的关系进行坐标变换，可以将边长为 2 的正方形映射为直角坐标系下的任意四边形，单元内任意一点的 $Q(x, \ y)$ 由相应的唯一 $Q(\xi, \ \eta)$ 点表达，称为几何模式。从而可以实现两个坐标系间的映射。

2. 偏导数变换

对整体直角坐标系$(x, \ y)$中的任意一个函数 $\Phi(x, \ y)$，求它的偏导数，有：

$$\begin{cases} \dfrac{\partial\Phi}{\partial\xi} = \dfrac{\partial\Phi}{\partial x}\dfrac{\partial x}{\partial\xi} + \dfrac{\partial\Phi}{\partial y}\dfrac{\partial y}{\partial\xi} \\ \dfrac{\partial\Phi}{\partial\eta} = \dfrac{\partial\Phi}{\partial x}\dfrac{\partial x}{\partial\eta} + \dfrac{\partial\Phi}{\partial y}\dfrac{\partial y}{\partial\eta} \end{cases} \tag{4-13}$$

则偏导数的变换关系为：

$$\begin{cases} \dfrac{\partial}{\partial\xi} = \dfrac{\partial x}{\partial\xi}\dfrac{\partial}{\partial x} + \dfrac{\partial y}{\partial\xi}\dfrac{\partial}{\partial y} \\ \dfrac{\partial}{\partial\eta} = \dfrac{\partial x}{\partial\eta}\dfrac{\partial}{\partial x} + \dfrac{\partial y}{\partial\eta}\dfrac{\partial}{\partial y} \end{cases} \tag{4-14}$$

写成矩阵形式：

$$\begin{bmatrix} \dfrac{\partial}{\partial\xi} \\ \dfrac{\partial}{\partial\eta} \end{bmatrix} = J \begin{bmatrix} \dfrac{\partial}{\partial x} \\ \dfrac{\partial}{\partial y} \end{bmatrix} \tag{4-15}$$

$$J=\begin{bmatrix}\dfrac{\partial x}{\partial \xi} & \dfrac{\partial y}{\partial \xi}\\ \dfrac{\partial x}{\partial \eta} & \dfrac{\partial y}{\partial \eta}\end{bmatrix}\tag{4-16}$$

称为雅可比矩阵(Jacobian matrix)；也可将式(4-16)写成以下逆形式：

$$\begin{bmatrix}\dfrac{\partial}{\partial x}\\ \dfrac{\partial}{\partial y}\end{bmatrix}=J^{-1}\begin{bmatrix}\dfrac{\partial}{\partial \xi}\\ \dfrac{\partial}{\partial \eta}\end{bmatrix}=\frac{1}{|J|}\begin{bmatrix}\dfrac{\partial y}{\partial \eta} & -\dfrac{\partial y}{\partial \xi}\\ -\dfrac{\partial x}{\partial \eta} & \dfrac{\partial x}{\partial \xi}\end{bmatrix}\begin{bmatrix}\dfrac{\partial}{\partial \xi}\\ \dfrac{\partial}{\partial \eta}\end{bmatrix}\tag{4-17}$$

其中$|J|$是矩阵J的行列式，即：

$$|J|=\frac{\partial x}{\partial \xi}\frac{\partial y}{\partial \eta}-\frac{\partial y}{\partial \xi}\frac{\partial x}{\partial \eta}\tag{4-18}$$

写成显式：

$$\begin{cases}\dfrac{\partial}{\partial x}=\dfrac{1}{|J|}\left(\dfrac{\partial y}{\partial \eta}\dfrac{\partial}{\partial \xi}-\dfrac{\partial y}{\partial \xi}\dfrac{\partial}{\partial \eta}\right)\\ \dfrac{\partial}{\partial y}=\dfrac{1}{|J|}\left(\dfrac{\partial x}{\partial \eta}\dfrac{\partial}{\partial \xi}+\dfrac{\partial x}{\partial \xi}\dfrac{\partial}{\partial \eta}\right)\end{cases}\tag{4-19}$$

这就是两个坐标系的偏导数映射关系。

3. 面(体)积元映射

如图 4.2 所示，在整体坐标系(x，y)中，由 $\mathrm{d}\xi$ 和 $\mathrm{d}\eta$ 所围成的微小平行四边形，其面积为：

$$\mathrm{d}A=|\mathrm{d}\xi\times\mathrm{d}\eta|\tag{4-20}$$

$$\left.\begin{aligned}\mathrm{d}\xi&=\frac{\partial x}{\partial \xi}\mathrm{d}\xi\cdot i+\frac{\partial y}{\partial \xi}\mathrm{d}\xi\cdot j\\ \mathrm{d}\eta&=\frac{\partial x}{\partial \eta}\mathrm{d}\eta\cdot i+\frac{\partial y}{\partial \eta}\mathrm{d}\eta\cdot j\end{aligned}\right\}\tag{4-21}$$

其中 i 和 j 分别为整体坐标系(x，y)中的 x 方向和 y 方向的单位向量。由式(4-20)，则有面积微元的变换计算：

$$\mathrm{d}A=\begin{vmatrix}\dfrac{\partial x}{\partial \xi}\mathrm{d}\xi & \dfrac{\partial y}{\partial \xi}\mathrm{d}\xi\\ \dfrac{\partial x}{\partial \eta}\mathrm{d}\eta & \dfrac{\partial y}{\partial \eta}\mathrm{d}\eta\end{vmatrix}=|J|\,\mathrm{d}\xi\mathrm{d}\eta\tag{4-22}$$

式(4-22)给出了(x，y)坐标系中面积 $\mathrm{d}A$ 的变换计算公式；同样，就三维问题，在(x，y，z)坐标系中，由 $\mathrm{d}\xi$、$\mathrm{d}\eta$ 和 $\mathrm{d}\zeta$ 所围成的微小六面体的体积为 $\mathrm{d}\Omega=\mathrm{d}\xi\cdot(\mathrm{d}\eta\times\mathrm{d}\zeta)$，则有体积微元的变换：

$$\mathrm{d}\Omega=\begin{vmatrix}\dfrac{\partial x}{\partial \xi}\mathrm{d}\xi & \dfrac{\partial y}{\partial \xi}\mathrm{d}\xi & \dfrac{\partial z}{\partial \xi}\mathrm{d}\xi\\ \dfrac{\partial x}{\partial \eta}\mathrm{d}\eta & \dfrac{\partial y}{\partial \eta}\mathrm{d}\eta & \dfrac{\partial z}{\partial \eta}\mathrm{d}\eta\\ \dfrac{\partial x}{\partial \zeta}\mathrm{d}\zeta & \dfrac{\partial y}{\partial \zeta}\mathrm{d}\zeta & \dfrac{\partial z}{\partial \zeta}\mathrm{d}\zeta\end{vmatrix}=|J|\,\mathrm{d}\xi\mathrm{d}\eta\mathrm{d}\zeta\tag{4-23}$$

该式给出了(x，y，z)坐标系中体积 $\mathrm{d}\Omega$ 的变换计算公式。

4.1.2 等参数变换的存在条件

将基本单元[见图 4.1(b)]映射成任意四边形单元[见图 4.1(a)]，并非任意形状的四边形都可以用作单元网格，需要一定的限定条件。基本单元的 ξ、η 轴实质上是不垂直的，与四边形单元对边中点连线相对应，也会随单元形状而改变，不能用于定义节点位移分量。四边形单元的节点位移是在整体直角坐标系下定义的，因此应变矩阵要求形函数对整体直角坐标求偏导数，而不是对局部自然坐标求偏导数。

在计算形函数对整体直角坐标的偏导数时，需要计算雅可比矩阵 J 的逆矩阵。从式(4-18)可知，如果 $|J|=0$，雅可比矩阵的逆矩阵不存在，那么两个坐标系之间的偏导数关系式(4-19)也就不可能实现，因此雅可比行列式 $|J|$ 不为零是等参变换的先决条件。即：

$$|J|\neq 0 \tag{4-24}$$

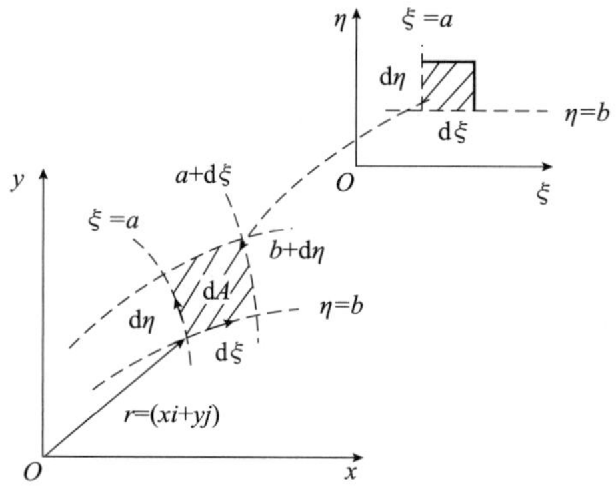

图 4.2 面积微元示意图

避免出现 $|J|=0$，$|J|$ 不为零是直角坐标系和基准坐标系之间一对一变换的条件。如果 $|J|=0$，则直角坐标系下的面积微元 $\mathrm{d}x\mathrm{d}y$ 也为零。重点研究有限元分析中出现 $|J|=0$ 的情况。

如图 4.2 表示的是两个直角坐标系下的积分元，用 i、j 表示 x、y 方向的单位矢量，用 i'、j' 表示 ξ、η 方向的单元矢量。根据坐标变换关系，有：

$$\begin{aligned}\mathrm{d}xi&=\frac{\partial x}{\partial \xi}\mathrm{d}\xi i'+\frac{\partial x}{\partial \eta}\mathrm{d}\eta j'\\ \mathrm{d}yi&=\frac{\partial y}{\partial \xi}\mathrm{d}\xi i'+\frac{\partial y}{\partial \eta}\mathrm{d}\eta j'\end{aligned} \tag{a}$$

由矢量分析：

$$\mathrm{d}A=|\mathrm{d}xi\times\mathrm{d}yj|=\left|\left(\frac{\partial x}{\partial \xi}\mathrm{d}\xi i'+\frac{\partial x}{\partial \eta}\mathrm{d}\eta j'\right)\times\left(\frac{\partial y}{\partial \xi}\mathrm{d}\xi i'+\frac{\partial y}{\partial \eta}\mathrm{d}\eta j'\right)\right|=\begin{vmatrix}\frac{\partial x}{\partial \xi} & \frac{\partial y}{\partial \xi}\\ \frac{\partial x}{\partial \eta} & \frac{\partial y}{\partial \eta}\end{vmatrix}\mathrm{d}\xi\mathrm{d}\eta=|J|\mathrm{d}\xi\mathrm{d}\eta \tag{b}$$

如图 4.2 所示，在直角坐标系中，ξ、η 两轴并不垂直，面积微元为两轴矢量的叉乘，可直接写出：

$$\mathrm{d}A=|\mathrm{d}\xi i'\times\mathrm{d}\eta j'|=|\mathrm{d}\xi|\cdot|\mathrm{d}\eta|\sin(\mathrm{d}\xi i',\ \mathrm{d}\eta j') \tag{c}$$

式中，$|\mathrm{d}\xi|$ 和 $|\mathrm{d}\eta|$ 分别为 $\mathrm{d}\xi$ 和 $\mathrm{d}\eta$ 的长度。将式(c)与式(b)比较，得：

$$|J|=\frac{|\mathrm{d}\xi|\cdot|\mathrm{d}\eta|\sin(\mathrm{d}\xi i',\ \mathrm{d}\eta j')}{\mathrm{d}\xi\mathrm{d}\eta} \tag{d}$$

从上式可见，导致出现 $|J|=0$ 的情况有三种，即：

$$|\mathrm{d}\xi|=0,\quad |\mathrm{d}\eta|=0,\quad \sin(\mathrm{d}\xi i',\ \mathrm{d}\eta j')=0 \tag{e}$$

结合图 4.3 说明式 $|J|=0$ 的几种单元形状：

①图 4.3(a)是一般正常单元划分情况 $|J|\neq 0$；②图 4.3(b)表示单元节点 3 与 4 退化

为一个节点，在该点 $|d\xi|=0$；③图 4.3(c)表示单元节点 2 与 3 退化为一个节点，在该点 $|d\eta|=0$；④图 4.3(d)中单元节点 1、节点 2 和节点 3 的内角都小于 180°，$\sin(d\xi i', d\eta j')>0$；但节点 4 的内角大于 180°，$\sin(d\xi i', d\eta j')<0$，因为正弦是连续函数，所以在单元内必定存在一点，使 $\sin(d\xi i', d\eta j')=0$。

如果单元网格出现类似于图 4.3(b)、(c)、(d)的情况，都将使单元出现 $|J|=0$ 的情况，导致等参变换失败。因此在进行单元划分时，应使四边形的边长尽量接近，内角相差也要小些；避免出现过分歪曲的单元、一个边尺寸过小、内角接近 180°或凹形状，以防出现 $|J|=0$ 的情况。

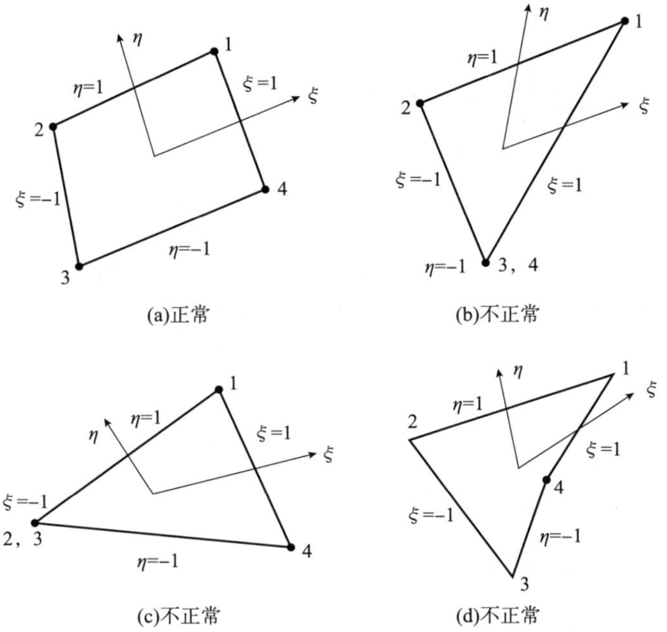

图 4.3　等参单元划分情况

4.1.3　参数单元的类型

对照整体坐标系(x, y)中的任意四边形单元与基准坐标系(ξ, η)中的矩形单元之间的坐标映射式(4-12)，根据几何形状映射函数的阶次与位移函数插值的阶次的比较来给出参数单元的定义。

等参元(Isoparametric Element)：几何形状矩阵 $\widetilde{N}$ 中的插值阶次＝位移形状矩阵 N 中的插值阶次。

超参元(Super-parametric Element)：几何形状矩阵 $\widetilde{N}$ 中的插值阶次＞位移形状矩阵 N 中的插值阶次。

亚参元(Sub-parametric Element)：几何形状矩阵 $\widetilde{N}$ 中的插值阶次＜位移形状矩阵 N 中的插值阶次。

由于插值阶次是由节点数量决定的，可由几何形状变换的节点数和位移插值函数的节点数直接判断参数单元的性质，见图 4.4。研究表明，对于等参元以及亚参元，位移函数可以满足完备性要求，而超参元不满足完备性要求。

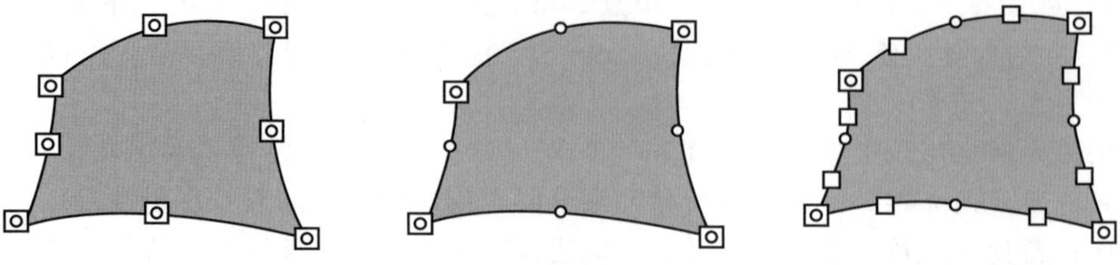

图 4.4 单元变换类型

4.2 平面 4 节点等参单元

4.2.1 位移函数

如图 4.5 所示，任意四边形的节点位移是在统一的直角坐标系下定义的，不能在整体坐标系下直接构造位移模式，基本单元在边界上的位移插值函数退化为线性函数，能够满足单元之间的位移协调性。

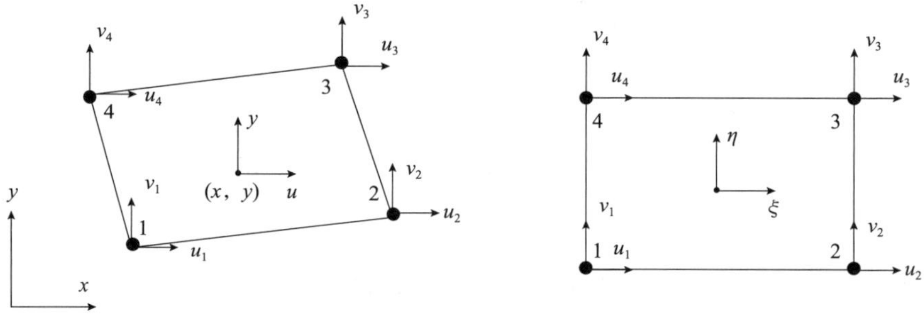

图 4.5 任意四边形单元的位移模式

经过式(4-9)的坐标变换后，两个坐标系下的点是一一对应的，基本单元完全可以表达原单元，使用基本单元内的 $Q(\xi, \eta)$ 点代表原单元的点构造位移模式，假设位移模式为：

$$\begin{cases} u[x(\xi, \eta), y(\xi, \eta)] = u(\xi, \eta) = \alpha_1 + \alpha_2\xi + \alpha_3\eta + \alpha_4\xi\eta \\ v[x(\xi, \eta), y(\xi, \eta)] = v(\xi, \eta) = \beta_1 + \beta_2\xi + \beta_3\eta + \beta_4\xi\eta \end{cases} \tag{4-25}$$

其中待定参数的确定方法与矩形单元完全相同，利用节点条件：

$$\begin{cases} u_i = u(\xi_i, \eta_i) \\ v_i = v(\xi_i, \eta_i) \end{cases} \tag{4-26}$$

$$\begin{cases} u[x(\xi, \eta), y(\xi, \eta)] = \alpha_1 + \alpha_2\xi + \alpha_3\eta + \alpha_4\xi\eta = N_1u_1 + N_2u_2 + N_3u_3 + N_4u_4 \\ v[x(\xi, \eta), y(\xi, \eta)] = \beta_1 + \beta_2\xi + \beta_3\eta + \beta_4\xi\eta = N_1v_1 + N_2v_2 + N_3v_3 + N_4v_4 \end{cases} \tag{4-27}$$

其中，

$$\widetilde{N}_i = \frac{1}{4}(1+\xi_i\xi)(1+\eta_i\eta) \quad (i=1, 2, 3, 4)$$

即：$u[x(\xi, \eta), y(\xi, \eta)]=u(\xi, \eta)=N(\xi, \eta)q^e$

与前面坐标变换所用形函数比较可以发现，几何模式和位移模式具有完全相同的形函数。

4.2.2　应变矩阵和刚度矩阵计算

根据几何方程求得应变分量，其应变矩阵的形式和矩形单元完全相同，表示为：

$$B(\xi, \eta)=\begin{bmatrix} \frac{\partial}{\partial x} & 0 \\ 0 & \frac{\partial}{\partial y} \\ \frac{\partial}{\partial y} & \frac{\partial}{\partial x} \end{bmatrix}\begin{bmatrix} N_1 & 0 & N_2 & 0 & N_3 & 0 & N_4 & 0 \\ 0 & N_1 & 0 & N_2 & 0 & N_3 & 0 & N_4 \end{bmatrix} \tag{4-28}$$

但应注意到，形函数不是 x、y 的显函数，而是自然坐标的函数，坐标(x, y)也是自然坐标的函数，直接计算形函数对于 x、y 的偏导数很困难。所以根据式(4－14)到式(4－19)，可以得到形函数对坐标的偏导数：

$$\begin{cases} \dfrac{\partial N_i}{\partial \xi}=\dfrac{\partial N_i}{\partial x}\dfrac{\partial x}{\partial \xi}+\dfrac{\partial N_i}{\partial y}\dfrac{\partial y}{\partial \xi} \\ \dfrac{\partial N_i}{\partial \eta}=\dfrac{\partial N_i}{\partial x}\dfrac{\partial x}{\partial \eta}+\dfrac{\partial N_i}{\partial y}\dfrac{\partial y}{\partial \eta} \end{cases}, \quad (i=1, 2, 3, 4)$$

写作矩阵形式：

$$\begin{Bmatrix} \dfrac{\partial N_i}{\partial \xi} \\ \dfrac{\partial N_i}{\partial \eta} \end{Bmatrix}=\begin{bmatrix} \dfrac{\partial x}{\partial \xi} & \dfrac{\partial y}{\partial \xi} \\ \dfrac{\partial x}{\partial \eta} & \dfrac{\partial y}{\partial \eta} \end{bmatrix}\begin{Bmatrix} \dfrac{\partial N_i}{\partial x} \\ \dfrac{\partial N_i}{\partial y} \end{Bmatrix}=J\begin{Bmatrix} \dfrac{\partial N_i}{\partial x} \\ \dfrac{\partial N_i}{\partial y} \end{Bmatrix} \tag{4-29a}$$

$$\begin{Bmatrix} \dfrac{\partial N_i}{\partial x} \\ \dfrac{\partial N_i}{\partial y} \end{Bmatrix}=J^{-1}\begin{Bmatrix} \dfrac{\partial N_i}{\partial \xi} \\ \dfrac{\partial N_i}{\partial \eta} \end{Bmatrix}=\frac{1}{|J|}\begin{bmatrix} \dfrac{\partial y}{\partial \eta} & -\dfrac{\partial y}{\partial \xi} \\ -\dfrac{\partial x}{\partial \eta} & \dfrac{\partial x}{\partial \xi} \end{bmatrix}\begin{Bmatrix} \dfrac{\partial N_i}{\partial \xi} \\ \dfrac{\partial N_i}{\partial \eta} \end{Bmatrix}, \quad (i=1, 2, 3, 4) \tag{4-29b}$$

每个单元的雅克比逆矩阵是唯一的。在此基础上，可以获得应变矩阵 B。

不失一般性，对于任意一个实际的单元，可以实现整个单元刚度矩阵在两个坐标系的变换计算，即：

$$\begin{aligned} K^e_{(xy)} &= \int_{A^e} B^T\left(x,y,\frac{\partial}{\partial x},\frac{\partial}{\partial y}\right)\cdot D\cdot B\left(x,y,\frac{\partial}{\partial x},\frac{\partial}{\partial y}\right)\mathrm{d}A\cdot t \\ &= \int_{-1}^{1}\int_{-1}^{1} B^{*T}\left(\xi,\eta,\frac{\partial}{\partial \xi},\frac{\partial}{\partial \eta}\right)\cdot D\cdot B^*\left(\xi,\eta,\frac{\partial}{\partial \xi},\frac{\partial}{\partial \eta}\right)|J|\,\mathrm{d}\xi\mathrm{d}\eta\cdot t \end{aligned} \tag{4-30}$$

就平面 4 节点等参元，在局部坐标系下，其刚度矩阵为：

$$\begin{aligned} K^e &= \int_{S^e} B^T[x(\xi,\eta),y(\xi,\eta)]DB[x(\xi,\eta),y(\xi,\eta)]t\mathrm{d}x\mathrm{d}y \\ &= \int_{-1}^{1}\int_{-1}^{1} B^T(\xi,\eta)DB(\xi,\eta)t|J|\,\mathrm{d}\xi\mathrm{d}\eta = \int_{-1}^{1}\int_{-1}^{1} F(\xi,\eta)|J|\,\mathrm{d}\xi\mathrm{d}\eta \end{aligned} \tag{4-31}$$

其刚度矩阵的元素为：

$$k^e_{(xy)ij} = \int_{-1}^{1}\int_{-1}^{1}\frac{1}{A_0+B_0\xi+C_0\eta}[(A_{\alpha i}+B_{\alpha i}\xi+C_{\alpha i}\eta)(A_{\beta j}+B_{\beta j}\xi+C_{\beta j}\eta)]\mathrm{d}\xi\mathrm{d}\eta\cdot t \tag{4-32}$$

其中，A_0、B_0、C_0、$A_{\alpha i}$、$B_{\alpha i}$、$C_{\alpha i}$、$A_{\beta j}$、$B_{\beta j}$、$C_{\beta j}$ 为系数。这个积分很难以解析的形式给出，一般都采用近似的数值积分法，在计算刚度矩阵系数时，往往要计算复杂函数的定积分，后面介绍在有限元分析中广泛使用的数值积分方法，常用的是 Gauss 积分公式，它是一种高精度和高效率的数值积分方法。

4.2.3 等效节点载荷计算

1. 体积力等效节点载荷

如果单元内力体力为 P，则平面问题体力的等效节点载荷为：

$$P_e = \iint N^T pt\,\mathrm{d}x\mathrm{d}y \tag{4-33}$$

式中，4 节点等参单元的 P_e 是 8×1 阶的列矢量，代表 4 个节点的等效载荷分量，直角坐标系积分元的关系 $\mathrm{d}x\mathrm{d}y=|J|\mathrm{d}\xi\mathrm{d}\eta$ 代入式(4-33)，直角坐标系转换为自然坐标系的等参单元体力的等效节点载荷为：

$$P_e = t\int_{-1}^{1}\int_{-1}^{1} N^T P\,|J|\,\mathrm{d}\xi\mathrm{d}\eta \tag{4-34}$$

采用 2×2 阶高斯积分法，计算式为：

$$P_e = t\sum_{r=1}^{2}\sum_{s=1}^{2}[N(\xi_r,\eta_s)]^T p\,|J(\xi_r,\eta_s)| \tag{4-35}$$

2. 分布力等效节点载荷

设单元的某一条边上作用面力为 $\overline{P}$，则分布力的等效节点载荷为：

$$\overline{P}_e = t\int_s N^T\overline{p}\,\mathrm{d}s \tag{4-36}$$

在计算上式边界积分时，需要将边线微元 $\mathrm{d}s$ 在两个坐标系中进行转换，具体计算过程参考相关文献。

4.3 空间六面体等参单元

线性四面体单元是常应变单元，计算精度差，不能很好地处理曲面边界，而且划分比较复杂，无法采用人工方法完成对复杂三维实体的单元划分。如果采用六面体单元，则实现网格划分相对容易，且能提高有限元方法的计算精度，但长方体单元适应边界的能力差，使用任意六面体单元划分单元则更为方便，适合复杂的曲面边界，通过等参变换将任意六面体用正六面体表达，能够满足收敛性要求。

空间问题等参单元与平面问题等参单元的基本概念是相同的，都是将形状规则的基本单元映射为形状不规则的单元。空间问题常用的是六面体等参单元，而六面体等参单元又有 8 节点和 20 节点之分。8 节点等参单元是直面直棱的六面体，而 20 节点单元则是曲面曲棱的六面体，可以描述形状复杂的三维结构。

4.3.1 坐标变换

如图 4.6 所示，棱长为 2 的正六面体标准单元与直角坐标系下任意 8 节点六面体单元的坐标映射关系可假设为：

$$x=\alpha_1+\alpha_2\xi+\alpha_3\eta+\alpha_4\zeta+\alpha_5\xi\eta+\alpha_6\eta\zeta+\alpha_7\zeta\xi+\alpha_8\xi\eta\zeta$$
$$y=\beta_1+\beta_2\xi+\beta_3\eta+\beta_4\zeta+\beta_5\xi\eta+\beta_6\eta\zeta+\beta_7\zeta\xi+\beta_8\xi\eta\zeta \qquad (4-37)$$
$$z=\gamma_1+\gamma_2\xi+\gamma_3\eta+\gamma_4\zeta+\gamma_5\xi\eta+\gamma_6\eta\zeta+\gamma_7\zeta\xi+\gamma_8\xi\eta\zeta$$

式中，α_i、β_i、$\gamma_i(i=1, 2, \cdots, 8)$共 24 个系数，由直角坐标系下 8 个节点坐标 x_i、y_i、$z_i(i=1, 2, \cdots, 8)$来确定。整理后，得到坐标的映射关系为：

$$x=\sum_{i=1}^{8}N_i(\xi,\eta,\zeta)x_i$$
$$y=\sum_{i=1}^{8}N_i(\xi,\eta,\zeta)y_i \qquad (4-38)$$
$$z=\sum_{i=1}^{8}N_i(\xi,\eta,\zeta)z_i$$

其中，形函数为：

$$N_i(\xi, \eta, \zeta)x_i=\frac{1}{8}(1+\xi_i\xi)(1+\eta_i\eta)(1+\zeta_i\zeta) \quad (i=1, 2, \cdots, 8) \qquad (4-39)$$

这里的 ξ_i、η_i、$\zeta_i(i=1, 2, \cdots, 8)$是量纲为 1 的坐标系下标准单元的节点坐标，其数值为±1，符号由节点所在局部坐标系的象限决定。

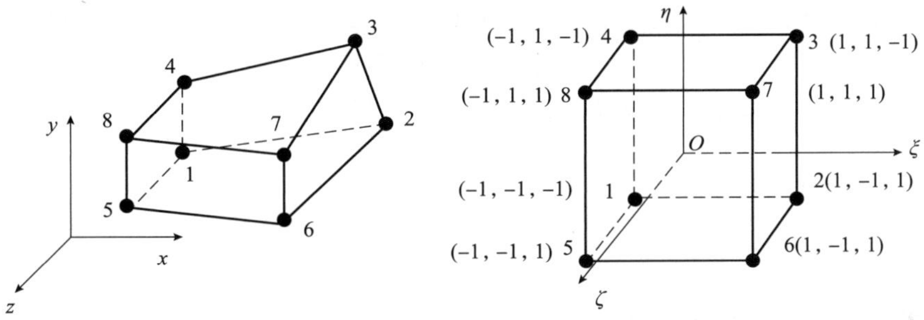

图 4.6　空间任意 8 节点六面体单元映射

4.3.2　位移模式

空间问题等参单元是在直角坐标系下定义位移分量的，每个节点有 3 个位移分量，即 $q_i^T=\{u_i \quad v_i \quad w_i\}^T(i=1, 2, \cdots, 8)$。8 节点六面体单元共有 24 个自由度，单元的节点位移矢量为：

$$q^e=\{q_1^T \quad q_2^T \quad \cdots \quad q_8^T\}^T \qquad (4-40)$$

在标准单元内构造的等参单元的位移模式为：

$$u=\sum_{i=1}^{8}N_i(\xi,\eta,\zeta)u_i$$
$$v=\sum_{i=1}^{8}N_i(\xi,\eta,\zeta)v_i \qquad (4-41)$$
$$w=\sum_{i=1}^{8}N_i(\xi,\eta,\zeta)w_i$$

写成矩阵形式为：

$$u=Nq^e$$

其中，形函数 N_i 也可以由式(4－35)表达，则形函数矩阵为：

$$N=[N_1I \quad N_2I \quad \cdots \quad N_8I] \qquad (4-42)$$

其中，I 为 3 阶单位阵。

4.3.3 刚度矩阵计算

8 节点六面体等参单元的应变分量与单元节点位移矢量的关系仍为式 $\varepsilon = Bq^e$。应变矩阵 $B=[B_1 \quad B_2 \quad \cdots \quad B_8]$，每个子矩阵 $B_i(i=1, 2, \cdots, 8)$均满足式：

$$B_i=\begin{bmatrix} \frac{\partial N_i}{\partial x} & 0 & 0 \\ 0 & \frac{\partial N_i}{\partial y} & 0 \\ 0 & 0 & \frac{\partial N_i}{\partial z} \\ \frac{\partial N_i}{\partial y} & \frac{\partial N_i}{\partial x} & 0 \\ 0 & \frac{\partial N_i}{\partial z} & \frac{\partial N_i}{\partial y} \\ \frac{\partial N_i}{\partial z} & 0 & \frac{\partial N_i}{\partial x} \end{bmatrix} \quad (i=1, 2, \cdots, 8) \tag{4-43}$$

但由于形函数式(4-43)不是 x、y、z 的显式表达式，需要引进空间问题的雅可比矩阵：

$$J=\begin{bmatrix} \frac{\partial x}{\partial \xi} & \frac{\partial y}{\partial \xi} & \frac{\partial z}{\partial \xi} \\ \frac{\partial x}{\partial \eta} & \frac{\partial y}{\partial \eta} & \frac{\partial z}{\partial \eta} \\ \frac{\partial x}{\partial \zeta} & \frac{\partial y}{\partial \zeta} & \frac{\partial z}{\partial \zeta} \end{bmatrix} \tag{4-44}$$

雅可比矩阵可由下式计算：

$$J=\begin{bmatrix} \sum_{i=1}^{8} \frac{\partial N_i}{\partial \xi} x_i & \sum_{i=1}^{8} \frac{\partial N_i}{\partial \xi} y_i & \sum_{i=1}^{8} \frac{\partial N_i}{\partial \xi} z_i \\ \sum_{i=1}^{8} \frac{\partial N_i}{\partial \eta} x_i & \sum_{i=1}^{8} \frac{\partial N_i}{\partial \eta} y_i & \sum_{i=1}^{8} \frac{\partial N_i}{\partial \eta} z_i \\ \sum_{i=1}^{8} \frac{\partial N_i}{\partial \zeta} x_i & \sum_{i=1}^{8} \frac{\partial N_i}{\partial \zeta} y_i & \sum_{i=1}^{8} \frac{\partial N_i}{\partial \zeta} z_i \end{bmatrix}=\begin{bmatrix} \frac{\partial N_1}{\partial \xi} & \frac{\partial N_2}{\partial \xi} & \cdots & \frac{\partial N_8}{\partial \xi} \\ \frac{\partial N_1}{\partial \eta} & \frac{\partial N_2}{\partial \eta} & \cdots & \frac{\partial N_8}{\partial \eta} \\ \frac{\partial N_1}{\partial \zeta} & \frac{\partial N_2}{\partial \zeta} & \cdots & \frac{\partial N_8}{\partial \zeta} \end{bmatrix}\begin{bmatrix} x_1 & y_1 & z_1 \\ x_2 & y_2 & z_2 \\ \vdots & \vdots & \vdots \\ x_8 & y_8 & z_8 \end{bmatrix} \tag{4-45}$$

形函数对量纲为 1 的坐标的偏导数为：

$$\begin{Bmatrix} \frac{\partial N_i}{\partial \xi} \\ \frac{\partial N_i}{\partial \eta} \\ \frac{\partial N_i}{\partial \zeta} \end{Bmatrix}=\frac{1}{8}\begin{Bmatrix} \xi_i[(1+\eta_i\eta)(1+\zeta_i\zeta)] \\ \eta_i(1+\xi_i\xi)(1+\zeta_i\zeta) \\ \zeta_i(1+\xi_i\xi)(1+\eta_i\eta) \end{Bmatrix} \quad (i=1, 2, \cdots, 8) \tag{4-46}$$

形函数整体坐标偏导数为：

$$\begin{Bmatrix} \frac{\partial N_i}{\partial x} \\ \frac{\partial N_i}{\partial y} \\ \frac{\partial N_i}{\partial z} \end{Bmatrix}=J^{-1}\begin{Bmatrix} \frac{\partial N_i}{\partial \xi} \\ \frac{\partial N_i}{\partial \eta} \\ \frac{\partial N_i}{\partial \zeta} \end{Bmatrix} \quad (i=1, 2, \cdots, 8) \tag{4-47}$$

在母单元积分区域内三重定积分，得空间问题的单元刚度矩阵为：

$$K^e = \int_{-1}^{1}\int_{-1}^{1}\int_{-1}^{1} B^T DBJ\,\mathrm{d}\xi\mathrm{d}\eta\mathrm{d}\zeta \tag{4-48}$$

式中，$|J|$空间问题的雅可比行列式。

计算单元刚度矩阵式(4-46)时，可用 2×2×2 阶或者 3×3×3 阶的三维高斯积分。

4.3.4　等效节点载荷

1．体积力

对式 $P_e = \iiint N^T p_v \mathrm{d}x\mathrm{d}y\mathrm{d}z$ 中的直角坐标系积分元进行调整，8 节点六面体等参单元的体积力等效节点载荷为：

$$P_e = \int_{-1}^{1}\int_{-1}^{1}\int_{-1}^{1} N^T p_v J\,\mathrm{d}\xi\mathrm{d}\eta\mathrm{d}\zeta \tag{4-49}$$

体积力等效节点载荷在单元每个节点上均有载荷分量，即 $P_{ie} = \{P_{ix}\quad P_{iy}\quad P_{iz}\}^T (i=1, 2, \cdots, 8)$。

2．表面力

表面力只作用在边界单元的边界面上。为方便起见，不妨设在 $\xi=1$ 的面上受到表面力作用，其分量为 $\overline{p} = \{\overline{X}\quad \overline{Y}\quad \overline{Z}\}^T$。

在 $\xi=1$ 的面上，形函数式(4-35)只与 η 和 ζ 有关，即

$$N_i(1,\ \eta,\ \zeta)x_i = \frac{1}{4}(1+\eta_i\eta)(1+\zeta_i\zeta) \quad (i=2,\ 3,\ 6,\ 7)$$

$$N_j = 0\ (j=1,\ 4,\ 5,\ 8)$$

在应用式 $\overline{P_e} = \iint\limits_A N^T \overline{p}\,\mathrm{d}A$ 计算六面体等参单元的面力等效节点载荷时，需要将边界面积微元 $\mathrm{d}A$ 用量纲为 1 的坐标表示。经推导，当 $\xi=1$ 的面上受到表面力作用时，量纲为 1 的坐标系下六面体等参单元节点载荷计算公式为：

$$\overline{F_e} = \int_{-1}^{1}\int_{-1}^{1} N^T \overline{p}\ \sqrt{FG-H^2}\,\mathrm{d}\eta\mathrm{d}\zeta \tag{4-50}$$

式中

$$F = \left(\frac{\partial x}{\partial \eta}\right)^2 + \left(\frac{\partial y}{\partial \eta}\right)^2 + \left(\frac{\partial z}{\partial \eta}\right)^2$$

$$G = \left(\frac{\partial x}{\partial \zeta}\right)^2 + \left(\frac{\partial y}{\partial \zeta}\right)^2 + \left(\frac{\partial z}{\partial \zeta}\right)^2$$

$$H = \frac{\partial x}{\partial \eta}\frac{\partial x}{\partial \zeta} + \frac{\partial y}{\partial \eta}\frac{\partial y}{\partial \zeta} + \frac{\partial z}{\partial \eta}\frac{\partial z}{\partial \zeta}$$

由于不在 $\xi=1$ 面上的节点的形函数为零，因此只有边界面上的 4 个节点(2，3，6，7)存在表面力等效节点载荷分量，其余节点(1，4，5，8)的面力等效节点载荷为零。

4.4　数值积分

根据前面等参单元过程可以看出，当采用等参单元时，对于单元刚度矩阵计算和等效节点载荷，通常要进行如下形式的积分运算：

$$\int_{-1}^{1} f(\xi)\mathrm{d}\xi,\ \int_{-1}^{1}\int_{-1}^{1} f(\xi,\eta)\mathrm{d}\xi\mathrm{d}\eta,\ \int_{-1}^{1}\int_{-1}^{1}\int_{-1}^{1} f(\xi,\eta,\zeta)\mathrm{d}\xi\mathrm{d}\eta\mathrm{d}\zeta$$

其中被积函数往往很复杂，很难用精确积分得到显式积分结果。因此，一般需要采用数值积分方法。在有限元分析中，通常采用 Gauss 积分法，它可以用较少的分点达到较高的积分精度。

4.4.1 高斯积分方法

一个函数的定积分，可以通过 n 个点的函数值以及它们的加权组合来计算，即：

$$\int_{-1}^{1} f(\xi)\,\mathrm{d}\xi \approx \sum_{k=1}^{n} A_k f(\xi_k) \tag{4-51}$$

其中 $f(\xi)$为被积函数，n 为积分点数，A_k 为积分权系数，ξ_k 为积分点位置，当 n 确定时，A_k 和 ξ_k 也为对应的确定值。高斯积分方法预先定义了积分点和相应的加权系数，求出被积分的函数在指定积分点上的数值，加权后求和，就得到了该函数的积分。下面给出式(4－51)的计算原理及确定 A_k 和 ξ_k 的方法。下面具体给出几种情况的 Gauss 积分点及权系数。

1. 1 点 Gauss 积分公式

式(4－51)中的 $n=1$，这时：

$$I=\int_{-1}^{1} f(\xi)\,\mathrm{d}\xi \approx 2\cdot f(0) \tag{a}$$

即梯形积分公式。

2. 2 点 Gauss 积分公式

式(4－51)中的 $n=2$，这时：

$$I=\int_{-1}^{1} f(\xi)\,\mathrm{d}\xi \approx A_1 f(\xi_1)+A_2 f(\xi_2) \tag{b}$$

这里需要确定 A_1、A_2、ξ_1 和 ξ_2。除用构造正交多项式的方法来进行推导和确定 Gauss 积分点和权函数外，也可以直接进行推导来求取，为更好地理解 Gauss 积分的性质，下面给出直接方法。当 $f(\xi)$分别为 1、ξ、ξ^2、ξ^3 时精确成立，并由此来确定出这四个系数 A_1、A_2、ξ_1 和 ξ_2。

令 $f(\xi)$分别为 1、ξ、ξ^2、ξ^3 将其代入式(b)中，可得到以下 4 个方程：

$$\begin{cases} 2=A_1+A_2 \\ 0=A_1\xi_1+A_2\xi_2 \\ \dfrac{2}{3}=A_1\xi_1^2+A_2\xi_2^2 \\ 0=A_1\xi_1^3+A_2\xi_2^3 \end{cases}$$

解得：

$$\xi_1=-\frac{1}{\sqrt{3}},\ \xi_2=\frac{1}{\sqrt{3}},\ A_1=A_2=1$$

则 2 点 Gauss 积分公式为

$$I=\int_{-1}^{1} f(\xi)\,\mathrm{d}\xi \approx f\left(-\frac{1}{\sqrt{3}}\right)+f\left(\frac{1}{\sqrt{3}}\right) \tag{c}$$

3. 高次多点 Gauss 积分

对于 n 点 Gauss 积分：

$$I=\int_{-1}^{1} f(\xi)\,\mathrm{d}\xi \approx A_1 f(\xi_1)+A_2 f(\xi_2)+\cdots+A_n f(\xi_n) \tag{4-52}$$

如果按照上面的方法来确定 ξ_1、ξ_2、…、ξ_n、A_1、A_2、…、A_n，则要求解多元高次方程组，难度较大。实际中，一般都采用 Legendre 多项式来构造和求取相应的积分点 ξ_i 和

积分权系数 A_i。

常用 Gauss 积分的有关数据可在手册中查到，常用数值列于表 4.1。

表 4.1　Gauss 积分数值

积分点 n	积分点 ξ_i	积分权系数 A_i
1	0.00000　00000　00000	2.00000　00000　00000
2	±0.57735　02691　89626	1.00000　00000　00000
3	±0.77459　66692　41483 0.00000　00000　00000	0.55555　55555　55556 0.88888　88888　88888
4	±0.86113　63115　94053 ±0.33998　10435　84586	0.34783　48451　37454 0.65214　51548　37454

4.2D 和 3D 问题的 Gauss 积分

可将一维 Gauss 积分直接推广到 2D 和 3D 情形的积分。

2D 情形：

$$\begin{aligned} I &= \int_{-1}^{1}\int_{-1}^{1} f(\xi,\eta)\,\mathrm{d}\xi\mathrm{d}\eta = \int_{-1}^{1}\sum_{j=1}^{n} A_j f(\xi_j,\eta)\,\mathrm{d}\eta \\ &= \sum_{i=1}^{n}\Big[A_i\sum_{j=1}^{n}(A_j f(\xi_j,\eta_i))\Big] = \sum_{i=1}^{n}\sum_{j=1}^{n} A_i A_j f(\xi_j,\eta_i) \\ &= \sum_{i,j=1}^{n} A_{ij} f(\xi_j,\eta_i) \end{aligned} \tag{4-53}$$

其中 $A_{ij}=A_iA_j$，且 ξ_i、η_j、A_i、A_j 都是一维 A_iA_j Gauss 积分的积分点和权系数。

3D 情形：

$$\begin{aligned} I &= \int_{-1}^{1}\int_{-1}^{1}\int_{-1}^{1} f(\xi,\eta,\zeta)\,\mathrm{d}\xi\mathrm{d}\eta\mathrm{d}\zeta \\ &= \sum_{m=1}^{n}\sum_{j=1}^{n}\sum_{i=1}^{n} A_m A_j A_i f(\xi_i,\eta_j,\zeta_m) \\ &= \sum_{i,j,m=1}^{n} A_{mji} f(\xi_i,\eta_j,\zeta_m) \end{aligned} \tag{4-54}$$

其中 $A_{mji}=A_mA_iA_j$，且 ξ_i、η_j、ξ_m、A_i、A_j、A_m 都是一维 Gauss 积分的积分点和权系数。

4.4.2　积分阶次的选择

采用数值积分代替精确积分时，积分阶次的选取适当，它直接影响计算精度及计算工作量。选择积分点数目，主要从两方面考虑：一是要保证积分的精度，尽量不损失收敛性；二是避免引起结构整体刚度矩阵的奇异性，导致计算失败。

高斯积分方法具有很高的计算精度，采用 n 个积分点的高斯积分可以达到 $2n-1$ 阶的精度，也就是说，如果被积分的函数是 $2n-1$ 次多项式，用 n 个积分点的高斯积分可以得到精确的积分结果。

对于一维问题，若形函数 N 为 p 阶多项式，在计算应变矩阵 B 时微分算子的最高阶导数为 m 阶，则 B 中元素为 $p-m$ 阶多项式，B^TDB 中元素为 $2(p-m)$ 阶多项式。如果雅可比行列式为常数，则刚度矩阵中被积函数为 $2(p-m)$ 阶多项式。要做到精确积分，积分点个数应为 $n=p-m+1$。

若形函数为 p 阶完全多项式，对于二维问题中的矩形单元和平行四边形单元及三维问题中的正六面体单元和平行六面体单元，$|J|$是常数，可以得到单元刚度矩阵的精确积分。但对于一般二维或三维问题，$|J|$不是常数，而且形函数中还可能包含高于 p 阶的非完全项，刚度矩阵中被积函数的阶次高于 $2(p-m)$阶，具体的积分阶次通常是不易确定的。

很多情况下，实际选取的高斯积分点数低于精确积分的要求（称为减缩积分方案），往往可以取得较完全精确积分更好的精度。精确积分通常由形函数中非完全多项式的最高阶次所要求，而决定有限元精度的通常是完全多项式的阶次。非完全的高次项往往不能提高精度，反而可能带来不利的影响。由于位移法有限元解答的下限性，离散模型的刚度要高于实际模型，缩减积分方案相当于降低了模型的刚度，因而会改善计算精度。

表 4.2 给出了二维等参单元推荐采用的积分方案，可推广到一维或三维单元刚度矩阵的计算。

表 4.2　二维等参单元刚度矩阵推荐采用的积分阶数

单元类型	图例	常用积分阶数	最高积分阶数	缩减积分阶数
4 节点四边形	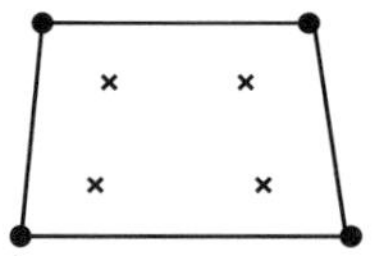	2×2	3×3	1×1
8 节点四边形	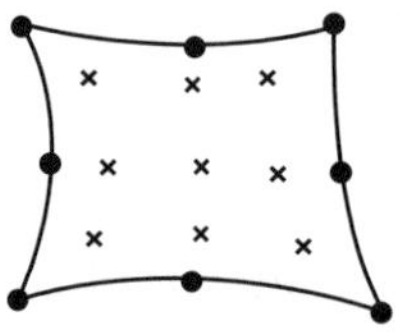	3×3	4×4	2×2

4.4.3　剪切锁定问题

所谓剪切锁定问题，是指在以弯曲变形为主的问题中，完全精确积分低阶单元呈现出“过分刚硬”现象。

以低阶平面 4 节点单元为例，如图 4.7 所示，根据梁的基本理论，如果是纯弯曲变形，轴向应变在厚度方向呈线性变化，而剪切应变 $\gamma_{xy}=0$。但是，使用低阶完全积分的四节点四边形单元进行弯曲模拟时，由于线性单元的边不能弯曲，所以从图中可以看到，轴向应变是通过积分点的水平线长度的变化，厚度方向应变是通过积分点的垂直线的长度变化，而剪应变则是水平线与垂直线之间的夹角的变化。这样，在单元中就存在了实际上并不存在、而由数学描述而产生的剪切应变，称为寄生剪切。它的存在意味着单元弯曲时会存在剪应力，即应变能正在引起剪切变形，而不是弯曲变形，从而造成单元表现出过高的刚度，总的变形量会变小。

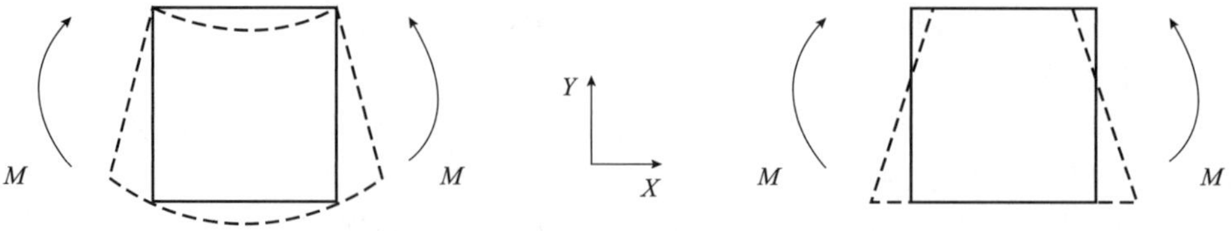

图 4.7　剪切锁定示意图

如图 4.8 所示，为弯曲梁剪切锁定的例子，剪切力应该接近于零，但由于剪切锁定的发生，使得有较大变化。当发生剪切锁定时，必须仔细检查位移结果。

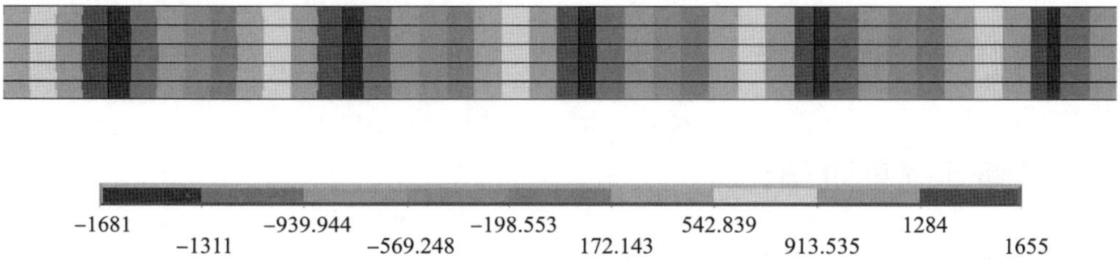

图 4.8　剪切应力云图

剪切锁定问题只影响受弯曲载荷的完全积分线性单元，其原因是位移模式中只包含部分二次方项 $\xi\eta$，而缺少了精确解中的 ξ^2 和 η^2 项。理论和计算实践证明，单元的计算精度取决于单元位移模式中所包含的完全多项式的次数，位移模式中非完全的高次项一般不能提高精度。

为了改善二维双线性单元的计算精度，Wilson 提出在单元位移模式中附加内部无节点的位移项。在自然坐标系下，等参元的附加项为 $(1-\xi^2)$ 项和 $(1-\eta^2)$ 项。从数学上讲，引入附加项后会使位移模式中的二次方项趋于完备，从而达到提高精度的目的。

为了更好地说明 Wilson 单元，在 4 节点单元中增加边中点且对边中点编号相同，该单元只有 6 个节点号，因此被称为 Q6 元，如图 4.9 所示。

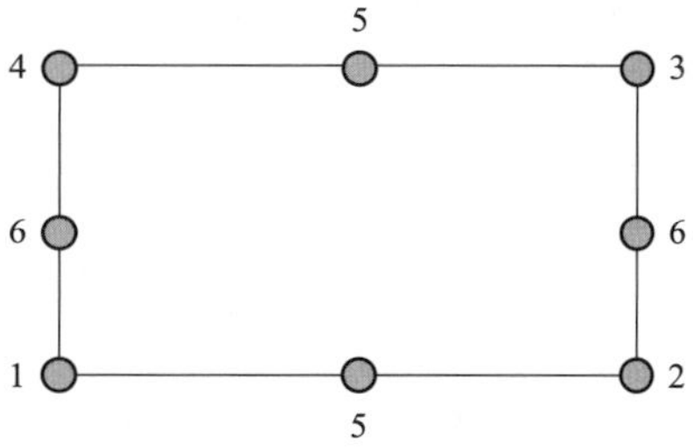

图 4.9　Wilson 单元

单元的位移模式为：

$$u = \sum_{i=1}^{4} N_i u_i + u_5(1-\xi^2) + u_6(1-\eta^2)$$
$$v = \sum\nolimits_{i=1}^{4} N_i v_i + v_5(1-\xi^2) + v_6(1-\eta^2) \tag{4-55}$$

其中：

$$N_i = \frac{1}{4}(1+\xi_i\xi)(1+\eta_i\eta) \quad (i=1,\ 2,\ 3,\ 4)$$

式(4-55)中引入的附加项 $u_5(1-\xi^2)$ 和 $u_6(1-\eta^2)$ 在节点处为零值，对节点位移没有影响，只对单元内部的位移起到调整作用。这种仅在内部定义的附加项中的待定参数 u_5、u_6、v_5、v_6 称为内部自由度。内部自由度是广义位移量并非实际意义上的节点位移分量，如 u_5、v_5 并不代表 5＃节点在两个方向上的位移分量，而是代表在 $\eta=\pm1$ 边上位移量的调整幅度，该单元对边调幅相同。u_6、v_6 同理。

包含内部自由度单元的刚度矩阵、载荷列阵均将增大，而增加的部分只与本单元有关，与其他单元无关。因此，在形成总刚度矩阵及总载荷矢量之前可以消去内部自由度对应的行列，从而将内部自由度的作用转换到单元节点对应的行列，该过程称为内部自由度的凝聚。经凝聚后单元的自由度仍为原单元的自由度，单刚、总刚的阶次不变，此后步骤与标准步骤相同。

在 Wilson 单元位移模式中引入二次方项，导致单元与单元交界面上的位移不再满足连续性，即不满足位移的协调性，该类单元称为非协调单元。Wilson 单元能够通过分片试验，是收敛的且收敛速度较快。

4.5 高阶单元简介

4.5.1 平面问题高阶单元

下面介绍常用的高阶三角形单元和矩形单元。

1. 三角形单元

对于如图 4.10 所示的三角形单元系列，该族单元节点数目选定原则是保证位移模式为完全的多项式展开式，这是满足单元间协调性所必不可少的。如完全的三次方多项式含 10 项，欲确定各项系数则需要 10 个节点，单元节点如图 4.10(c)所示。三角形单元位移模式不仅可用多项式表达，亦可用面积坐标表达，采用面积坐标表达的单元形状函数形式更加简洁，各次单元形函数如下：

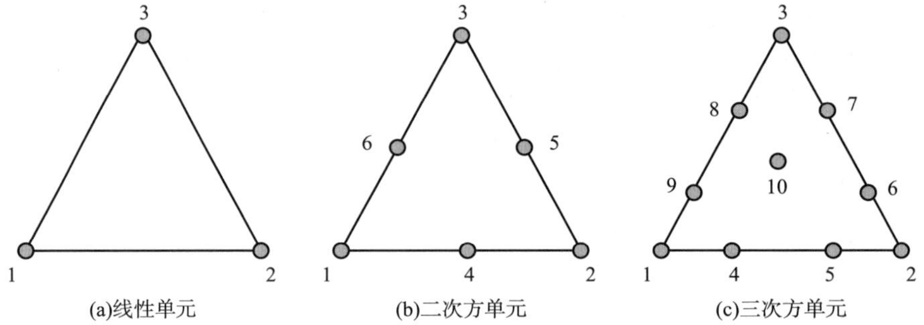

图 4.10　三角形单元

(1)6 节点三角形单元。

6 节点三角形单元各节点定位方式不同[见图 4.10(b)]，角节点(1、2、3)由网格划分确定，可称为主节点；各边上的节点为各边的中点(4、5、6)，其坐标由相应角节点确定可称为辅节点，各点的形函数如下：

主节点：

$$N_i = 2(L_i - 1)L_i \quad (i=1,2,3) \tag{4-56}$$

辅节点：

$$N_4 = 4L_1L_2 \quad N_5 = 4L_2L_3 \quad N_6 = 4L_3L_1 \tag{4-57}$$

(2)10 节点三角形三次单元。

如图 4.10(c)所示，三次方三角形单元各边上的节点三等分边长(节点 4、5、6、7、8、9)，内部节点 10。内部节点不与其他单元相关，在边界上贡献为零，其作用是允许采用完全的三次方多项式。各点形函数如下：

主节点：

$$N_i = \frac{1}{2}(3L_i - 1)(3L_i - 1)L_i \quad (i=1,2,3) \tag{4-58}$$

辅节点：

$$N_4=\frac{9}{2}L_1L_2(3L_1-1),\ N_5=\frac{9}{2}L_1L_2(3L_2-1)$$

$$N_6=\frac{9}{2}L_2L_3(3L_2-1),\ N_7=\frac{9}{2}L_2L_3(3L_3-1)$$

$$N_8=\frac{9}{2}L_3L_1(3L_3-1),\ N_9=\frac{9}{2}L_3L_1(3L_1-1) \tag{4-59}$$

内部节点：

$$N_{10}=27L_1L_2L_3 \tag{4-60}$$

2. Serendipity 矩形单元

Serendipity 单元选择节点原则与拉格朗日族不同，主要增加各边中点或等分点，如图 4.11 所示三种巧凑边点族单元。

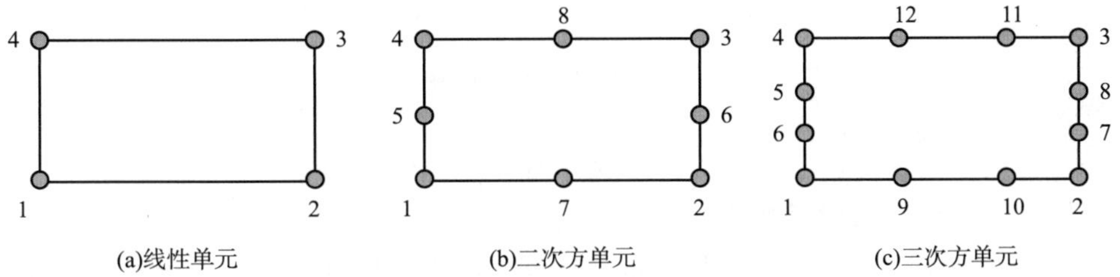

图 4.11　Serendipity 矩形单元

(1)线性单元。

线性单元即为 4 节点等参单元[见图 4.11(a)]，形函数为：

$$N_i=\frac{1}{4}(1+\xi_i\xi)(1+\eta_i\eta)\quad (i=1,\ 2,\ 3,\ 4) \tag{4-61}$$

该形函数与拉格朗日族线性单元是相同的。

(2)8 节点矩形单元。

主节点：

$$N_i=\frac{1}{4}(1+\xi_i\xi)(1+\eta_i\eta)(\xi_i\xi+\eta_i\eta-1)\quad (i=1,\ 2,\ 3,\ 4) \tag{4-62}$$

辅节点：

当 $\xi_i=0$ 时，

$$N_j=\frac{1}{2}(1-\xi^2)(1+\eta_j\eta)\quad (j=7,\ 8) \tag{4-63}$$

当 $\eta_k=0$ 时，

$$N_k=\frac{1}{2}(1+\xi_k\xi)(1-\eta^2)\quad (k=5,\ 6) \tag{4-64}$$

(3)12 节点三次单元。

主节点：

$$N_i=\frac{1}{32}(1+\xi_i\xi)(1+\eta_i\eta)(9\xi^2+9\eta^2-10)\quad (i=1,\ 2,\ 3,\ 4)$$

辅节点：

当 $\xi_j=\pm1$，$\eta_j=\pm\frac{1}{3}$时，

$$N_j=\frac{9}{32}(1+\xi_i\xi)(1+9\eta_i\eta)(1-\eta^2)\quad (j=5,\ 6,\ 7,\ 8) \tag{4-65}$$

当 $\eta_k=\pm1$，$\xi_k=\pm\frac{1}{3}$时，

$$N_k=\frac{9}{32}(1-\xi^2)(1+9\xi_k\xi)(1-\eta_k\eta)\quad (k=9,\ 10,\ 11,\ 12) \tag{4-66}$$

4.5.2 空间问题高阶单元

1.10 节点四面体单元

在原有 4 节点四面体单元的每个棱边上再增加一个中间节点，则可以得到二次函数四面体单元(图 4.12)。10 节点四面体单元共有 30 个节点位移自由度，其节点位移列阵可以写作：

$$q^e=\{u_1 v_1 w_1 \cdots u_{10} v_{10} w_{10}\} \tag{4-67}$$

取单元位移模式为：

$$u(x,\ y,\ z)=\alpha_1+\alpha_2 x+\alpha_3 y+\alpha_4 z+\alpha_5 xy+\alpha_6 yz+\alpha_7 xz+\alpha_8 x^2+\alpha_9 y^2+\alpha_{10} z^2 \tag{4-68}$$

对于角节点，相应的形函数为：

$$N_i=2(L_i-1)L_i\quad (i=1,\ 2,\ 3,\ 4) \tag{4-69}$$

对于棱边上的中间节点，相应的形函数为：

$$N_5=4L_1L_2\quad N_6=4L_2L_3\quad N_7=4L_1L_3\quad N_8=4L_1L_4\quad N_9=4L_2L_4\quad N_{10}=4L_3L_4 \tag{4-70}$$

2. Serendipity 二次六面体单元

与构造 Serendipity 矩形单元类似，可以构造出各种节点的 Serendipity 正六面体单元。如图 4.13 所示 20 节点正六面体单元，包含 8 个角节点、12 个分布在 6 条棱边上的中间点。

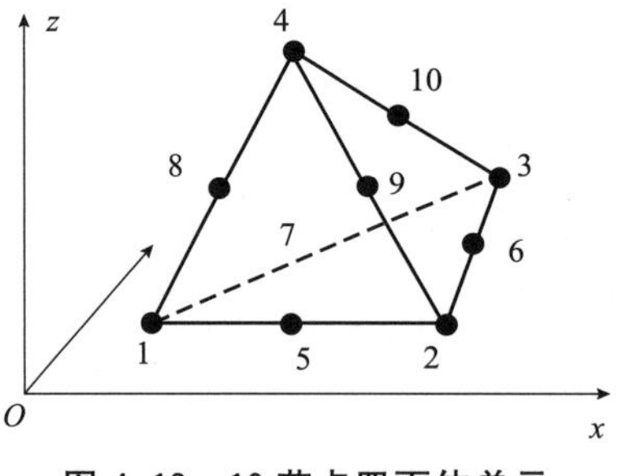

图 4.12　10 节点四面体单元

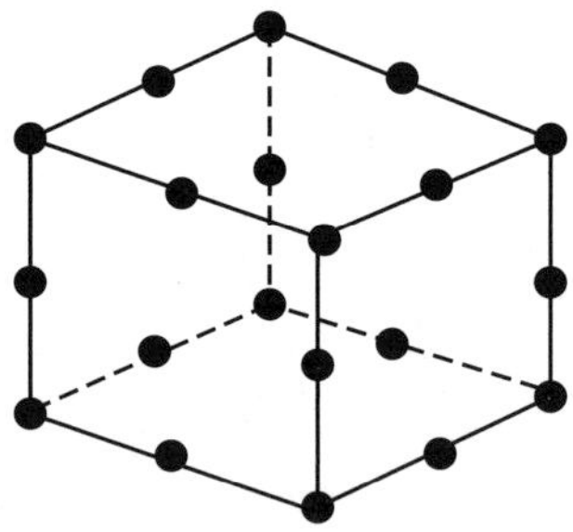

图 4.13　20 节点正六面体单元

对于角节点，形函数为：

$$N_i=\frac{1}{8}(1+\xi_i\xi)(1+\eta_i\eta)(1+\zeta_i\zeta)(\xi_i\xi+\eta_i\eta+\zeta_i\zeta-2) \tag{4-71}$$

对于棱边上的内节点，其相应的形函数为：

$$N_i=\frac{1}{4}(1-\xi^2)(1+\eta_i\eta)(1+\zeta_i\zeta) \tag{4-72}$$

4.6　典型例题

例题 4-1　应用高斯积分法，计算 $I=\int_0^2(4x^3+3x^2+2x+5)\mathrm{d}x$

解：该式的精确积分：

$$I=\int_0^2(4x^3+3x^2+2x+5)\mathrm{d}x=(x^4+x^3+x^2+5x)=38$$

将积分区域从[0，2]转为[−1，1]，则：

$$k=\frac{1}{2}(b-a)=1,\ c=\frac{1}{2}(b+a)=1$$

$$x=t+1,\ \mathrm{d}x=\mathrm{d}t$$

采用高斯积分，选择两个高斯积分点，$\xi_{g1}=-\frac{1}{\sqrt{3}}$，$\xi_{g2}=\frac{1}{\sqrt{3}}$，$W_g=1$

$$\begin{aligned}I&=\int_{-1}^1[4(t+1)^3+3(t+1)^2+2(t+1)+5]\mathrm{d}t\\&=\left[4\left(-\frac{1}{\sqrt{3}}+1\right)^3+3\left(-\frac{1}{\sqrt{3}}+1\right)^2+2\left(-\frac{1}{\sqrt{3}}+1\right)+5\right]\times1+\\&\quad\left[4\left(\frac{1}{\sqrt{3}}+1\right)^3+3\left(\frac{1}{\sqrt{3}}+1\right)^2+2\left(\frac{1}{\sqrt{3}}+1\right)+5\right]\times1=38\end{aligned}$$

可以看出，2 点高斯积分结果与精确积分一致。

例题 4-2　如图 4.14 所示为一个平面 4 节点四边形等参元，材料的弹性模量为 $E=2\times10^5$MPa，泊松比为 $\mu=0.3$，厚度为 $t=0.1$m。试采用 4 点 Gauss 积分计算该单元的刚度矩阵。

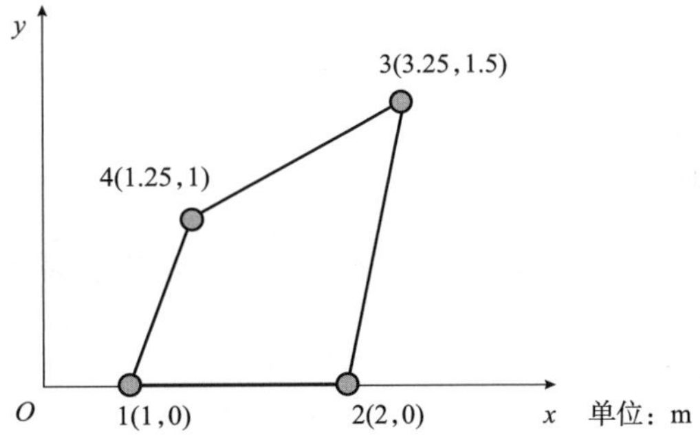

图 4.14　平面四节点单元

解：(1)根据该单元的几何形状，可得到坐标的映射函数为：

$$\begin{aligned}x(\xi,\ y)&=N_1(\xi,\ \eta)x_1+N_2(\xi,\ \eta)x_2+N_3(\xi,\ \eta)x_3+N_4(\xi,\ \eta)x_4\\&=\frac{1}{4}[(1-\xi)(1-\eta)x_1+(1+\xi)(1-\eta)x_2+(1+\xi)(1+\eta)x_3+(1-\xi)(1+\eta)x_4]\\&=\frac{1}{4}[(1-\xi)(1-\eta)+2(1+\xi)(1-\eta)+2.25(1+\xi)(1+\eta)+1.25(1-\xi)(1+\eta)]\end{aligned}$$

$$\begin{aligned}y(\xi,\ y)&=N_1(\xi,\ \eta)y_1+N_2(\xi,\ \eta)y_2+N_3(\xi,\ \eta)y_3+N_4(\xi,\ \eta)y_4\\&=\frac{1}{4}[(1-\xi)(1-\eta)y_1+(1+\xi)(1-\eta)y_2+(1+\xi)(1+\eta)y_3+(1-\xi)(1+\eta)y_4]\\&=\frac{1}{4}[1.5(1+\xi)(1+\eta)+(1-\xi)(1+\eta)]\end{aligned}$$

(2)偏导数变换计算。

雅可比矩阵为：

$$J=\begin{bmatrix} J_{11} & J_{12} \\ J_{21} & J_{22} \end{bmatrix}=\begin{bmatrix} \dfrac{\partial x}{\partial \xi} & \dfrac{\partial y}{\partial \xi} \\ \dfrac{\partial x}{\partial \eta} & \dfrac{\partial \xi}{\partial \eta} \end{bmatrix}$$

具体计算雅可比矩阵中的各项为：

$$\begin{cases} J_{11}=\dfrac{\partial x}{\partial \xi}=\dfrac{1}{2} \\ J_{21}=\dfrac{\partial x}{\partial \eta}=\dfrac{1}{2} \\ J_{12}=\dfrac{\partial y}{\partial \xi}=\dfrac{1}{4}(0.5-0.5\eta) \\ J_{22}=\dfrac{\partial y}{\partial \eta}=\dfrac{1}{4}(2.5-0.5\xi) \end{cases}$$

雅可比矩阵的行列式为：

$$|J|=J_{11}J_{22}-J_{12}J_{21}=\frac{1}{16}(4-\xi-\eta)$$

则位移函数关于坐标系的偏导数变换为：

$$\begin{Bmatrix} \dfrac{\partial u}{\partial x} \\ \dfrac{\partial u}{\partial y} \end{Bmatrix}=\frac{1}{|J|}\begin{bmatrix} J_{22} & -J_{12} \\ -J_{21} & J_{11} \end{bmatrix}\begin{Bmatrix} \dfrac{\partial u}{\partial \xi} \\ \dfrac{\partial u}{\partial \eta} \end{Bmatrix}$$

$$\begin{Bmatrix} \dfrac{\partial v}{\partial x} \\ \dfrac{\partial v}{\partial y} \end{Bmatrix}=\frac{1}{|J|}\begin{bmatrix} J_{22} & -J_{12} \\ -J_{21} & J_{11} \end{bmatrix}\begin{Bmatrix} \dfrac{\partial v}{\partial \xi} \\ \dfrac{\partial v}{\partial \eta} \end{Bmatrix}$$

(3)应变矩阵计算。

应变分量关于两个坐标系的计算表达式为：

$$\begin{bmatrix} \varepsilon_{xx} \\ \varepsilon_{yy} \\ \gamma_{xy} \end{bmatrix}=\begin{bmatrix} \dfrac{\partial u}{\partial x} \\ \dfrac{\partial v}{\partial y} \\ \dfrac{\partial u}{\partial y}+\dfrac{\partial v}{\partial x} \end{bmatrix}=\frac{1}{|J|}\begin{bmatrix} J_{22} & -J_{12} & 0 & 0 \\ 0 & 0 & -J_{21} & J_{11} \\ -J_{21} & J_{11} & J_{22} & -J_{21} \end{bmatrix}\begin{bmatrix} \dfrac{\partial u}{\partial \xi} \\ \dfrac{\partial u}{\partial \eta} \\ \dfrac{\partial u}{\partial \eta} \\ \dfrac{\partial v}{\partial \xi} \\ \dfrac{\partial v}{\partial \eta} \end{bmatrix}=H\cdot\begin{bmatrix} \dfrac{\partial u}{\partial \xi} \\ \dfrac{\partial u}{\partial \eta} \\ \dfrac{\partial v}{\partial \eta} \\ \dfrac{\partial y}{\partial \eta} \end{bmatrix}$$

其中，

$$H=\frac{1}{|J|}\begin{bmatrix} J_{22} & -J_{12} & 0 & 0 \\ 0 & 0 & -J_{21} & J_{11} \\ -J_{21} & J_{11} & J_{22} & -J_{21} \end{bmatrix}$$

$$\begin{bmatrix}\dfrac{\partial u}{\partial \xi}\\ \dfrac{\partial u}{\partial \eta}\\ \dfrac{\partial v}{\partial \xi}\\ \dfrac{\partial v}{\partial \eta}\end{bmatrix}=\begin{bmatrix}\dfrac{\partial}{\partial \xi} & 0\\ \dfrac{\partial}{\partial \eta} & 0\\ 0 & \dfrac{\partial}{\partial \xi}\\ 0 & \dfrac{\partial}{\partial \eta}\end{bmatrix}\begin{bmatrix}u\\ v\end{bmatrix}=\begin{bmatrix}\dfrac{\partial}{\partial \xi} & 0\\ \dfrac{\partial}{\partial \eta} & 0\\ 0 & \dfrac{\partial}{\partial \xi}\\ 0 & \dfrac{\partial}{\partial \eta}\end{bmatrix}N(\xi,\ \eta)\cdot q=Q\cdot q$$

其中，

$$Q=\begin{bmatrix}\dfrac{\partial}{\partial \xi} & 0\\ \dfrac{\partial}{\partial \eta} & 0\\ 0 & \dfrac{\partial}{\partial \xi}\\ 0 & \dfrac{\partial}{\partial \eta}\end{bmatrix}N(\xi,\ \eta)$$

$$q=[u_1\quad v_1\quad u_2\quad v_2\quad u_3\quad v_3\quad u_4\quad v_4]^T$$

$$N(\xi,\ \eta)=\begin{bmatrix}N_1 & 0 & N_2 & 0 & N_3 & 0 & N_4 & 0\\ 0 & N_1 & 0 & N_2 & 0 & N_3 & 0 & N_4\end{bmatrix}$$

则有：

$$\begin{bmatrix}\varepsilon_{xx}\\ \varepsilon_{yy}\\ \gamma_{xy}\end{bmatrix}=H\cdot Q\cdot q=B\cdot q$$

$$B=H\cdot Q$$

具体计算图 4.14 中等参元：

$$H=\frac{4}{4-\xi-\eta}\begin{bmatrix}2.5-0.5\xi & -(0.5-0.5\eta) & 0 & 0\\ 0 & 0 & -2 & 2\\ -2 & 2 & 2.5-0.5\xi & -(0.5-0.5\eta)\end{bmatrix}$$

$$Q=\frac{1}{4}\begin{bmatrix}\eta-1 & 0 & 1-\eta & 0 & 1+\eta & 0 & -(1+\eta) & 0\\ \xi-1 & 0 & -(1+\xi) & 0 & 1+\xi & 0 & 1-\xi & 0\\ 0 & \eta-1 & 0 & 1-\eta & 0 & 1+\eta & 0 & -(1+\eta)\\ 0 & \xi-1 & 0 & -(1+\xi) & 0 & 1+\xi & 0 & 1-\xi\end{bmatrix}$$

(4)刚度矩阵计算。

由于图 4.14 中的单元为平面应力单元，则弹性系数矩阵为：

$$D=2\times10^{11}\begin{bmatrix}1 & 0.3 & 0\\ 0.3 & 1 & 0\\ 0 & 0 & 0.35\end{bmatrix}$$

选择 2×2 个 4 点 Gauss 积分，即积分位置以及权函数为：

$$\begin{cases} \xi_i = \eta_i = \pm \dfrac{\sqrt{3}}{3} \\ A_i = A_j = 1 \end{cases}$$

该单元的刚度矩阵为：

$$K^e = t\sum_{i=1}^{2}\sum_{j=1}^{2}\{A_iA_j[Q^T \quad H^T \quad D \quad H \quad Q]|_{(\xi_i,\eta_j)} \cdot |J(\xi_i,\eta_j)|\}$$

$$K=\begin{bmatrix}
9.7458\times10^{9} & 1.474\times10^{9} & -8.0999\times10^{9} & 4.1062\times10^{8} & -2.4776\times10^{9} & -2.8241\times10^{9} & 8.3181\times10^{8} & 9.3941\times10^{8} \\
1.474\times10^{9} & 7.6605\times10^{9} & 9.6007\times10^{8} & -2.7948\times10^{8} & -2.8241\times10^{9} & -1.7214\times10^{9} & 3.8996\times10^{8} & -5.6596\times10^{9} \\
-8.0999\times10^{9} & 9.6007\times10^{8} & 1.4645\times10^{10} & -5.9556\times10^{9} & 3.4748\times10^{9} & -1.0096\times10^{8} & -1.0020\times10^{10} & 5.0965\times10^{9} \\
4.1062\times10^{8} & -2.7948\times10^{8} & -5.9556\times10^{9} & 1.2266\times10^{10} & 4.4849\times10^{8} & -3.5000\times10^{9} & 5.0965\times10^{9} & -8.4863\times10^{9} \\
-2.4776\times10^{9} & -2.8241\times10^{9} & 3.4748\times10^{9} & 4.4849\times10^{8} & 7.7635\times10^{9} & 1.8422\times10^{9} & -8.7607\times10^{9} & 5.3335\times10^{8} \\
-2.8241\times10^{9} & -1.7214\times10^{9} & -1.0096\times10^{8} & -3.5000\times10^{9} & 1.8422\times10^{9} & 6.0408\times10^{9} & 1.0828\times10^{9} & -8.1940\times10^{8} \\
8.3181\times10^{8} & 3.8996\times10^{8} & -1.0020\times10^{10} & 5.0965\times10^{9} & -8.7607\times10^{9} & 1.0828\times10^{9} & 1.7949\times10^{10} & -6.5693\times10^{9} \\
9.3941\times10^{8} & -5.6596\times10^{9} & 5.0965\times10^{9} & -8.4863\times10^{9} & 5.3335\times10^{8} & -8.1940\times10^{8} & -6.5693\times10^{9} & 1.4965\times10^{10}
\end{bmatrix}$$

例题 4 - 3 如图 4.15 所示为一矩形薄平板，长度 $L=2$m，高度 $H=1$m，厚度 $t=0.1$m，左端固定，右端部受集中力 $F=10$kN 作用，材料弹性模量 $E=1\times10^7$Pa、泊松比 $\mu=1/3$，试按平面应力问题计算各个节点位移及支座反力。

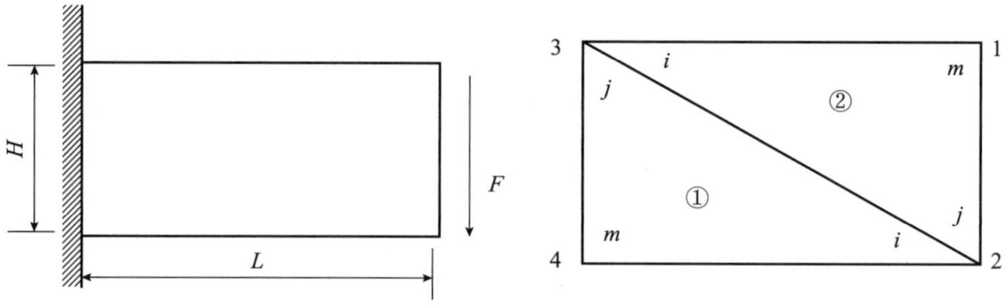

(a)矩形薄平板 (b)单元节点编号

图 4.15 例题 4 - 3 图

解： 1. 使用三角形单元求解

(1)结构离散化。

对该结构进行离散，单元编号及节点编号如图 4.15(b)所示，即有 2 个 3 节点三角形单元。载荷 F 按静力等效原则向节点 1、节点 2 移置。

节点位移列阵：$q=[u_1 \quad v_1 \quad u_2 \quad v_3 \quad u_3 \quad v_4 \quad u_4 \quad v_4]^T$

节点外载列阵：$F=\left[0 \quad -\dfrac{F}{2} \quad 0 \quad -\dfrac{F}{2} \quad 0 \quad 0 \quad 0 \quad 0\right]^T$

约束的支反力列阵：$R=[0 \quad 0 \quad 0 \quad 0 \quad R_{x3} \quad R_{y3} \quad R_{x4} \quad R_{y4}]^T$

总的节点载荷列阵：

$$P=F+R=\left[0 \quad -\frac{F}{2} \quad 0 \quad -\frac{F}{2} \quad R_{x3} \quad R_{y3} \quad R_{x4} \quad R_{y4}\right]^T$$

其中(R_{x3}，R_{y3})和(R_{x4}，R_{y4})分别为节点 3 和节点 4 的两个方向的支反力。

(2)计算单元刚度矩阵。

当两个单元取图示中的局部编码(i，j，m)时，即单元①(2 - 3 - 4)，单元②(3 - 2 - 1)。其单元刚度矩阵完全相同，即：

$$K^{(1)(2)}=\begin{bmatrix} k_{ii} & k_{ij} & k_{im} \\ k_{ji} & k_{jj} & k_{jm} \\ k_{mi} & k_{mj} & k_{mm} \end{bmatrix}=\frac{9Et}{32}\begin{bmatrix} 1 & 0 & 0 & \frac{2}{3} & -1 & -\frac{2}{3} \\ 0 & \frac{1}{3} & \frac{2}{3} & 0 & -\frac{2}{3} & -\frac{1}{3} \\ 0 & \frac{2}{3} & \frac{4}{3} & 0 & -\frac{4}{3} & -\frac{2}{3} \\ \frac{2}{3} & 0 & 0 & 4 & -\frac{2}{3} & -4 \\ -1 & -\frac{2}{3} & -\frac{4}{3} & -\frac{2}{3} & \frac{7}{3} & \frac{4}{3} \\ -\frac{2}{3} & -\frac{1}{3} & -\frac{2}{3} & -4 & \frac{4}{3} & \frac{13}{3} \end{bmatrix}$$

(3)建立整体刚度方程。

按单元的位移自由度所对应的位置进行组装可以得到整体刚度矩阵，该组装过程可以写成 $K=K^{(1)}+K^{(2)}$。各个单元刚度矩阵的各个子块在总刚度矩阵中的对应位置如下：

$$K=\begin{bmatrix} k_{mm}^{(2)} & k_{mj}^{(2)} & k_{mi}^{(2)} & \\ k_{jm}^{(2)} & k_{ji}^{(2)}+k_{ii}^{(1)} & k_{ji}^{(2)}+k_{ij}^{(1)} & k_{lm}^{(1)} \\ k_{im}^{(2)} & k_{ij}^{(2)}+k_{ji}^{(1)} & k_{ii}^{(2)}+k_{jj}^{(1)} & k_{jm}^{(1)} \\ & k_{ml}^{(1)} & k_{mj}^{(1)} & k_{mm}^{(1)} \end{bmatrix}$$

由总刚度矩阵式、节点位移列阵以及节点载荷列阵，代入整体刚度方程 $Kq=P$ 中，有：

$$\frac{9Et}{32}\begin{bmatrix} \frac{7}{3} & \frac{4}{3} & -\frac{4}{3} & -\frac{2}{3} & -1 & -\frac{2}{3} & 0 & 0 \\ \frac{4}{3} & \frac{13}{3} & -\frac{2}{3} & -4 & -\frac{2}{3} & -\frac{1}{3} & 0 & 0 \\ -\frac{4}{3} & -\frac{2}{3} & \frac{7}{3} & 0 & 0 & \frac{4}{3} & -1 & -\frac{2}{3} \\ -\frac{2}{3} & -4 & 0 & \frac{13}{3} & \frac{4}{3} & 0 & -\frac{2}{3} & -\frac{1}{3} \\ -1 & -\frac{2}{3} & 0 & \frac{4}{3} & \frac{7}{3} & 0 & -\frac{4}{3} & -\frac{2}{3} \\ -\frac{2}{3} & -\frac{1}{3} & \frac{4}{3} & 0 & 0 & \frac{13}{3} & -\frac{2}{3} & -4 \\ 0 & 0 & -1 & -\frac{2}{3} & -\frac{4}{3} & -\frac{2}{3} & \frac{7}{3} & \frac{4}{3} \\ 0 & 0 & -\frac{2}{3} & -\frac{1}{3} & -\frac{2}{3} & -4 & \frac{4}{3} & \frac{13}{3} \end{bmatrix}\begin{bmatrix} u_1 \\ v_1 \\ u_2 \\ v_2 \\ u_3 \\ v_3 \\ u_4 \\ v_4 \end{bmatrix}=\begin{bmatrix} 0 \\ -\frac{F}{2} \\ 0 \\ -\frac{F}{2} \\ R_{x3} \\ R_{y3} \\ R_{x4} \\ R_{y4} \end{bmatrix}$$

(4)边界条件处理及刚度方程求解。

该问题的位移边界条件为 $u_3=0$，$\nu_3=0$，$u_4=0$，$\nu_4=0$，将其代入上式中，划去已知节点位移对应的第 5 行至第 8 行(列)，有：

$$\frac{9Et}{32}\left[\begin{array}{cc:cc} \frac{7}{3} & \frac{4}{3} & -\frac{4}{3} & -\frac{2}{3} \\ \frac{4}{3} & \frac{13}{3} & -\frac{2}{3} & -4 \\ \hdashline -\frac{4}{3} & -\frac{2}{3} & \frac{7}{3} & 0 \\ -\frac{2}{3} & -4 & 0 & \frac{13}{3} \end{array}\right]\left[\begin{array}{c} u_1 \\ v_1 \\ \hdashline u_2 \\ v_2 \end{array}\right]=\left[\begin{array}{c} 0 \\ -\frac{F}{2} \\ \hdashline 0 \\ -\frac{F}{2} \end{array}\right]$$

可求出节点位移如下：

$$\{u_1 \quad v_1 \quad u_2 \quad v_2\}=\{1.88 \quad -8.99 \quad -1.50 \quad -8.42\}$$

代入具体数值，整体节点位移分量如下：

$$q=\{0.01877-0.08992-0.015-0.084220000\}^T$$

(5)支反力的计算。

将所求得的节点位移代入总刚度方程中，可求得支反力如下：

$$R_{x3}=\frac{9Et}{32}\left(-u_1-\frac{2}{3}v_1+\frac{4}{3}v_2\right)=-2F,\ R_{y3}=\frac{9Et}{32}\left(-\frac{2}{3}u_1-\frac{1}{3}v_1+\frac{4}{3}u_2\right)=-0.07F$$

$$R_{x4}=\frac{9Et}{32}\left(-u_2-\frac{2}{3}v_2\right)=2F,\ R_{y4}=\frac{9Et}{32}\left(-\frac{2}{3}u_2-\frac{1}{3}v_2\right)=1.07F$$

(6)计算各单元应变、应力：

$$\varepsilon^1=B^1q^1=\{-0.00750-0.0421\}^T$$

$$\varepsilon^2=B^2q^2=\{0.0094-0.0057-0.0112\}^T$$

$$\sigma^1=DB^1q^1=\{-84187-28062-157906\}^T$$

$$\sigma^2=DB^2q^1=\{84187-28953-42093\}^T$$

2. 使用一个四边形单元计算

(1)节点编号如图 4.16 所示，1(0，0)，2(2，0)，3(2，1)，4(0，1)

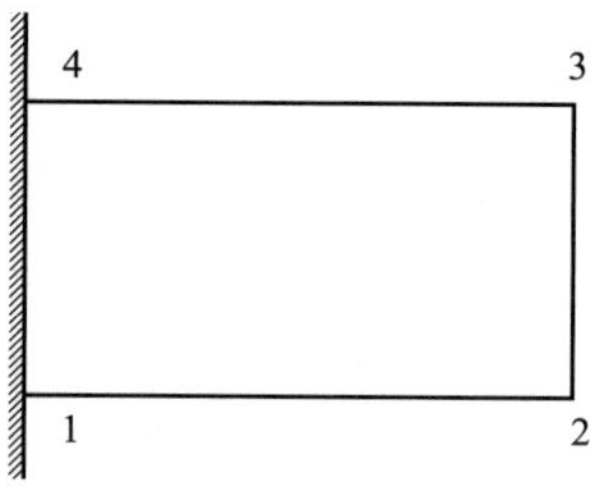

图 4.16　矩形单元及节点编号

(2)根据例题 4－2 过程，求得其刚度矩阵 K：

$$10^5\begin{bmatrix} 4.375 & 1.875 & -0.625 & 0 & -2.188 & -1.875 & -1.563 & 0 \\ 1.875 & 8.125 & 0 & 3.125 & -1.875 & -4.063 & 0 & -7.188 \\ -0.625 & 0 & 4.375 & -1.875 & -1.563 & 0 & -2.188 & 1.875 \\ 0 & 3.125 & -1.875 & 8.125 & 0 & -7.188 & 1.875 & -4.063 \\ -2.188 & -1.875 & -1.563 & 0 & 4.375 & 1.875 & -0.625 & 0 \\ -1.875 & -4.063 & 0 & -7.188 & 1.875 & 8.125 & 0 & 3.125 \\ -1.563 & 0 & -2.188 & 1.875 & -0.625 & 0 & 4.375 & -1.875 \\ 0 & -7.188 & 1.875 & -4.063 & 0 & 3.125 & -1.875 & 8.125 \end{bmatrix}$$

(3)求得整体节点位移：

$$q=\{0\quad 0\quad -0.0457\quad -0.1448\quad 0.0457\quad -0.1448\quad 0\quad 0\}^T$$

(4)计算单元应力：

对于本例四边形单元，选择精确积分 2×2 个积分点，四个积分点分别为：

$$1\left(-\frac{1}{\sqrt{3}},\ -\frac{1}{\sqrt{3}}\right),\ 2\left(\frac{1}{\sqrt{3}},\ -\frac{1}{\sqrt{3}}\right),\ 3\left(\frac{1}{\sqrt{3}},\ \frac{1}{\sqrt{3}}\right),\ 4\left(-\frac{1}{\sqrt{3}},\ \frac{1}{\sqrt{3}}\right)$$

计算得到 4 个积分点应力：

$$\begin{aligned}\sigma=[&-1.4846e+005,\ -4.9487e+004,\ -1.9897e+005\\ &-1.4846e+005,\ -4.9487e+004,\ -1.0257e+003\\ &1.4846e+005,\ 4.9487e+004,\ -1.0257e+003\\ &1.4846e+005,\ 4.9487e+004,\ -1.9897e+005]\end{aligned}$$

如果高斯积分选择 1×1 积分点，计算的是单元中心的应力：

$$\sigma^1=DB^1q^1=\{0\quad 0\quad -100000\}^T$$

3. 使用 ANSYS 软件计算结果

(1)节点位移结果：

NODE	UX	UY	UZ	USUM
1	0.0000	0.0000	0.0000	0.0000
2	-0.45714E-001	-0.14476	0.0000	0.15181
3	0.45714E-001	-0.14476	0.0000	0.15181
4	0.0000	0.0000	0.0000	0.0000

(2)高斯积分点应力计算结果：

· 单元 2×2 高斯积分点应力计算结果：

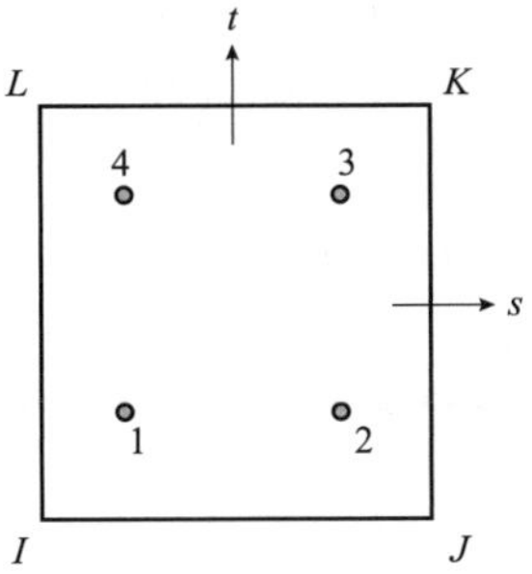

No.Integration Points	Integration Point Locations (x_i)	Weighting Factors (H_i)
1	0.00000 00000 00000	2.00000 00000 00000
2	± 0.57735 02691 89626	1.00000 00000 00000
3	± 0.77459 66692 41483	0.55555 55555 55556
	0.00000 00000 00000	0.88888 88888 88889

ELEMENT =　1　PLANE182

NODE	SX	SY	SZ	SXY	SYZ	SXZ
1	-0.14846E+006	-49487.	0.0000	-0.19897E+006	0.0000	0.0000
2	-0.14846E+006	-49487.	0.0000	-1025.7	0.0000	0.0000
3	0.14846E+006	49487.	0.0000	-1025.7	0.0000	0.0000
4	0.14846E+006	49487.	0.0000	-0.19897E+006	0.0000	0.0000

· 单元 1×1 高斯积分点应力计算结果：

NODE	SX	SY	SZ	SXY	SYZ	SXZ
1	0.15987E-006	0.53291E-007	0.0000	-0.10000E+006	0.0000	0.0000
2	0.15987E-006	0.53291E-007	0.0000	-0.10000E+006	0.0000	0.0000
3	0.15987E-006	0.53291E-007	0.0000	-0.10000E+006	0.0000	0.0000
4	0.15987E-006	0.53291E-007	0.0000	-0.10000E+006	0.0000	0.0000

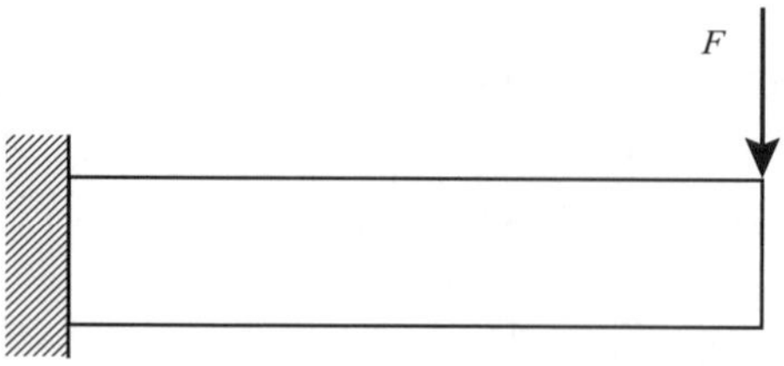

图 4.17 受集中力作用的悬臂梁

注意，上面图中各个节点应力相同，这是为了说明高斯积分点结果，将高斯积分点应力直接复制到节点上。

例题 4-4 某悬臂梁结构(如图 4.17 所示)，其弹性模量 200GPa，泊松比 0.3，长度 60mm，高度 20mm，厚度 5mm，集中载荷 $F=1000$N。试分别采用三角形单元和四边形单元进行分析。

解：1. 使用三角形单元分析

(1)对结构进行离散化，共 24 个单元，21 个节点，左端固定。单元及节点编号如图 4.18 所示。其中编号 1、2、3 的三个节点为固定端，右侧 20 号节点施加竖向载荷 1000N。

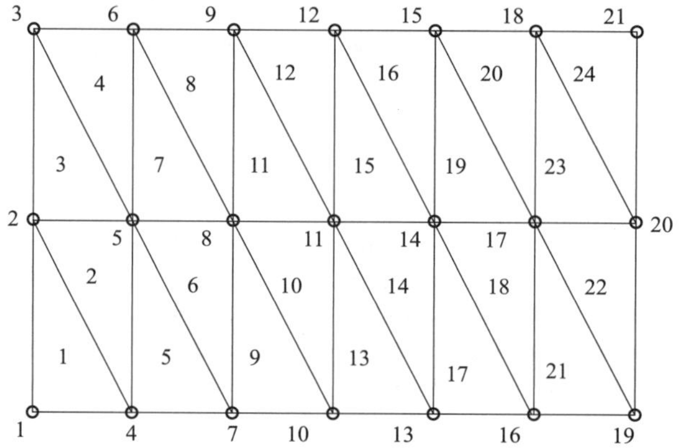

图 4.18 三角形单元离散化

(2)计算结果分析从位移结果来看，最大值位移中性轴上 20 节点处－0.065mm，理论解最大值：－0.108mm，有限元计算的位移数值只有解析解的 60%。当增加单元密度到 240 个单元时，最大值与理论解相等。

从应力云图来看(图 4.19 和图 4.20)，分布是正确的，中性轴以上的单元受拉，中性轴以下的单元受压的，并且单元内的应力值是常数，但是该单元没有模拟出应力梯度的变化，当然本例所用的网格也较为粗糙，难以模拟出应力梯度。当增加单元密度到 240 个单元时，可以看出中性轴上是不受力的。

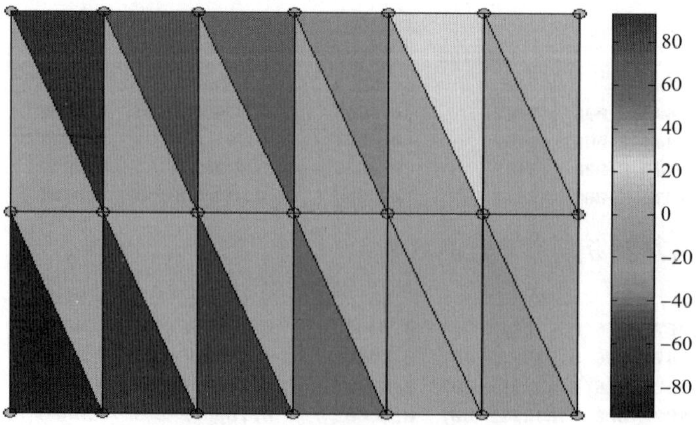

图 4.19 x 方向应力(24 个单元)

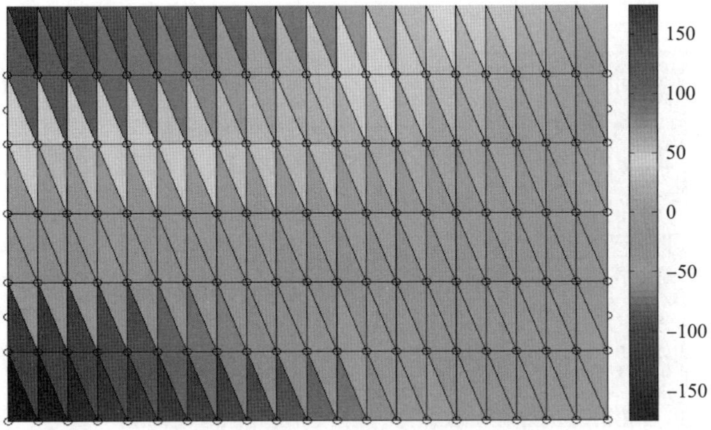

图 4.20　x 方向应力(240 个单元)

2. 使用四边形矩形单元分析

(1)对结构进行离散化，共 12 个单元，21 个节点，左端固定。单元及节点编号如图 4.21 所示。其中编号 1、2、3 的三个节点为固定端，右侧 20 号节点施加竖向载荷 1000N。

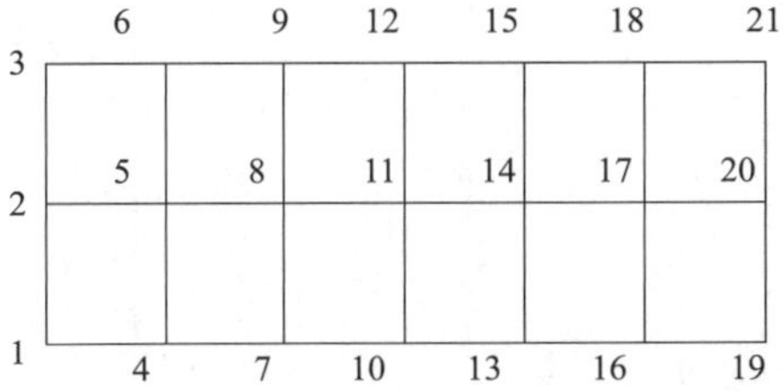

图 4.21　四边形单元划分

(2)计算结果：

从位移结果来看，最大值位移中性轴上 20 节点处－0.103mm，理论解最大值：－0.108mm。但从应力看，结果并不是很准确，这与网格密度有关(见图 4.22～图 4.25)。

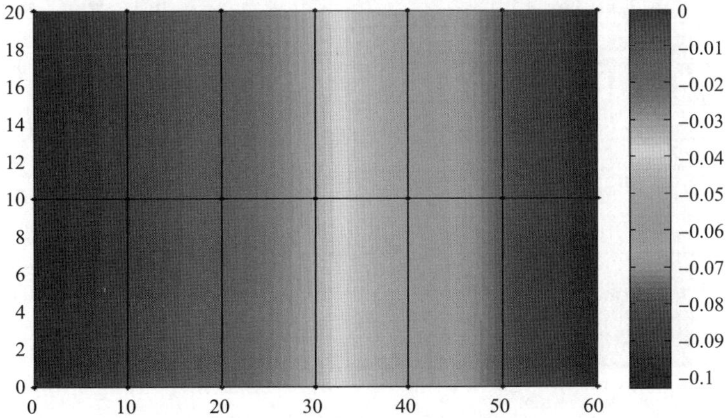

图 4.22　y 方向位移图(12 个单元)

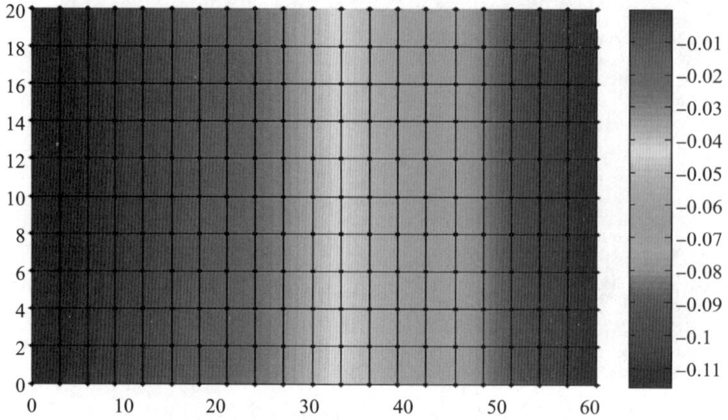

图 4.23　y 方向位移图

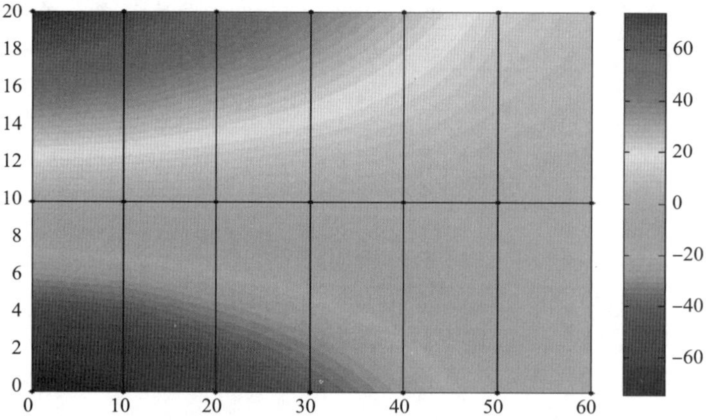

图 4.24　x 方向应力(12 个单元)

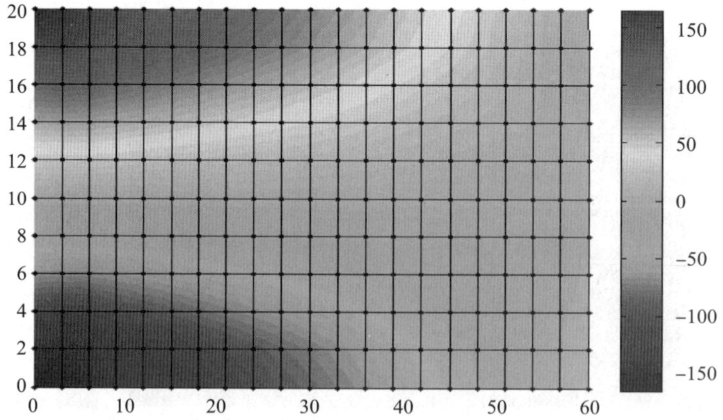

图 4.25　x 方向应力分布

拓展阅读

跨世纪的中国计算力学

计算力学是计算机技术、计算数学与力学深度融合的新兴学科，借助计算机求解工程与科学领域的力学及耦合问题，受技术与工业需求双重驱动。在中国，其在理论、算法、软件及应用方面形成独特发展脉络，成为国家发展的关键力量。

中国计算力学理论根源可追溯到20世纪50年代。1954年，胡海昌提出弹性力学广义变分原理(Hu-Washizu原理)，允许位移、应变、应力三类变量独立变分，为有限元杂交元、混合元方法搭建核心数学框架，是复杂结构分析的重要基石。

20世纪60年代，冯康团队基于分片插值与变分方法，构建偏微分方程数值解法的严谨数学理论，证明二维有限元收敛性，奠定有限元数学基础。之后，石钟慈、张鸿庆等学者深入探究有限元收敛性理论，完善该体系。

在单元构造上，中国学者成果丰硕。吴长春、陈大鹏等继承卞学磺的混合元、杂交元研究，开发可靠单元；唐立民、陈万吉团队专注多变量拟协调元和高精度有限元列式；龙驭球等提出广义协调元，拓宽适用范围；陈至达、李锡夔钻研非线性单元构造，为复杂变形分析提供工具。

算法研究是中国计算力学核心竞争力。针对大型结构分析难题，钟万勰、武际可提出群论数值方法与循环矩阵法，在早期内存有限的计算机上，解决电视塔、大型冷却塔等对称结构问题。

张佑启与曹志远等提出有限条法、半解析法及超单元法，分解复杂结构，解决大量土建与岩土工程问题。杜庆华、姚振汉等推动边界元法及样条边界元法发展，并与有限元耦合，应用于板弯曲等问题。

在非线性与动力学领域，创新成果众多。武际可、袁明武改进伪弧长法，提升分叉点求解效率与可靠性；钟万勰采用参数二次规划，解决弹塑性接触等非线性问题；冯康提出哈密顿动力体系保辛差分方法，钟万勰将其与有限元结合，发展出精细积分方法；林家浩提出随机振动确定性算法，提高大型结构地震响应计算效率，在水坝、桥梁工程广泛应用。

1973年，钱令希发表报告，掀起结构优化研究热潮。其团队开发的“DDDU系统”融合力学与数学规划方法，形成序列二次规划法，解决传统优化难点。朱伯芳、汪树玉等将其应用于大型水坝设计，产生经济效益。

软件研发是计算力学工程落地关键。20世纪70年代起，中国从专用程序向通用软件开发迈进。大连理工大学推出JIGFEX等大型有限元软件；航空工业界研发HAJIF系统；邓达华等开发的MAC软件在机械行业广泛应用。崔俊芝、钟万勰等出版的专著，为软件开发提供理论指导。

跨世纪以来，中国计算力学聚焦复杂问题，为航空航天等领域提供支撑。同时，与人工智能等技术深度融合，开启全新研究范式。从理论到应用，中国计算力学围绕国家需求，自主创新构建完整体系。未来，将在高端制造等领域发挥“数值试验”核心作用，支撑国家科技自立自强。

第 5 章　杆梁结构有限元方法

在工程结构中，杆、梁是主要的承力构件，杆系结构是通过焊接、栓接等方式将若干个杆件通过节点相互连接而成的结构体系。杆件在节点处的连接是铰接，则称为桁架，杆件在节点处的连接是刚接，则称为刚架。若全部杆件的杆件截面主轴以及所承受的载荷在同一平面内称为平面杆系结构，否则称为空间杆系结构。通常将承受轴力或扭矩的杆件称为杆，而将承受横向力和弯矩的杆件称为梁。本章主要介绍常见杆、梁单元的有限元方程以及坐标变换公式等。

5.1　概述

杆系结构的最大特点是构件长度要比横截面尺寸大很多。在对杆系结构离散化时，一般以一根杆件或者杆件的一段作为一个单元进行分析，如图 5.1 所示。将一个工程结构离散成若干单元时，离散的节点应该是杆件结构的转折点、汇交点、支撑点、截面突变点以及载荷作用点等。这些节点都是依据结构本身构造的特点来确定的，因此结构中的每一根等截面直杆就可以看作一个单元。根据具体问题进行合理简化，如图 5.2 所示。

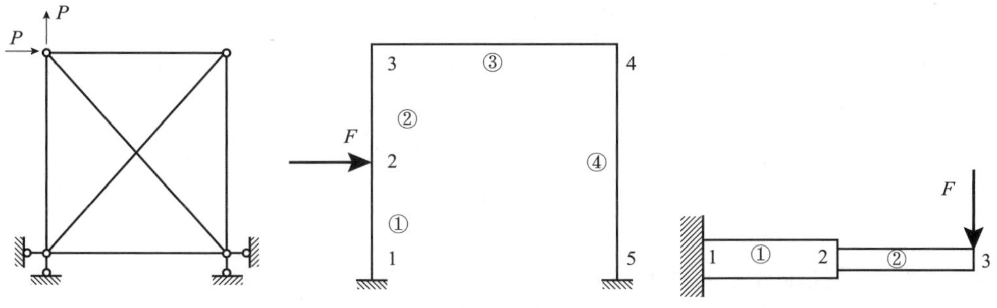

(a)桁架结构单元　　(b)刚架结构单元　　(c)梁单元划分

图 5.1　杆系结构离散化

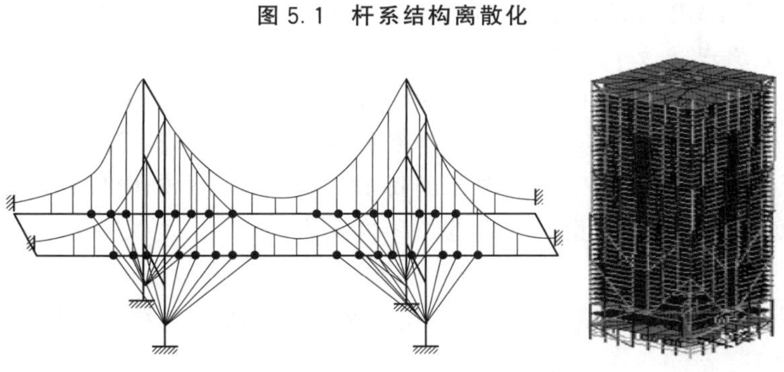

图 5.2　工程复杂杆系结构

为了方便起见，在下面的分析过程中所研究的单元均指等截面的直杆单元，且结构上的载荷均为节点载荷，当结构上承受非节点载荷时，例如杆件上作用有分布载荷、集中力或集中力偶，可以通过静力等效的方法转化成节点载荷的形式，对于集中载荷作用在单元上的情况，也可以将载荷作用点作为节点处理。

5.2 局部坐标系下杆件单元有限元方程

5.2.1 拉压杆单元

杆件仅承受轴向拉力或压力的单元称为拉压杆单元。设有一任意的拉压杆单元如图 5.3所示，材料弹性模量为 E，长度为 l，横截面积为 A，i 和 j 为单元的两个节点，x 为该单元的局部坐标系，与杆单元轴线重合，由第一个节点指向第二个节点，其原点设在单元的 i 节点。设两个节点在 x 方向的位移分别为 u_i 和 u_j，与它们相应的节点力 F_{ix} 和 F_{jx} 正方向也示于图中。

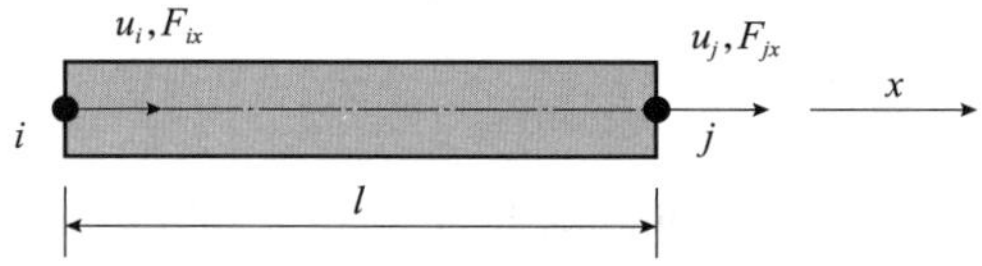

图 5.3 拉压杆单元

1. 直接刚度法建立单元平衡方程

根据材料力学有关知识，可写出杆单元的节点位移与节点力之间的关系为：

$$F_{ix}=\frac{EA}{l}(u_i-u_j),\quad F_{jx}=\frac{EA}{l}(u_j-u_i)$$

写为矩阵形式：

$$F^e=\begin{bmatrix}F_{ix}\\F_{jx}\end{bmatrix}=\frac{EA}{l}\begin{bmatrix}1&-1\\-1&1\end{bmatrix}\begin{bmatrix}u_i\\u_j\end{bmatrix}=K^e d^e \tag{5-1}$$

$$K^e=\frac{EA}{l}\begin{bmatrix}1&-1\\-1&1\end{bmatrix} \tag{5-2}$$

式(5－2)就是拉压杆单元的刚度矩阵，它是一个对称的奇异矩阵。

上面利用材料力学的知识直接导出了杆单元的刚度矩阵，但是对于一般的单元，很难采用简单的力学方程得到单元的刚度矩阵，必须采用能量原理、变分原理等其他数学方法。

2. 基于能量原理建立拉压杆有限元方程

设如图 5.3 所示的等直截面拉压杆单元，承受分布轴向力 $p(x)$。参考第 2.4 节，采用能量原理建立杆单元的有限元方程。根据变形特征在单元内假设一个位移模式，把单元内的位移用节点位移来表示。由于杆单元的每个节点只有一个轴向位移，两节点的杆单元共有两个自由度，因此可以假设单元内的位移模式为：

$$u=a_0+a_1x \tag{5-3}$$

把单元节点的坐标和位移代入式(5－3)，得到关于待定参数 α_0 和 α_1 的线性方程组，求解得到式(5－4)：

$$\begin{bmatrix}1 & 0\\1 & l\end{bmatrix}\begin{bmatrix}\alpha_0\\\alpha_1\end{bmatrix}=\begin{bmatrix}u_i\\u_j\end{bmatrix}$$

$$\begin{bmatrix}\alpha_0\\\alpha_1\end{bmatrix}=\begin{bmatrix}1 & 0\\1 & l\end{bmatrix}^{-1}\begin{bmatrix}u_i\\u_j\end{bmatrix}=\begin{bmatrix}1 & 0\\-\dfrac{1}{l} & \dfrac{1}{l}\end{bmatrix}\begin{bmatrix}u_i\\u_j\end{bmatrix}\tag{5-4}$$

将式(5－4)代入式(5－3)，可以得到用单元节点位移表示的单元内任意点的位移：

$$u=[1\quad x]\begin{bmatrix}\alpha_0\\\alpha_1\end{bmatrix}=[1\quad x]\begin{bmatrix}1 & 0\\-\dfrac{1}{l} & \dfrac{1}{l}\end{bmatrix}\begin{bmatrix}u_i\\u_j\end{bmatrix}=\left[1-\frac{x}{l}\quad\frac{x}{l}\right]\begin{bmatrix}u_i\\u_j\end{bmatrix}=N_u q^e\tag{5-5}$$

式中，N_u 表示单元插值函数，q^e 表示杆单元的节点位移列阵，分别为：

$$N_u=[N_1\quad N_2]=\left[1-\frac{x}{l}\quad\frac{x}{l}\right],\ q^e=\begin{bmatrix}u_i\\u_j\end{bmatrix}$$

根据单元内位移的表达式(5－5)，计算单元应变：

$$\varepsilon_x=\frac{\mathrm{d}u}{\mathrm{d}x}=\left[-\frac{1}{l}\quad\frac{1}{l}\right]\begin{bmatrix}u_i\\u_j\end{bmatrix}=Bq^e\tag{5-6}$$

单元应力：

$$\sigma_x=E\varepsilon_x=EBq^e=Sq^e\tag{5-7}$$

式中，B 称为单元应变矩阵，S 称为单元应力矩阵，分别表示为：

$$B=\left[-\frac{1}{l}\quad\frac{1}{l}\right],\ S=E\left[-\frac{1}{l}\quad\frac{1}{l}\right]\tag{5-8}$$

杆件虚功的表达式可写为：

$$\int_l (q^e)^T B^T EAB\delta q^e\,\mathrm{d}x-\int_l q(x)N_u\,\mathrm{d}x\delta q^e=0\tag{5-9}$$

由此可以得到，单元刚度方程：

$$K^e q^e=F^e\tag{5-10}$$

其中，单元刚度矩阵为：

$$K^e=\int_l B^T EAB\,\mathrm{d}x=\frac{EA}{l}\begin{bmatrix}1 & -1\\-1 & 1\end{bmatrix}\tag{5-11}$$

可以看出，采用能量原理得到的单元刚度矩阵和采用材料力学方法得到的结果完全相同。

单元节点载荷向量为：

$$F^e=\begin{bmatrix}F_{ix}\\F_{jx}\end{bmatrix}=\int_l N_u^T p(x)\,\mathrm{d}x\tag{5-12}$$

F_{ix} 和 F_{jx} 是等效节点轴向力，当单元内部的位移采用插值函数 N_u 时，由式(5－13)可得到单元节点的等效节点载荷：

$$F^e=\begin{bmatrix}F_{ix}\\F_{jx}\end{bmatrix}=\begin{bmatrix}1 & -\dfrac{1}{l}\\0 & \dfrac{1}{l}\end{bmatrix}\begin{bmatrix}F_0\\F_1\end{bmatrix}\tag{5-13}$$

$$F_0=\int_l p(x)\,\mathrm{d}x,F_1=\int_l xp(x)\,\mathrm{d}x$$

若 $p(x)=p_0=\text{const}$，即为均布轴向载荷，则 $F_{ix}=F_{jx}=p_0 l/2$，可以看出，对于均布轴向力其等效节点载荷是总载荷的一半。对于线性分布的轴向力 $p(x)$，如设在 i 节点的值为 p_i，在 j 节点的值为 p_j，两个等效节点载荷为：

$$F_{ix}=\frac{l}{6}(2p_i+p_j),\ F_{jx}=\frac{l}{6}(p_i+2p_j) \tag{5-14}$$

5.2.2 扭转杆单元

扭转杆单元是只承受扭矩作用的等直杆单元，可用于模拟工程中仅承受扭矩作用的结构，典型扭转杆单元如图 5.4 所示，杆件在 i 及 j 两端载荷为扭矩 M_{ix} 及 M_{jx}，分别产生绕 x 轴的扭转角 θ_{ix} 及 θ_{jx}，扭矩 M 以沿 x 方向的右手螺旋为正，扭转角 θ 亦以沿 x 轴的右手螺旋为正。设其长度为 l，截面抗扭刚度为 GJ_p。其中 G 为剪切弹性模量，J_p 为截面对 x 轴的极惯矩。

扭转单元中的扭转角分布和杆件拉压单元内的位移分布具有类似的规律，都是线性变化的，因此采用同样的方法，可以得到图 5.4 所示扭转变形单元的刚度方程为：

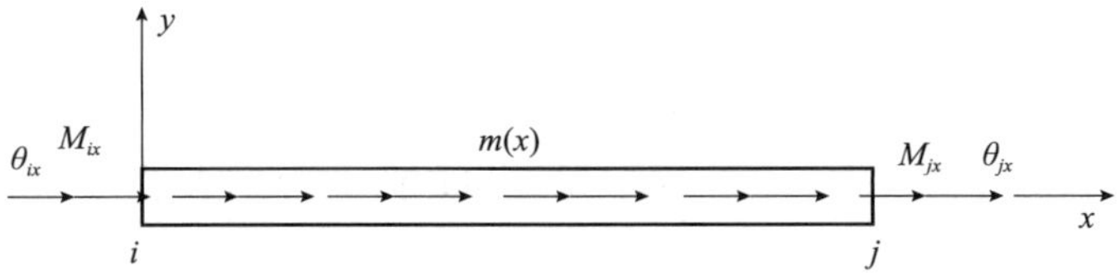

图 5.4　扭转杆单元

$$\begin{bmatrix} M_{ix} \\ M_{jx} \end{bmatrix}=\frac{GJ_p}{l}\begin{bmatrix} 1 & -1 \\ -1 & 1 \end{bmatrix}\begin{bmatrix} \theta_{ix} \\ \theta_{jx} \end{bmatrix} \tag{5-15}$$

其中，单元扭转刚度矩阵为：

$$K^e=\frac{GJ_p}{l}\begin{bmatrix} 1 & -1 \\ -1 & 1 \end{bmatrix} \tag{5-16}$$

单元节点载荷向量参考拉压杆单元为：

$$F^e=\begin{bmatrix} M_{ix} \\ M_{jx} \end{bmatrix}=\int_l N_u^T m(x)\mathrm{d}x \tag{5-17}$$

其中力偶矩 $m(x)$ 可能是均匀分布、线性分布或集中力偶矩。

5.3　任意杆件单元的刚度矩阵

5.3.1　平面坐标变换

上述杆单元刚度矩阵是在局部坐标系下分析的，仅限于杆单元与整体坐标系 x 轴相平行的情况，在工程实际杆系结构中，杆单元可能处于整体坐标系中的任意一个位置（如图 5.5 所示），其与整体 x 轴有一定夹角，这需要将原来在局部坐标系中所得到的单元表达等价地变换到整体坐标系中，这样，不同位置的单元才有公共的坐标基准，以便对各个单元进行集成。

图 5.5 中的整体坐标系为(xOy)，杆单元局部坐标系为($O\bar{x}\,\bar{y}$)。整体坐标系是描述结构整体时所用的坐标系即全局坐标。局部坐标系是以单元为基础建立的坐标系，与单元的轴心重合，由第一个节点指向第二个节点，其中 $\bar{x}$ 轴平行于杆单元 ij 的轴线，而 $\bar{y}$ 轴垂直于杆单元的轴线。对于不同的单元有不同的局部坐标系。因此，对整体坐标系下的任意杆单元进行分析，将涉及不同坐标系之间的变换。

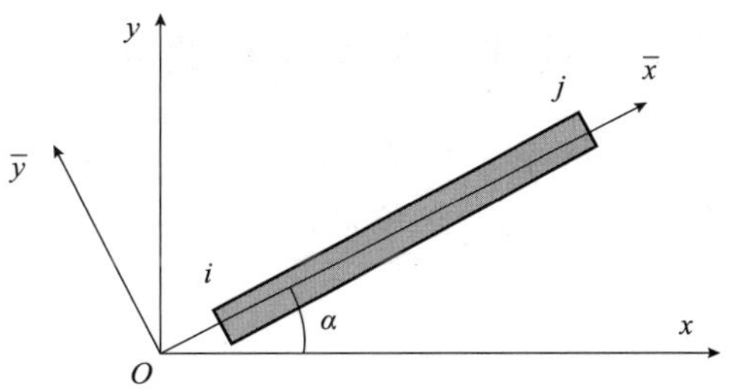

图 5.5　平面任意杆单元

整体坐标系下的节点位移：

$$q^T=\{u_i \quad v_i \quad u_j \quad v_j\}^T \tag{5-18}$$

局部坐标系下的节点位移：

$$\bar{q}^e=\{\bar{u}_i \quad \bar{u}_j\}^T \tag{5-19}$$

杆件与水平轴的夹角 α 通过坐标计算得到：

$$\cos\alpha=\frac{x_j-x_i}{l},\ \sin\alpha=\frac{y_j-y_i}{l},\ l=\sqrt{(x_j-x_i)^2+(y_j-y_i)^2} \tag{5-20}$$

在节点 i，整体坐标系下的节点位移 u_i、v_i，其合成结果应等于局部坐标系下的 $\bar{u}_i$、$\bar{v}_i$：

$$\bar{u}_i=u_i\cos\alpha+v_i\sin\alpha \tag{5-21}$$

$$\bar{v}_j=u_j\cos\alpha+v_j\sin\alpha \tag{5-22}$$

写成矩阵形式：

$$\bar{q}^e=\begin{Bmatrix}\bar{u}_i\\ \bar{u}_j\end{Bmatrix}=\begin{bmatrix}\cos\alpha & \sin\alpha & 0 & 0\\ 0 & 0 & \cos\alpha & \sin\alpha\end{bmatrix}\begin{Bmatrix}u_i\\ v_i\\ u_j\\ v_j\end{Bmatrix}=T^eq^e \tag{5-23}$$

其中，T^e 称为平面杆单元的坐标转换矩阵。可以证明坐标转换矩阵是一个单位正交矩阵：

$$T^e=\begin{bmatrix}\cos\alpha & \sin\alpha & 0 & 0\\ 0 & 0 & \cos\alpha & \sin\alpha\end{bmatrix} \tag{5-24}$$

由于单元的势能是一个标量(能量)，不会因坐标系的不同而改变，因此，可将节点位移的坐标变换关系代入原来基于局部坐标系的势能表达式中，则有：

$$\Pi^e=\frac{1}{2}\bar{q}^{eT}\bar{K}^e\bar{q}^e-\bar{q}^{eT}\bar{P}^e=\frac{1}{2}q^{eT}(T^{eT}\bar{K}^eT^e)q^e-q^{eT}(T^{eT}\bar{P}^e)=\frac{1}{2}q^{eT}K^eq^e-q^{eT}p^e \tag{5-25}$$

基于能量原理，获得单元平衡方程。

$$P^e=K^eq^e \tag{5-26}$$

其中，K^e 为整体坐标系下的单元刚度矩阵，P^e 为整体坐标系下的节点载荷矩阵。

$$K^e=T^{eT}\bar{K}^eT^e \tag{5-27a}$$

$$P^e=T^{eT}\bar{P}^e \tag{5-27b}$$

对于图 5.5 中所示杆单元，在整体坐标系中刚度矩阵表达式为：

$$K^e=\frac{EA}{l}\begin{bmatrix}\cos^2\alpha & \cos\alpha\sin\alpha & -\cos^2\alpha & -\cos\alpha\sin\alpha\\ \cos\alpha\sin\alpha & \sin^2\alpha & -\cos\alpha\sin\alpha & -\sin^2\alpha\\ -\cos^2\alpha & -\cos\alpha\sin\alpha & \cos^2\alpha & \cos\alpha\sin\alpha\\ -\cos\alpha\sin\alpha & -\sin^2\alpha & \cos\alpha\sin\alpha & \sin^2\alpha\end{bmatrix} \tag{5-27c}$$

5.3.2 空间杆单元坐标变换

空间杆单元如图 5.6 所示，杆单元长度为 l，由 2 个节点组成，该杆单元在局部坐标系($O\bar{x}\bar{y}$)下的节点位移为：

$$\bar{q}^e=[\bar{u}_i \quad \bar{u}_j]^T \tag{5-28}$$

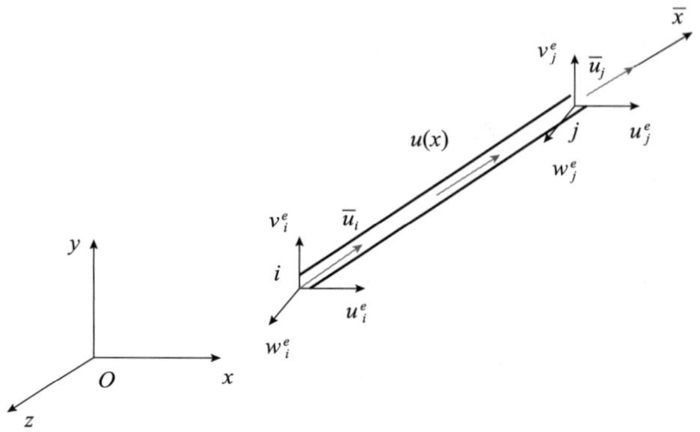

图 5.6 空间杆单元

整体坐标系(Oxy)中，每个节点有 3 个位移自由度，所以位移列阵为

$$q^e=[u_i \quad v_i \quad w_i \quad u_j \quad v_j \quad w_j]^T \tag{5-29}$$

杆单元轴线在整体坐标系中的方向余弦为

$$\cos(\bar{x},\ x)=\frac{x_j-x_i}{l},\ \cos(\bar{x},\ y)=\frac{y_j-y_i}{l},\ \cos(\bar{x},\ z)=\frac{z_j-z_i}{l} \tag{5-30}$$

其中(x_i，y_i，z_i)和(x_j，y_j，z_j)分别是节点 i 和节点 j 在整体坐标系中的位置，和平面杆单元类似，$\bar{q}^e$ 与 q^e 之间存在以下转换关系。

$$\bar{q}^e=\begin{bmatrix}\bar{u}_i\\ \bar{u}_j\end{bmatrix}=\begin{bmatrix}\cos(\bar{x},\ x) & \cos(\bar{x},\ y) & \cos(\bar{x},\ z) & 0 & 0 & 0\\ 0 & 0 & 0 & \cos(\bar{x},\ x) & \cos(\bar{x},\ y) & \cos(\bar{x},\ z)\end{bmatrix}\begin{bmatrix}u_i\\ v_i\\ w_i\\ u_j\\ v_j\\ w_j\end{bmatrix}=T^e\cdot q^e \tag{5-31}$$

其中，T^e 为坐标转换矩阵，即：

$$T^e=\begin{bmatrix}\cos(\bar{x},\ x) & \cos(\bar{x},\ y) & \cos(\bar{x},\ z) & 0 & 0 & 0\\ 0 & 0 & 0 & \cos(\bar{x},\ x) & \cos(\bar{x},\ y) & \cos(\bar{x},\ z)\end{bmatrix} \tag{5-32}$$

刚度矩阵和节点力的变换与平面情形相同，即为：

$$\underset{(6\times 6)}{K^e}=\underset{(6\times 2)}{T^{eT}}\underset{(2\times 2)}{\overline{K}^e}\underset{(2\times 6)}{T^e} \tag{5-33}$$

$$\underset{(6\times 1)}{P^e}=\underset{(6\times 2)}{T^{eT}}\underset{(2\times 1)}{\overline{P}^e} \tag{5-34}$$

5.4　平面梁单元的有限元方程

5.4.1　平面弯曲梁单元

如图 5.7 所示，在 Oxy 平面内发生弯曲变形的 2 节点均匀截面直梁单元，长度为 l，抗弯刚度为 EI，其中 E 为弹性模量，I 为梁截面对平行于梁截面的形心轴的惯性矩。采用最小势能原理来推导平面梁单元的单元刚度矩阵。

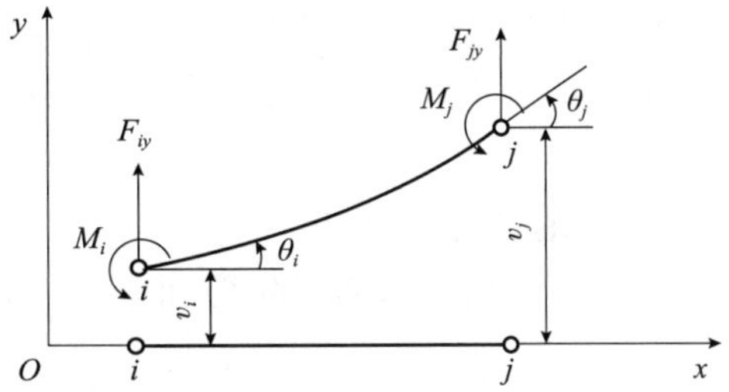

图 5.7　平面梁单元

1. 单元位移函数

图 5.7 所示的梁单元有两个节点，其节点分别为 i 和 j，忽略轴向位移 u，单元两端节点分别作用力 F_{iy}、F_{jy} 及力矩 M_i 及 M_j，节点位移为挠度和转角，分别是 v_i，θ_i 和 v_j，θ_j。图中所示的节点力和节点位移的方向均取为正方向。每个节点有两个位移分量$\{v_i,\ \theta_i\}$，共有四个位移分量，即

$$q^e = \begin{Bmatrix} v_i \\ \theta_i \\ v_j \\ \theta_j \end{Bmatrix} \tag{5-35}$$

由材料力学中的平面弯曲梁理论可知，不考虑剪切变形对梁变形的影响，梁单元轴线的挠度 v 与转角 θ 之间的关系为：$\theta = \dfrac{\mathrm{d}v}{\mathrm{d}x}$，因此独立变量只有挠度 $v(x)$。假设四自由度平面梁单元位移函数 $v(x)$ 用多项式表示为：

$$v(x) = a_1 + a_2 x + a_3 x^2 + a_4 x^3 \tag{5-36}$$

四个位移分量可以确定单元位移函数中的四个待定系数，将单元节点位移条件代入式(5-36)，得到代数方程组

$$\begin{bmatrix} v_i \\ \theta_i \\ v_j \\ \theta_j \end{bmatrix} = \begin{bmatrix} 1 & 0 & 0 & 0 \\ 0 & 1 & 0 & 0 \\ 1 & l & l^2 & l^3 \\ 0 & 1 & 2l & 3l^2 \end{bmatrix} \begin{Bmatrix} a_1 \\ a_2 \\ a_3 \\ a_4 \end{Bmatrix} \tag{5-37}$$

求解此方程组，可得到四个待定系数

$$\begin{Bmatrix} a_1 \\ a_2 \\ a_3 \\ a_4 \end{Bmatrix} = \begin{bmatrix} 1 & 0 & 0 & 0 \\ 0 & 1 & 0 & 0 \\ -\dfrac{3}{l^2} & -\dfrac{2}{l} & \dfrac{3}{l^2} & -\dfrac{1}{l} \\ \dfrac{2}{l^3} & \dfrac{1}{l^2} & -\dfrac{2}{l^3} & \dfrac{1}{l^2} \end{bmatrix} \begin{Bmatrix} v_i \\ \theta_i \\ v_j \\ \theta_j \end{Bmatrix} \tag{5-38}$$

将此系数代入式(5-36)就得到用节点位移表示的单元位移函数

$$v=[N_1 \quad N_2 \quad N_3 \quad N_4]q^e=Nq^e \tag{5-39}$$

式中，N 为形函数矩阵。各插值函数表达式为：

$$N_1=1-\frac{3x^2}{l^2}+\frac{2x^3}{l^3},\ N_2=x-\frac{2x^2}{l}+\frac{x^3}{l^2}$$

$$N_3=\frac{3x^2}{l^2}-\frac{2x^3}{l^3},\ N_4=-\frac{x^2}{l}+\frac{x^3}{l^2} \tag{5-40}$$

由于梁单元的位移函数不仅与节点的线性位移有关，且与其导数(如转角)有关。梁单元形函数和刚度矩阵不具有单元形函数之和等于 1 及刚度矩阵任一列(行)元素之和等于 0 的性质。

2. 单元应变、应力

梁单元受到外力而发生弯曲变形后，变形曲线的曲率：

$$k(x)=\frac{\mathrm{d}^2 v}{\mathrm{d}x^2}=N''q^e=[N_1'' \quad N_2'' \quad N_3'' \quad N_4'']q^e=Bq^e \tag{5-41}$$

其中应变矩阵 B 为：

$$B=[N_3'' \quad N_4'' \quad N_5'']=\left[-\frac{6}{l^2}+\frac{12x}{l^3} \quad -\frac{4}{l}+\frac{6x}{l^2} \quad \frac{6}{l^2}-\frac{12x}{l^3} \quad -\frac{2}{l}+\frac{6x}{l^2}\right] \tag{5-42}$$

梁横截面上的弯曲正应变：

$$\varepsilon=-y\frac{\mathrm{d}^2 v}{\mathrm{d}x^2}=-yBq^e \tag{5-43}$$

应用胡克定律，得到由节点位移表示的单元中应力表达式：

$$\sigma=E\varepsilon=-Ey\frac{\mathrm{d}^2 v}{\mathrm{d}x^2}=-EyBq^e \tag{5-44}$$

梁单元的弯矩为：

$$M=EI\frac{\mathrm{d}^2 v}{\mathrm{d}x^2}=EIBq^e \tag{5-45}$$

3. 梁单元平衡方程

梁单元变形问题的能量原理表达式为：

$$\int_l \frac{EI\,\mathrm{d}^2 v(x)}{\mathrm{d}x^2}\delta\left(\frac{\mathrm{d}^2 v(x)}{\mathrm{d}x^2}\right)\mathrm{d}x-\int_l q(x)\delta v(x)\mathrm{d}x=0 \tag{5-46}$$

将式(5-41)和式(5-44)代入式(5-46)，整理后有：

$$\int_l (q^{eT}B^T EIB\delta q^e)\mathrm{d}x-\int_l Nq(x)\delta q^e\mathrm{d}x=0 \tag{5-47}$$

考虑到 δq^e 在单元上的任意性，可得到如下的单元平衡方程：

$$K^e q^e=P^e \tag{5-48}$$

式中，K^e 和 P^e 分别表示单元的刚度矩阵和载荷向量，其计算公式分别为：

$$K^e=\int_l B^T EIB\,\mathrm{d}x \tag{5-49}$$

$$P^e=\int_l N^T q(x)\mathrm{d}x \tag{5-50}$$

4. 单元刚度矩阵

利用梁单元的刚度计算公式(5-49)，得到单元刚度矩阵如下：

$$K^e=\int_l B^T EIB\,\mathrm{d}x=\begin{bmatrix}\frac{12EI}{l^3} & \frac{6EI}{l^2} & -\frac{12EI}{l^3} & \frac{6EI}{l^2}\\ \frac{6EI}{l^2} & \frac{4EI}{l} & -\frac{6EI}{l^2} & \frac{2EI}{l}\\ -\frac{12EI}{l^3} & -\frac{6EI}{l^2} & \frac{12EI}{l^3} & -\frac{6EI}{l^2}\\ \frac{6EI}{l^2} & \frac{2EI}{l} & -\frac{6EI}{l^2} & \frac{4EI}{l}\end{bmatrix} \tag{5-51}$$

其中，$I=\int_A y^2\mathrm{d}A$ 是梁截面对主轴的惯性矩。

5. 等效节点载荷

梁单元上作用有分布横向力 $q(x)$，其等效节点载荷如图 5.8(b)所示，F_{iy} 和 F_{jy} 是等效节点剪力，M_i 和 M_j 是等效节点弯矩。分布横向力所对应挠度的形函数矩阵是式(5-40)的矩阵 N，其等效节点载荷由式(5-52)表示：

$$P^e=\int_l N^T q(x)\mathrm{d}x \tag{5-52}$$

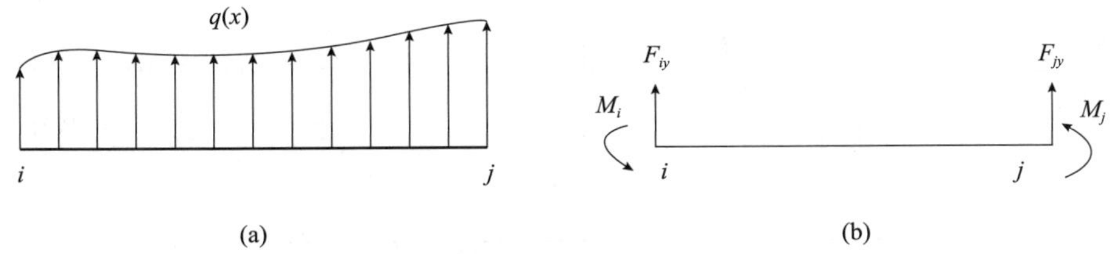

图 5.8　分布横向载荷的等效节点载荷

经过积分运算后，有：

$$P^e=\begin{Bmatrix}F_{iy}\\ M_i\\ F_{jy}\\ M_j\end{Bmatrix}=\begin{bmatrix}1 & 0 & -3/l^2 & 2/l^3\\ 0 & 1 & -2/l & 1/l^2\\ 0 & 0 & 3/l^2 & -2/l^3\\ 0 & 0 & -1/l & 1/l^2\end{bmatrix}\begin{Bmatrix}F_0\\ F_1\\ F_2\\ F_3\end{Bmatrix} \tag{5-53}$$

$$\begin{cases}F_0=\int_l q(x)\mathrm{d}x & F_1=\int_l xq(x)\mathrm{d}x\\ F_2=\int_l x^2q(x)\mathrm{d}x & F_3=\int_l x^3q(x)\mathrm{d}x\end{cases} \tag{5-54}$$

(1)对于载荷为均布横向载荷，$q(x)=q$ 为常数，其等效节点载荷分别如下：

$$\begin{Bmatrix}F_{iy}\\ M_i\\ F_{jy}\\ M_j\end{Bmatrix}=\begin{Bmatrix}q_0l/2\\ q_0l^2/12\\ q_0l/2\\ -q_0l^2/12\end{Bmatrix} \tag{5-55}$$

(2)对于线性分布载荷，假定 q_1 和 q_2 分别是两个节点处分布载荷的大小，其等效节点载荷分别如下：

$$\begin{Bmatrix}F_{iy}\\ M_i\\ F_{jy}\\ M_j\end{Bmatrix}=\begin{Bmatrix}(7q_1+3q_2)l/20\\ (3q_1+2q_2)l^2/60\\ (3q_1+7q_2)l/20\\ -(2q_1+3q_2)l^2/60\end{Bmatrix} \tag{5-56}$$

(3)在单元上的 $x_0=l\xi_0$ 处作用有横向集中力 Q_0，其等效节点载荷分别如下：

$$\begin{Bmatrix} F_{iy} \\ M_i \\ F_{jy} \\ M_j \end{Bmatrix}=Q_0\begin{Bmatrix} 1-3\xi_0^2+2\xi_0^3 \\ l\xi_0\ (1-\xi_0)^2 \\ 3\xi_0^2-2\xi_0^3 \\ -l\xi_0^2(1-\xi_0) \end{Bmatrix} \tag{5-57}$$

除上面简单的载荷情况外，对于其他任意载荷的情况，都可采用同样的方法得到单元的节点等效力。常见梁受载等效节点载荷参考表 5.1。

表 5.1　梁等效节点载荷

梁受力简图	等效节点载荷
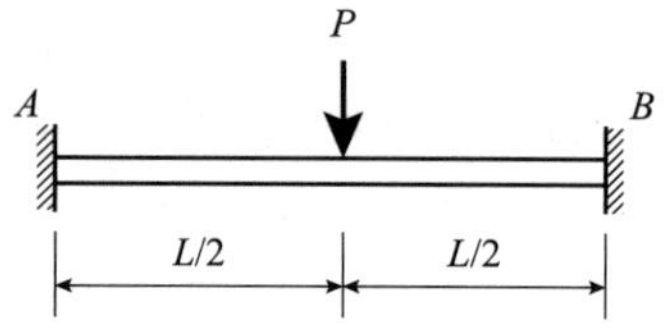	$R_A=-\frac{P}{2}$，$M_A=-\frac{PL}{8}$ $R_B=-\frac{P}{2}$，$M_B=\frac{PL}{8}$
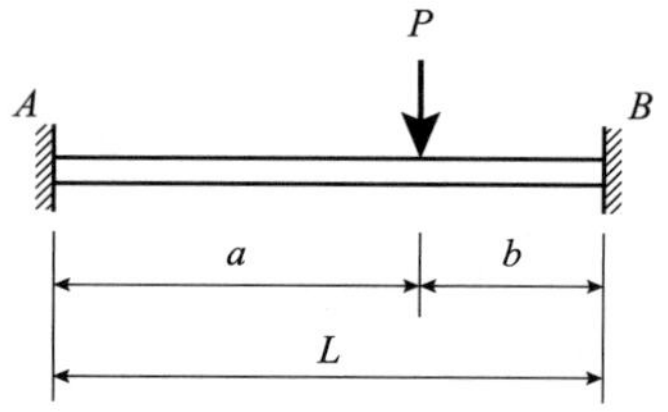	$R_A=-\left(\frac{Pb^2}{L^3}\right)(3a+b)$，$M_A=-\frac{Pab^2}{L^2}$ $R_B=-\left(\frac{Pa^2}{L^3}\right)(a+3b)$，$M_B=\frac{Pa^2b}{L^2}$
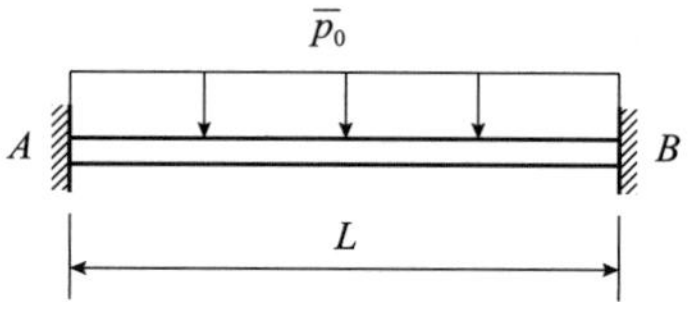	$R_A=-\frac{\overline{p}_0L}{2}$，$M_A=-\frac{\overline{p}_0L^2}{12}$ $R_B=-\frac{\overline{p}_0L}{2}$，$M_B=\frac{\overline{p}_0L^2}{12}$
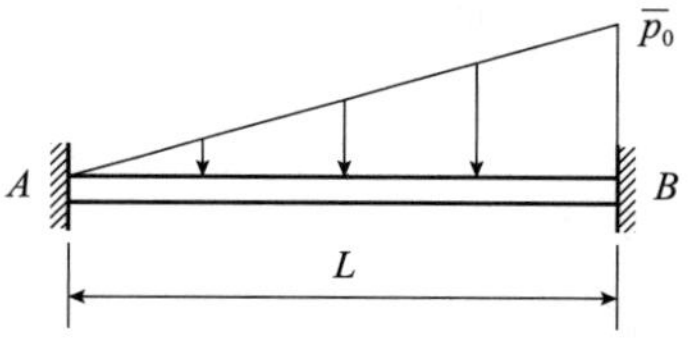	$R_A=-\frac{3\overline{p}_0L}{20}$，$M_A=-\frac{\overline{p}_0L^2}{30}$ $R_B=-\frac{7\overline{p}_0L}{20}$，$M_B=\frac{\overline{p}_0L^2}{20}$
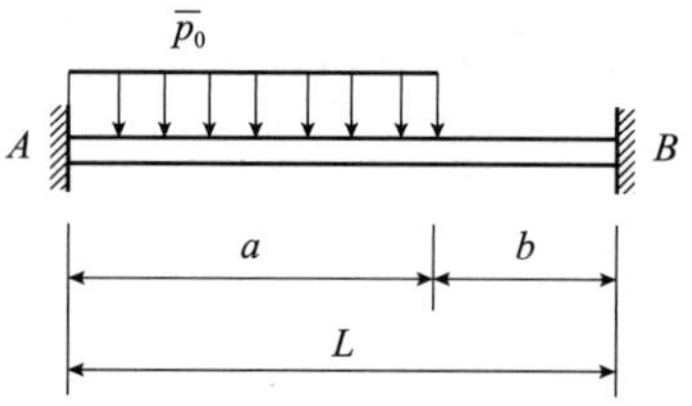	$R_A=-\left(\frac{\overline{p}_0a}{2L^3}\right)(a^3-2a^2L+2L^3)$ $M_A=-\left(\frac{\overline{p}_0a^2}{12L^2}\right)(3a^3-8aL+6L^2)$ $R_B=-\left(\frac{\overline{p}_0a^3}{2L^3}\right)(2L-a)$ $M_B=\left(\frac{\overline{p}_0a^3}{12L^2}\right)(4L-3a)$
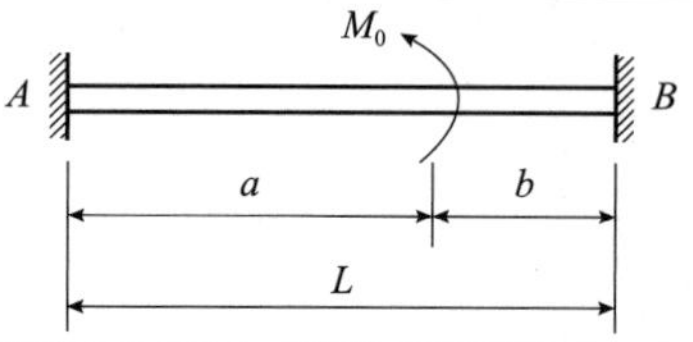	$R_A=-\frac{6M_0ab}{L^3}$，$M_A=-\left(\frac{M_0b}{L^2}\right)(3a-L)$ $R_B=\frac{6M_0ab}{L^3}$，$M_B=-\left(\frac{M_0a}{L^2}\right)(3b-L)$

5.4.2　平面一般梁单元

平面一般梁单元不仅有横向位移和转角，还考虑轴向变形，也称为考虑轴向变形的平面梁单元，每个节点有 3 个自由度，分别为轴向位移 u、横向位移 v 和转角 θ，共有 6 个节点位移自由度。局部坐标系中的一般平面梁单元，可认为是在平面弯梁的基础上叠加进轴向位移(图 5.9)。

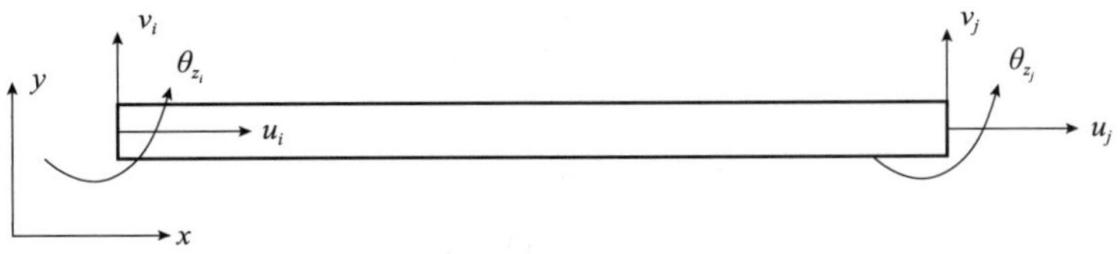

图 5.9　平面一般梁单元

图 5.9 所示平面梁单元的节点位移列阵 q^e 和节点力列阵 P^e 为：

$$q^e=[u_i \quad v_i \quad \theta_i \quad u_j \quad v_j \quad \theta_j]^T \tag{5-58}$$

$$P^e=[P_{ui} \quad P_{vi} \quad M_i \quad P_{uj} \quad P_{vj} \quad M_j]^T \tag{5-59}$$

相应的刚度方程为：

$$K^e q^e=P^e \tag{5-60}$$

可以认为，考虑轴向变形的梁单元就是轴向变形杆和平面弯曲梁的组合，将杆单元刚度矩阵与纯弯梁单元刚度矩阵进行组合，可得到式(5-61)中的单元刚度矩阵，即：

$$K^e=\begin{bmatrix} \frac{EA}{l} & 0 & 0 & -\frac{EA}{l} & 0 & 0 \\ 0 & \frac{12EI}{l^3} & \frac{6EI}{l^2} & 0 & -\frac{12EI}{l^3} & \frac{6EI}{l^2} \\ 0 & \frac{6EI}{l^2} & \frac{4EI}{l} & 0 & -\frac{6EI}{l^2} & \frac{2EI}{l} \\ -\frac{EA}{l} & 0 & 0 & \frac{EA}{l} & 0 & 0 \\ 0 & -\frac{12EI}{l^3} & -\frac{6EI}{l^2} & 0 & \frac{12EI}{l^3} & -\frac{6EI}{l^2} \\ 0 & \frac{6EI}{l^2} & \frac{2EI}{l} & 0 & -\frac{6EI}{l^2} & \frac{4EI}{l} \end{bmatrix} \tag{5-61}$$

5.4.3　平面梁单元的坐标转换

图 5.10 所示为一整体坐标系中的平面梁单元，它有 2 个端节点，梁的长度为 l，弹性模量为 E，横截面的面积为 A，惯性矩为 I。

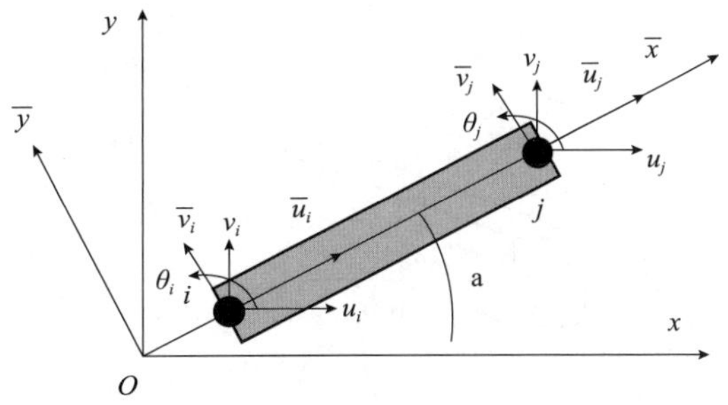

图 5.10　平面问题中梁单元的坐标变换

设局部坐标系下($\bar{O}\bar{x}\bar{y}$)的节点位移列阵为：

$$\bar{q}^e=[\bar{u}_i\bar{v}_i\bar{\theta}_i\bar{u}_j\bar{v}_j\bar{\theta}_j]^T \tag{5-62}$$

整体坐标系(Oxy)的节点位移阵列为：

$$q^e = [u_i \quad v_i \quad \theta_i \quad u_j \quad v_j \quad \theta_j]^T \tag{5-63}$$

转角 θ_i 和 θ_j 在两个坐标系中是相同的。按照两个坐标系中的位移向量等效的原则，可推导出以下变换关系：

$$\begin{aligned} \overline{u}_i &= u_i\cos\alpha + v_i\sin\alpha \\ \overline{v}_i &= -u_i\sin\alpha + v_i\cos\alpha \\ \overline{u}_j &= u_j\cos\alpha + v_j\sin\alpha \\ \overline{v}_j &= -u_j\sin\alpha + v_j\cos\alpha \end{aligned} \tag{5-64}$$

写成矩阵形式：

$$\underset{(6x1)}{\overline{q}^e} = \underset{(6x6)}{T^e} \cdot \underset{(6x1)}{q^e} \tag{5-65}$$

其中，T^e 为单元的坐标变换矩阵：

$$\underset{(6x6)}{T^e} = \begin{bmatrix} \cos\alpha & \sin\alpha & 0 & 0 & 0 & 0 \\ -\sin\alpha & \cos\alpha & 0 & 0 & 0 & 0 \\ 0 & 0 & 1 & 0 & 0 & 0 \\ 0 & 0 & 0 & \cos\alpha & \sin\alpha & 0 \\ 0 & 0 & 0 & -\sin\alpha & \cos\alpha & 0 \\ 0 & 0 & 0 & 0 & 0 & 1 \end{bmatrix} \tag{5-66}$$

梁单元在整体坐标系中的刚度方程为：

$$\underset{(6x6)}{\overline{K}^e} \cdot \underset{(6x1)}{q^e} = \underset{(6x1)}{P^e} \tag{5-67}$$

其中：

$$\underset{(6x6)}{K^e} = \underset{(6x6)}{T^{eT}} \cdot \underset{(6x6)}{\overline{K}^e} \cdot \underset{(6x6)}{T^e}$$

$$\underset{(6x1)}{P^e} = \underset{(6x6)}{T^{eT}} \cdot \underset{(6x1)}{\overline{P}^e}$$

5.5 空间梁单元

若杆件系统的截面主轴或作用载荷不在同一平面内，则属于空间杆件系统问题。一般情况下，梁单元每个节点的位移具有 6 个自由度，对应有 6 个节点力。如图 5.11 所示的空间梁单元，节点为 i 和 j，F_{ix} 和 F_{jx} 表示作用于节点 i 和 j 的轴向力；F_{iy}，F_{iz}，F_{jy}，F_{jz} 表示 y 和 z 方向的剪力；M_{ix}、M_{jx} 表示节点上的扭矩；M_{iy}，M_{iz}，M_{jy}，M_{jz} 表示绕 y 轴和 z 轴的弯矩。取右手坐标系，x 轴为单元轴线方向，而 y 轴和 z 轴为截面的主惯性轴。图中所示的节点力和位移的方向均取为正方向。通过与推导平面梁单元刚度矩阵类似的方法，可

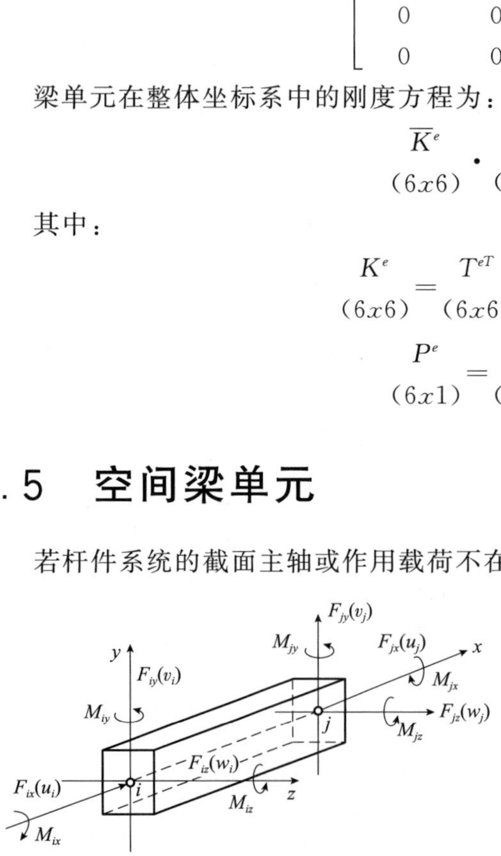

图 5.11　空间梁单元

以得到空间梁单元的刚度矩阵。

5.5.1　单元位移函数

图 5.11 所示的梁单元每个节点有沿 3 个坐标轴方向的线位移、绕 x 轴的扭转角及绕 y、z 轴的转角。每个节点位移向量为：

$$q_i=[u_i \quad v_i \quad w_i \quad \theta_{ix} \quad \theta_{iy} \quad \theta_{iz}]^T，q_j=[u_j \quad v_j \quad w_j \quad \theta_{jx} \quad \theta_{jy} \quad \theta_{jz}]^T$$

单元节点位移向量表示为：

$$q^e=[q_i^T \quad q_j^T]^T \tag{5-68}$$

相应节点力向量为：

$$P_i=[F_{ix} \quad F_{iy} \quad F_{iz} \quad M_{ix} \quad M_{iy} \quad M_{iz}]^T，P_j=[F_{jx} \quad F_{jy} \quad F_{jz} \quad M_{jx} \quad M_{jy} \quad M_{jz}]^T$$

总的单元节点力向量表示为：

$$P^e=[P_i^T \quad P_j^T]^T \tag{5-69}$$

与平面梁单元类似，空间梁单元的转角和挠度是相关的，因此空间梁单元有 4 个独立的位移，分别是轴向拉压变形产生的位移、绕轴线的扭转变形以及两个横向弯曲变形。轴向位移和扭转变形角位移的位移模式取线性函数，而横向弯曲变形的度曲线 v 和 w 则用三次多项式来表示。于是有：

$$\begin{bmatrix} u \\ v \\ w \\ \theta_x \end{bmatrix}=\begin{bmatrix} N_1 & 0 & 0 & 0 & 0 & 0 & N_2 & 0 & 0 & 0 & 0 & 0 \\ 0 & N_3 & 0 & 0 & 0 & N_5 & 0 & N_4 & 0 & 0 & 0 & N_6 \\ 0 & 0 & N_3 & 0 & N_5 & 0 & 0 & 0 & N_4 & 0 & N_6 & 0 \\ 0 & 0 & 0 & N_1 & 0 & 0 & 0 & 0 & 0 & N_2 & 0 & 0 \end{bmatrix}\begin{bmatrix} q_i \\ q_j \end{bmatrix}^e \tag{5-70}$$

式中，各插值函数的表达式为：

$$\begin{cases} N_1=1-\dfrac{x}{l} & N_2=\dfrac{x}{l} \\ N_3=1-\dfrac{3x^2}{l^2}+\dfrac{2x^3}{l^3} & N_4=\dfrac{3x^2}{l^2}-\dfrac{2x^3}{l^3} \\ N_5=\dfrac{3x^2}{l^2}-\dfrac{2x^3}{l^3} & N_6=-\dfrac{x^2}{l}+\dfrac{x^3}{l^2} \end{cases} \tag{5-71}$$

这样，单元内任意点的位移都可由单元的节点位移来表示。

5.5.2　单元应变、应力

不考虑剪切变形的影响，根据材料力学中的梁弯曲理论，梁单元受到拉压、扭转和弯曲变形后，梁的正应变可以分成三部分：拉压应变 ε_0、弯曲应变 ε_{by} 和 ε_{bz}，扭转剪应变为 γ，于是：

$$\varepsilon=\begin{bmatrix} \varepsilon_0 \\ \varepsilon_{by} \\ \varepsilon_{bz} \\ \gamma \end{bmatrix}=\begin{bmatrix} \varepsilon_0 \\ -y\dfrac{\partial^2 v}{\partial x^2} \\ -z\dfrac{\partial^2 v}{\partial x^2} \\ r\dfrac{\partial \theta}{\partial x} \end{bmatrix}=\begin{bmatrix} \dfrac{\partial}{\partial x} & 0 & 0 & 0 \\ 0 & -y\dfrac{\partial^2}{\partial x^2} & 0 & 0 \\ 0 & 0 & -z\dfrac{\partial^2}{\partial x^2} & 0 \\ 0 & 0 & 0 & r\dfrac{\partial}{\partial x} \end{bmatrix}Nq^* \tag{5-72}$$

式中，y 和 z 是横截面上点的坐标，r 是点到 x 轴的距离。考虑到材料力学杆件内力的定义，可得单元横截面上的轴向力、横向弯矩和扭矩分别为：

$$\begin{bmatrix} F_n \\ M_x \\ M_y \\ T \end{bmatrix} = \begin{bmatrix} EA & \dfrac{\partial u}{\partial x} \\ EI_x & \dfrac{\partial^2 u}{\partial x^2} \\ EI_y & \dfrac{\partial^2 w}{\partial x^2} \\ GJ_p & \dfrac{\partial \theta}{\partial x} \end{bmatrix} = DB$$

$$= \begin{bmatrix} N_1' & 0 & 0 & 0 & 0 & 0 & N_2' & 0 & 0 & 0 & 0 & 0 \\ 0 & N_3'' & 0 & 0 & 0 & N_5'' & 0 & N_4'' & 0 & 0 & 0 & N_6'' \\ 0 & 0 & N_3'' & 0 & N_5'' & 0 & 0 & 0 & N_4'' & 0 & N_6'' & 0 \\ 0 & 0 & 0 & N_1' & 0 & 0 & 0 & 0 & 0 & N_2' & 0 & 0 \end{bmatrix} \begin{bmatrix} q_i \\ q_j \end{bmatrix}^e = DBq^e \qquad (5-73)$$

式中，D 表示梁单元的弹性系数矩阵，可以写成：

$$D = \begin{bmatrix} EA & 0 & 0 & 0 \\ 0 & EI_z & 0 & 0 \\ 0 & 0 & EI_y & 0 \\ 0 & 0 & 0 & GJ_p \end{bmatrix} \qquad (5-74)$$

而 B 矩阵可表示成：

$$B = \begin{bmatrix} N_1' & 0 & 0 & 0 & 0 & 0 & N_2' & 0 & 0 & 0 & 0 & 0 \\ 0 & N_3'' & 0 & 0 & 0 & N_5'' & 0 & N_4'' & 0 & 0 & 0 & N_6'' \\ 0 & 0 & N_3'' & 0 & N_5'' & 0 & 0 & 0 & N_4'' & 0 & N_6'' & 0 \\ 0 & 0 & 0 & N_1' & 0 & 0 & 0 & 0 & 0 & N_2' & 0 & 0 \end{bmatrix} \qquad (5-75)$$

5.5.3 单元刚度矩阵

对于线弹性材料来说，空间弹性梁单元的变形能等于单元轴向拉压变形能、横向弯曲变形能，以及扭转变形能的叠加，考虑到单元横截面内力的计算公式(5－73)，可得到空间梁单元的变形能公式为：

$$\begin{aligned} U &= \int_l \frac{1}{2}EA\left(\frac{\partial u}{\partial x}\right)^2 \mathrm{d}x + \int_l \frac{1}{2}EI_z\left(\frac{\partial^2 u}{\partial x^2}\right)^2 \mathrm{d}x + \int_l \frac{1}{2}EI_g\left(\frac{\partial^2 w}{\partial x^2}\right)^2 \mathrm{d}x + \int_l \frac{1}{2}GJ_p\left(\frac{\partial \theta}{\partial x}\right)^2 \mathrm{d}x \\ &= \int_l \frac{1}{2EA}(F_n)^2 \mathrm{d}x + \int_l \frac{1}{2EI_z}(M_z)^2 \mathrm{d}x + \int_l \frac{1}{2EI_g}(M_g)^2 \mathrm{d}x + \int_l \frac{1}{2GI_p}(T)^2 \mathrm{d}x \\ &= \frac{1}{2}\int_l [F_n \quad M_z \quad M_y \quad T] \begin{bmatrix} \dfrac{1}{EA} & 0 & 0 & 0 \\ 0 & \dfrac{1}{2EI_z} & 0 & 0 \\ 0 & 0 & \dfrac{1}{2EI_y} & 0 \\ 0 & 0 & 0 & \dfrac{1}{2GJ_g} \end{bmatrix} \begin{bmatrix} F_n \\ M_z \\ M_y \\ T \end{bmatrix} \mathrm{d}x \\ &= \frac{1}{2}\int_l (DBq^e)^T D^{-1} (DBq^e) \mathrm{d}x = \frac{1}{2}(q^e)^T \left(\int_l B^T DB \,\mathrm{d}x\right) q^e \end{aligned}$$

(5－76)

因此，该空间梁单元的刚度矩阵为：

$$K^e = \int_l B^T DB\,\mathrm{d}x \tag{5-77}$$

将式(5－74)和式(5－75)代入式(5－77)，经过运算后，得

$$K^e = \begin{bmatrix} \frac{EA}{l} & 0 & 0 & 0 & 0 & 0 & 0 & 0 & 0 & 0 & 0 & 0 \\ 0 & \frac{12EI_z}{l^3} & 0 & 0 & 0 & 0 & 0 & 0 & 0 & 0 & 0 & 0 \\ 0 & 0 & \frac{12EI_y}{l^3} & 0 & 0 & 0 & 0 & 0 & 0 & 0 & 0 & 0 \\ 0 & 0 & 0 & \frac{GJ_p}{l} & 0 & 0 & 0 & 0 & 0 & 0 & 0 & 0 \\ 0 & 0 & \frac{6EI_y}{l^2} & 0 & \frac{4EI_y}{l} & 0 & 0 & 0 & 0 & 0 & 0 & 0 \\ 0 & \frac{6EI_z}{l^2} & 0 & 0 & 0 & \frac{4EI_z}{l} & 0 & 0 & 0 & 0 & 0 & 0 \\ -\frac{EA}{l} & 0 & 0 & 0 & 0 & 0 & \frac{EA}{l} & 0 & 0 & 0 & 0 & 0 \\ 0 & -\frac{12EI_z}{l^3} & 0 & 0 & 0 & 0 & 0 & \frac{12EI_z}{l^3} & 0 & 0 & 0 & 0 \\ 0 & 0 & -\frac{12EI_y}{l^3} & 0 & 0 & 0 & 0 & 0 & \frac{12EI_y}{l^3} & 0 & 0 & 0 \\ 0 & 0 & 0 & -\frac{GJ_p}{l} & 0 & 0 & 0 & 0 & 0 & \frac{GJ_p}{l} & 0 & 0 \\ 0 & 0 & \frac{6EI_y}{l^2} & 0 & \frac{2EI_y}{l^2} & 0 & 0 & 0 & -\frac{6EI_y}{l^2} & 0 & \frac{4EI_y}{l} & 0 \\ 0 & \frac{6EI_z}{l^2} & 0 & 0 & 0 & \frac{2EI_z}{l} & 0 & -\frac{6EI_z}{l^2} & 0 & 0 & 0 & \frac{4EI_z}{l} \end{bmatrix} \tag{5-78}$$

式中，$I_y = \int_A z^2\mathrm{d}A$ 和 $I_z = \int_A y^2\mathrm{d}A$ 是梁单元截面对 y 和 z 轴的主惯性矩，$J_p = \int_A r^2\mathrm{d}A$ 是横截面对中心线轴的极惯性矩。

式(5－78)给出的是空间情况下梁单元的刚度计算公式，它是梁单元有限元方程的一般形式，其刚度矩阵同样具有对称性、奇异性和主对角元素大于零的特性。

考虑剪切变形的影响时，根据结构的特点对梁单元的刚度矩阵进行修正。以具有 6 个自由度的一般梁单元为例，考虑剪切修正后的刚度矩阵如下：

$$K^e = \begin{bmatrix} \frac{EA}{l} & 0 & 0 & -\frac{EA}{l} & 0 & 0 \\ 0 & \frac{12EI}{l^3(1+\phi)} & \frac{6EI}{l^2(1+\phi)} & 0 & -\frac{12EI}{l^3(1+\phi)} & -\frac{6EI}{l^2(1+\phi)} \\ 0 & \frac{6EI}{l^2(1+\phi)} & \frac{(4+\phi)EI}{l(1+\phi)} & 0 & \frac{6EI}{l^2(1+\phi)} & \frac{(2-\phi)EI}{l(1+\phi)} \\ -\frac{EA}{l} & 0 & 0 & \frac{EA}{l} & 0 & 0 \\ 0 & -\frac{12EI}{l^3(1+\phi)} & -\frac{6EI}{l^2(1+\phi)} & 0 & \frac{12EI}{l^3(1+\phi)} & -\frac{6EI}{l^2(1+\phi)} \\ 0 & \frac{6EI}{l^2(1+\phi)} & \frac{(2-\phi)EI}{i(1+\phi)} & 0 & -\frac{6EI}{l^2(1+\phi)} & \frac{(4-\phi)EI}{l(1+\phi)} \end{bmatrix} \tag{5-79}$$

式中，$\phi=\frac{12EI}{GA}$，G 为剪切影响系数，A 为杆件的有效抗剪面积。

5.5.4 坐标转换

空间梁单元坐标转换的原理和方法与平面梁单元的坐标变换相同，分别写出两个坐标系中的位移向量的等效关系则可得到坐标变换矩阵，将整体坐标系中空间梁单元的节点位移列阵记为：

$$\underset{(12\times1)}{q^e}=[u_1 \quad v_1 \quad w_1 \quad \theta_{x1} \quad \theta_{y1} \quad \theta_{z1} \quad u_2 \quad v_2 \quad w_2 \quad \theta_{x2} \quad \theta_{y2} \quad \theta_{z2}]^T \tag{5-80}$$

局部坐标系中的节点位移阵列记为：

$$\underset{(12\times1)}{\overline{q}^e}=[\overline{u}_1 \quad \overline{v}_1 \quad \overline{w}_1 \quad \overline{\theta}_{x1} \quad \overline{\theta}_{y1} \quad \overline{u}_{z1} \quad \overline{u}_2 \quad \overline{v}_2 \quad \overline{w}_2 \quad \overline{\theta}_{x2} \quad \overline{\theta}_{y2} \quad \overline{\theta}_{z2}]^T \tag{5-81}$$

推导两个坐标系的转换关系，对于节点 1，有

$$\begin{Bmatrix}\overline{u}_1\\ \overline{v}_1\\ \overline{w}_1\end{Bmatrix}=\begin{bmatrix}u_1\cos(\overline{x},\ x)+v_1\cos(\overline{x},\ y)+w_1\cos(\overline{x},\ z)\\ u_1\cos(\overline{y},\ x)+v_1\cos(\overline{y},\ y)+w_1\cos(\overline{y},\ z)\\ u_1\cos(\overline{z},\ x)+v_1\cos(\overline{z},\ y)+w_1\cos(\overline{z},\ z)\end{bmatrix}=\underset{(3\times3)}{\lambda}\cdot\begin{Bmatrix}u_1\\ v_1\\ w_1\end{Bmatrix} \tag{5-82}$$

$$\begin{Bmatrix}\overline{\theta}_{x1}\\ \overline{\theta}_{y1}\\ \overline{\theta}_{z1}\end{Bmatrix}=\begin{bmatrix}\theta_{x1}\cos(\overline{x},\ x)+\theta_{y1}\cos(\overline{x},\ y)+\theta_{z1}\cos(\overline{x},\ z)\\ \theta_{x1}\cos(\overline{y},\ x)+\theta_{y1}\cos(\overline{y},\ y)+\theta_{z1}\cos(\overline{y},\ z)\\ \theta_{x1}\cos(\overline{z},\ \overline{x})+\theta_{y1}\cos(\overline{z},\ \overline{y})+\theta_{z1}\cos(\overline{z},\ z)\end{bmatrix}=\underset{(3\times3)}{\lambda}\cdot\begin{Bmatrix}\theta_{x1}\\ \theta_{y1}\\ \theta_{z1}\end{Bmatrix} \tag{5-83}$$

同样，对于节点 2 有以下转换关系

$$\begin{Bmatrix}\overline{u}_2\\ \overline{v}_2\\ \overline{w}_2\end{Bmatrix}=\underset{(3\times3)}{\lambda}\cdot\begin{Bmatrix}u_2\\ v_2\\ w_2\end{Bmatrix} \tag{5-84}$$

$$\begin{Bmatrix}\overline{\theta}_{x2}\\ \overline{\theta}_{y2}\\ \overline{\theta}_{z2}\end{Bmatrix}=\underset{(3\times3)}{\lambda}\cdot\begin{Bmatrix}\theta_{x2}\\ \theta_{y2}\\ \theta_{z2}\end{Bmatrix} \tag{5-85}$$

式(5-85)中，λ 为节点坐标变换矩阵：

$$\lambda_{(3\times3)}=\begin{bmatrix}\cos(\overline{x},\ x) & \cos(\overline{x},\ y) & \cos(\overline{x},\ z)\\ \cos(\overline{y},\ x) & \cos(\overline{y},\ y) & \cos(\overline{y},\ z)\\ \cos(\overline{z},\ x) & \cos(\overline{z},\ y) & \cos(\overline{z},\ z)\end{bmatrix} \tag{5-86}$$

式(5-86)各元素分别表示局部坐标轴($\overline{x}$，$\overline{y}$，$\overline{z}$)对整体坐标轴(x，y，z)的方向余弦。

$$\underset{(12\times1)}{\overline{q}^e}=\underset{(12\times12)}{T^e}\cdot\underset{(12\times1)}{q^e} \tag{5-87}$$

其中 T^e 为坐标变换矩阵：

$$\underset{(12\times12)}{T^e}=\begin{bmatrix}\underset{(3\times3)}{\lambda} & \underset{(3\times3)}{0} & \underset{(3\times3)}{0} & \underset{(3\times3)}{0}\\ \underset{(3\times3)}{0} & \underset{(3\times3)}{\lambda} & \underset{(3\times3)}{0} & \underset{(3\times3)}{0}\\ \underset{(3\times3)}{0} & \underset{(3\times3)}{0} & \underset{(3\times3)}{\lambda} & \underset{(3\times3)}{0}\\ \underset{(3\times3)}{0} & \underset{(3\times3)}{0} & \underset{(3\times3)}{0} & \underset{(3\times3)}{\lambda}\end{bmatrix} \tag{5-88}$$

有了坐标变换矩阵，可写出整体坐标系下的刚度矩阵和刚度方程。

5.6　典型例题

例题 5-1　如图 5.12 所示，已知某变截面薄钢板，均匀板厚为 25mm，材料的杨氏模量 $E=200\text{GPa}$，密度 $\rho=7850\text{kg/m}^3$，考虑重力作用，中间受到一个集中力作用 $P=100\text{N}$，求解其位移和应力情况。

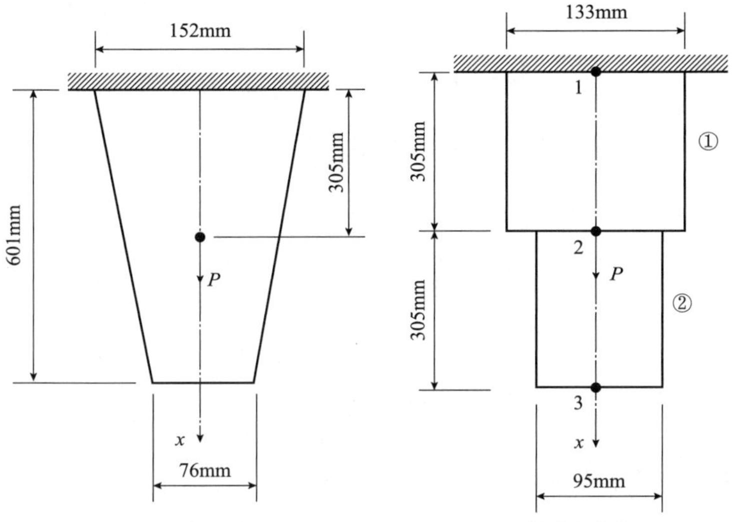

图 5.12　例题 5-1 图

解：(1)结构离散化。

这是一个变截面杆，建立如图所示坐标系，利用 2 个单元进行分析，即两个长度为 305mm 的单元来建立模型，单元①平均长度为 $L_1=\dfrac{(152+114)}{2}=133\text{mm}$，单元②的平均长度为 $L_2=\dfrac{(114+76)}{2}=95\text{mm}$，有限元模型如图 5.12(b)所示，坐标方向、节点和单元编号如图所示，边界条件为节点 1 的 x 向位移为 0。计算时转为国际单位制。

(2)计算单元刚度矩阵。

分别写出两个杆单元的刚度矩阵为：

$$K^1=\frac{200\times10^9\times0.133\times0.025}{0.305}\begin{bmatrix}1 & -1\\ -1 & 1\end{bmatrix}$$

$$K^2=\frac{200\times10^9\times0.095\times0.025}{0.305}\begin{bmatrix}1 & -1\\ -1 & 1\end{bmatrix}$$

(3)计算整体刚度矩阵及整体节点载荷列阵。

整体刚度矩阵 K 由两个单元刚度矩阵合成：

$$K=K^1+K^2=\frac{200\times10^9\times0.133\times0.025}{0.305}\begin{bmatrix}1 & -1 & 0\\ -1 & 1 & 0\\ 0 & 0 & 0\end{bmatrix}+\frac{200\times10^9\times0.095\times0.025}{0.305}\begin{bmatrix}0 & 0 & 0\\ 0 & 1 & -1\\ 0 & -1 & 1\end{bmatrix}$$

$$=\frac{200\times10^9\times0.025}{0.305}\begin{bmatrix}0.133 & -0.133 & 0\\ -0.133 & 0.133+0.095 & -0.095\\ 0 & -0.095 & 0.095\end{bmatrix}$$

单元的体积力载荷列阵：

$$f^1=\frac{0.133\times0.305\times0.025\times7850\times9.8}{2}\begin{bmatrix}1\\1\end{bmatrix}$$

$$f^2=\frac{0.095\times0.305\times0.025\times7850\times9.8}{2}\begin{bmatrix}1\\1\end{bmatrix}$$

整体载荷列阵：

$$P=f^1+f^2+P=\frac{0.133\times0.305\times0.025\times7850\times9.8}{2}\begin{bmatrix}1\\1\\0\end{bmatrix}$$

$$+\frac{0.095\times0.305\times0.025\times7850\times9.8}{2}\begin{bmatrix}0\\1\\1\end{bmatrix}+100\begin{bmatrix}0\\1\\0\end{bmatrix}$$

$$=\begin{bmatrix}39\\39+28+100\\28\end{bmatrix}=\begin{bmatrix}39\\167\\28\end{bmatrix}$$

(4)整体平衡方程及边界条件处理：

$$Kq=P$$

$$\frac{200\times10^9\times0.025}{0.305}\begin{bmatrix}0.133 & -0.133 & 0\\ -0.133 & 0.133+0.095 & -0.095\\ 0 & -0.095 & 0.095\end{bmatrix}\begin{Bmatrix}u_1\\u_2\\u_3\end{Bmatrix}=\begin{Bmatrix}39\\167\\28\end{Bmatrix}$$

边界条件 $u_1=0$，采用划行划列法，将其对应的第一行和第一列划掉

$$\frac{200\times10^9\times0.025}{0.305}\begin{bmatrix}0.228 & -0.095\\ -0.095 & 0.095\end{bmatrix}\begin{Bmatrix}u_2\\u_3\end{Bmatrix}=\begin{Bmatrix}167\\28\end{Bmatrix}$$

求解得到：

$$\begin{Bmatrix}u_2\\u_3\end{Bmatrix}=\begin{Bmatrix}0.893\times10^{-7}\,\text{m}\\1.072\times10^{-7}\,\text{m}\end{Bmatrix}$$

(5)其他物理量的计算。

单元①的应力：

$$\sigma^1=200\times10^9\times\frac{1}{0.305}\times[-1\quad 1]\begin{Bmatrix}0\\0.893\times10^{-7}\end{Bmatrix}=58567\text{Pa}$$

单元②的应力：

$$\sigma^2=200\times10^9\times\frac{1}{0.305}\times[-1\quad 1]\begin{Bmatrix}0.893\times10^{-7}\\1.072\times10^{-7}\end{Bmatrix}=11732\text{Pa}$$

例题 5-2 已知平面桁架结构，尺寸如图 5.13 所示，截面积 $A=100\text{mm}^2$，弹性模量 2e5MPa，试求解该结构的节点位移、单元应力和约束反力。

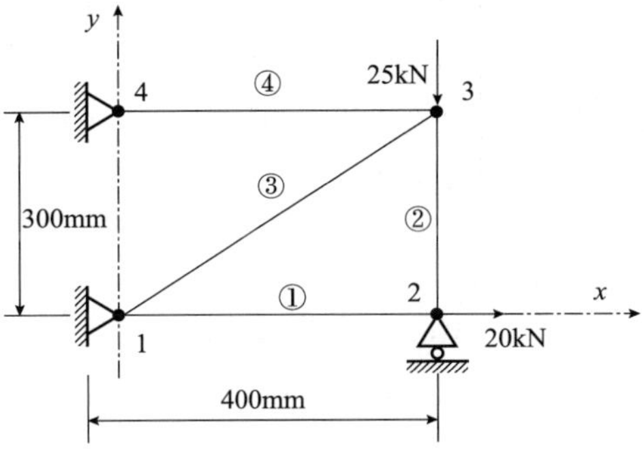

图 5.13　例题 5－2 图

解：

(1)结构离散化。

对该结构进行自然离散，节点编号和单元编号如图 5.13 所示，各节点坐标如下：1(0，0)，2(400，0)，3(400，300)，4(0，300)。各单元的节点组成及信息如表 5.2 所示。

表 5.2　单元节点信息及方向余弦

单元编号	节点组成	长度/mm	夹角/(°)	x 方向余弦	y 方向余弦
	1—2				
①	1—2	400	0	1	0
②	3—2	300	270	0	−1
③	1—3	500	37	0.8	0.6
④	4—3	400	0	1	0

整体节点位移列阵：$q=\{u_1 v_1 u_2 v_2 u_3 v_3 u_4 v_4\}^T$

整体节点载荷列阵：$P=R+F=\{R_{x1} R_{y1} 20000 R_{y2} 0 -25000 R_{x4} R_{y4}\}^T$

其中：(R_{x1}, R_{y1})为节点 1 处沿 x 和 y 方向的支反力；R_{y2} 为节点 2 处沿 y 方向的支反力；(R_{x4}, R_{y4})为节点 4 处沿 x 和 y 方向的支反力。

(2)计算各个单元刚度矩阵。

由于包括斜杆，必须在总体坐标系下对节点位移进行表达，即单元刚度矩阵也要进行变换，利用公式(5－27a)，各单元在整体坐标系下刚度矩阵如下：

$$K^1=\frac{2\times10^5\times100}{400}\begin{bmatrix}1&0&-1&0\\0&0&0&0\\-1&0&1&0\\0&0&0&0\end{bmatrix}$$

$$K^2=\frac{2\times10^5\times100}{300}\begin{bmatrix}0&0&0&0\\0&1&0&-1\\0&0&0&0\\0&-1&0&1\end{bmatrix}$$

$$K^3=\frac{2\times10^5\times100}{500}\begin{bmatrix}0.64 & 0.48 & -0.64 & -0.48\\0.48 & 0.36 & -0.48 & -0.36\\-0.64 & -0.48 & 0.64 & 0.48\\0.48 & -0.36 & 0.48 & 0.36\end{bmatrix}$$

$$K^4=\frac{2\times10^5\times100}{400}\begin{bmatrix}1 & 0 & -1 & 0\\0 & 0 & 0 & 0\\-1 & 0 & 1 & 0\\0 & 0 & 0 & 0\end{bmatrix}$$

(3)形成总体刚度矩阵 K。

将所得到的各个单元刚度矩阵按节点编号进行组装，可以形成整体刚度矩阵，同时将所有节点载荷也进行组装。

刚度矩阵：$K=K^{(1)}+K^{(2)}+K^{(3)}+K^{(4)}$，根据整体编号，对号入座原则，合成整体刚度矩阵如下：

$$K=\frac{2\times10^5\times100}{6000}\begin{bmatrix}22.68 & 5.76 & -15 & 0 & -7.68 & -5.76 & 0 & 0\\5.76 & 4.32 & 0 & 0 & -5.76 & -4.32 & 0 & 0\\-15 & 0 & -15 & 0 & 0 & 0 & 0 & 0\\0 & 0 & 0 & 20 & 0 & 20 & 0 & 0\\-7.68 & -5.76 & 0 & 0 & 22.68 & 5.76 & -15 & 0\\-5.76 & -4.32 & 0 & -20 & 5.76 & 24.32 & 0 & 0\\0 & 0 & 0 & 0 & -15.0 & 0 & -15.0 & 0\\0 & 0 & 0 & 0 & 0 & 0 & 0 & 0\end{bmatrix}$$

(4)建立整体平衡方程：

$$K_q=\frac{2\times10^5\times100}{6000}\begin{bmatrix}22.68 & 5.76 & -15 & 0 & -7.68 & -5.76 & 0 & 0\\5.76 & 4.32 & 0 & 0 & -5.76 & -4.32 & 0 & 0\\-15 & 0 & -15 & 0 & 0 & 0 & 0 & 0\\0 & 0 & 0 & 20 & 0 & 20 & 0 & 0\\-7.68 & -5.76 & 0 & 0 & 22.68 & 5.76 & -15 & 0\\-5.76 & -4.32 & 0 & -20 & 5.76 & 24.32 & 0 & 0\\0 & 0 & 0 & 0 & -15.0 & 0 & -15.0 & 0\\0 & 0 & 0 & 0 & 0 & 0 & 0 & 0\end{bmatrix}\begin{Bmatrix}u_1\\v_1\\u_2\\v_2\\u_3\\v_3\\u_4\\v_4\end{Bmatrix}=\begin{Bmatrix}R_{x1}\\R_{y1}\\2\times10^4\\R_{y2}\\0\\-2.5\times10^4\\R_{x4}\\R_{y4}\end{Bmatrix}$$

(5)处理边界条件。

边界条件为：$u_1=v_1=v_2=u_4=v_4=0$，将所对应的第 1、2、4、7、8 行与列划掉，经简化后得到：

$$\frac{2\times10^5\times100}{6000}\begin{bmatrix}15 & 0 & 0\\0 & 22.68 & 5.76\\0 & 5.76 & 24.32\end{bmatrix}\begin{Bmatrix}u_2\\u_3\\v_3\end{Bmatrix}=\begin{Bmatrix}2\times10^4\\0\\-2.5\times10^4\end{Bmatrix}$$

求解该方程有：

$$\begin{Bmatrix}u_2\\u_3\\v_3\end{Bmatrix}=\begin{Bmatrix}0.4\\0.083\\-0.328\end{Bmatrix}\text{mm}$$

则所有节点位移为：$q=\{0\quad 0\quad 0.4\quad 0\quad 0.083\quad -0.328\quad 0\quad 0\}^T$

(6)计算反力。

需要确定节点1与节点4的固定铰链支座的 x、y 两个方向的约束反力及节点2处滑动支座 y 方向约束反力，对应1、2、4、7、8自由度方向上的力，将节点位移的结果代入整体刚度方程，即可求出。在代入过程中，为了方便，也可以简化 K 矩阵，只需要保留与前述自由度相对应的各行即可。

$$\begin{bmatrix} 22.68 & 5.76 & -15 & 0 & -7.68 & -5.76 & 0 & 0 \\ 5.76 & 4.32 & 0 & 0 & -5.76 & -4.32 & 0 & 0 \\ -15 & 0 & -15 & 0 & 0 & 0 & 0 & 0 \\ 0 & 0 & 0 & 20 & 0 & 20 & 0 & 0 \\ -7.68 & -5.76 & 0 & 0 & 22.68 & 5.76 & -15 & 0 \\ -5.76 & -4.32 & 0 & -20 & 5.76 & 24.32 & 0 & 0 \\ 0 & 0 & 0 & 0 & -15.0 & 0 & -15.0 & 0 \\ 0 & 0 & 0 & 0 & 0 & 0 & 0 & 0 \end{bmatrix} \begin{Bmatrix} 0 \\ 0 \\ 0.4 \\ 0 \\ 0.083 \\ -0.328 \\ 0 \\ 0 \end{Bmatrix} = \begin{Bmatrix} R_{x1} \\ R_{y1} \\ 2\times 10^4 \\ R_{y2} \\ 0 \\ -2.5\times 10^4 \\ R_{x4} \\ R_{y4} \end{Bmatrix}$$

求得：

$$\begin{Bmatrix} R_{x1} \\ R_{y1} \\ R_{y2} \\ R_{x4} \\ R_{y4} \end{Bmatrix} = \begin{Bmatrix} -23354 \\ 4611 \\ 32139 \\ -6146 \\ 0 \end{Bmatrix} \text{N}$$

例题 5-3 悬臂梁如图5.14所示，梁的长度为1m，在中间及自由端位置受到集中力作用，大小为10kN，材料弹性模量 $E=210\text{GPa}$，横截面为矩形，截面高度为100mm，宽度为50mm，分别求解：

(1)结构整体刚度矩阵；

(2)梁自由端的挠度和转角。

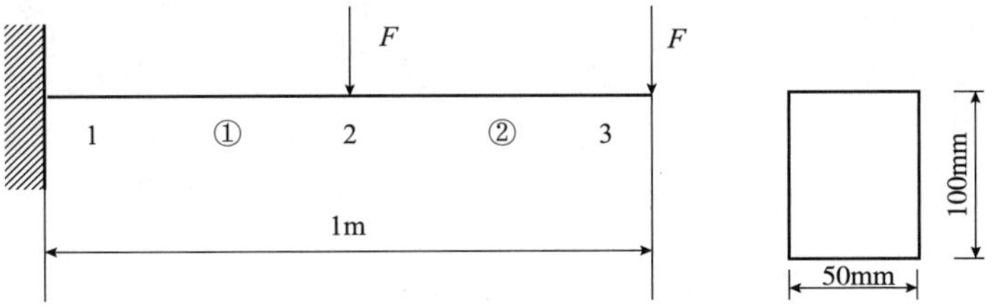

图5.14 承受集中载荷悬臂梁

解：(1)几何离散化。

将该梁离散为两个单元①与②，单元及节点编号如图所示，其组成信息表如下所示。

单元编码	节点组成	
	1	2
①	1	2
②	2	3

整体节点位移向量：$q=\{w_1 \quad \theta_1 \quad w_2 \quad \theta_2 \quad w_3 \quad \theta_3\}^T$

整体节点载荷向量：$P=R+F\{R_{v1} \quad R_{\theta 1} \quad F_{v2} \quad M_{\theta 2} \quad F_{v3} \quad M_{\theta 3}\}^T$

其中，R 表示支座约束反力，F、M 为所施加外载的等效节点载荷。

(2)计算两个单元的刚度矩阵。

因为两个单元长度一样，均为 0.5m，所以单元刚度矩阵一致。表示为：

$$K^1=K^2=\frac{EI}{L_1{}^3}\begin{bmatrix} 12 & 6L_1 & -12 & 6L_1 \\ 6L_1 & 4L_1{}^2 & -6L_1 & 2L_1{}^2 \\ -12 & -6L_1 & 12 & -6L_1 \\ 6L_1 & 2L_1{}^2 & -6L_1 & 4L_1{}^2 \end{bmatrix}=10^{-6}\begin{bmatrix} 84 & 210 & -84 & 210 \\ 210 & 700 & -210 & 350 \\ -84 & -210 & 84 & -210 \\ 210 & 350 & -210 & 700 \end{bmatrix}$$

两个单元的载荷向量：

$$P^1=\begin{Bmatrix} F_1 \\ M_1 \\ F_2 \\ M_2 \end{Bmatrix}=\begin{Bmatrix} F_1 \\ 0 \\ F_2^1 \\ 0 \end{Bmatrix} \quad P^2=\begin{Bmatrix} F_2 \\ M_2 \\ F_3 \\ M_3 \end{Bmatrix}=\begin{Bmatrix} F_2^2 \\ 0 \\ -10000 \\ 0 \end{Bmatrix}$$

因此，整体等效节点载荷向量：

$$P=R+F\{R_{v1} \quad R_{\theta 1} \quad -10000 \quad 0 \quad -10000 \quad 0\}^T$$

(3)建立整体平衡方程：

$$K=K^1+K^2=10^6\begin{bmatrix} 84 & 210 & -84 & 210 & 0 & 0 \\ 210 & 700 & -210 & 350 & 0 & 0 \\ -84 & -210 & 84 & -210 & 0 & 0 \\ 210 & 350 & -210 & 700 & 0 & 0 \\ 0 & 0 & 0 & 0 & 0 & 0 \\ 0 & 0 & 0 & 0 & 0 & 0 \end{bmatrix}+10^6\begin{bmatrix} 0 & 0 & 0 & 0 & 0 & 0 \\ 0 & 0 & 0 & 0 & 0 & 0 \\ 0 & 0 & 84 & 210 & -84 & 210 \\ 0 & 0 & 210 & 700 & -210 & 350 \\ 0 & 0 & -84 & -210 & 84 & -210 \\ 0 & 0 & 210 & 350 & -210 & 700 \end{bmatrix}$$

$$=10^6\begin{bmatrix} 84 & 210 & -84 & 210 & 0 & 0 \\ 210 & 700 & -210 & 350 & 0 & 0 \\ -84 & -210 & 84+84 & -210+210 & -84 & 210 \\ 210 & 350 & -210+210 & 700+700 & -210 & 350 \\ 0 & 0 & -84 & -210 & 84 & -210 \\ 0 & 0 & 210 & 350 & -210 & 700 \end{bmatrix}$$

$$K_q=10^6\begin{bmatrix} 84 & 210 & -84 & 210 & 0 & 0 \\ 210 & 700 & -210 & 350 & 0 & 0 \\ -84 & -210 & 84+84 & -210+210 & -84 & 210 \\ 210 & 350 & -210+210 & 700+700 & -210 & 350 \\ 0 & 0 & -84 & -210 & 84 & -210 \\ 0 & 0 & 210 & 350 & -210 & 700 \end{bmatrix}\begin{Bmatrix} w_1 \\ \theta_1 \\ w_2 \\ \theta_2 \\ w_3 \\ \theta_3 \end{Bmatrix}=\begin{Bmatrix} R_{v1} \\ R_{\theta 1} \\ -10000 \\ 0 \\ -10000 \\ 0 \end{Bmatrix}$$

(4)边界条件处理。

将固定端边界条件引入，$w_1=\theta_1=0$，采用划行划列法，将对应的第一、二行与第一、二列划去，得到新的平衡方程。

$$K_q=10^6\begin{bmatrix}84+84 & 210-210 & -84 & 210\\ 210-210 & 700+700 & -210 & 350\\ -84 & -210 & 84 & -210\\ 210 & 350 & -210 & 700\end{bmatrix}\begin{Bmatrix}w_2\\ \theta_2\\ w_3\\ \theta_3\end{Bmatrix}=\begin{Bmatrix}-10000\\ 0\\ -10000\\ 0\end{Bmatrix}$$

(5)结果求解：

$$q=\{-0.0017-0.0057-0.005-0.0071\}^T$$

例题 5-4　有一个连续平面外伸简支梁，截面惯性矩 $I=4\times10^{-6}\,\text{m}^4$，如图 5.15 所示，梁的弹性模量 $E=200\text{GPa}$，承受的均布荷载 $P_0=25000\text{N/m}$。试确定节点 3 的竖向位移、节点 2 和节点 3 的转角，并计算节点 1 和节点 2 的反力。

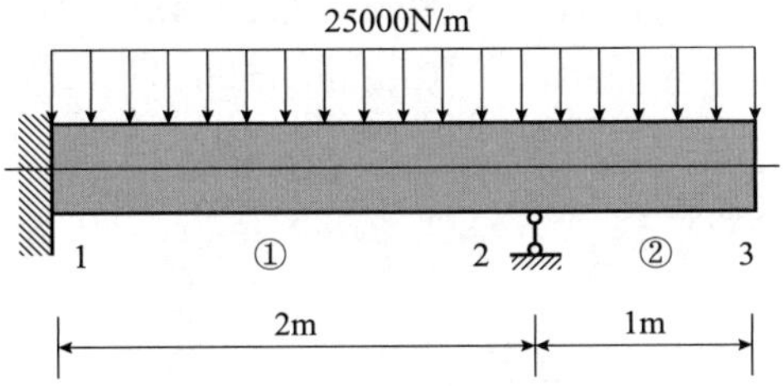

图 5.15　例题 5-4 题图

解：

(1)由于该梁有一个滚动支撑，在该处设置 1 个节点，因此采用两个梁单元，共有 3 个节点，其单元组成信息表如下：

单元编码	节点组成	
	1	2
①	1	2
②	2	3

则该结构的整体节点位移列阵：$q=\{w_1\ \theta_1\ w_2\ \theta_2\ w_3\ \theta_3\}^T$

整体等效节点载荷列阵为：

$$\begin{aligned}P&=\{P_{v1}\quad P_{\theta1}\quad P_{v2}\quad P_{\theta2}\quad P_{v3}\quad P_{\theta3}\}^T\\&=\{R_{v1}+F_{v1}\quad R_{\theta1}+M_{\theta1}\quad R_{v2}+F_{v2}\quad M_{\theta2}\quad F_{v3}\quad M_{\theta3}\}^T\end{aligned}$$

由于梁上作用有均布载荷，需要将均布载荷先等效到节点上去，F、M 为施加外载的等效节点载荷，R 为支座约束反力。

(2)计算单元刚度矩阵。

由前面给出的梁的单元刚度矩阵计算公式，代入单元的属性值，有：

$$K^1=\frac{EI}{L_1{}^3}\begin{bmatrix}12 & 6L_1 & -12 & 6L_1\\ 6L_1 & 4L_1{}^2 & -6L_1 & 2L_1{}^2\\ -12 & -6L_1 & 12 & -6L_1\\ 6L_1 & 2L_1{}^2 & -6L_1 & 4L_1{}^2\end{bmatrix}=\frac{200\times10^9\times4\times10^{-6}}{2^3}\begin{bmatrix}12 & 12 & -12 & 12\\ 12 & 16 & -12 & 8\\ -12 & -12 & 12 & -12\\ 12 & 8 & -12 & 16\end{bmatrix}$$

$$K^2=\frac{EI}{L_2{}^3}\begin{bmatrix}12 & 6L_2 & -12 & 6L_2\\ 6L_2 & 4L_2{}^2 & -6L_2 & 2L_2{}^2\\ -12 & -6L_2 & 12 & -6L_2\\ 6L_2 & 2L_2{}^2 & -6L_2 & 4L_2{}^2\end{bmatrix}=200\times10^9\times4\times10^{-6}\begin{bmatrix}12 & 6 & -12 & 6\\ 6 & 4 & -6 & 2\\ -12 & -6 & 12 & -6\\ 6 & 2 & -6 & 4\end{bmatrix}$$

(3)计算总刚度矩阵 $K=K^1+K^2$，有：

$$K=K^1+K^2=$$

$$=\frac{200\times10^9\times4\times10^{-6}}{2^3}\begin{bmatrix}12 & 12 & -12 & 12 & 0 & 0\\ 12 & 16 & -12 & 8 & 0 & 0\\ -12 & -12 & 12+96 & -12+48 & -96 & 48\\ 12 & 8 & -12+48 & 16+32 & -48 & 16\\ 0 & 0 & -96 & -48 & 96 & -48\\ 0 & 0 & 48 & 16 & -48 & 32\end{bmatrix}$$

计算等效节点载荷及总载荷：

$$F^1=\begin{Bmatrix}\dfrac{q_0L_1}{2}\\ \dfrac{q_0L_1{}^2}{12}\\ \dfrac{q_0L_1}{2}\\ -\dfrac{q_0L_1{}^2}{12}\end{Bmatrix}=\begin{Bmatrix}-25000\\ -8333\\ -25000\\ 8333\end{Bmatrix}\quad F^2=\begin{Bmatrix}\dfrac{q_0L_1}{2}\\ \dfrac{q_0L_1{}^2}{12}\\ \dfrac{q_0L_1}{2}\\ -\dfrac{q_0L_1{}^2}{12}\end{Bmatrix}=\begin{Bmatrix}-12500\\ -2083\\ -12500\\ 2083\end{Bmatrix}$$

根据上述两个单元节点载荷列阵，形成总体节点载荷列阵 F 有：

$$F=F^1+F^2=\begin{Bmatrix}-25000\\ -8333\\ -25000-12500\\ 8333-2083\\ -12500\\ 2083\end{Bmatrix}=\begin{Bmatrix}-25000\\ -8333\\ -37500\\ 6250\\ -12500\\ 2083\end{Bmatrix}$$

(4)整体平衡方程。

该结构的整体平衡方程 $K_q=F$。位移边界条件：在节点 1 处有 $w_1=0$、$\theta_1=0$，在节点 2 处有 $w_2=0$。将其引入整体平衡方程中，即将对应的第 1、2 及第 3 行与列消掉，得到：

$$\frac{200\times10^9\times4\times10^{-6}}{2^3}\begin{bmatrix}12 & 12 & -12 & 12 & 0 & 0\\ 12 & 16 & -12 & 8 & 0 & 0\\ -12 & -12 & 12+96 & -12+48 & -96 & 48\\ 12 & 8 & -12+48 & 16+32 & -48 & 16\\ 0 & 0 & -96 & -48 & 96 & -48\\ 0 & 0 & 48 & 16 & -48 & 32\end{bmatrix}\begin{Bmatrix}w_1\\ \theta_1\\ w_2\\ \theta_2\\ w_3\\ \theta_3\end{Bmatrix}=\begin{Bmatrix}-25000\\ -8333\\ -37500\\ 6250\\ -12500\\ 2083\end{Bmatrix}$$

$$\frac{200\times10^9\times4\times10^{-6}}{2^3}\begin{bmatrix}48 & -48 & 16\\ -48 & 96 & -48\\ 16 & -48 & 32\end{bmatrix}\begin{Bmatrix}\theta_2\\ w_3\\ \theta_3\end{Bmatrix}=\begin{Bmatrix}6250\\ -12500\\ 2083\end{Bmatrix}$$

(5)结果计算。

求解上述方程组，则可求得各节点的位移值：

$$q=\{\theta_2\ w_3\ \theta_3\}^T=\{-0.0026\ -0.0065\ -0.0078\}^T$$

然后，根据下述关系求解得到各节点反力和弯矩。

$$R=K_q-P$$

例题 5-5　如图 5.16 所示，截面惯性矩 $I=5.2\times10^{-5}\mathrm{m}^4$、$A=2.5\times10^{-3}\mathrm{m}^2$，梁的弹性模量 $E=200\mathrm{GPa}$，承受的均布荷载 $P_0=4000\mathrm{N/m}$。左侧承受向右的集中载荷为 3000N，求其位移和转角。

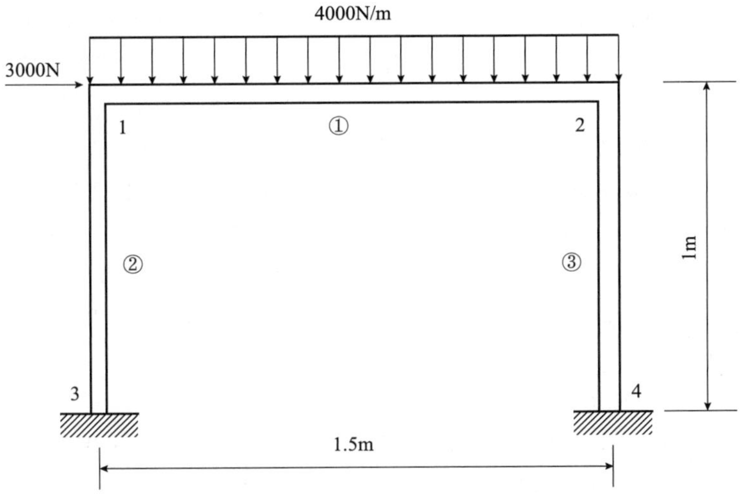

图 5.16　受集中载荷和分布载荷的框架结构

解：(1)结构离散化。

根据框架结构，采用 3 个梁单元，共有 4 个节点，其单元组成信息表如下：

单元编码	节点组成	
	1	2
①	1	2
②	3	1
③	4	2

该结构的整体节点位移列阵：$q=\{w_1\quad\theta_1\quad w_2\quad\theta_2\quad w_3\quad\theta_3\quad w_4\quad\theta_4\}^T$

单元①作用有均布载荷，将均布载荷等效到节点上去：

$$F^1=\begin{Bmatrix}\dfrac{q_0L_1}{2}\\ \dfrac{q_0{L_1}^2}{12}\\ \dfrac{q_0L_1}{2}\\ -\dfrac{q_0{L_1}^2}{12}\end{Bmatrix}=\begin{Bmatrix}-3000\\-750\\-3000\\750\end{Bmatrix}$$

整体等效节点载荷列阵为：

$$P=R+F$$

$$=\{3000\quad -3000\quad -720\quad 0\quad -3000\quad 720\quad R_{x3}\quad R_{y3}\quad M_{\theta 3}\quad R_{x4}\quad R_{y4}\quad M_{\theta 4}\}^{\mathrm{T}}$$

(2)计算单元刚度矩阵：

$$K^1=\begin{bmatrix}3.33\times10^8 & 0 & 0 & -3.33\times10^8 & 0 & 0\\ 0 & 3.6978\times10^7 & 2.7733\times10^7 & 0 & -3.6978\times10^7 & 2.7733\times10^7\\ 0 & 2.7733\times10^7 & 2.7733\times10^7 & 0 & -2.7733\times10^7 & 1.3867\times10^7\\ -3.33\times10^8 & 0 & 0 & 3.33\times10^8 & 0 & 0\\ 0 & -3.6978\times10^7 & -2.7733\times10^7 & 0 & 3.6978\times10^7 & -2.7733\times10^7\\ 0 & 2.7733\times10^7 & 1.3867\times10^7 & 0 & -2.7733\times10^7 & 2.7733\times10^7\end{bmatrix}$$

$$K^2=K^3=\begin{bmatrix}5\times10^8 & 0 & 0 & -5\times10^8 & 0 & 0\\ 0 & 12.48\times10^7 & 6.24\times10^7 & 0 & -12.48\times10^7 & 6.24\times10^7\\ 0 & 6.24\times10^7 & 4.16\times10^7 & 0 & -6.24\times10^7 & 2.08\times10^7\\ -5\times10^8 & 0 & 0 & 5\times10^8 & 0 & 0\\ 0 & -12.48\times10^7 & -6.24\times10^7 & 0 & 12.48\times10^7 & -6.24\times10^7\\ 0 & 6.24\times10^7 & 2.08\times10^7 & 0 & -6.24\times10^7 & 4.16\times10^7\end{bmatrix}$$

转换矩阵：

$$T=\begin{bmatrix}0 & 1 & 0 & 0 & 0 & 0\\ -1 & 0 & 0 & 0 & 0 & 0\\ 0 & 0 & 1 & 0 & 0 & 0\\ 0 & 0 & 0 & 0 & 1 & 0\\ 0 & 0 & 0 & -1 & 0 & 0\\ 0 & 0 & 0 & 0 & 0 & 1\end{bmatrix}$$

计算得到整体坐标系下的单元刚度矩阵：

$$\begin{bmatrix}1.2480\times10^8 & 0 & -6.2400\times10^7 & -1.2480\times10^8 & 0 & -6.2400\times10^7\\ 0 & 5\times10^8 & 0 & 0 & -5\times10^8 & 0\\ -6.2400\times10^7 & 0 & 4.16\times10^7 & 6.2400\times10^7 & 0 & 2.08\times10^7\\ -1.2480\times10^8 & 0 & 6.2400\times10^7 & 1.2480\times10^8 & 0 & 6.2400\times10^7\\ 0 & 5\times10^8 & 0 & 0 & 5\times10^8 & 0\\ -6.2400\times10^7 & 0 & 2.08\times10^7 & 6.2400\times10^7 & 0 & 4.16\times10^7\end{bmatrix}$$

(3)建立整体刚度矩阵：

$$
\begin{bmatrix}
45.813 & 0 & 6.2400 & -33.333 & 0 & 0 & -12.480 & 0 & 6.2400 & 0 & 0 & 0 \\
0 & 53.698 & 2.7733 & 0 & -3.698 & 2.7733 & 0 & 50 & 0 & 0 & 0 & 0 \\
6.2400 & 2.7733 & 6.9333 & 0 & -2.7733 & 1.3867 & -6.2400 & 0 & 2.08 & 0 & 0 & 0 \\
-33.333 & 0 & 0 & 45.813 & 0 & 6.2400 & 0 & 0 & 0 & -12.480 & 0 & 6.2400 \\
0 & -3.6978 & -2.7733 & 0 & 53.698 & 2.7733 & 0 & 0 & 0 & 0 & -50 & 0 \\
0 & 2.7733 & 1.3867 & 6.2400 & -2.7733 & 6.9333 & 0 & 0 & 0 & -6.2400 & 0 & 2.08 \\
-12.480 & 0 & -6.2400 & 0 & 0 & 0 & 12.480 & 0 & -6.2400 & 0 & 0 & 0 \\
0 & 50 & 0 & 0 & 0 & 0 & 0 & 50 & 0 & 0 & 0 & 0 \\
6.2400 & 0 & 2.08 & 0 & 0 & 0 & -6.2400 & 0 & 4.16 & 0 & 0 & 0 \\
0 & 0 & 0 & -12.480 & 0 & -6.2400 & 0 & 0 & 0 & 12.480 & 0 & -6.2400 \\
0 & 0 & 0 & 0 & -50 & 0 & 0 & 0 & 0 & 0 & 50 & 0 \\
0 & 0 & 0 & 6.2400 & 0 & 2.08 & 0 & 0 & 0 & -6.2400 & 0 & 4.16
\end{bmatrix} \times 10^7
$$

(4)求解节点位移：

引入节点 3 与节点 4 的位移边界条件，处理边界条件之后的刚度方程：

$$
10^8 \times \begin{bmatrix}
4.5813 & 0 & 0.6240 & -3.3333 & 0 & 0 \\
0 & 5.3698 & 0.2773 & 0 & -0.3698 & 0.2773 \\
0.6240 & 0.2773 & 0.6933 & 0 & -0.2773 & 0.1387 \\
-3.3333 & 0 & 0 & 4.5813 & 0 & 0.6240 \\
0 & -0.3698 & -0.2773 & 0 & 5.3698 & -0.2773 \\
0 & 0.2773 & 0.1387 & 0.6240 & -0.2773 & 0.6933
\end{bmatrix}
\begin{Bmatrix} u_1 \\ v_1 \\ \theta_1 \\ u_2 \\ v_2 \\ \theta_2 \end{Bmatrix}
=
\begin{Bmatrix} 3000 \\ -3000 \\ -720 \\ 0 \\ -3000 \\ 720 \end{Bmatrix}
$$

$$
q = \{u_1 \quad v_1 \quad \theta_1 \quad u_2 \quad v_2 \quad \theta_2\}^T = 10^{-5}\{2.326 \quad -0.444 \quad -3.266 \quad 1.686 \quad -0.755 \quad 0.050\}^T
$$

拓展阅读

我国计算力学工程结构优化设计的开拓者——钱令希

钱令希，这位我国著名的力学家、工程师与教育家，将毕生心血都倾注于结构力学的教学与研究之中。他不仅是结构力学与现代科技深度融合的先行者和奠基人，更是我国计算力学工程结构优化设计领域的杰出开拓者。其学术生涯在理论创新、学科建设与工程实践等方面均留下了浓墨重彩的一笔，在桥梁、水利、舰船、港湾等众多工程领域都产生了深远影响，同时，他秉持"教书育人、爱才如命"的理念，培养出了几代优秀的力学家。

早在 20 世纪 60 年代初，电子计算机在我国尚未普及，钱令希就以敏锐的洞察力，察觉到其将给科学技术带来的革命性影响，特别是预见到计算机将为结构力学带来"全新面貌与前景"。他果断带领研究生系统学习数学与计算机知识，自己也主动完成知识更新，并在力学界积极倡导"古典结构力学与现代化电子计算机结合"，大力推动计算力学这一新兴交叉学科在我国落地。

1973 年，在中国科学院力学规划座谈会上，钱令希发表了《结构力学中最优化设计理论与方法的近代发展》这一重要学术报告，系统阐述了结构优化与计算技术结合的前沿方向，在力学界与工程界引起广泛关注和响应，成为我国计算力学工程结构优化研究的重要里程碑。由于他对学科发展趋势的精准把握与推动，1982 年在中国力学学会大会上，经原理事长钱学森推荐，钱令希当选为第二届理事长。钱学森对他评价极高："钱令希教授紧跟时代的步伐，及时更新知识，走到了前列。我表示十分钦佩！"

为进一步推动学科发展与成果交流，1984 年钱令希创办《计算结构力学及其应用》杂志并亲任主编，集中展示我国计算力学的最新进展；1985 年，他担任编委会主任的《中国大百科全书·力学》卷出版，为学科体系化建设奠定基础。在他的倡导下，中国力学学会直属的计算力学学会逐渐成长为具有重要国际影响的学术团体，多次承办重大国际学术会议，成为连接国内外力学界的重要桥梁。

钱令希一直高度重视国际学术对话，是我国计算力学走向世界的关键推动者。1981 年，他率团赴比利时、英国访问讲学；1982 年前往美国考察交流，并受邀担任国际顶级计算力学杂志《应用力学与工程中的计算机方法》编委，成为该领域国际话语权的代表之一。1983 年，他在大连主持中美工程计算力学学术讨论会，为中美学者搭建了深度交流的平台。

钱令希的学术研究始终紧密围绕工程需求，在理论简化与创新方面展现出非凡的洞察力。20 世纪 40 年代中期，我国第一座现代化悬索桥在云南澜沧江落成，针对大跨度悬索桥因挠度大导致传统弹性小挠度理论计算不准的问题，他深入研究后发现：非线性因素对悬索水平拉力的数值大小有影响，但对其在活载荷下的变化规律影响极小；且非线性对加筋梁的影响可通过一个相对稳定的柔度系数表征。这两个关键发现大幅简化了悬索桥的非线性分析，为工程设计提供了实用方法。

1950 年，钱令希在《中国科学》发表《余能理论》论文，对德国学者恩格赛 1889 年提出但长期未受重视的余能理论进行系统论证，使其成为解决非线性问题的有力能量变分原理。文中他还用余能理论简明证明了"直梁纯弯曲时平截面假设"的科学性，此前这一假设仅作为工程理论中的经验性前提，他的工作为其奠定了坚实理论基础。这篇论文开创了我国力学界对变分原理研究的传统，后续一系列具有国际影响的变分原理成果由此发端，也为以变分原理为基础的有限元方法在我国的发展埋下伏笔。

钱令希的学术生涯，生动诠释了"理论联系实际、传统融合现代"的理念。他以对科技趋势的敏锐眼光，推动计算力学与工程结构优化在我国从无到有、由弱变强；以扎实的理论创新，为复杂工程问题提供简化思路与科学方法；更以开放的视野与育人的热忱，让中国计算力学既立足本土又面向世界。

第 6 章　薄板弯曲问题有限元方法

在工程力学理论研究中，通常把一个方向的尺寸比另外两个方向尺寸小很多，且能承受弯矩的结构称为板壳结构，并把平分板壳结构上下表面的面称为中面。如果中面是平面或由平面组成的折平面，则这种结构称为平板；反之，中面为曲面的结构称为壳。板壳结构是工程设计中大量使用的典型结构形式，但由于问题的复杂性，得到板壳结构精确的应力和位移结果是非常困难的。因此，用有限元方法解决这类结构的强度问题，有重要的实用意义。根据板壳厚度的不同通常将板壳结构分为薄膜、薄板、薄壳、厚板和厚壳等。薄板是机械设备应用最广的结构，也是板壳有限元分析的基础。本章介绍薄板弯曲问题的有限元分析，主要介绍四节点的矩形薄板单元和三节点的三角形薄板单元。

6.1　薄板弯曲概述

根据板的厚度 t 与最小尺寸 b 之比不同，可分为薄膜、薄板、厚板三类。所谓薄板是指板厚 t 与板面最小尺寸 b 的比值在如下范围内的平板：

$$\frac{1}{100}\sim\frac{1}{80}\leqslant\frac{\delta}{b}\leqslant\frac{1}{8}\sim\frac{1}{5} \tag{6-1}$$

平分板厚度 t 的平面称为中面(中平面)，如图 6.1 所示。

在此范围外，t/b 比值大的称为厚板，小者称为薄膜。三种类型平板的力学特性与相应的研究处理方法是不同的。这里主要讨论薄板的小挠度弯曲问题。

由于平板结构主要承受两种形式的载荷，即面内拉/压载荷以及垂直于板面的法向载荷，前者靠板面内的刚度以拉伸和压缩的形式承载，后者靠板的弯曲刚度以弯曲、扭转的变形来承受载荷，这样板单元刚度将不再是平面问题，而是像梁一样要产生弯曲、扭转等变形。这样的问题通常称为薄板弯曲问题。

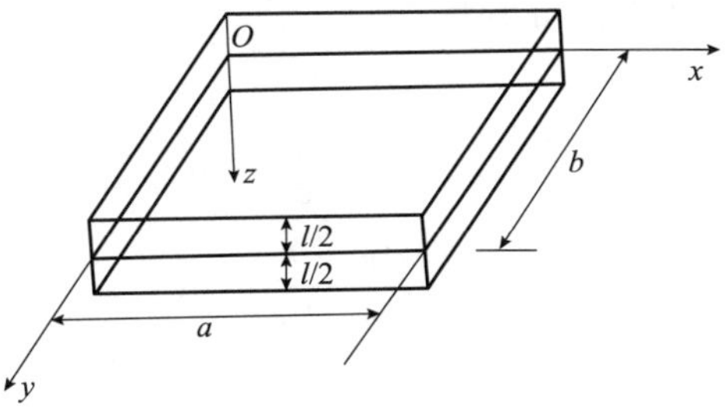

图 6.1　板弯曲模型

薄板受到垂直于板面的载荷就会发生弯曲，这时板的中面所弯曲成的曲面称为薄板的弹性曲面，弹性曲面上各点沿垂直板面方向的位移称为板的挠度，用 $w(x,\ y)$ 表示。在薄板的小变形情况下，板虽然很薄，但仍然具有相当的刚度，因而其挠度 $w(x,\ y)$ 远小于板的厚度 t。如果薄板的刚度较小，使板的挠度与板的厚度达到了相同的量级，则必须采用大挠度理论进行分析研究。

薄板弯曲理论是在克希霍夫(G. Kirchhoff)假设的基础上建立的，若取板的中面为 xOy 平面(图 6.2)，克希霍夫关于板变形的基本假设如下。

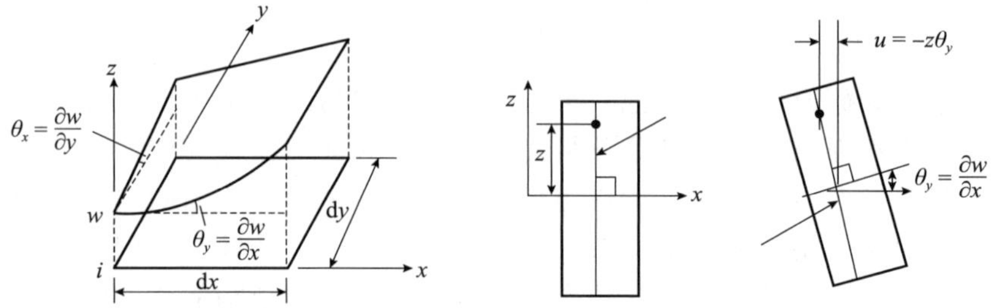

图 6.2　板中面变形后的曲面和 x 方向的倾角

(1)直法线假设：当薄板弯曲时，原来垂直于板中面(xOy 平面)的直线仍保持为直线，并垂直于变形后的弹性曲面，则有 $\gamma_{yz}=0$，$\gamma_{zx}=0$。同时不计垂直方向应力 σ_z 对变形的影响。

(2)板厚不变假设：垂直于板中面方向的应变分量 ε_z 极其微小，可以忽略不计，即 $\varepsilon_z=\frac{\partial w}{\partial z}=0$。因此，薄板内垂直于板面的一根直线上的各点沿 z 方向的位移相同，且仅为 x、y 的函数，即板的挠度为 $w(x,\ y)$。

(3)中面无伸缩假设：薄板受到垂直于板面的载荷作用时，板的中面内各点都没有平行于板面的位移，即 $(u)_{z=0}=0$，$(v)_{z=0}=0$。

6.2　薄板弯曲的基本方程

6.2.1　薄板变形和几何方程

薄板的小挠度弯曲问题是按位移求解的，选取的基本未知函数是薄板的挠度 $w(x,\ y)$，为此，将所有的其他物理量都用 $w(x,\ y)$ 表示，并建立用 $w(x,\ y)$ 表示的板的平衡方程，也就是板弯曲的弹性曲面微分方程。

由假设(1)有：

$$\begin{cases}\gamma_{zx}=\dfrac{\partial u}{\partial z}+\dfrac{\partial w}{\partial x}=0\\[2ex]\gamma_{zy}=\dfrac{\partial v}{\partial z}+\dfrac{\partial w}{\partial y}=0\end{cases}\tag{6-2}$$

积分并注意挠度为 $w(x,\ y)$，可得：

$$\begin{cases}u=-z\dfrac{\partial w}{\partial x}+f_1(x,\ y)\\[2ex]v=-z\dfrac{\partial w}{\partial y}+f_2(x,\ y)\end{cases}\tag{6-3}$$

由假设(3)$(u)_{z=0}=0$，$(v)_{z=0}=0$，可得：

$$\begin{cases} u=-z\dfrac{\partial w}{\partial x} \\ v=-z\dfrac{\partial w}{\partial y} \end{cases} \tag{6-4}$$

式中，$\dfrac{\partial w}{\partial x}$表示曲面沿 x 方向的倾角，可以认为是绕 y 轴的转角，根据右手法则，旋转方向与 y 轴正方向相反，所以 $\theta_y=-\dfrac{\partial w}{\partial x}$；$\dfrac{\partial w}{\partial y}$表示曲面沿 y 方向的倾角，可以认为是绕 x 轴的转角，根据右手法则，旋转方向与 x 轴正方向相反，所以 $\theta_x=-\dfrac{\partial w}{\partial y}$；显然，只要确定了挠度 w 的位移分量，就确定了所有的位移分量，从而也确定了薄板弯曲问题中所有的物理量，所以，将挠度 w 作为薄板弯曲问题的基本未知函数。

依据三维弹性体的应变的定义式(2-6)，可得描述板弯曲过程中不为零的应变分量，即板弯曲的几何方程：

$$\begin{cases} \varepsilon_x=\dfrac{\partial u}{\partial x}=-\dfrac{\partial^2 w(x,\ y)}{\partial x^2}z \\ \varepsilon_y=\dfrac{\partial v}{\partial y}=-\dfrac{\partial^2 w(x,\ y)}{\partial y^2}z \\ \gamma_{xy}=\dfrac{\partial v}{\partial x}+\dfrac{\partial u}{\partial y}=-2\dfrac{\partial^2 w(x,\ y)}{\partial x\partial y}z \end{cases} \tag{6-5}$$

采用矩阵的形式，几何方程可表示为：

$$\begin{bmatrix} \varepsilon_x \\ \varepsilon_y \\ \gamma_{xy} \end{bmatrix}=z\begin{bmatrix} -\dfrac{\partial^2 w(x,\ y)}{\partial x^2} \\ -\dfrac{\partial^2 w(x,\ y)}{\partial y^2} \\ -2\dfrac{\partial^2 w(x,\ y)}{\partial x\partial y} \end{bmatrix}=-\begin{bmatrix} \chi_x \\ \chi_y \\ \chi_{xy} \end{bmatrix}z \tag{6-6}$$

在小变形的情况下，$-\dfrac{\partial^2 w(x,\ y)}{\partial x^2}$、$-\dfrac{\partial^2 w(x,\ y)}{\partial y^2}$表示弹性曲面在 x 方向和 y 方向的曲率，$-2\dfrac{\partial^2 w(x,\ y)}{\partial x\partial y}$代表了弹性曲面在 x 方向和 y 方向的扭率，这三个参数反映了薄板中面发生弹性变形成为曲面的弯扭变形分量，能够完全确定 z 平面内各点的应变，称为曲扭率，简称为曲率。矩阵表示为：

$$\chi=\begin{bmatrix} \chi_x \\ \chi_y \\ \chi_{xy} \end{bmatrix}=\begin{bmatrix} \dfrac{\partial^2 w(x,\ y)}{\partial x^2} \\ \dfrac{\partial^2 w(x,\ y)}{\partial y^2} \\ 2\dfrac{\partial^2 w(x,\ y)}{\partial x\partial y} \end{bmatrix} \tag{6-7}$$

6.2.2　薄板内力和物理方程

板发生弹性变形后，横截面上存在应力和内力。一般情况下，板不同截面上的应力

σ_x、σ_y、τ_{xy}、τ_{yz}、τ_{xz}分布如图 6.3 所示，但是τ_{yz}、τ_{xz}与面内应力σ_x、σ_y、τ_{xy}相比一般小很多，因此薄板通常不考虑。

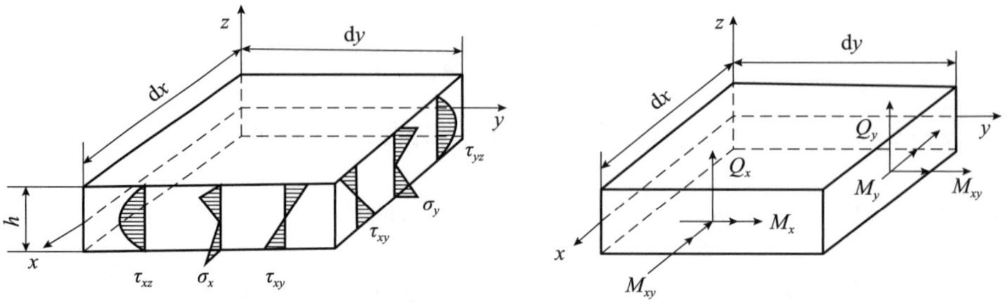

图 6.3　板横截面上的应力分布和内力分布

物理方程描述薄板材料的应力和应变关系，也就是广义胡克定律。采用薄板挠度 $w(x, y)$ 表示的板内各点应力分量为：

$$\begin{cases}\sigma_x=-\dfrac{Ez}{1-\mu^2}\left(\dfrac{\partial^2 w}{\partial x^2}+\mu\dfrac{\partial^2 w}{\partial y^2}\right)\\ \sigma_y=-\dfrac{Ez}{1-\mu^2}\left(\dfrac{\partial^2 w}{\partial y^2}+\mu\dfrac{\partial^2 w}{\partial x^2}\right)\\ \tau_{xy}=-\dfrac{Ez}{1+\mu}\dfrac{\partial^2 w}{\partial xy}\end{cases}\tag{6-8}$$

将其写成矩阵形式：

$$\begin{Bmatrix}\sigma_x\\ \sigma_y\\ \tau_{xy}\end{Bmatrix}=-\frac{Ez}{1-\mu^2}\begin{bmatrix}1&\mu&0\\ \mu&1&0\\ 0&0&\dfrac{1-\mu}{2}\end{bmatrix}\begin{Bmatrix}\dfrac{\partial^2 w}{\partial x^2}\\ \dfrac{\partial^2 w}{\partial y^2}\\ 2\dfrac{\partial^2 w}{\partial xy}\end{Bmatrix}\tag{6-9}$$

将各应力分量沿板的厚度方向积分，并进行等效处理，可以得到采用薄板挠度 $w(x, y)$ 表示的板内各截面上的内力表达式。如图 6.3 所示，M_x、M_y 分别是单位宽度上垂直 x、y 轴的横截面上的弯矩，M_{xy} 是垂直 x 轴或 y 轴的截面上单位长度的扭矩，Q_x、Q_y 分别是 x 截面和 y 截面剪力。内力的符号根据变形特征规定，以使板中面产生正向挠度的为正方向。单箭头表示力，双箭头表示力矩。

弯矩和扭矩表达式：

$$\begin{cases}M_x=-D_r\left(\dfrac{\partial^2 w}{\partial x^2}+\mu\dfrac{\partial^2 w}{\partial y^2}\right)\\ M_y=-D_r\left(\dfrac{\partial^2 w}{\partial y^2}+\mu\dfrac{\partial^2 w}{\partial x^2}\right)\\ M_{xy}=-D_r(1-\mu)\dfrac{\partial^2 w}{\partial xy}\end{cases}\tag{6-10}$$

等效剪力表达式：

$$\begin{cases}Q_x=-D_r\left(\dfrac{\partial^3 w}{\partial x^3}+\dfrac{\partial^3 w}{\partial x^2\partial y}\right)\\ Q_y=-D_r\left(\dfrac{\partial^3 w}{\partial x^2\partial y}+\dfrac{\partial^3 w}{\partial y^3}\right)\end{cases}\tag{6-11}$$

式中，$D_r=\dfrac{Et^3}{12(1-\mu^2)}$为薄板的弯曲刚度，其中 μ 为泊松系数；E 为弹性模量，式(6-10)用矩阵的形式表示为：

$$\begin{Bmatrix} M_x \\ M_y \\ M_{xy} \end{Bmatrix}=\frac{Et^3}{12(1-\mu^2)}\begin{bmatrix} 1 & \mu & 0 \\ \mu & 1 & 0 \\ 0 & 0 & \dfrac{1-\mu}{2} \end{bmatrix}\begin{Bmatrix} \dfrac{\partial^2 w}{\partial x^2} \\ \dfrac{\partial^2 w}{\partial y^2} \\ \dfrac{\partial^2 w}{\partial x\partial y} \end{Bmatrix}=\frac{t^3}{12}D\begin{Bmatrix} \dfrac{\partial^2 w}{\partial x^2} \\ \dfrac{\partial^2 w}{\partial y^2} \\ \dfrac{\partial^2 w}{\partial x\partial y} \end{Bmatrix} \tag{6-12}$$

记 $D_b=\dfrac{Et^3}{12(1-\mu^2)}\begin{bmatrix} 1 & \mu & 0 \\ \mu & 1 & 0 \\ 0 & 0 & \dfrac{1-\mu}{2} \end{bmatrix}$，称为弯曲板的弹性矩阵。

比较，可以得到内力矩表示的平板应力：

$$\begin{Bmatrix} \sigma_x \\ \sigma_y \\ \tau_{xy} \end{Bmatrix}=\frac{12z}{t^3}\begin{Bmatrix} M_x \\ M_y \\ M_{xy} \end{Bmatrix} \tag{6-13}$$

6.2.3　薄板的平衡方程

为了考察平板的平衡条件，在平板的中面上截取微元体，它可以用中面的微面积 $\mathrm{d}x\mathrm{d}y$ 表示，而该微元体的各侧边上作用着板的弯曲内力——剪力和弯矩。该微元体的受力状态如图 6.4 所示。

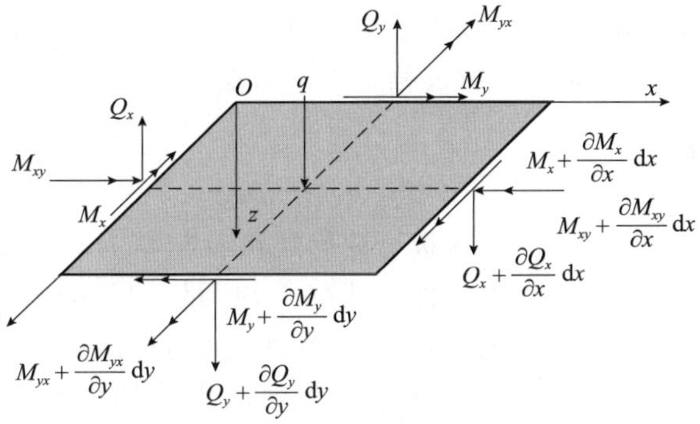

图 6.4　板弯曲微元体分析

依据该薄板微元体的平衡条件，可得到用内力表示的平衡方程：

$$\begin{cases} \dfrac{\partial M_{xy}}{\partial x}-\dfrac{\partial M_y}{\partial y}+Q_y=0 \\ \dfrac{\partial M_{xy}}{\partial y}-\dfrac{\partial M_x}{\partial x}+Q_x=0 \\ \dfrac{\partial Q_x}{\partial x}+\dfrac{\partial Q_y}{\partial y}+q=0 \end{cases} \tag{6-14}$$

由式(6-14)的前两个式子得到剪力 Q_x 和 Q_y 的表达式，把它们代入第三个式子，得到用弯矩和扭矩表示的平衡方程，再考虑到内力的表达式(6－12)，则可得到薄板的挠度$w(x, y)$表示的板的弯曲微分方程：

$$D\left(\frac{\partial^2}{\partial x^2}+\frac{\partial^2}{\partial y^2}\right)\left(\frac{\partial^2 w}{\partial x^2}+\frac{\partial^2 w}{\partial y^2}\right)=q \tag{6-15}$$

或

$$D\,\nabla^2\nabla^2 w=q \tag{6-16}$$

式中，$\nabla^2=\frac{\partial^2}{\partial x^2}+\frac{\partial^2}{\partial y^2}$，表示拉普拉斯算子。

式(6－16)就是薄板弯曲的控制微分方程，它是具有常系数的4阶偏微分方程式。求解薄板小挠度弯曲问题时，必须按照薄板的边界条件由这个偏微分方程求出挠度表达式。薄板弹性曲面的微分方程实质上也是一个平衡方程。

求解薄板的弯曲微分方程得到板的变形后，代入式(6－10)～式(6－12)可得到板横截面的内力，进而可得到截面上应力的计算公式：

$$\begin{cases}\sigma_x=\dfrac{12M_x}{t^3}z，\ \sigma_y=\dfrac{12M_y}{t^3}z，\ \tau_{xy}=\tau_{yx}=\dfrac{12M_{xy}}{t^3}z\\[2ex] \tau_{xz}=\dfrac{6Q_x}{t^3}\left(\dfrac{t^2}{4}-z^2\right)，\ \tau_{yz}=\dfrac{6Q_y}{t^3}\left(\dfrac{t^2}{4}-z^2\right)\end{cases} \tag{6-17}$$

可以看出，沿薄板的厚度，应力分量σ_x、σ_y、τ_{xy}的最大值发生在板的上下表面，应力分量τ_{xz}、τ_{yz}的最大值发生在板的中面。各应力分量的最大值分别为：

$$\begin{cases}\sigma_x\big|_{z=t/2}=-\sigma_x\big|_{z=-t/2}=\dfrac{6M_x}{t^2}，\ \sigma_y\big|_{z=t/2}=-\sigma_y\big|_{z=-t/2}=\dfrac{6M_y}{t^2}\\[2ex] \tau_{xy}\big|_{x=t/2}=-\tau_{xy}\big|_{x=-t/2}=\dfrac{6M_{xy}}{t^2}，\ \tau_{xz}\big|_{z=t/2}=\dfrac{3Q_x}{2t}，\ \tau_{yz}\big|_{z=t/2}=\dfrac{3Q_y}{2t}\end{cases} \tag{6-18}$$

在薄板内，应力分量σ_x、σ_y、τ_{xy}是主要应力；应力分量τ_{xz}、τ_{yz}是次要应力；应力分量σ_z是更次要的应力，在一般的分析过程中不予考虑。

6.2.4 板的边界条件

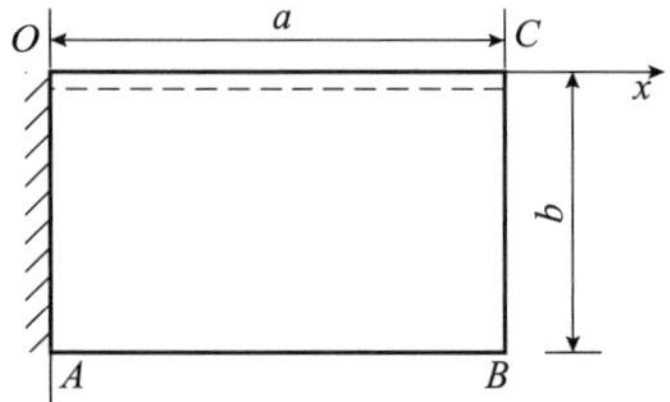

图6.5 弯曲板的边界条件

薄板弯曲问题可以归结为求解微分方程并满足板边的支承条件。式(6－14)是4阶偏微分方程，所以在每条边界上只需两个条件，它们可以用内力、内力矩或位移表示。下面介绍几种工程结构中常见的支承形式。为了方便起见，仅以矩形板为例，说明各种板的支承边的边界条件。图6.5表示矩形薄板$OABC$。图中OA为固定边。OC为简支边，AB和BC为自由边。

各部分的边界条件如下：

(1)固定嵌入边界(简称为固定边界)。沿固定边$OA(x=0)$，板的挠度w应等于零，弹性曲面的斜率$\frac{\partial w}{\partial x}$也应等于零，所以边界条件为：

$$w\big|_{x=0}=0，\ \left.\frac{\partial w}{\partial x}\right|_{x=0}=0 \tag{6-19}$$

(2)固定铰支边界，简称为铰支边。沿简支边$OC(y=0)$，板的挠度w应等于零，弯

矩 M_y 也等于零，所以边界条件为：

$$w|_{y=0}=0,\ M_y|_{y=0}=0 \tag{6-20}$$

(3)自由边界，即不受任何约束的自由边界。例如 AB 边($y=b$)，板的弯矩 M_y 和横向等效剪力 V_y 都应等于零，即：

$$M_y|_{y=b}=0,\ V_y|_{y=b}=\left(Q_y+\frac{\partial^2 M_{xy}}{\partial x}\right)\bigg|_{y=b}=0 \tag{6-21}$$

另外，薄板弯曲时，还会遇到其他复杂的弹性边界条件、角点条件等，应根据具体的工程问题分别处理。

6.3　矩形薄板单元分析

四节点 12 个自由度的矩形单元是薄板弯曲单元中比较简单的一种，如图 6.6 所示。矩形单元的四条边分别与 x 轴和 y 轴平行，每个角节点有 3 个位移分量，即挠度 w、绕 x 轴和 y 轴的转角。这类四节点的矩形薄板弯曲单元是 1963 年由曼罗希(R. J. Melosh)提出的，使用效果良好，得到了普遍认可，但在模拟复杂边界和处理复杂载荷方面，计算精度仍存在缺陷，还有待深入研究。

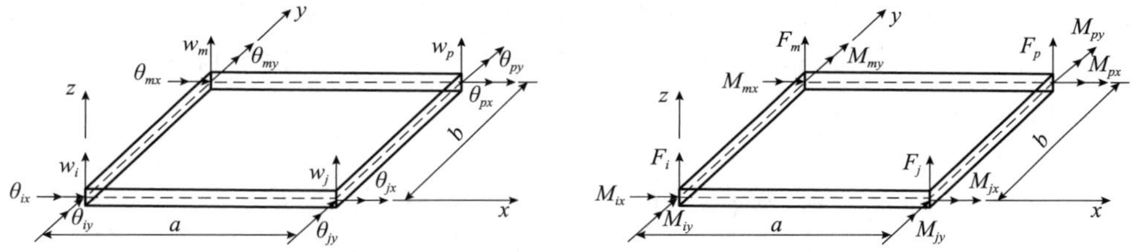

(a) 薄板单元节点位移示意图　　(b) 薄板单元节点力示意图

图 6.6　矩形薄板单元节点位移和节点力

6.3.1　单元位移插值函数

板单元的推导理论是基于 Kirchhoff 假设的，对于该类型板单元可采用薄板中面的挠度作为基本位移变量。将一个薄板结构离散成若干矩形单元后，应用有限元方法进行分析，典型单元的节点位移与节点力如图 6.6 所示。

记单元的广义节点位移为：

$$q_i=\begin{bmatrix} w_i \\ \theta_{xi} \\ \theta_{yi} \end{bmatrix}=\begin{bmatrix} w_i \\ \left(\dfrac{\partial w}{\partial y}\right)_i \\ -\left(\dfrac{\partial w}{\partial x}\right)_i \end{bmatrix}\quad (i,\ j,\ l,\ m) \tag{6-22}$$

整个单元的位移由 4 个节点的位移来确定，也就是：

$$q^e=[q_i^T\quad q_j^T\quad q_l^T\quad q_m^T]^T \tag{6-23}$$

相应的广义节点力及单元的广义节点力列阵分别为：

$$F=\begin{bmatrix}F_{Qi}\\M_{ix}\\M_{iy}\end{bmatrix}\quad(i,\ j,\ l,\ m)\tag{6-24}$$

和

$$F=[F_i^T\quad F_j^T\quad F_m^T\quad F_p^T]^T\tag{6-25}$$

因为每个节点有 3 个自由度(沿法线方向的 1 个挠度以及分别绕 x 和 y 坐标轴的两个转角)，整个矩形单元共有 12 个自由度，它们可唯一地确定插值函数中的 12 个独立参数。一般选取不完全的四次多项式插值函数作为该单元的位移模式，此时单元内的位移可表示为：

$$w(x,\ y)=a_1+a_2x+a_3y+a_4x^2+a_5xy+a_6y^2+a_7x^3+a_8x^2y+a_9xy^2+a_{10}y^3+a_{11}x^3y+a_{12}xy^3\tag{6-26}$$

由式(6-24)，分别对 x、y 求导数得：

$$\theta_x=\frac{\partial w}{\partial y}=a_3+a_5x+2a_6y+a_8x^2+2a_9xy+3a_{10}y^2+a_{11}x^3+3a_{12}xy^2\tag{6-27}$$

$$\theta_y=-\frac{\partial w}{\partial x}=-(a_2+2a_4x+a_5y+3a_7x^2+2a_8xy+a_9y^2+3a_{11}x^2y+a_{12}y^3)\tag{6-28}$$

把单元 4 个节点的位移条件分布代入式(6-26)、式(6-27)和式(6-28)，得到关于插值系数 $a_1\sim a_{12}$ 的方程组，求解方程组得到这些系数，将所得系数代回式(6-26)，并整理后得到单元上位移的表达式：

$$w(x,\ y)=Nq'\tag{6-29}$$

其中，N 为 x、y 的函数，称为矩形单元的插值函数，表示为：

$$N=[N_1\quad N_2\quad N_3\quad N_4\quad N_5\quad N_6\quad N_7\quad N_8\quad N_9\quad N_{10}\quad N_{11}\quad N_{12}]\tag{6-30}$$

其中：

$$N_1=1-\frac{3y^2}{b^2}+\frac{2x^3}{a^3}+\frac{3x^2y}{a^2b}+\frac{3xy^2}{ab^2}+\frac{2y^3}{b^3}-\frac{3x^2}{a^2}-\frac{2x^3y}{a^3b}-\frac{xy}{ab}-\frac{2xy^3}{ab^3}$$

$$N_2=y-\frac{xy}{a}-\frac{2y^2}{b}-\frac{xy^3}{ab^2}+\frac{2xy^2}{ab}+\frac{y^3}{b^2}$$

$$N_3=-x+\frac{2x^2}{a}+\frac{x^3y}{a^2b}-\frac{2x^2y}{ab}+\frac{xy}{b}-\frac{x^3}{a^2}$$

$$N_4=-\frac{2x^3}{a^3}-\frac{3x^2y}{a^2b}-\frac{3xy^2}{ab^2}+\frac{3x^2}{a^2}-\frac{2x^3y}{a^3b}+\frac{xy}{ab}+\frac{2xy^3}{ab^3}$$

$$N_5=\frac{xy}{a}+\frac{xy^3}{ab^2}-\frac{2xy^2}{ab}$$

$$N_6=\frac{x^2}{a}+\frac{x^3y}{a^2b}-\frac{x^2y}{ab}-\frac{x^3}{a^2}$$

$$N_7=\frac{3x^2y}{a^2b}+\frac{3xy^2}{ab^2}-\frac{2x^3y}{a^3b}-\frac{xy}{ab}-\frac{2xy^3}{ab^3}$$

$$N_8=\frac{xy^3}{ab^2}-\frac{xy^2}{ab}$$

$$N_9=-\frac{x^3y}{a^2b}+\frac{x^2y}{ab}$$

$$N_{10}=\frac{3y^2}{b^2}-\frac{3x^2y}{a^2b}-\frac{3xy^2}{ab^2}-\frac{2y^3}{b^3}+\frac{2x^3y}{a^3b}+\frac{xy}{ab}+\frac{2xy^3}{ab^3}$$

$$N_{11}=-\frac{y^2}{b}-\frac{xy^3}{ab^2}-\frac{xy^2}{ab}+\frac{y^3}{b^2}$$

$$N_{12}=-\frac{x^3y}{a^2b}+\frac{2x^2y}{ab}-\frac{xy}{b}$$

这样，就得到了板弯曲问题的四边形单元的插值函数。

6.3.2　非协调元的收敛性准则

下面分析四边形单元的位移插值函数能否满足收敛性准则。

1. 完备性条件

完备性条件要求位移插值函数应保证刚体运动条件和常曲率条件。根据有限元收敛准则，位移插值函数中有常数项和一次项就可以满足横向位移和转动的刚体运动条件。在薄板弯曲问题的单元位移插值函数中，还应保证在单元尺寸减小时，曲率及扭曲率存在并趋于常量，否则，在虚应变能公式中将失去某些项，不能保证在单元细化时有限元解收敛到精确解。这在板单元中称为常曲率条件。从板单元弯曲时的曲率计算公式得：

$$\chi=\begin{bmatrix}\chi_x\\ \chi_y\\ \chi_{xy}\end{bmatrix}=\begin{bmatrix}\dfrac{\partial^2 w(x,\ y)}{\partial x^2}\\ \dfrac{\partial^2 w(x,\ y)}{\partial y^2}\\ 2\,\dfrac{\partial^2 w(x,\ y)}{\partial x\partial y}\end{bmatrix}$$

可知，单元位移模式中存在二次项可以保证满足常曲率条件。

考察板单元的位移函数式(6－26)，不难发现其中包含了常数项和全部的一次项(刚体运动)，以及全部的二次项(常应变)，因而满足完备性条件。

2. 协调条件

要保证单元之间不开裂、不重叠，不仅要求位移连续，还要求法向转角连续。采用式(6－26)的插值函数，只能满足相邻单元间的位移连续，而不能满足边界上法向导数连续，称为部分协调位移模式。

四边形单元的位移函数 w 在元素边界上是连续的，例如在 y＝常量的边界上，将 y 坐标值代入式(6－26)，得到 w 是 x 的三次曲线，它的 4 个系数可由 y＝常量的边界上的两个端点的 w 和$\dfrac{\partial w}{\partial x}$值唯一确定，因而证明挠度 w 在元素边界上的连续性。但在该边界上的法向导数$\dfrac{\partial w}{\partial y}\left(\text{即转角 } \theta_x=\dfrac{\partial w}{\partial y}\right)$却不是连续的，因为在此边界上$\dfrac{\partial w}{\partial y}$也是 x 的三次函数，而该边界上两端点$\dfrac{\partial w}{\partial y}$值不足以唯一地确定该三次曲线，因此法向转角在相邻单元的边界上是不连续的。

由此可见，位移插值函数(6－26)所构造的位移场不能完全满足收敛性要求的协调性准则(挠度及切向转角跨单元协调，而法向转角跨单元不协调)，所以这个单元应该属于拟协调单元。艾恩斯(Irons)指出，对于不能完全满足协调元准则的单元来说，若对任意小片的几个单元集合施加与任一常应变状态相应的节点位移，如果能在无外载荷作用下满足节点平衡条件并且获得常应力状态，则称此单元能通过分片检验。而且已经证明，分片检验所要求的条件是保证非协调任意(二维、三维等)单元收敛性的充分条件。

考虑任意一单元小片如图 6.7 所示，其中至少有一个节点是被完全包围的，如图中的节点 5，其平衡方程为：

$$\sum_{e=1}^{m} K_{ij}^{e} q_j - R_i^e = 0 \tag{6-31}$$

其中，m 是单元片中包含的单元数，节点 j 代表单元片内除 i 节点外的所有节点。

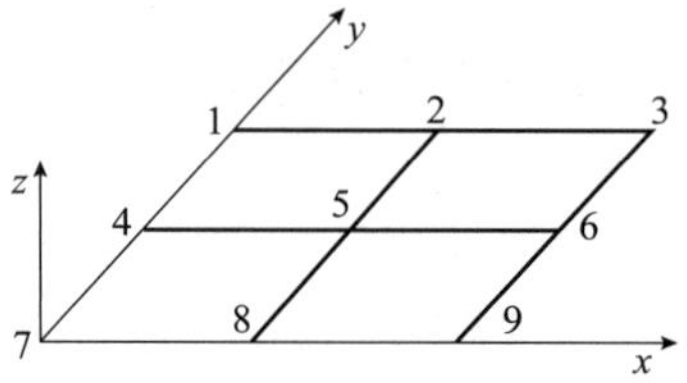

图 6.7　单元小片示意图

这样，与施加其上的任一常应变相应的位移是线性位移，在平面问题中，有：

$$u = \beta_1 + \beta_2 x + \beta_3 y, \qquad v = \beta_4 + \beta_5 x + \beta_6 y \tag{6-32}$$

将各节点赋予相应的常应变位移，即令节点位移为：

$$u_j = \beta_1 + \beta_2 x_j + \beta_3 y_j, \qquad v = \beta_4 + \beta_5 x_j + \beta_6 y_j \tag{6-33}$$

由平面问题的方程可知，与常应变状态相应的载荷条件应为体积力为零，同时在 i 节点上也不能作用集中力，因此 R_i^e 也为零，这时，分片实验的要求变为：

$$\sum_{e=1}^{m} K_{ij}^{e} q_j = 0 \tag{6-34}$$

这是针对平面问题的分片检验。对于某种薄板单元的位移插值函数，进行分片检验的具体步骤如下：

(1)取某一单元小片，使在小片的边界上给出对应于完全二次多项式的边界条件；

(2)按此位移插值函数进行(在无载荷作用下的)单元、整体分析，并在上述位移边界条件下求解；

(3)若所求得的节点位移构造的小片上的挠度为完全二次多项式，则单元的位移插值函数通过分片检验。

当依上述步骤不能得到已知边界支承位移时，也可以按如下步骤进行分片检验：

(1)取某一单元小片，对小片的每一节点给以对应于完全二次多项式的节点位移；

(2)每一单元按 $F^e = K^e q^e$ 求单元节点力，式中 K^e 为对应所考察位移插值函数的单元刚度矩阵；

(3)检验小片内部节点处是否均满足 $\sum_{e} F_j^e = 0$(交于 j 节点各单元节点力自平衡)，若条件成立，则单元位移插值函数能通过分片检验。

以图 6.7 所示四边形单元的小片为例，取 $w(x, y) = 1 + x + y + x^2 + xy + y^2$，则有：

$$\theta_x = 1 + x + 2y, \quad \theta_y = -1 - 2x - y \tag{6-35}$$

按上述挠度公式计算得到每节点的位移后，可求得各单元在节点 5 处的节点力如下：

$$F_5^{(1)}=\begin{bmatrix}-0.26923\\0.25\\0.25\end{bmatrix},\ F_5^{(2)}=\begin{bmatrix}0.26923\\0.25\\-0.25\end{bmatrix},\ F_5^{(3)}=\begin{bmatrix}0.26923\\-0.25\\0.25\end{bmatrix},\ F_5^{(4)}=\begin{bmatrix}-0.26923\\-0.25\\-0.25\end{bmatrix}$$

显然有：

$$\sum_{e=1}^{4}F_5^e=0 \tag{6-36}$$

这说明矩形 12 个自由度的薄板单元的位移函数在上述网格划分形式下能通过分片检验。尽管这里的四边形单元的插值函数不完全满足收敛性所要求的条件，是非协调单元，但由于它能通过分片检验，满足非完全协调单元的收敛性准则，所以当单元划分不断缩小时，计算结果还是能收敛于精确解答。

6.3.3　单元刚度矩阵

将单元挠度计算式(6－26)代入式(6－7)，可得薄板的曲率为：

$$\chi=Bq^e \tag{6-37}$$

式中，B 为几何矩阵，其形式为：

$$B=-\begin{bmatrix}\dfrac{\partial^2 N_i}{\partial x^2} & \dfrac{\partial^2 N_{xi}}{\partial x^2} & \dfrac{\partial^2 N_{yi}}{\partial x^2} & \cdots & \dfrac{\partial^2 N_{pi}}{\partial x^2}\\ \dfrac{\partial^2 N_i}{\partial y^2} & \dfrac{\partial^2 N_{xi}}{\partial y^2} & \dfrac{\partial^2 N_{yi}}{\partial y^2} & \cdots & \dfrac{\partial^2 N_{pi}}{\partial y^2}\\ 2\dfrac{\partial^2 N_i}{\partial x\partial y} & 2\dfrac{\partial^2 N_{xi}}{\partial x\partial y} & 2\dfrac{\partial^2 N_{yi}}{\partial x\partial y} & \cdots & \dfrac{\partial^2 N_{pi}}{\partial x\partial y}\end{bmatrix} \tag{6-38}$$

将式(6－37)代入式(6－12)，得到板单元的内力：

$$M=Sq^e \tag{6-39}$$

其中，矩阵 S 称为内力矩阵或广义应力矩阵，其形式为：

$$S=DB=[S_i \quad S_j \quad S_l \quad S_m] \tag{6-40}$$

由式(6－38)求得 B 矩阵，再代入式(6－40)求得 S 矩阵。此时，各节点处应力矩阵的表达式为：

$$S_i=\frac{Et^3}{12ab(1-\mu^2)}\times\begin{bmatrix}-\left(6\dfrac{b}{a}+\mu\dfrac{a}{b}\right) & -4\mu a & 4b & 6\dfrac{b}{a} & 0 & 2b & 6\mu\dfrac{a}{b} & -2\mu a & 0 & 0 & 0 & 0\\ -6\left(\dfrac{b}{a}+\mu\dfrac{a}{b}\right) & 4a & 4\mu b & 6\mu\dfrac{b}{a} & 0 & 2\mu b & 6\dfrac{b}{a} & -2a & 0 & 0 & 0 & 0\\ -(1-\mu) & -(1-\mu)b & (1-\mu)a & (1-\mu) & (1-\mu)b & 0 & 1-\mu & 0 & -(1-\mu)a & -(1-\mu) & 0 & 0\end{bmatrix}$$

$$S_j=\frac{Et^3}{12ab(1-\mu^2)}\times\begin{bmatrix}6\dfrac{b}{a} & 0 & -2b & -6\left(\dfrac{b}{a}+\mu\dfrac{a}{b}\right) & -4\mu a & -4b & 0 & 0 & 0 & 6\mu\dfrac{a}{b} & -2\mu a & 0\\ 6\mu\dfrac{b}{a} & 0 & -2\mu b & -6\left(\dfrac{a}{b}+\mu\dfrac{b}{a}\right) & -4a & -4\mu b & 0 & 0 & 0 & 6\dfrac{a}{b} & -2a & 0\\ -(1-\mu) & -(1-\mu)b & 0 & 1-\mu & (1-\mu)b & (1-\mu)a & 1-\mu & 0 & 0 & -(1-\mu) & 0 & -(1-\mu)a\end{bmatrix}$$

$$S_l=\frac{Et^3}{12ab(1-\mu^2)}\times\begin{bmatrix}6\mu\dfrac{a}{b} & 2\mu a & 0 & 0 & 0 & 0 & -6\left(\dfrac{b}{a}+\mu\dfrac{a}{b}\right) & 4\mu a & 4b & 6\dfrac{b}{a} & 0 & 2b\\ 6\dfrac{a}{b} & 2a & 0 & 0 & 0 & 0 & -6\left(\dfrac{a}{b}+\mu\dfrac{b}{a}\right) & 4a & 4\mu b & 6\mu\dfrac{b}{a} & 0 & 2\mu b\\ -(1-\mu) & 0 & (1-\mu)a & 1-\mu & 0 & 0 & 1-\mu & -(1-\mu)b & (1-\mu)b & -(1-\mu) & (1-\mu)b & 0\end{bmatrix}$$

$$S_m=\frac{Et^3}{12ab(1-\mu^2)}\times\begin{bmatrix} 0 & 0 & 0 & 6\mu\frac{a}{b} & 2\mu a & 0 & 6\frac{b}{a} & 0 & -2b & -6\left(\frac{b}{a}+\mu\frac{a}{b}\right) & 4\mu a & -4b \\ 0 & 0 & 0 & 6\mu\frac{a}{b} & 2a & 0 & 6\mu\frac{b}{a} & 0 & -2\mu b & -6\left(\frac{b}{a}+\mu\frac{a}{b}\right) & 4a & -4\mu b \\ -(1-\mu) & 0 & 0 & 1-\mu & 0 & (1-\mu)a & 1-\mu & -(1-\mu)b & 0 & -(1-\mu) & (1-\mu)b & -(1-\mu)b \end{bmatrix}$$

板单元刚度矩阵，可以从虚功原理导出。使单元节点上产生任意虚位移 d^{*e}，则外力在虚位移上所做的虚功等于广义应力 M 对相应虚应变 χ^* 的虚应变能，即：

$$(q^{*e})^T F^e = \iint \chi^{*T} M \mathrm{d}x\mathrm{d}y \tag{6-41}$$

将式(6－35)和式(6－37)代入式(6－41)，由于 d^{*e} 的任意性，得到：

$$F^e = K^e q^e \tag{6-42}$$

其中，

$$K^e = \int_A B^T D B \mathrm{d}x\mathrm{d}y \tag{6-43}$$

称为单元刚度矩阵，积分后得到单元刚度矩阵的具体表达式为：

$$K^e=\frac{Et^3}{(1-\mu^2)ab}\begin{bmatrix} K_{ii} & K_{ij} & K_{il} & K_{im} \\ & K_{jj} & K_{jl} & K_{jm} \\ \text{对} & & K_{ll} & K_{lm} \\ & \text{称} & & K_{mm} \end{bmatrix} \tag{6-44}$$

其中，各子块矩阵分别为：

$$K_{ii}=\begin{bmatrix} 4\left(\frac{a^2}{b^2}+\frac{b^2}{a^2}\right)+\frac{1}{5}(14-4\mu) & \frac{2a^2}{b}+\frac{b}{5}(1+4\mu) & -\frac{2b^2}{a}+\frac{a}{5}(1+4\mu) \\ \text{对} & \frac{3a^2}{4}+\frac{4b^2}{15}(1-\mu) & -\mu ab \\ & \text{称} & \frac{4b^2}{3}+\frac{4a^2}{15}(1-\mu) \end{bmatrix}$$

$$K_{ij}=\begin{bmatrix} \left(\frac{2a^2}{b^2}-\frac{4b^2}{a^2}\right)-\frac{1}{5}(14-4\mu) & \frac{a^2}{b}-\frac{b}{5}(1+4\mu) & -\frac{2b^2}{a}-\frac{a}{5}(1-\mu) \\ \frac{a^2}{b}-\frac{b}{5}(1+4\mu) & \frac{2a^2}{3}-\frac{4b^2}{15}(1-\mu) & 0 \\ -\frac{2b^2}{a}-\frac{a}{5}(1-\mu) & 0 & \frac{2b^2}{3}-\frac{a^2}{15}(1-\mu) \end{bmatrix}$$

$$K_{il}=\begin{bmatrix} -2\left(\frac{a^2}{b^2}+\frac{b^2}{a^2}\right)+\frac{1}{5}(14-4\mu) & \frac{a^2}{b}-\frac{b}{5}(1-\mu) & -\frac{b^2}{a}+\frac{a}{5}(1-\mu) \\ -\frac{a^2}{b}+\frac{b}{5}(1-\mu) & -\frac{a^2}{3}+\frac{b^2}{15}(1-\mu) & 0 \\ \frac{b^2}{a}+\frac{a}{5}(1-\mu) & 0 & \frac{b^2}{3}+\frac{a^2}{15}(1-\mu) \end{bmatrix}$$

$$K_{im}=\begin{bmatrix} -\left(\frac{2a^2}{b^2}-\frac{4b^2}{a^2}\right)-\frac{1}{5}(14-4\mu) & \frac{2a^2}{b}+\frac{b}{5}(1-\mu) & -\frac{b^2}{a}+\frac{a}{5}(1-\mu) \\ -\frac{2a^2}{b}-\frac{b}{5}(1-\mu) & \frac{2a^2}{3}-\frac{b^2}{15}(1-\mu) & 0 \\ \frac{b^2}{a}-\frac{a}{5}(1+4\mu) & 0 & \frac{2b^2}{3}-\frac{4a^2}{15}(1-\mu) \end{bmatrix}$$

$$
K_{jj}=\begin{bmatrix} 4\left(\frac{a^2}{b^2}+\frac{b^2}{a^2}\right)+\frac{1}{5}(14-4\mu) & \frac{2a^2}{b}+\frac{b}{5}(1+4\mu) & \frac{2b^2}{a}-\frac{a}{5}(1+4\mu) \\ \text{对} & \frac{4a^2}{3}+\frac{4b^2}{15}(1-\mu) & \mu ab \\ \text{称} & & \frac{4b^2}{3}+\frac{4a^2}{15}(1-\mu) \end{bmatrix}
$$

$$
K_{jl}=\begin{bmatrix} \left(\frac{2a^2}{b^2}-\frac{4b^2}{a^2}\right)-\frac{1}{5}(14-4\mu) & \frac{2a^2}{b}+\frac{b}{5}(1-\mu) & \frac{b^2}{a}-\frac{a}{5}(1+4\mu) \\ \frac{2a^2}{b}+\frac{b}{5}(1-\mu) & \frac{2a^2}{3}-\frac{b^2}{15}(1-\mu) & 0 \\ \frac{b^2}{a}-\frac{a}{5}(1+4\mu) & 0 & \frac{2b^2}{3}-\frac{4a^2}{15}(1-\mu) \end{bmatrix}
$$

$$
K_{jm}=\begin{bmatrix} -2\left(\frac{a^2}{b^2}+\frac{b^2}{a^2}\right)+\frac{1}{5}(14-4\mu) & \frac{a^2}{b}-\frac{b}{5}(1-\mu) & \frac{b^2}{a}-\frac{a}{5}(1-\mu) \\ -\frac{a^2}{b}+\frac{b}{5}(1-\mu) & \frac{a^2}{3}+\frac{b^2}{15}(1-\mu) & 0 \\ -\frac{b^2}{a}-\frac{a}{5}(1-\mu) & 0 & \frac{b^2}{3}+\frac{a^2}{15}(1-\mu) \end{bmatrix}
$$

$$
K_{ll}=\begin{bmatrix} 4\left(\frac{a^2}{b^2}+\frac{b^2}{a^2}\right)+\frac{1}{5}(14-4\mu) & -\frac{2a^2}{b}-\frac{b}{5}(1+4\mu) & -\frac{2b^2}{a}+\frac{a}{5}(1+4\mu) \\ \text{对} & \frac{4a^2}{3}+\frac{4b^2}{15}(1-\mu) & \mu ab \\ \text{称} & 0 & \frac{4b^2}{3}+\frac{4a^2}{15}(1-\mu) \end{bmatrix}
$$

$$
K_{lm}=\begin{bmatrix} \left(\frac{2a^2}{b^2}-\frac{4b^2}{a^2}\right)-\frac{1}{5}(14-4\mu) & -\frac{a^2}{b}+\frac{b}{5}(1+4\mu) & -\frac{2b^2}{a}-\frac{a}{5}(1-\mu) \\ -\frac{a^2}{b}+\frac{b}{5}(1+4\mu) & \frac{2a^2}{3}-\frac{4b^2}{15}(1-\mu) & 0 \\ \frac{2b^2}{a}+\frac{a}{5}(1-\mu) & 0 & \frac{2b^2}{3}-\frac{a^2}{15}(1-\mu) \end{bmatrix}
$$

$$
K_{mm}=\begin{bmatrix} 4\left(\frac{a^2}{b^2}+\frac{b^2}{a^2}\right)+\frac{1}{5}(14-4\mu) & -\frac{2a^2}{b}-\frac{b}{5}(1+4\mu) & \frac{2b^2}{a}-\frac{a}{5}(1+4\mu) \\ \text{对} & \frac{4a^2}{3}+\frac{4b^2}{15}(1-\mu) & -\mu ab \\ \text{称} & & \frac{4b^2}{3}+\frac{4a^2}{15}(1-\mu) \end{bmatrix}
$$

6.3.4　等效节点载荷

当板上受到分布载荷和节点载荷作用时，必须将它们以等效载荷的形式移置到单元节点上去。

1. 分布载荷的移置

应用虚功原理把作用在板面上的分布载荷 $q(x, y)$等效为相应单元上的节点载荷。设单元节点的任意虚位移为 q^{*e}，等效节点载荷为 R^e，则等效节点载荷 R^e 在 q^{*e}上所做的虚

功应等于分布载荷 $q(x, y)$ 在相应的虚位移 w^* 上所做的虚功，即：

$$(q^{*e})^T R^e = \int_A (w^*)^T q(x,y) \mathrm{d}x\mathrm{d}y \tag{6-45}$$

由于虚位移的任意性，故得等效节点载荷为：

$$R^e = \int_A N^T q(x,y) \mathrm{d}x\mathrm{d}y \tag{6-46}$$

其中，等效节点载荷向量 R^e 为：

$$R^e = [R_i \quad R_{xi} \quad R_{yi} \quad R_j \quad R_{xj} \quad R_{yj} \quad R_m \quad R_{xm} \quad R_{ym} \quad R_p \quad R_{xp} \quad R_{yp}]^T \tag{6-47}$$

式中，R_i、R_{xi}、R_{yi} 分别为节点 i 处的等效法向载荷和绕 x、y 轴的等效力矩载荷。

当板受到均布法向载荷 q_0 作用时，则单元节点载荷由式(6-47)可得：

$$R^e = q_0 \int_{-a}^{a} \int_{-b}^{b} N^T \mathrm{d}x\mathrm{d}y = 4q_0 ab \left[\frac{1}{4} \quad \frac{b}{12} \quad -\frac{a}{12} \quad \frac{1}{4} \quad \frac{b}{12} \quad \frac{a}{12} \quad \frac{1}{4} \quad -\frac{b}{12} \quad \frac{a}{12} \quad \frac{1}{4} \quad -\frac{b}{12} \quad -\frac{a}{12}\right]^T \tag{6-48}$$

2. 单元内集中载荷的移置

当在板面内 i 点有集中力 P 或力矩 M_x、M_y 作用时，一般可以取该点作为一个节点，此时只要在总载荷列阵 F 中相应于该外力作用点的位置上再附加此集中力或力矩即可。如果没有取 i 点作为节点，而设作用点 i 在元素内的坐标为 (x_0, y_0)，则等效节点载荷不难得到，为：

$$R^e = N^T \Big|_{y=y_0}^{x=x_0} P \tag{6-49}$$

若力 P 作用在元素的中心时，则得：

$$R^e = P\left[\frac{1}{4} \quad \frac{b}{8} \quad -\frac{a}{8} \quad \frac{1}{4} \quad \frac{b}{8} \quad \frac{a}{8} \quad \frac{1}{4} \quad -\frac{b}{8} \quad \frac{a}{8} \quad \frac{1}{4} \quad -\frac{b}{8} \quad -\frac{a}{8}\right]^T \tag{6-50}$$

6.4 三角形薄板单元分析

当薄板具有任意几何形状的边界时，采用三角形单元能较真实地模拟边界形状。三角形单元可以拼合成任意形状的薄板，而且其有限元网格还可以按需要在某局部区域进行网格加密，保证了计算精度和要求。可见，三角形板单元比其他形式的板单元具有更大的适应性和灵活性。采用适当的小三角平板可以拼合成任意形状的壳体，也可以很方便地用于壳体结构的有限元分析。因而，构造三角形板单元是薄板结构有限元分析中的一个重要内容。

通常普遍采用的三角形薄板单元，就是具有 3 个节点的简单三角形单元。如图 6.8 所示的是典型三角形单元 ijm，它的 3 个节点的位移和力已在图中标出。

该单元的节点位移分量，节点力分量分别为：

$$q^e = [q_i^T \quad q_j^T \quad q_m^T]^T = [w_i \quad \theta_{ix} \quad \theta_{iy} \quad w_j \quad \theta_{jx} \quad \theta_{jy} \quad w_m \quad \theta_{mx} \quad \theta_{my}]^T \tag{6-51}$$

和

$$F^e = [F_i^T \quad F_j^T \quad F_m^T]^T = [F_{Qi} \quad M_{ix} \quad M_{iy} \quad F_{Qj} \quad M_{jx} \quad M_{jy} \quad F_{Qm} \quad M_{mx} \quad M_{my}]^T \tag{6-52}$$

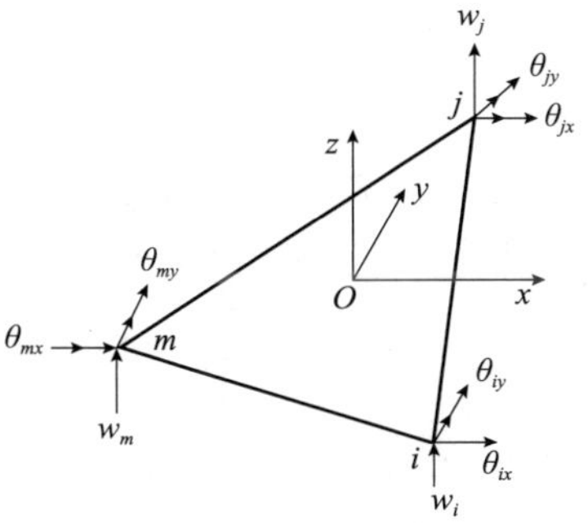

(a) 三角形单元节点位移

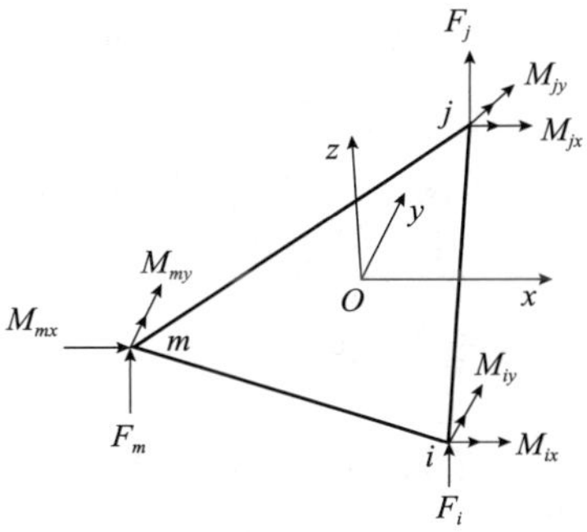

(b) 三角形单元节点力

图 6.8 三角形单元节点位移和节点力

6.4.1 单元位移函数

在薄板小变形问题中，三角形单元的任一节点的位移可以用其挠度和两个转角表示，即每个节点有 3 个自由度。这样，常用的 3 节点的三角形单元共有 9 个自由度。此三角形薄板单元发生弯曲变形时，和梁单元一样，其挠曲面也可选为多项式。根据完备性准则，在三角形单元位移插值函数的选取上，最好选取完全三次多项式。但如果将插值函数取为完全三次多项式，则挠度函数应包括 10 个待定参数。由 9 个单元节点位移无法唯一确定多项式挠度函数中的 10 个待定参数，为此，人们采取了许多措施来解决此问题。尽管如此，对于任意的三角形单元仍无法从理论上保证能用节点位移来确定待定参数，而不会出现奇异性。

为了避免插值函数形式上关于坐标轴的不对称性，对于三角形单元来说，通常人们采用面积坐标来构造插值函数，此时，单元内的位移可表示成：

$$w(x,\ y)=Nq^e \tag{6-53}$$

其中，N 为插值函数矩阵，可写为：

$$N=[N_i \quad N_{xi} \quad N_{yi} \quad N_j \quad N_{xj} \quad N_{yj} \quad N_m \quad N_{xm} \quad N_{ym}]^T \tag{6-54}$$

$$\begin{cases} N_i=L_i+L_i^2L_j+L_i^2L_m-L_iL_j^2-L_iL_m^2 \\ N_{xi}=b_j\left(L_iL_m^2+\dfrac{1}{2}L_iL_jL_m\right)-b_m\left(L_i^2L_j+\dfrac{1}{2}L_iL_jL_m\right)(i,\ j,\ m) \\ N_{yi}=c_j\left(L_mL_i^2+\dfrac{1}{2}L_iL_jL_m\right)-c_m\left(L_i^2L_j+\dfrac{1}{2}L_iL_jL_m\right) \end{cases} \tag{6-55}$$

式中，L_i、L_j、L_m 分别表示三角形单元的 3 个面积坐标。而：

$$b_i=y_j-y_m,\ c_i=x_m-x_j\ (i、j、m\ 循环)$$

三角形单元内的位移插值函数[式(6-53)]不是 x、y 的完全三次式，但它在单元的 3 个节点处满足条件：

$$w=w_i,\ \frac{\partial w}{\partial y}=\theta_{ix},\ -\frac{\partial w}{\partial x}=\theta_{iy}(i,\ j,\ m) \tag{6-56}$$

三角形单元内的位移插值函数[式(6-53)]包含了所有可能的刚体位移项及常应变的完全二次项，因此是完备的。但它却不满足协调性条件。因为在单元边界上，如 $L_m=0$ 的边界，w 是三次变化，可由两端节点的挠度 w 和公共边界上的法向导数$\dfrac{\partial w}{\partial n}$的值唯一地确定，所以 w 是协调的。但是由于单元边界上法向导数$\dfrac{\partial w}{\partial n}$是二次变化，不能由两端节点的两个$\frac{\partial w}{\partial n}$的值唯一地确定，所以在相邻单元边界上转角是不协调的。因此，上述采用面积坐标构造插值函数的三角形薄板单元是非协调单元。

对于工程实际来说，在大多数情况下，由非协调三角形单元所得到的计算精度是足够的，甚至认为在大多数实用的网格划分情况下，这种单元给出的结果往往优于等阶次的协调单元。

6.4.2 单元刚度矩阵

采用前面的三角形单元内位移的插值公式，将单元内的位移表达式(6-53)代入挠曲面的曲率计算公式，可得三角形薄板单元的曲率与单元节点位移之间的关系式。

$$\chi=\begin{bmatrix}\chi_x\\\chi_y\\\chi_{xy}\end{bmatrix}=\begin{bmatrix}\dfrac{\partial^2 w(x,\ y)}{\partial x^2}\\\dfrac{\partial^2 w(x,\ y)}{\partial y^2}\\2\dfrac{\partial^2 w(x,\ y)}{\partial x\partial y}\end{bmatrix}=Bq^e \tag{6-57}$$

$$B=-\begin{bmatrix}\dfrac{\partial^2 N_i}{\partial x^2} & \dfrac{\partial^2 N_{xi}}{\partial x^2} & \dfrac{\partial^2 N_{yi}}{\partial x^2} & \cdots & \dfrac{\partial^2 N_{ym}}{\partial x^2}\\\dfrac{\partial^2 N_j}{\partial y^2} & \dfrac{\partial^2 N_{xj}}{\partial y^2} & \dfrac{\partial^2 N_{yi}}{\partial y^2} & \cdots & \dfrac{\partial^2 N_{ym}}{\partial y^2}\\2\dfrac{\partial^2 N_i}{\partial x\partial y} & \dfrac{\partial^2 N_{xi}}{\partial x\partial y} & \dfrac{\partial^2 N_{yi}}{\partial x\partial y} & \cdots & \dfrac{\partial^2 N_{ym}}{\partial x\partial y}\end{bmatrix}_{3\times 9} \tag{6-58}$$

而单元的应力与单元节点位移之间的关系式为：

$$M=[M_x\quad M_y\quad M_{xy}]^T=Sq^e \tag{6-59}$$

其中，S 为内力矩阵，且：

$$S=\frac{1}{8\Delta^3}DACT \tag{6-60}$$

式中，Δ 为三角形单元的面积，D 为三角形单元的弯曲弹性矩阵。其余矩阵的显示为：

$$A_{3\times 7}=\begin{bmatrix}2 & 0 & 0 & 6x & 2y & 0 & 0\\0 & 0 & 2 & 0 & 0 & 2x & 6y\\0 & 2 & 0 & 0 & 4x & 4y & 0\end{bmatrix} \tag{6-61}$$

$$T_{6\times 9}=\begin{bmatrix}-\dfrac{c_i}{2\Delta} & 1 & 0 & -\dfrac{c_j}{2\Delta} & 0 & 0 & -\dfrac{c_m}{2\Delta} & 0 & 0\\\dfrac{b_i}{2\Delta} & 0 & 1 & \dfrac{b_j}{2\Delta} & 0 & 0 & \dfrac{b_m}{2\Delta} & 0 & 0\\-\dfrac{c_i}{2\Delta} & 0 & 0 & -\dfrac{c_j}{2\Delta} & 1 & 0 & -\dfrac{c_m}{2\Delta} & 0 & 0\\\dfrac{b_i}{2\Delta} & 0 & 0 & \dfrac{b_j}{2\Delta} & 0 & 1 & \dfrac{b_m}{2\Delta} & 0 & 0\\-\dfrac{c_i}{2\Delta} & 0 & 0 & -\dfrac{c_j}{2\Delta} & 0 & 0 & -\dfrac{c_m}{2\Delta} & 1 & 0\\\dfrac{b_i}{2\Delta} & 0 & 0 & -\dfrac{b_j}{2\Delta} & 0 & 0 & \dfrac{b_m}{2\Delta} & 0 & 1\end{bmatrix} \tag{6-62}$$

$$C_{7\times 6}=[c_1^i\quad c_2^i\quad c_1^j\quad c_2^j\quad c_1^m\quad c_2^m] \tag{6-63}$$

式中：

$$\begin{cases} c_1^i = [c_{11}^i \quad c_{12}^i \quad c_{13}^i \quad c_{14}^i \quad c_{15}^i \quad c_{16}^i \quad c_{17}^i]^T \\ c_2^i = [c_{21}^i \quad c_{22}^i \quad c_{23}^i \quad c_{24}^i \quad c_{25}^i \quad c_{26}^i \quad c_{27}^i]^T \end{cases} \quad (i、j、m \text{ 循环})$$

$$\begin{cases} c_{1l}^i = U_l^i b_m - V_l^i b_i + E_l F^i \\ c_{2l}^i = U_l^i c_m - V_l^i c_i + E_l G^i \end{cases} \quad (i、j、m \text{ 循环})(l=1,\ 2,\ \cdots,\ 7)$$

其中，

$$U_1^i = \frac{2}{3}\Delta(b_i^2 + 2b_i b_j) V_1^i = \frac{2}{3}\Delta(b_i^2 + 2b_i b_m)$$

$$U_2^i = \frac{4}{3}\Delta(b_i c_i + b_j c_j + b_i c_j) V_2^i = \frac{4}{3}\Delta(b_i c_i + 2b_m c_i + b_i c_m)$$

$$U_3^i = \frac{2}{3}\Delta(c_i^2 + 2c_i c_j) V_3^i = \frac{2}{3}\Delta(c_i^2 + 2c_i c_m)$$

$$U_4^i = b_i^2 b_j V_4^i = b_i^2 b_m$$

$$U_5^i = 2b_i c_i b_j + b_i^2 c_j V_5^i = 2b_i c_i b_m + b_i^2 c_m$$

$$U_6^i = c_i^2 b_j + 2b_i c_j b_j + V_6^i = c_i^2 b_m + 2b_i c_i b_m$$

$$U_7^i = c_i^2 c_j V_7^i = c_i^2 c_m$$

$$E_1 = \frac{2}{3}\Delta(b_i b_j + b_j b_m + b_m b_i) E_2 = \frac{2}{3}\Delta(c_i b_j + b_i c_j + c_j b_m + b_j c_m + c_m b_i + b_m c_i)$$

$$E_3 = \frac{2}{3}\Delta(c_i b_j + c_j c_m + c_m c_i) E_4 = b_i b_j b_m$$

$$E_5 = c_i b_j b_m + c_j b_m b_i + c_m b_i b_j E_7 = c_i c_j c_m$$

$$F^i = (b_m - b_i)/2 G^i = (c_m - c_i)/2$$

这样，可得单元刚度矩阵为：

$$K^e = \int_A B^T D B \, \mathrm{d}x\mathrm{d}y = \frac{1}{64\Delta^5} T^T C^T I C T \tag{6-64}$$

其中，矩阵 T 和 C 的显式已列出，而矩阵 I 的显式为：

$$I = \frac{Et^3}{3(1-\mu^2)} \times \begin{bmatrix} 1 & 0 & \mu & 0 & 0 & 0 & 0 \\ & \frac{1-\mu}{2} & 0 & 0 & 0 & 0 & 0 \\ & & 1 & 0 & 0 & 0 & 0 \\ & & & 9I_1 & 3I_3 & 3\mu I_1 & 9\mu I_3 \\ & & & & I_2 + 2(1-\mu)I_1 & (2-\mu)I_3 & 3\mu I_3 \\ & \text{对} & & & & I_1 + 2(1-\mu)I_3 & 3I_3 \\ & & \text{称} & & & & 9I_3 \end{bmatrix} \tag{6-65}$$

式中，

$$I_1 = \frac{1}{12}(x_i^2 + x_j^2 + x_m^2)$$

$$I_2 = \frac{1}{12}(y_i^2 + y_j^2 + y_m^2)$$

$$I_3 = \frac{1}{12}(x_i y_i + x_j y_j + x_m y_m)$$

6.4.3 等效节点载荷

三角形薄板单元的等效节点载荷可分为法向集中载荷及法向均布载荷两种情况。当单元上受法向均布载荷 q_0 作用时，设坐标原点在三角形形心处，则有：

$$R^e = q_0 \int_A N^T \mathrm{d}x\mathrm{d}y = q_0 \int_A [N_i \quad N_{xi} \quad N_{yi} \quad N_j \quad N_{xj} \quad N_{yj} \quad N_m \quad N_{xm} \quad N_{ym}]^T \mathrm{d}x\mathrm{d}y =$$

$$q_0 \cdot \Delta\left[\frac{1}{3} \quad -\frac{1}{8}y_i \quad \frac{1}{8}x_i \quad \frac{1}{3} \quad -\frac{1}{8}y_j \quad \frac{1}{8}x_j \quad \frac{1}{3} \quad -\frac{1}{8}y_m \quad \frac{1}{8}x_m\right]^T \tag{6-66}$$

当法向集中载荷作用在单元内任一点(x_0, y_0)时，等效节点载荷为：

$$R^e = N^T \Big|_{\substack{x=x_0 \\ y=y_0}} P \tag{6-67}$$

其中 P 是 1×1 阶的列阵。

6.5 典型例题

例题 6-1 某长方形薄板 $a\times b\times h$，分析对比约束形式、载荷形式薄板弯曲变形的影响。包括四边简支、四边固定两种支承条件，分别考虑均布载荷 q 和中心集中力 P 的作用，通过弹性力学计算理论解并进行有限元方法分析。如图 6.9 所示。

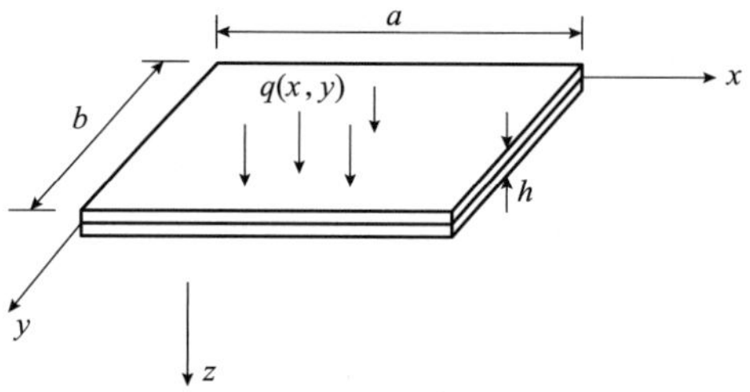

图 6.9 长方形薄板承受均布载荷示意图

(1)弹性力学解析法求解。

以受均布载荷 q 为例，考虑四边简支条件，进行理论解析法求解，其平衡方程为：

$$\nabla^4 w = \frac{q}{D}$$

边界条件为：

在 $x=0$、$x=a$ 及 $y=0$、$y=b$ 处，$w=0$，$\dfrac{\partial^2 w}{\partial x^2}=0$

其挠度的级数解为：

$$w = \sum_{m=1,3,5,\cdots}^{\infty} \sum_{n=1,3,5,\cdots}^{\infty} \frac{16q_0}{\pi^6 D} \frac{1}{mn\left(\frac{m}{a^2}+\frac{n}{b^2}\right)^2} \sin\frac{m\pi x}{a} \sin\frac{n\pi y}{b}$$

对于方形板，即 $a=b$，则在板中心点处挠度最大值为：

$$w_{\max} = 0.00406\frac{q_0 a^4}{D_r}$$

其中，$D_r = \dfrac{Et^3}{12(1-\mu^2)}$表示板的抗弯刚度。

按照同样的方法，可分别求出对于方形板，其他三种情况下的级数解。

1)承受均布载荷时，四边固定条件下，板中心点处挠度最大值为：

$$w_{\max}=0.00126\frac{q_0a^4}{D_r}$$

2)承受集中力时，四边简支条件下，在板中心点处挠度最大值为：

$$w_{\max}=0.0116\frac{Pa^2}{D_r}$$

3)承受集中力时，四边固定条件下，在板中心点处挠度最大值为：

$$w_{\max}=0.0056\frac{Pa^2}{D_r}$$

(2)对于正方形板，应用有限元方法进行求解，分析对比上述不同情况下薄板弯曲变形的影响。单元网格分别取 2×2、4×4、8×8，边界条件分别为四周简支和四周固定，以及受均布载荷和集中载荷作用，图 6.10 是网格为 2×2 的计算模型。有限元方法计算得到的最大值和级数解的比较见表 6.1。

表中的均布载荷系数 α 和集中载荷系数 β 分别定义为：

$$\alpha=Dw_{\max}/qa^4,\ \beta=Dw_{\max}/Pa^2$$

表示分别载荷或集中载荷作用下板的最大挠度系数。

表 6.1　正方形板中心最大挠度比较(矩形单元)

单元数	四边简支		四边固定	
	均布载荷系数	集中载荷系数	均布载荷系数	集中载荷系数
	α	β	α	β
2×2	0.00519	0.0139	0.00148	0.005919
4×4	0.00433	0.0123	0.00140	0.00613
8×8	0.00413	0.0118	0.00130	0.00580
解析解	0.00406	0.0116	0.00126	0.00560

由表 6.1 可见，有限元方法的结果和级数解的结果是非常接近的，随着划分的单元数增加，有限元解和级数解的一致性则更好。

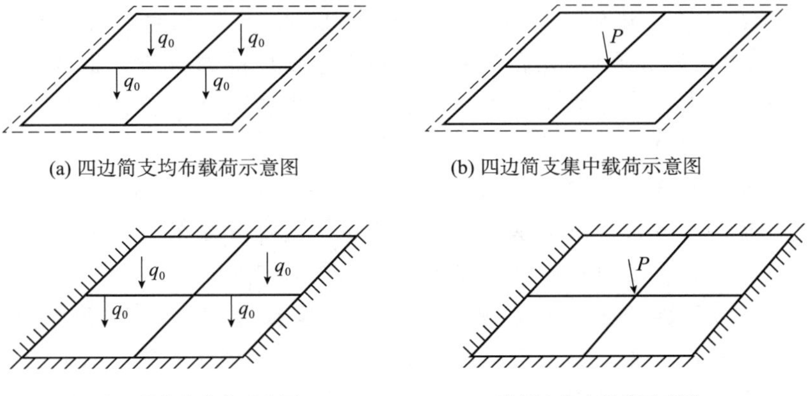

(a) 四边简支均布载荷示意图　(b) 四边简支集中载荷示意图

(c) 四边固定均布载荷示意图　(d) 四边固定集中载荷示意图

图 6.10　不同边界、载荷情况下板单元示意图

拓展阅读

中国板壳大挠度理论发展的承前启后者——叶开沅

叶开沅，1926年5月19日出生于浙江衢州，是我国著名力学家。他身兼诸多重要职位，如中国力学学会原常务理事、甘肃省力学学会原理事长，更是兰州大学力学专业与学科的创始人，力学系首任主任及名誉主任。在板壳大挠度理论领域，他深耕数十年，成为该理论在中国传承发展的关键人物，以及推动其应用于工程实践的重要学者，为我国非线性力学研究奠定了坚实基础。

20世纪中叶，航天、航空和仪表工业兴起，板壳构件的大挠度与稳定性问题成为固体力学研究热点。1910年，冯·卡门提出的大挠度方程，因涉及未成熟的非线性数学理论，成为力学界尖端课题。1947年，钱伟长提出摄动方法求解该方程，为非线性问题提供有效工具。叶开沅在钱伟长指导下，踏入这一少有人问津的领域。

1953年，叶开沅发表《边缘载荷下环形薄板的大挠度问题》，刊载于《物理学报》与《中国科学》，标志其研究正式起步。他的研究生毕业论文《矩形板的大挠度问题》入选第九届国际应用力学大会发表，展现国际影响力。他与钱伟长等人合著的《弹性圆薄板大挠度问题》被译为俄文在苏联出版，成为国际了解中国板壳理论研究的重要文献。1956年，基于这些成果，他与钱伟长团队荣获国家自然科学二等奖，奠定在国内力学界的地位。

1953年后，叶开沅在前期研究基础上不断突破。他创造性地提出“加快收敛的修正迭代法”和“减少推导工作的解析电算法”，大幅提升大挠度方程求解效率与精度。这些方法简化计算过程，推动板壳大挠度理论从理论研究向工程应用转化。

他与学生长期致力于大挠度问题精确解的解析表达及收敛性证明。他们成功得到中心受集中载荷的圆板大挠度问题的解析解，并严格论证其收敛性。同时，对以往各类求解方法的收敛性进行系统总结，为板壳大挠度问题的解决提供关键理论支撑。在壳体稳定性研究中，叶开沅经多年攻关，得出关于壳体屈曲、突变问题的全新结论，为弹性元件及仪表工业设计提供重要依据，实现理论成果向工程价值的转化。

1983年，在钱伟长主持的国际非线性力学会议上，叶开沅担任大会秘书长，并发表《柔韧构件研究在中国的进展》一文。该文系统梳理中国学者在板壳大挠度及相关领域的研究成果，相当一部分来自他与学生的工作，受到国际同行高度评价，成为中国非线性力学研究走向世界的重要窗口。

多年来，叶开沅与合作者完成板壳研究专著2部，发表论文36篇，涵盖板壳理论各个分支，构建完整研究体系。他继承前辈学术传统，通过方法创新与应用拓展为后续研究开辟路径，实现板壳大挠度理论在中国发展的“承前启后”。

1965年后，叶开沅将研究领域拓展至非均匀弹塑性力学，提出“阶梯折算法”处理一维非均匀规则弹性构件，成功应用于结构优化计算。他围绕柱、梁、板的变形、振动、稳定性及结构优化设计发表系列论文，形成完整研究脉络。1987年，这些成果为他赢得甘肃省科技进步二等奖，展现其在跨领域研究中的学术能力。

叶开沅的学术生涯以板壳大挠度理论为核心，兼具理论深度与应用广度。他在非线性力学难题上持续突破，通过总结成果、推动国际交流，提升中国在该领域的话语权。作为兰州大学力学学科的创始人，他的育人与科研实践，为我国力学人才培养与学科建设留下宝贵遗产，其“承前启后”的学术角色，深刻影响中国板壳理论乃至非线性力学的发展轨迹。

第 7 章　结构动力学分析有限元方法

动力学问题在实际工程中应用广泛，受到动载荷作用的结构会影响到其安全性和可靠性，例如高速转动的电机、汽轮机、离心机、压缩机，往复运动的内燃机、冲压机床等。它们承受着本身惯性及与周围介质或结构相互作用的动力载荷。不同于静力学分析，动力学分析需要考虑惯性和阻尼特性。结构的振动分析将涉及模态分析、瞬态动力学分析、简谐响应分析、随机谱分析等方面，模态分析是所有振动分析的基础。本章主要介绍有限元动力学方程的建立，结构固有特性和动力响应分析。

7.1　有限元动力学方程建立

7.1.1　有限元动力学方程推导

用于动力学问题分析的单元构造与前面静力问题分析时类似，首先把动力问题转化成静力问题，即将惯性力和阻尼力看作体积力施加在结构物上，就可以按照静力问题的有限元分析推导有关方程，不同之处是所有基于节点的基本力学变量还都是时间的函数。下面给出用于动力学问题单元构造的基本表达式。

1. 位移、速度和加速度

在动力分析中，首先对空间进行离散，其步骤与静力分析相同。将结构离散以后，单元位移函数为：

$$\begin{cases} u(x,y,z,t) = \sum_{i=1}^{m} N_i(x,y,z)u_i(t) \\ v(x,y,z,t) = \sum_{i=1}^{m} N_i(x,y,z)v_i(t) \\ w(x,y,z,t) = \sum_{i=1}^{m} N_i(x,y,z)w_i(t) \end{cases} \tag{7-1}$$

或

$$u = Nq^e \tag{7-2}$$

其中单元节点位移向量为：

$$q^e = \begin{Bmatrix} q_1 \\ \vdots \\ q_m \end{Bmatrix},\quad v_i = \begin{Bmatrix} u_i(t) \\ v_i(t) \\ w_i(t) \end{Bmatrix}(i=1,\ 2,\ \cdots,\ m) \tag{7-3}$$

形函数矩阵为：

$$N = [N_1 I \quad N_2 I \quad \cdots \quad N_m I] \tag{7-4}$$

其中 I 为三阶单位矩阵。

显然，单元内部各点的速度和加速度分别可以用单元节点的速度和加速度表示为：

$$\dot{u}=N\dot{q}^{e}$$
$$\ddot{u}=N\ddot{q}^{e} \tag{7-5}$$

2. 惯性力的等效节点载荷

若材料的质量密度为 ρ，则根据达朗贝尔原理，单元内单位体积上作用的惯性力为：

$$f_{i}=-\rho\ddot{u}=-\rho N\ddot{q}^{e} \tag{7-6}$$

其中，f 的下标 i 表示惯性。利用体力等效节点荷载公式，可求得惯性力的等效节点荷载：

$$P_{i}^{e}=\int_{\Omega^{e}}N^{T}f_{i}\mathrm{d}\Omega=-\int_{\Omega^{e}}\rho N^{T}N\mathrm{d}\Omega\ddot{q}^{e} \tag{7-7}$$

或

$$P_{i}^{e}=-M^{e}\ddot{q}^{e} \tag{7-8}$$

其中，M^{e} 为单元质量矩阵，即：

$$M^{e}=\int_{\Omega^{e}}\rho N^{T}N\mathrm{d}\Omega \tag{7-9}$$

3. 阻尼力的等效节点荷载

假设阻尼力正比于运动速度，比例常数为 α，则单元内单位体积上作用的阻尼力可表示为：

$$f_{d}=-\alpha\rho\dot{u}=-\alpha\rho N\dot{q}^{e} \tag{7-10}$$

其中，f 的下标 d 表示阻尼。阻尼力的等效节点荷载为：

$$P_{d}^{e}=\int_{\Omega^{e}}N^{T}f_{d}\mathrm{d}\Omega=-\int_{\Omega^{e}}\alpha\rho N^{T}N\mathrm{d}\Omega\dot{q}^{e} \tag{7-11}$$

或

$$P_{d}^{e}=-C^{e}\dot{q}^{e} \tag{7-12}$$

其中，C^{e} 为单元阻尼矩阵，即

$$C^{e}=\alpha\int_{\Omega^{e}}\rho N^{T}N\mathrm{d}\Omega=\alpha M^{e} \tag{7-13}$$

4. 动力学有限元方程建立

对作用于单元上的动荷载(体力和面力)，可采用公式将其转化成等效节点荷载，将上述三种单元等效节点荷载列阵集合成整体节点荷载向量。如果存在直接作用于节点上的集中动荷载，则可将其直接叠加到相应的节点自由度上。若仍用 P 表示外部动荷载产生的整体节点荷载向量，则总的整体节点荷载向量为 $-M\ddot{q}-C\dot{q}+P$。将虚位移原理应用于整个结构，便可得到如下方程：

$$Kq=-M\ddot{q}-C\dot{q}+P \tag{7-14}$$

即

$$M\ddot{q}+C\dot{q}+Kq=P \tag{7-15}$$

由上可见，采用有限单元法进行结构动力计算，必须建立结构系统的整体质量矩阵 M、阻尼矩阵 C 和刚度矩阵 K。它们均由相应的单元矩阵按照通用的方法直接集合而成。

由于动力问题中 K 的形式与静力问题完全相同，只是采用动力本构参数。

7.1.2 质量矩阵和阻尼矩阵

1. 质量矩阵

整体质量矩阵 M 是把惯性力向节点静力等效得到的，质量矩阵中元素 M_{ij} 的物理意义是自由度 j 的单位加速度在自由度 i 方向引起的力。在对结构进行离散化处理时，分配单元质量的常用方法有两种，即一致质量法和集中质量法。

按式(7-9)计算单元质量矩阵，使用了与推导单元刚度矩阵相同的位移函数，故称其为一致质量矩阵。又因为单元的动能和势能是相互协调的，故也称为协调质量矩阵。采用一致质量法求出的整体质量矩阵是与整体刚度矩阵相仿的带状对称方阵。例如，对于平面问题常应变三角形单元，一致质量矩阵为：

$$M^e = \int_{\Omega^e} \rho N^T N \mathrm{d}\Omega = \rho t \iint_{A^e} \begin{bmatrix} IN_1N_1 & IN_1N_2 & IN_1N_3 \\ IN_2N_1 & IN_2N_2 & IN_2N_3 \\ IN_3N_1 & IN_3N_2 & IN_3N_3 \end{bmatrix} \mathrm{d}x\mathrm{d}y$$

$$= \frac{\rho t A}{3} \begin{bmatrix} 0.5 & 0 & 0.25 & 0 & 0.25 & 0 \\ & 0.5 & 0 & 0.25 & 0 & 0.25 \\ & & 0.5 & 0 & 0.25 & 0 \\ & \text{对} & & 0.5 & 0 & 0.25 \\ & & \text{称} & & 0.5 & 0 \\ & & & & & 0.5 \end{bmatrix} \tag{7-16}$$

其中，A 是三角形面积。

集中质量法简单地将单元的质量集中分配于单元的节点，形成集中质量矩阵。每个节点所分配到的质量视该节点所管辖的范围而定。通常假定质量集中在点上，一般不考虑转动惯量，所以与转动自由度相关的质量系数为零。此外，任一节点的加速度仅在这一点上产生惯性力，对其他点没有作用，即质量矩阵中的非对角线元素为零。因此，集中质量矩阵是对角矩阵，其对角线上与转动自由度对应的元素为零。关于质量矩阵的对角化，目前还没有理论可循。最常用的方法是对一致质量矩阵的行求和，即：

$$m_{ii}^D = \sum_j m_{ij}^C = \sum_j \int_{\Omega^e} \rho N^T N \mathrm{d}\Omega = \int_{\Omega^e} \rho N_i \left(\sum_j N_j \right) \mathrm{d}\Omega = \int_{\Omega^e} \rho N_i \mathrm{d}\Omega \tag{7-17}$$

其中，m_{ii}^D 是集中质量矩阵的对角元素；m_{ij}^C 是一致质量矩阵的元素。

对于平面问题常应变三角形单元，集中质量矩阵为：

$$M^e = \frac{\rho t A}{3} \begin{bmatrix} 1 & 0 & 0 & 0 & 0 & 0 \\ 0 & 1 & 0 & 0 & 0 & 0 \\ 0 & 0 & 1 & 0 & 0 & 0 \\ 0 & 0 & 0 & 1 & 0 & 0 \\ 0 & 0 & 0 & 0 & 1 & 0 \\ 0 & 0 & 0 & 0 & 0 & 1 \end{bmatrix} \tag{7-18}$$

集中质量矩阵是对角线矩阵，形式简单、计算方便。困难是对于高次单元如何将单元的质量分配到各个节点上。一致质量矩阵是非对角线的，所以采用这种方法计算时，工作量要比采用集中质量法大得多。研究表明，采用一致质量矩阵将高估系统的最高自振频率；而采用集中质量矩阵则以同样量级低估最高自振频率。有学者建议在实际应用中采用混合质量矩阵，即这两种矩阵的平均值。

2. 阻尼矩阵

动力学方程中的阻尼项代表系统在运动中所耗散的能量。产生阻尼的原因是多方面的，例如滑动摩擦、空气阻力、材料内摩擦等。完全考虑这些因素来确定阻尼力是不可能的，通常是用等效黏滞阻尼来代替，即认为固体材料的阻尼与黏滞流体中的黏滞阻尼相似，阻尼力与运动速度或应变速度呈线性关系。所谓等效是指假定的黏滞阻尼在振动一周所产生的能量耗散与实际阻尼相同。

若假设阻尼力正比于运动速度，则单元阻尼矩阵按式计算。此时的单元阻尼矩阵正比于单元质量矩阵。如果假定阻尼应力正比于应变速度(由于材料内摩擦引起的结构阻尼通常可以简化为这种情况)，则可表示为：

$$\sigma_C=\beta D\dot{\varepsilon} \tag{7-19}$$

于是，根据初应力的等效节点荷载公式(7－13)，可以得到单元阻尼矩阵：

$$C^e=\beta\int_{\Omega^e}B^TDB\,\mathrm{d}\Omega=\beta K^e \tag{7-20}$$

可见，此单元阻尼矩阵正比于单元刚度矩阵。

求出单元阻尼矩阵后，采用直接集成方法可得到整体阻尼矩阵。但是，阻尼系数一般依赖于频率，而且事先并不知道。可见，要精确地确定阻尼矩阵相当困难。通常将实际结构的阻尼矩阵简化为质量矩阵和刚度矩阵的线性组合，即采用 Rayleigh 阻尼：

$$C=\alpha M+\beta K \tag{7-21}$$

7.2　结构的固有振动特性分析

计算结构的固有频率和固有振型称为特征值问题。它既是结构动力分析的基本内容，也是采用振型叠加法计算结构动力响应的前提。

7.2.1　广义特征值问题

在式(7－15)中令 $P=0$，得到自由振动方程。在实际工程中，阻尼对结构自振频率和振型的影响不大，因此可忽略阻尼力，从而得到无阻尼自由振动的运动方程：

$$M\ddot{q}+Kq=0 \tag{7-22}$$

式(7－22)为常系数线性齐次常微分方程组，其解的形式为：

$$q=\phi\cos\omega t \tag{7-23}$$

将其代入式(7－23)，可得齐次方程：

$$(K-\omega^2M)\phi=0 \tag{7-24}$$

在自由振动时，因结构中各节点的振幅不全为零，故其系数行列式必为零，即：

$$|K-\omega^2M|=0 \tag{7-25}$$

求解式(7-24)的问题称为广义特征值问题。结构的刚度矩阵 K 和质量矩阵 M 都是 n 阶方阵，其中 n 是结构的节点自由度的数目。可见，式(7-25)是关于 ω^2 的 n 次代数方程，称为式(7-22)的特征方程，其解 $\omega_i^2(i=1, 2, \cdots, n)$ 称为特征值。对应于每个特征值 ω_i^2，由式(7-24)可确定一组相应的振幅值 $\phi_i(i=1, 2, \cdots, n)$，称为特征向量，在工程上通常称为结构的振型。

7.2.2 特征值和特征向量

在结构有限元分析中，刚度矩阵和质量矩阵都是实对称矩阵。消除刚体位移后的刚度矩阵是正定的；采用一致质量矩阵时，质量矩阵是正定的。数学上可以证明，当质量矩阵为对称正定、刚度矩阵为对称正定或半正定时，所有特征值为非负的实数，特征向量也是实向量。因此，对于广义特征值问题，可将其 n 个实特征值顺次排列为：

$$0 \leqslant \omega_1^2 \leqslant \omega_2^2 \leqslant \cdots \leqslant \omega_{n-1}^2 \leqslant \omega_n^2 \tag{7-26}$$

其中，ω_i 称为结构的第 i 阶固有频率，对应的特征向量 ϕ_i 称为第 i 阶固有振型。它们满足方程：

$$K\boldsymbol{\phi}_i = \omega_i^2 M \boldsymbol{\phi}_i \quad (i=1, 2, \cdots, n) \tag{7-27}$$

显然，如果 ϕ_i 是广义特征值问题的特征向量，乘以不等于零的常数后仍为特征向量。为了确定起见，通常使特征向量满足：

$$\boldsymbol{\phi}_i^T M \boldsymbol{\phi}_i = 1 \quad (i=1, 2, \cdots, n) \tag{7-28}$$

这样规定的特征向量或振型称为正则振型。

将特征解(ω_i^2，ϕ_i)和(ω_j^2，ϕ_j)分别代回方程(7-24)得到：

$$K\boldsymbol{\phi}_i = \omega_i^2 M \boldsymbol{\phi}_i \tag{7-29}$$

$$K\boldsymbol{\phi}_j = \omega_j^2 M \boldsymbol{\phi}_j \tag{7-30}$$

式(7-29)两端前乘以 ϕ_j^T，式(7-30)两端前乘以 ϕ_i^T，并注意到 K 和 M 的对称性，可以得到：

$$(\omega_i^2 - \omega_j^2)\boldsymbol{\phi}_j^T M \boldsymbol{\phi}_i = 0 \tag{7-31}$$

可见，当 $\omega_i \neq \omega_j$ 时，必有：

$$\boldsymbol{\phi}_j^T M \boldsymbol{\phi}_i = 0 \tag{7-32}$$

式(7-32)表明特征向量关于矩阵 M 是正交的。式(7-28)和式(7-32)结合在一起可表示为：

$$\boldsymbol{\phi}_i^T M \boldsymbol{\phi}_j = \delta_{ij} = \begin{cases} 1 & i=j \\ 0 & i \neq j \end{cases} \tag{7-33}$$

由式(7-27)、式(7-33)，可得：

$$\boldsymbol{\phi}_i^T K \boldsymbol{\phi}_j = \delta_{ij}\omega_i^2 = \begin{cases} \omega_i^2 & i=j \\ 0 & i \neq j \end{cases} \tag{7-34}$$

将 n 个振型向量按次序排列，构成一个新的矩阵，称为振型矩阵或模态矩阵，表示为：

$$\Phi = [\phi_1 \quad \phi_2 \quad \cdots \quad \phi_n] \tag{7-35}$$

如果是正则化振型，则模态矩阵也称为正则矩阵，其性质可表示成：

$$\left.\begin{array}{l}\Phi^T M\Phi = I \\ \Phi^T K\Phi = \Omega^2\end{array}\right\} \tag{7-36}$$

其中

$$\Omega^2 = \begin{bmatrix} \omega_1^2 & & & 0 \\ & \omega_2^2 & & \\ & & \ddots & \\ 0 & & & \omega_n^2 \end{bmatrix} \tag{7-37}$$

7.3　结构动力响应分析

动力响应问题就是求解动力学方程，即在外载荷 $P(t)$的作用下，求出作为时间函数的 q、$\dot{q}$ 和 $\ddot{q}$，动力响应问题的常用解法有振型或振型叠加法(Mode superposition)和直接积分法(Direct integration)。

振型法首先利用自然振动的模态矩阵对无阻尼系统、阻尼系统的动力学方程进行解耦处理，以得到各自独立的动力学方程，然后分别进行求解，可以是数值求解，也可以解析求解。直接积分法就是直接将动力学方程对时间进行分段数值离散，然后计算每一时刻的位移数值，这一过程实际上是将时间的积分区间进行离散化，因此叫作积分算法。关于时间的格式有显式和隐式，主要有基于中心差分法(显示算法)和 Newmark 法(隐式算法)。

7.3.1　振型叠加法

一般情况下，方程组(7-15)是耦合的。振型叠加法的基本思想是先将方程组非耦合化，然后再积分求解非耦合方程组。M 和 K 是振型正交的，而且在采用系统比例阻尼假设下，C 也是振型正交的。在自然坐标下，系统微分方程没有弹性或刚性耦合，自然坐标是能使运动方程不存在耦合的一组广义坐标，而任意一组广义坐标通过以模态矩阵为变换矩阵的线性变换，就可变换到自然坐标，因此借助振型向量所构成的位移变换矩阵，便可实现方程组的非耦合化。

在求出结构无阻尼自由振动的频率和振型以后，可用振型的线性组合来表示结构的节点位移。

$$q = \phi_1 x_1(t) + \phi_2 x_2(t) + \cdots + \phi_n x_n(t) = [\phi_1 \quad \phi_2 \quad \cdots \quad \phi_n]x = \Phi x \tag{7-38}$$

其中，$x_i(t)$是时间的函数，为自然坐标，这样便有：

$$\dot{q} = \Phi\dot{x},\ \ddot{q} = \Phi\ddot{x} \tag{7-39}$$

代入方程式(7-15)，并各项前乘 ϕ^T，得：

$$\phi^T M\Phi x + \phi^T C\phi x + \phi^T K\phi x = \phi^T P \tag{7-40}$$

注意到式(7-36)，并设阻尼矩阵为质量矩阵与刚度矩阵的线性组合，即：

$$C = \alpha M + \beta K \tag{7-41}$$

于是：

$$\Phi^T C\Phi=\begin{bmatrix}2\omega_1\lambda_1 & 0 & \cdots & 0\\ 0 & 2\omega_2\lambda_2 & \cdots & 0\\ & & \vdots & \\ 0 & 0 & \cdots & 2\omega_n\lambda_n\end{bmatrix} \tag{7-42}$$

其中：

$$2\omega_i\lambda_i=\alpha+\beta\omega_i \tag{7-43}$$

显然，如果已知结构的两个频率 ω_i、ω_j 以及相应的阻尼比 λ_i、λ_j，则阻尼常数为：

$$\alpha=\frac{2(\lambda_i\omega_j-\lambda_j\omega_i)}{(\omega_j+\omega_i)(\omega_j-\omega_i)}\omega_i\omega_j,\quad \beta=\frac{2(\lambda_i\omega_j-\lambda_j\omega_i)}{(\omega_j+\omega_i)(\omega_j-\omega_i)} \tag{7-44}$$

将式(7-36)、式(7-42)代入式(7-40)，可得一组相互独立的微分方程：

$$\left.\begin{aligned}\ddot{x}_1+2\omega_1\lambda_1\dot{x}_1+\omega_1^2x_1=\phi_1^TP=r_1(t)\\ \ddot{x}_2+2\omega_2\lambda_2\dot{x}_2+\omega_2^2x_2=\phi_2^TP=r_2(t)\\ \vdots\qquad\qquad\\ \ddot{x}_n+2\omega_n\lambda_n\dot{x}_n+\omega_n^2x_n=\phi_n^TP=r_n(t)\end{aligned}\right\} \tag{7-45}$$

由于高阶振型对结构动力响应的贡献一般都很小，通常只计算最低的 3～5 个振型即可。振型叠加法的缺点是必须求解特征值问题。另外，由于该法应用了叠加原理，故只适用于线性问题。

单自由度微分方程式(7-45)可用后面将要介绍的直接积分法计算，但通常采用 Duhamel 积分，其基本思想是：将激振力 $r_i(t)$分解为一系列微冲量的连续作用，分别求出每个微冲量的响应，然后将所有微冲量的响应叠加起来。

$$x_i(t)=\frac{1}{\omega_i}\int_0^t r_i(\tau)e^{-\lambda_i\overline{\omega}_i(t-\tau)}\sin\overline{\omega_i}(t-\tau)\mathrm{d}\tau+e_i^{-\lambda}\overline{\omega}_it(a_i\sin\overline{\omega}_it+b_i\cos\overline{\omega}_it) \tag{7-46}$$

其中，$\overline{\omega_i}=\omega_i\sqrt{1-\lambda_i^2}$；常数 a_i、b_i 由初始条件确定。

7.3.2 直接积分法

1. 中心差分法

在中心差分法中，加速度和速度可以用位移表示为：

$$\ddot{q}_t=\frac{1}{\Delta t^2}(q_{t-\Delta t}-2q_t+q_{t+\Delta t}) \tag{7-47}$$

$$\dot{q}_t=\frac{1}{2\Delta t}(q_{t+\Delta t}-q_{t-\Delta t}) \tag{7-48}$$

为了求得 $t+\Delta t$ 时刻的位移解答 $q_{t+\Delta t}$，可在 t 时刻建立运动方程，即：

$$M\ddot{q}_t+C\dot{q}_t+Kq_t=P_t \tag{7-49}$$

将式(7-47)和式(7-48)代入式(7-49)，得到：

$$\overline{K}q_{t+\Delta t}=\overline{P}_{t+\Delta t} \tag{7-50}$$

其中，$\overline{K}$ 称为有效刚度矩阵；$\overline{P}_{t+\Delta t}$称为有效节点荷载，它们的表达式分别为：

$$\overline{K}=\frac{1}{\Delta t^2}M+\frac{1}{2\Delta t}C \tag{7-51}$$

$$\overline{P}_{t+\Delta t}=P_t-\left(K-\frac{2}{\Delta t^2}M\right)q_t-\left(\frac{1}{\Delta t^2}M-\frac{1}{2\Delta t}C\right)q_{t-\Delta t} \tag{7-52}$$

当 $t=0$ 时，为了计算 $q_{t+\Delta t}$，除了初始条件已知的 q_0 外，还需要知道 $q_{-\Delta t}$。为此，利用式(7－47)和式(7－48)可以得到：

$$q_{-\Delta t}=q_0-\Delta t\,\dot{q}_0+\frac{\Delta t^2}{2}\ddot{q}_0 \tag{7-53}$$

式(7－47)是用相邻时刻的位移表示的代数方程组，由此可解出 $q_{t+\Delta t}$。因 $q_{t+\Delta t}$ 是利用 t 时刻的运动方程得到的，K 不出现在有效刚度矩阵 $\overline{K}$ 中，因此中心差分法被称为显式积分法。这种方法的优点是计算简单，缺点则在于它是有条件稳定的，即当时间步长 Δt 过大时，积分是不稳定的。

2. Newmark 法

Newmark 法是应用最为广泛的一种隐式算法(Implicit algorithm)，它实际上是线性加速度法的一种推广，它采用以下公式来计算：

$$\dot{q}_{t+\Delta t}=\dot{q}_t+[(1-\beta)\ddot{q}_t+\beta\cdot\ddot{q}_{t+\Delta t}]\Delta t \tag{7-54}$$

$$q_{t+\Delta t}=q_t+\dot{q}_t\Delta t+\left[\left(\frac{1}{2}-\alpha\right)\ddot{q}_t+\alpha\cdot\ddot{q}_{t+\Delta t}\right]\Delta t^2 \tag{7-55}$$

其中 β 和 α 是根据积分精度和稳定性要求来决定的；当 $\beta=\frac{1}{2}$ 和 $\alpha=\frac{1}{6}$ 时，则式(7－54)、式(7－55)变为线性加速度法的格式，由式(7－56)可以求出 $\ddot{q}_{t+\Delta t}$ 为：

$$\ddot{q}_{t+\Delta t}=\frac{1}{\alpha\Delta t^2}(q_{t+\Delta t}-q_t)-\frac{1}{\alpha\Delta t}\dot{q}_t-\left(\frac{1}{2\alpha}-1\right)\ddot{q}_t \tag{7-56}$$

Newmark 方法是基于 $t+\Delta t$ 时刻的动力学方程进行推导的，即：

$$M\ddot{q}_{t+\Delta t}+C\dot{q}_{t+\Delta t}+Kq_{t+\Delta t}=P_{t+\Delta t} \tag{7-57}$$

将式(7－55)代入式(7－57)中，然后再将式(7－56)和式(7－54)代入式(7－57)中，有：

$$\hat{K}q_{t+\Delta t}=P_{t+\Delta t}+M\left[\frac{1}{\alpha\Delta t^2}q_t+\frac{1}{\alpha\Delta t}\dot{q}_t+\left(\frac{1}{2\alpha}-1\right)\ddot{q}_t\right]+C\left[\frac{\beta}{\alpha\Delta t}q_t+\left(\frac{\beta}{\alpha}-1\right)\dot{q}_t+\left(\frac{\beta}{2\alpha}-1\right)\Delta t\,\ddot{q}_t\right] \tag{7-58}$$

其中：

$$\hat{K}=K+\frac{1}{\alpha\Delta t^2}M+\frac{\beta}{\alpha\Delta t}C \tag{7-59}$$

从式(7－58)中可以看出，在计算 $q_{t+\Delta t}$ 时需要对 $\hat{K}$ 求逆，而 $\hat{K}$ 中又包含了 K，在非线性问题中，K 是变化的，因而该算法的计算量比较大，由于推导式(7－58)时，利用了 $t+\Delta t$ 时刻的动力学方程式(7－57)，而需要求解的未知 $q_{t+\Delta t}$ 也是处于 $t+\Delta t$ 时刻，因此该算法称为隐式算法，可以证明当 $\beta\geqslant 0.5$、$\alpha\geqslant 0.25(0.5+\beta)^2$ 时，Newmark 方法是无条件稳定的，虽然时间步长 Δt 的大小不影响求解的稳定性，但会影响求解精度，因此需要根据计算精度来确定 Δt。可以看出：无条件稳定的隐式算法是以 $\hat{K}$ 的求逆而增加计算量这一代价来换取比显式算法大得多的时间步长 Δt 的。

7.4 典型例题

例题 7-1 计算平面应力(应变)3节点三角形单元的协调质量 M_e 矩阵和集中质量矩阵 M_i^e。

解：

(1)协调质量矩阵。

位移插值函数是：

$$N = [N_1 \quad N_2 \quad N_3] I$$

其中 I 是 2×2 单位矩阵。

$$N_i = (a_i + b_i x + c_i y)/2A (i=1, 2, 3)$$

$$M^e = \int_{V_e} \rho N^T N \mathrm{d}V C^e = \int_{V_e} \mu N^T N \mathrm{d}V$$

$$K^e = \int_{V_e} B^T DB \mathrm{d}V Q^e = \int_{V_e} N^T f \mathrm{d}V + \int_{S^e_\sigma} N^T T \mathrm{d}S$$

M^e、C^e、K^e 和 Q^e 分别是单元的质量、阻尼、刚度和载荷矩阵。

单元的协调质量矩阵：

$$M^e = \frac{W}{3}\begin{bmatrix} \frac{1}{2} & 0 & \frac{1}{4} & 0 & \frac{1}{4} & 0 \\ 0 & \frac{1}{2} & 0 & \frac{1}{4} & 0 & \frac{1}{4} \\ \frac{1}{4} & 0 & \frac{1}{2} & 0 & \frac{1}{4} & 0 \\ 0 & \frac{1}{4} & 0 & \frac{1}{2} & 0 & \frac{1}{4} \\ \frac{1}{4} & 0 & \frac{1}{4} & 0 & \frac{1}{2} & 0 \\ 0 & \frac{1}{4} & 0 & \frac{1}{4} & 0 & \frac{1}{2} \end{bmatrix}$$

其中，$W = \rho t A$ 是单元的质量，t 是单元的厚度。

(2)集中质量矩阵。

按第一种方法计算，得到集中质量矩阵为：

$$M_i^e = \frac{W}{3}\begin{bmatrix} 1 & 0 & 0 & 0 & 0 & 0 \\ 0 & 1 & 0 & 0 & 0 & 0 \\ 0 & 0 & 1 & 0 & 0 & 0 \\ 0 & 0 & 0 & 1 & 0 & 0 \\ 0 & 0 & 0 & 0 & 1 & 0 \\ 0 & 0 & 0 & 0 & 0 & 1 \end{bmatrix}$$

此式的力学意义是：在单元的每个节点上集中 1/3 的质量。

例题 7－2　图 7.1 中某三自由度弹簧系统，$k_1=k$、$k_2=k$、$k_3=k$、$m_1=m$、$m_2=m$、$m_3=m$。求解系统固有频率和正则振型。

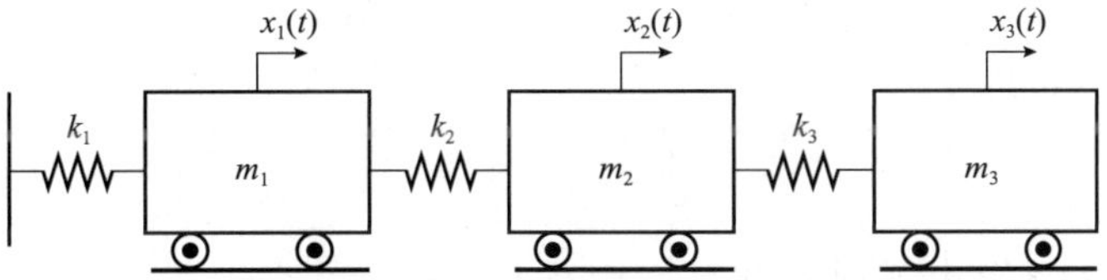

图 7.1　三自由度弹簧系统

解： 求解系统的固有频率和振型：

$$\begin{bmatrix} 2k & -k & 0 \\ -k & 2k & -k \\ 0 & -k & k \end{bmatrix}\varphi=\omega^2\begin{bmatrix} m & 0 & 0 \\ 0 & m & 0 \\ 0 & 0 & m \end{bmatrix}\varphi \tag{a}$$

求解式(a)，得到特征值及特征向量：

$$\begin{aligned} &\omega_1^2=0.198k/m \quad \phi_1=[1 \quad 1.802 \quad 2.247]^T \\ &\omega_2^2=1.555k/m \quad \phi_2=[1 \quad 0.445 \quad -0.802]^T \\ &\omega_3^2=3.247k/m \quad \phi_3=[1 \quad -1.247 \quad 0.555]^T \end{aligned} \tag{b}$$

进一步，求得正则振型矩阵：

$$\Phi=\frac{1}{\sqrt{m}}\begin{bmatrix} 0.328 & 0.737 & 0.591 \\ 0.591 & 0.328 & -0.737 \\ 0.737 & -0.591 & 0.328 \end{bmatrix} \tag{c}$$

在系统受到外力激励作用下，利用式(c)，可以转换为以 ϕ_1、ϕ_2 和 ϕ_3 为基向量的 3 个互不耦合的运动方程，即：

$$\begin{aligned} &\ddot{x}_1(t)+0.198k/mx_1(t)=Q_{\phi_1} \\ &\ddot{x}_2(t)+1.555k/mx_2(t)=Q_{\phi_2} \\ &\ddot{x}_3(t)+3.247k/mx_3(t)=Q_{\phi_3} \end{aligned} \tag{d}$$

例题 7－3　一阶梯杆如图 7.2 所示，两杆的弹性模量为 E，质量密度为 ρ，横截面积 $A_1=2A_2=2A$，杆件长度 $l_1=l_2=L/2$。(1)考虑自由状态求解其频率和振型；(2)如图所示左端约束，求解其频率和振型；(3)假定在右端作用一脉冲载荷 $P(t)$，大小为 P，持续时间为 t_0。

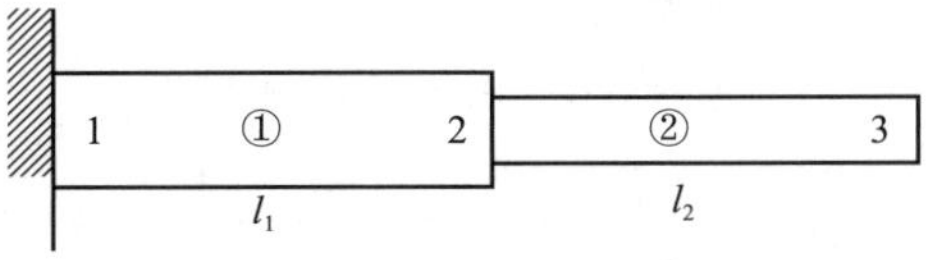

图 7.2　一端固定阶梯杆

解： (1)自由状态。

1)将结构离散为两个杆单元，分别计算各自的单元刚度矩阵和质量矩阵，有：

$$K^1=\frac{4EA}{L}\begin{bmatrix} 1 & -1 \\ -1 & 1 \end{bmatrix}$$

$$K^2=\frac{2EA}{L}\begin{bmatrix}1 & -1\\ -1 & 1\end{bmatrix}$$

$$M^1=\frac{\rho^{(1)}A^{(1)}l^{(1)}}{6}\begin{bmatrix}2 & 1\\ 1 & 2\end{bmatrix}=\frac{\rho AL}{6}\begin{bmatrix}2 & 1\\ 1 & 2\end{bmatrix}$$

$$M^2=\frac{\rho^{(2)}A^{(2)}l^{(2)}}{6}\begin{bmatrix}2 & 1\\ 1 & 2\end{bmatrix}=\frac{\rho AL}{12}\begin{bmatrix}2 & 1\\ 1 & 2\end{bmatrix}$$

2)对刚度矩阵和质量矩阵进行组装，形成总体平衡方程：

$$(K-\omega^2 M)\phi=0$$

方程有非零解的条件：

$$|K-\omega^2 M|=0$$

即

$$\left|\frac{2EA}{L}\begin{bmatrix}2 & -2 & 0\\ -2 & 3 & -1\\ 0 & -1 & 1\end{bmatrix}-\frac{\omega^2\rho AL}{12}\begin{bmatrix}4 & 2 & 0\\ 2 & 6 & 1\\ 0 & 1 & 2\end{bmatrix}\right|=0$$

令：
$$\lambda=\frac{\rho\omega^2 L^2}{24E}$$

3)计算行列式

$$18\lambda(1-2\lambda)(\lambda-2)=0$$

求得：$\lambda_1=0$，$\lambda_2=\frac{1}{2}$，$\lambda_3=2$。

固有频率为：$\omega_1=0$，$\omega_2=3.46\left(\frac{E}{\rho L^2}\right)^{\frac{1}{2}}$，$\omega_3=6.92\left(\frac{E}{\rho L^2}\right)^{\frac{1}{2}}$

三阶振型分别为，将每个振型中最大元素进行归一化处理：

$$\varphi_1=[1\quad 1\quad 1]^T$$
$$\varphi_2=[-0.5\quad 0\quad 1]^T$$
$$\varphi_3=[1\quad -1\quad 1]^T$$

(2)左端固定：

$$\left|\frac{2EA}{L}\begin{bmatrix}3 & -1\\ -1 & 1\end{bmatrix}-\frac{\omega^2\rho AL}{12}\begin{bmatrix}6 & 1\\ 1 & 2\end{bmatrix}\right|=0$$

求得解：$\omega_1=1.985\left(\frac{E}{\rho L^2}\right)^{1/2}$，$\omega_2=5.159\left(\frac{E}{\rho L^2}\right)^{1/2}$

振型为(采用最大元素归一化处理)：

$$\phi_1=[0\quad 0.5775\quad 1]^T$$
$$\phi_2=[0\quad -0.5775\quad 1]^T$$

(3)求解在外激励作用下系统的响应。

正则振型为：

$$\varphi_1=\frac{1}{\sqrt{\rho AL}}[0.8812\quad 1.526]^T$$

$$\varphi_2=\frac{1}{\sqrt{\rho AL}}[-1.186\quad 2.053]^T$$

模态矩阵，即满足式(7－36)：

$$\Phi=\frac{1}{\sqrt{\rho AL}}\begin{bmatrix}0.8812 & -1.186\\ 1.526 & 2.053\end{bmatrix}$$

载荷列阵：

$$Q=\phi^{T}P=\frac{1}{\sqrt{\rho AL}}\begin{bmatrix}0.8812 & -1.186\\ 1.526 & 2.053\end{bmatrix}^{T}\begin{Bmatrix}0\\ p(t)\end{Bmatrix}=\frac{1}{\sqrt{\rho AL}}\begin{bmatrix}1.526\\ 2.083\end{bmatrix}p(t)$$

假定初始条件：

$$q=0,\quad \dot{q}=0$$

转换为模态坐标(正则坐标)后，

$$x=0,\quad \dot{x}=0$$

根据杜哈梅积分公式，求得：

$$\begin{aligned}x_{1}(t)&=\frac{1}{\omega_{1}}\int_{0}^{t}F_{1}(t)\sin\omega_{1}(t-\tau)d\tau\\&=\frac{L}{1.985}\sqrt{\frac{\rho}{E}}\int_{0}^{t}\frac{1.526}{\sqrt{\rho AL}}p(t)\sin\frac{1.985}{L}\sqrt{\frac{E}{\rho}}(t-\tau)\mathrm{d}\tau\\x_{2}(t)&=\frac{1}{\omega_{2}}\int_{0}^{t}F_{1}(t)\sin\omega_{2}(t-\tau)d\tau\\&=\frac{L}{5.159}\sqrt{\frac{\rho}{E}}\int_{0}^{t}\frac{2.053}{\sqrt{\rho AL}}p(t)\sin\frac{5.159}{L}\sqrt{\frac{E}{\rho}}(t-\tau)\mathrm{d}\tau\end{aligned}$$

根据式(7－38)，系统位移响应为：

$$\begin{aligned}q=\Phi x=\Phi&=\frac{1}{\sqrt{\rho AL}}\begin{bmatrix}0.8812 & -1.186\\ 1.526 & 2.053\end{bmatrix}\begin{Bmatrix}x_{1}(t)\\ x_{2}(t)\end{Bmatrix}\\&=\frac{1}{\sqrt{\rho AL}}\begin{Bmatrix}0.8812x_{1}(t)-1.186x_{2}(t)\\ 1.526x_{1}(t)+2.053x_{2}(t)\end{Bmatrix}\end{aligned}$$

拓展阅读

胡—鹫津原理的创立者——胡海昌

胡海昌是我国著名力学家、空间技术专家，以创立弹性力学三类变量广义变分原理(国际公认的“胡—鹫津原理”)闻名于世。他在边界积分方程构建、横观各向同性弹性体空间问题求解及振动理论、结构理论等领域均有重要贡献，其研究为力学数值方法的发展奠定了关键理论基础。

1928 年 4 月 25 日，胡海昌出生于浙江省杭州市一个教育工作者家庭。1946 年考入浙江大学土木工程系，在校期间展现出“刻苦自学、善从理论角度分析问题”的特质，在钱令希指导下开始探索力学近似解法的统一框架。1950 年毕业后，他进入中国科学院数学研究所力学研究室，正式开启力学研究生涯，聚焦弹性力学、板壳理论等领域，发表论著约30篇，其中1954年刊载于《物理学报》的《论弹性体力学和受范性体力学中的一般变分原理》一文，成为其学术生涯的里程碑。

在这篇论文中，胡海昌提出三类变量广义变分原理：将位移、应变、应力均作为自变函数，突破了传统变分原理对“必须精确满足某类方程”的限制，允许解题者根据问题性质自主选择精确满足或近似满足的方程。这一“无条件变分原理”为力学近似解法提供了空前灵活的理论工具，既解释了工程实用结构理论的能量本质，又为新数值方法的构建开辟了路径。1964年，该原理被美国学界命名为“胡—鹫津原理”。

20世纪50年代前，力学近似解法存在明显局限，工程结构理论精确满足连续与平衡条件但近似满足本构关系。基于最小势能原理的里兹法精确满足连续与本构关系但近似满足平衡条件，基于最小余能原理的方法则反之。胡海昌的三类变量广义变分原理打破了这种割裂，首次实现了三类方程的灵活处理。

该原理的提出引发连锁反应，国内在20世纪50～60年代掀起变分原理研究热潮，学者们据此发展出基于广义变分原理的里兹法(较国外同类工作早5年)，并相继建立板、壳、振动、稳定等问题的广义变分原理，保持国际领先地位；1970年后，国外学界认识到其对有限元等数值方法的奠基作用，美、日、苏、英等国学者在专著与论文中广泛引用，推动了有限元方法的理论论证与创新，成为中国力学成果在国际上产生强烈反响的典范。

胡海昌的研究覆盖弹性力学、塑性力学、流体力学及结构平衡、稳定与振动等领域，发表论文百余篇，著译7本。他建立了新型边界积分方程，首次找到横观各向同性弹性体空间问题的重要解，在振动与结构理论中亦有突破。1982年，其领衔的《弹性力学的广义变分原理的研究》获国家自然科学奖二等奖，专著《弹性力学的变分原理及其应用》获全国优秀科技图书奖。

胡海昌将成就归因于“崇高的理想、科学的态度和大度的胸怀”，理想指引取舍与毅力，科学态度保障效率与效果，宽广胸怀助力博采众长。这种学术精神与其理论成果相辅相成，使其不仅成为力学领域的理论开拓者，更成为后辈学者的精神标杆。

02

第二篇

工程软件应用

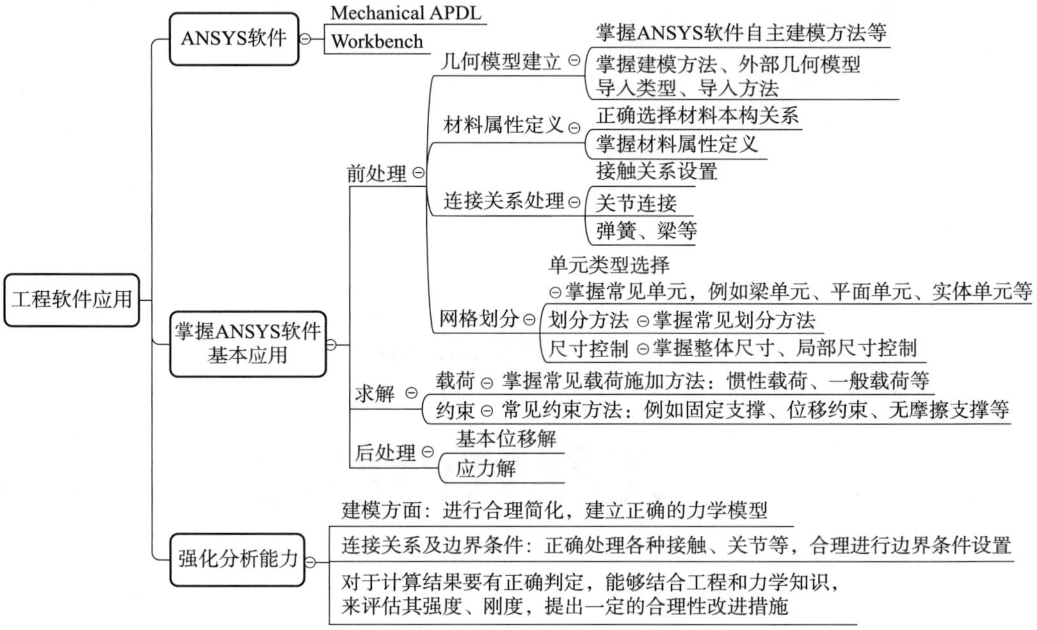

工程软件应用
ANSYS软件
Mechanical APDL
Workbench
掌握ANSYS软件基本应用
前处理
几何模型建立
掌握ANSYS软件自主建模方法等
掌握建模方法、外部几何模型导入类型、导入方法
材料属性定义
正确选择材料本构关系
掌握材料属性定义
连接关系处理
接触关系设置
关节连接
弹簧、梁等
网格划分
单元类型选择
掌握常见单元，例如梁单元、平面单元、实体单元等
划分方法
掌握常见划分方法
尺寸控制
掌握整体尺寸、局部尺寸控制
求解
载荷
掌握常见载荷施加方法：惯性载荷、一般载荷等
约束
常见约束方法：例如固定支撑、位移约束、无摩擦支撑等
后处理
基本位移解
应力解
强化分析能力
建模方面：进行合理简化，建立正确的力学模型
连接关系及边界条件：正确处理各种接触、关节等，合理进行边界条件设置
对于计算结果要有正确判定，能够结合工程和力学知识，来评估其强度、刚度，提出一定的合理性改进措施

工程软件应用思维导图

第 8 章　ANSYS 软件

8.1　ANSYS 软件简介

ANSYS 是著名的大型通用有限元分析软件之一，1970 年，John A. Swanson 博士成立了 Swanson 分析系统有限公司——ANSYS 通用有限元软件的开发商。作为全球知名的工业仿真软件，ANSYS 在有限元软件行业中一直处于领先地位，为全球用户提供包括结构、流体、电磁、传热等多个领域、多个学科的仿真产品，广泛应用于航空航天、石油化工、机械、能源、电子、土木工程等领域。自 ANSYS 7.0 开始，ANSYS 公司推出了 ANSYS 经典 Mechanical APDL 和 ANSYS Workbench 两个仿真环境，并且均已开发至 2023 R1 版本。

ANSYS Mechanical APDL(以下简称经典 ANSYS)，基于传统 GUI 界面，开展前处理建模、求解及后处理，对使用者要求较高的力学、有限元及结构等理论知识水平。其中 APDL 是 ANSYS Parametric Design Language 的缩写，意为 ANSYS 参数化设计语言，是一种类似 FORTRAN 的解释性语言，提供一般程序语言的功能，如参数、宏、标量、向量及矩阵运算、分支、循环、重复以及访问 ANSYS 有限元数据库等，另外提供简单界面定制功能，实现参数交互输入、消息机制、界面驱动和运行应用程序等。

ANSYS Workbench(以下简称 Workbench)是 ANSYS 公司推出的协同仿真环境，解决企业产品研发过程中 CAE 软件的异构问题，作为新一代工程技术仿真集成平台，能够连接 ANSYS 各类求解器，采用项目管理工具进行工程项目流程管理，将整个仿真分析流程紧密串联起来，可对工具箱窗口内工程仿真模拟所需的各类组件模块进行拖曳，进行各类型单一分析及复杂多物理场的分析。Workbench 具有 Windows 风格的友好界面，新一代的参数化建模工具与 CAD 能够无缝连接，极大提升了易用性，提供了多种客户化工具用于二次开发。

8.2　经典 ANSYS 简介

8.2.1　经典 ANSYS 程序的启动

1. 直接启动 ANSYS 主程序

在 Windows 系统，启动>程序>ANSYS 19.0>Mechanical APDL 19.0，如图 8.1 所示，注意这种方式进入 ANSYS 主界面，将保持上次使用 ANSYS 时的文件路径、文件名称等设置。

图 8.1　ANSYS Mechanical APDL 启动

2. 通过产品发射台启动

在 Windows 系统，点击启动＞程序＞ANSYS 19.0＞ANSYS Product Launcher，启动 ANSYS 配置对话框，如图 8.2 所示，其中“License”可以选择相应的功能模块，“Working Directory”为工作目录所在位置，设置后 ANSYS 的中间文件及计算结果等文件都会存在该目录下，“Job Name”为 ANSYS 所建立的模型及所有中间、结果等文件的名称。其他选项保持默认，单击“Run”后可以启动经典 ANSYS。

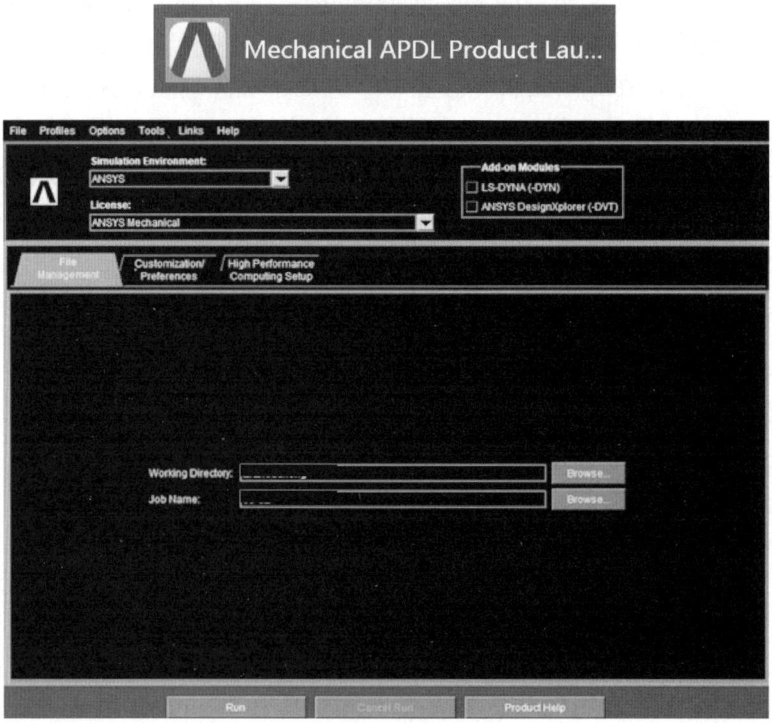

图 8.2　启动界面

8.2.2　经典 ANSYS 工作界面介绍

经典 ANSYS 总体界面及输出窗口如图 8.3 所示，主要包括：

· 应用菜单：包含 ANSYS 运行过程中常使用的功能，如图形、在线帮助、选择、文件管理等。

· 工具栏菜单：包含常用的工具图标，从左至右分别为新建分析、打开 ANSYS 文件、保存分析、平移/缩放/旋转、捕捉工具、生成报告、ANSYS 帮助。

· 命令输入窗口：大多数 GUI 功能都能通过输入命令来实现。可通过输入窗口键入命令来实现操作。

· 主菜单：包括了 ANSYS 进行分析计算的主要工具，例如：建模、施加载荷与约束、求解以及结果的列出与显示等。

· 图形窗口：模型相关的操作都在此显示。

· 状态条：显示当前单元属性设置和当前激活坐标系。

· 视图工具：主要用于对于模型的视角、缩放及平移等功能。

· 快捷工具条：主要实现文件的读取、退出及保存等。

· 输出窗口：在 ANSYS 操作过程显示对应的结果输出。注意，不可将此窗口关闭。

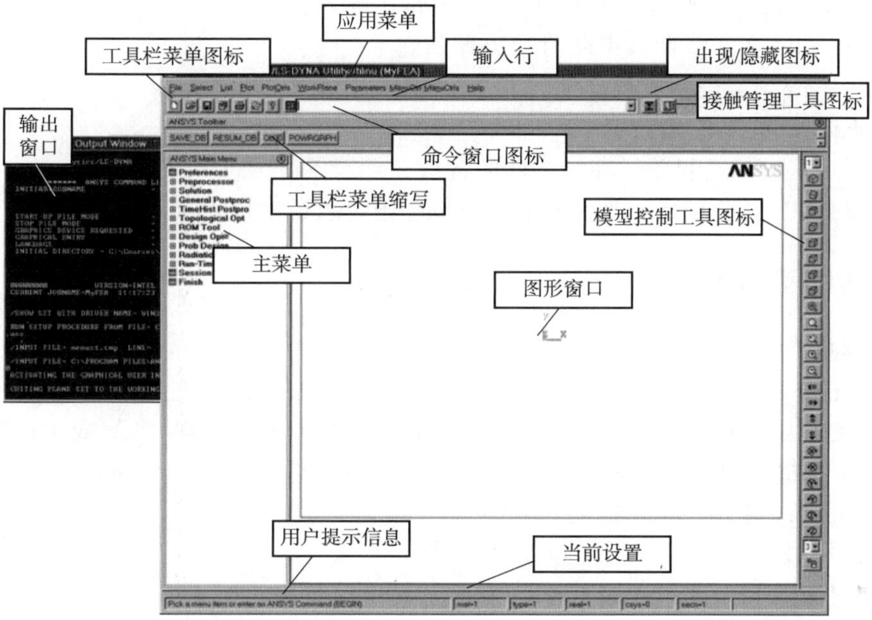

图 8.3　**总体界面**

8.2.3　ANSYS 文件类型

ANSYS 在运行过程中会产生许多临时文件和永久文件，临时文件在 ANSYS 运行结束后会被删除。永久文件在 ANSYS 运行结束后会被保存下来，其中包括计算和分析过程的结果相关数据。

1. 日志文件(Jobname. log)

ANSYS Log 文件是在 ANSYS 运行过程中自动生成的(Jobname. log)，记录了从 ANSYS 运行以来所执行的一切命令，包括 GUI 操作和通过 INPUT Window 直接输入的合法命令。日志文件是文本文件，可以用记事本打开并进行编辑。Log 文件记录了 ANSYS 所有执行的命令，因此，可以通过 Log 文件再现同样的一个分析过程。也可以利用 Log 文件，进行简单的编辑之后，得到分析过程的命令流，改变一些命令的参数，即可实现简单意义上的所谓参数化分析和建模。

2. 数据库文件(Jobname. dbb)

存储所有输入数据以及结果，数据库文件的备份在第二次存储后就会产生 Jobname. dbb 文件，均为二进制格式。

3. 结果文件

所有的 ANSYS 结果都自动保存到结果文件中，不同学科产生的结果文件名称不同，例如，结构分析结果文件为 Jobname. rst，热分析结果文件为 Jobname. rth。

4. 计算过程中的其他文件

Jobname. emat 二进制单元矩阵

Jobname. err 文本错误或警告信息

Jobname. esav 二进制单元存储数据(当非线性分析不能向上兼容时产生)

Jobname. full 二进制装配的整体刚度和质量矩阵

Jobname. ldhi 文本载荷步中载荷和边界条件

Jobname. mntr 二进制监视文件

Jobname. opt 文本优化数据

Jobname. osav 二进制单元存储文件的备份

Jobname. rdb 二进制第一载荷步第一子步起始时的数据状态

8.2.4 常用基本操作

1. 鼠标使用

左键用于选取或取消靠近光标的实体或位置，中键实现的功能类似于 Apply 按钮实现的功能。右键用于切换选取和取消选取模式，这与选取对话框上的 Pick 或 Unpick 的功能一致。Ctrl+左键，用于平移模型；Ctrl+中键，用于缩放模型，绕轴旋转模型(绕屏幕 Z)；Ctrl+右键，用于旋转模型。

2. 拾取功能

拾取功能允许用户通过在图形窗口中点击来识别模型实体或位置。一类是读取拾取：拾取现存的实体用于以后的操作；在拾取窗口中允许用户键入实体编号。Pick All 按钮表示所有实体。一类是位置拾取，例如点的坐标，如关键点或节点或在拾取窗口中由用户输入坐标值，如图 8.4 拾取菜单、图 8.5 选择菜单所示。

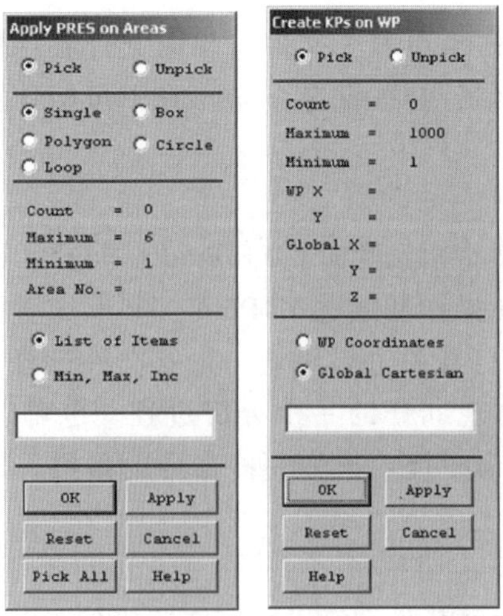

图 8.4 拾取菜单

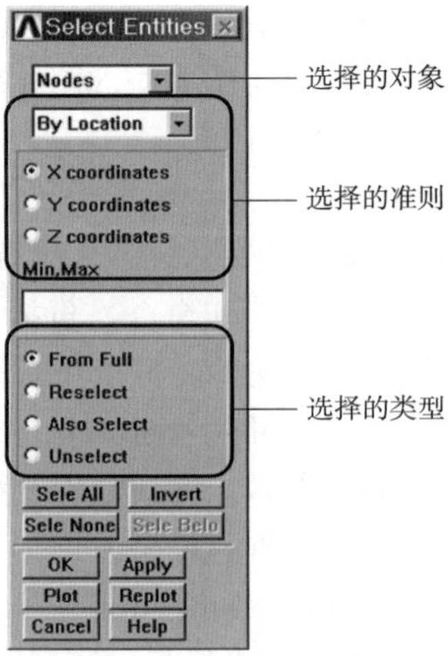

图 8.5 选择菜单

3. 逻辑选择功能

如图 8.5 所示，为选择功能菜单，主要包括了选择的对象、选择的方式、选择的范围及动作按钮。首先确定选择的对象，例如节点、单元、点、线、面、体等。其次确定选择的方式，例如通过拾取选择或坐标选择等。再确定选择的范围，例如从全集或子集等。最后执行动作按钮。

8.3　ANSYS Workbench 平台简介

8.3.1　Workbench 启动方式

在 Windows 系统，点击开始>程序>ANSYS 19.0>Workbench 19.0，如图 8.6 所示。

图 8.6　ANSYS Workbench 启动方式及启动界面

通过 CAD 接口启动。首先配置 Workbench 与主流 CAD 的接口方式。如图 8.7 所示的配置界面，例如，本机上安装了 Solidworks，则可以勾选其选项，接口有两种方式：reader 和 Assoicative。设置后，则可以在对应的 CAD 软件中启动 ANSYS Workbench，图 8.8 为在 Solidworks 界面启动 Workbench。

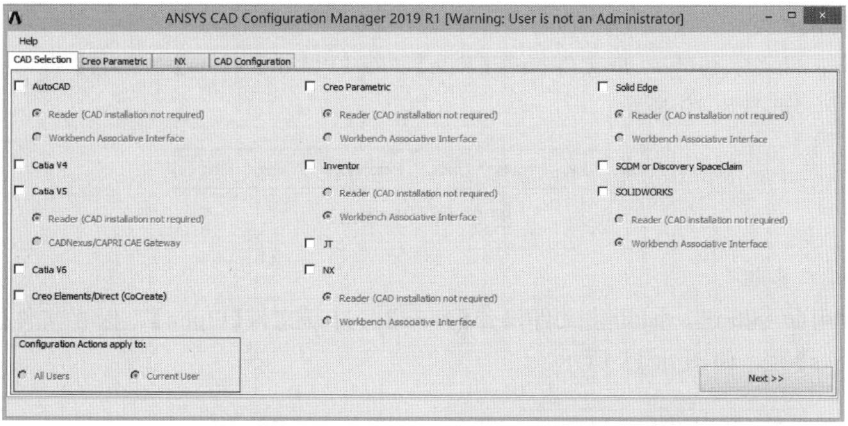

图 8.7　ANSYS Workbench 与 CAD 软件接口设置

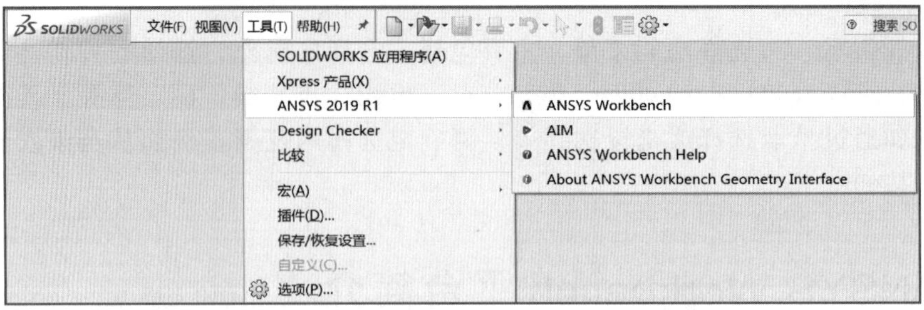

图 8.8　Solidworks 软件中启动 ASNSY Workbench

8.3.2　Workbench 工作界面

如图 8.9 所示，Workbench 平台工作界面由主菜单、基本工具栏、工具箱【Toolbox】、项目流程图【Project Schematic】等组成。

图 8.9　ANSYS Workbench 工作界面

1. 主菜单

包括基本的菜单系统，如文件操作【File】，窗口显示【View】，工具【Tools】，单位系统【Units】等，如图 8.10 所示。

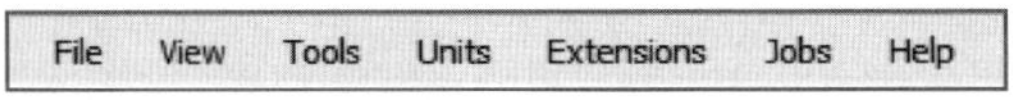

图 8.10　主菜单

2. 基本工具栏

包括常用命令按钮，如新建文件操作【New】，打开文件【Open】，保存文件【Save】，另存为【Save As】等，如图 8.11 所示。

图 8.11　基本工具栏

3. 工具箱

如图 8.12 所示，包括分析系统【Analysis Systems】：可以直接在项目管理区中使用的预定义模板。组件系统【Component Systems】：用于建立或扩展 Analysis Systems 的各种应用。自定义分析系统【Custom Systems】：可应用于耦合分析的预定义系统。用户也可以创建自己的预定义系统。设计优化【Design Exploration】：参数化管理和优化工具。

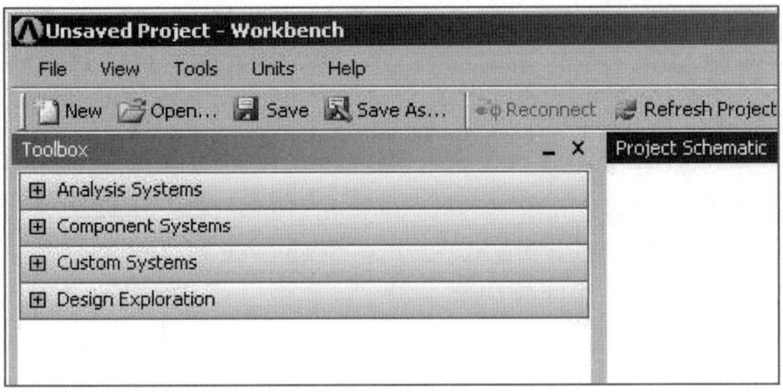

图 8.12　ANSYS Workbench 工具箱

4. 项目流程图

通过图表方式来定义一个或多个分析系统，工具栏中的选项拖放到项目管理区中，或者进行简单的双击操作。【Project Schematic】窗口是管理工程项目的一个区域，依靠引入的分析对象描述工作流程，分析系统和各个组件都可以加入项目流程图，并建立相互的关联。

如图 8.13 所示，将一个结构静力学分析系统拖放到一个热分析系统中，构成了一个热/结构耦合分析。即由一个静力学分析模块关联一个模态分析模块构成。关联系统的共享数据以不同的线连接，方点表示的关联数据和原始数据结构共享，不能编辑，只能在原始数据中进行修改更新。圆点表示的关联数据为白色，表示求解结果将从前一个分析系统传递到后一个分析系统，编辑、删除即可。

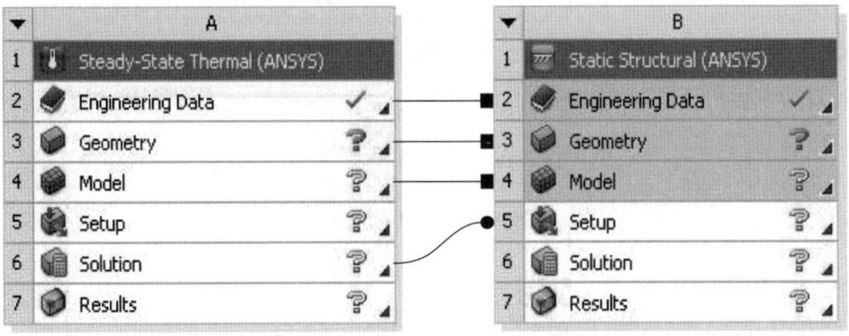

图 8.13　ANSYS Workbench 项目管理图

分析流程中单元格显示为绿色对号，表示已经完成的分析步骤。黄色闪电表示待定求解；问号表示需要输入缺少的数据；如果全部分析步骤正常完成，则所有单元格后面全部为绿色标记。

8.3.3 Workbench 文件管理

1. 文件系统

Workbench 将创建一个 Project 文件和一系列相关的子目录去管理所有相关文件。WB 中一个文件称为一个项目，每个项目中可以进行不同分析类型卡片的创建。创建项目文件并保存可以得到 WB 的项目存储文件，包括 *.wbpj 项目文件和 * _ files 文件夹，文件夹下存在众多子文件夹，分别为 dp0、user _ files、session _ files，下面分别针对每种文件做介绍。

(1)dp0 文件夹。

该文件夹为 WB 产生的设计点文件夹，包含每个分析系统的系统文件夹 SYS，在系统文件夹下面又包含每个应用系统，如 Mechanical、Fluent 等，在这些文件夹下包含模型路径、工程数据以及源数据等内容。此外，在 dp0 下还存在 global 文件夹，它包含用于整个项目中所有系统共享的数据库文件等内容。

(2)user _ files 文件夹。

该文件夹主要包含一些输入文件、参考文件以及用户宏文件，通常包括由 WB 生成的图片、图表、动画等。

(3)session _ files 文件夹。

该文件夹主要存储用户操作的宏文件，通常文件名称为 journal1.wbjn，用户可以通过编辑器打开文件进行宏操作的学习和修改。

2. 显示文件

在 WB 中单击菜单栏的 View→Files，可以查看所有创建的文件及其类型、时间、名称等，如图 8.14 所示。

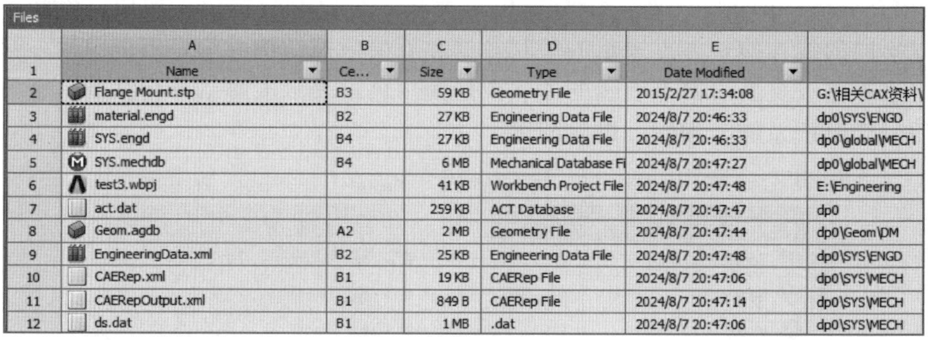

Files

	A	B	C	D	E	
1	Name	Ce...	Size	Type	Date Modified	
2	Flange Mount.stp	B3	59 KB	Geometry File	2015/2/27 17:34:08	G:\相关CAX资料\
3	material.engd	B2	27 KB	Engineering Data File	2024/8/7 20:46:33	dp0\SYS\ENGD
4	SYS.engd	B4	27 KB	Engineering Data File	2024/8/7 20:46:33	dp0\global\MECH
5	SYS.mechdb	B4	6 MB	Mechanical Database Fi	2024/8/7 20:47:27	dp0\global\MECH
6	test3.wbpj		41 KB	Workbench Project File	2024/8/7 20:47:48	E:\Engineering
7	act.dat		259 KB	ACT Database	2024/8/7 20:47:47	dp0
8	Geom.agdb	A2	2 MB	Geometry File	2024/8/7 20:47:44	dp0\Geom\DM
9	EngineeringData.xml	B2	25 KB	Engineering Data File	2024/8/7 20:47:48	dp0\SYS\ENGD
10	CAERep.xml	B1	19 KB	CAERep File	2024/8/7 20:47:06	dp0\SYS\MECH
11	CAERepOutput.xml	B1	849 B	CAERep File	2024/8/7 20:47:14	dp0\SYS\MECH
12	ds.dat	B1	1 MB	.dat	2024/8/7 20:47:06	dp0\SYS\MECH

图 8.14 显示文件

3. 文件归档和解压

对文件的归档管理主要通过菜单栏中 File 下的 Archive…和 Open…来进行。

用户可以通过 Archive 对文件进行打包存档，并且在弹出的 Archive Options 对话框中定义需要打包存档的内容。如果用户需要打开之前存档的压缩文件，可以通过 Open 进行复原。这两个操作便于用户对分析文件进行整理和归档。

8.3.4 单位系统

Workbench 使用【Units】菜单进行单位系统控制。可以从预定义的单位制选项中选取。

允许自定义单位制。控制工程数据，参数和图表显示的单位。

选择【Unit Systems】则激活单位制对话框，可以控制单位制显示，如图 8.15 所示。

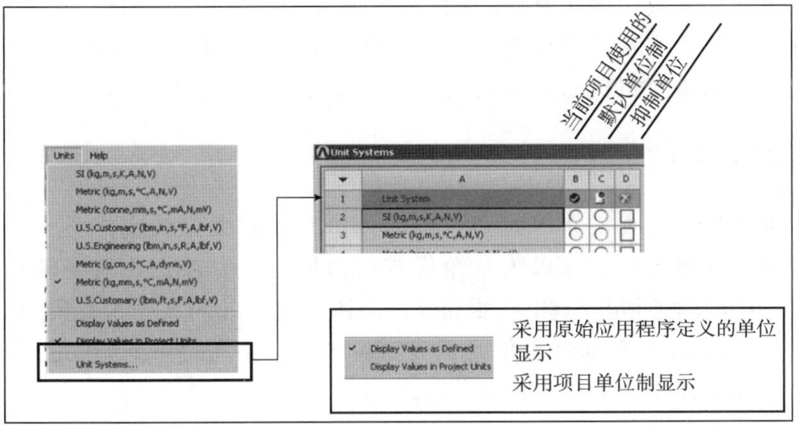

图 8.15　单位系统控制

8.4　ANSYS 中常用单元介绍

ANSYS 软件(经典 ANSYS 与 Workbench)中主要集中于 18X 单元及更高编号系列单元，该类单元包括强健的求解公式和丰富的本构关系。简要介绍软件中经常使用的梁单元、连续实体单元及板壳单元。

8.4.1　梁单元

Beam188、Beam189 两种新型梁单元基于铁摩辛柯梁理论，适合于细长梁或适度深梁的计算分析，并考虑了剪切变形的影响，非常适合线性、大角度转动和非线性大应变问题。其使用及后处理比起传统的梁单元来说，更加直观方便，具有更广泛的适用性。其中，Beam188 单元是两节点三维线性或者二次梁单元，Beam189 则是三节点三维梁单元，默认每个节点有六个自由度，即节点坐标系的 x、y、z 方向的平动和绕 x、y、z 轴的转动，当 KEYOPT(1)=1 时，每个节点有七个自由度，即引入了第七个自由度(横截面的翘曲)。

Beam188/Beam189 单元的定义包括其几何位置的确定，单元坐标系的确定及截面定义几个方面。在定义单元时，可以通过关键点(KEYPOINT)和连线(LINE)的方式进行定义；也可以通过由节点(NODE)直接绘制单元(ELEMENT)的方式定义。其单元截面方向必须通过方向关键节点 L 确定，图 8.16 为 Beam189 单元几何示意。

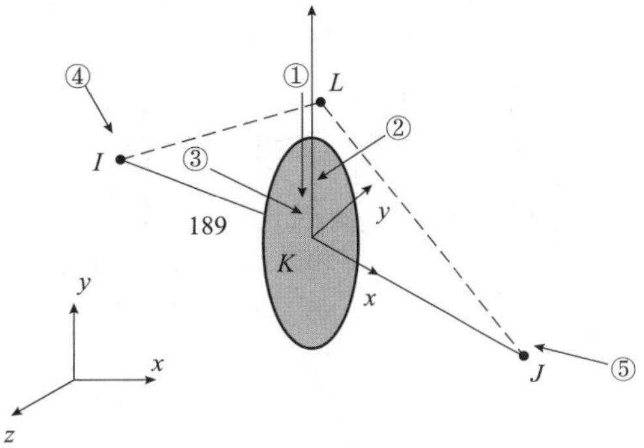

图 8.16　Beam189 梁单元

Beam188/Beam189 单元截面特性必须通过截面号(SECTION ID)进行定义。ANSYS

库中共提供 11 种标准的梁截面，用户还可定义自己需要的任意梁截面。定义截面通常的方法是利用梁工具箱(BEAM TOOL)进行定义，用户可以输入该截面的 ID 号，截面类型及该截面的基本几何参数，如果是 11 种标准截面之一，则程序将自行对其截面性质进行计算。在定义单元前，将截面号作为一种属性赋给单元或欲划分单元的线。如果截面是 11 种标准截面之一，则模型将按照截面的实际类型进行显示，非常直观。

8.4.2 连续体单元

实体单元主要包括二维实体单元和三维实体单元，其中二维实体单元包括平面应变、平面应力、轴对称和膜单元，可以为三角形或四边形形状。注意，对于轴对称单元来说，在 ANSYS 中，对称轴必须与总体 Y 轴重合。上述三类单元的每个节点有 X、Y 两个方向的平移自由度。Plane182(平面低阶单元)、Plane183(平面高阶单元)可适用于大多数平面问题的分析。平面实体单元类型见图 8.17。

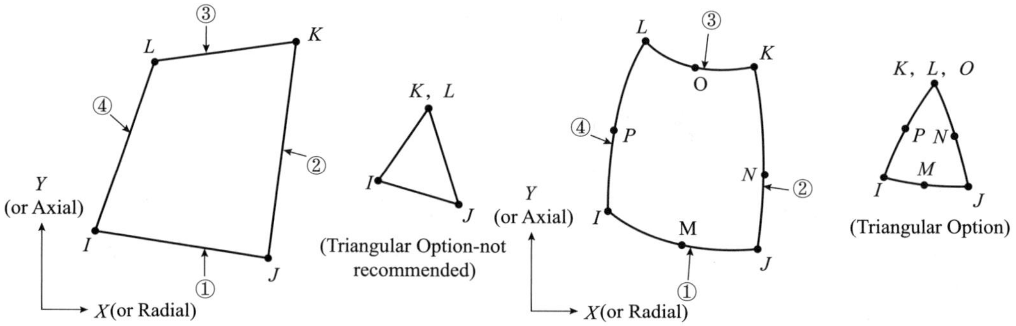

图 8.17 平面实体单元类型

三维实体单元考虑六个应力和应变分量，适用于无简化的三维问题的分析，可以是四面体单元或六面体单元。每个节点有三个方向的平移自由度。Solid185(三维低阶单元)、Solid186(三维高阶单元)、Solid187(三维四面体高阶单元)适用于大多数的工程问题。三维实体单元类型见图 8.18。

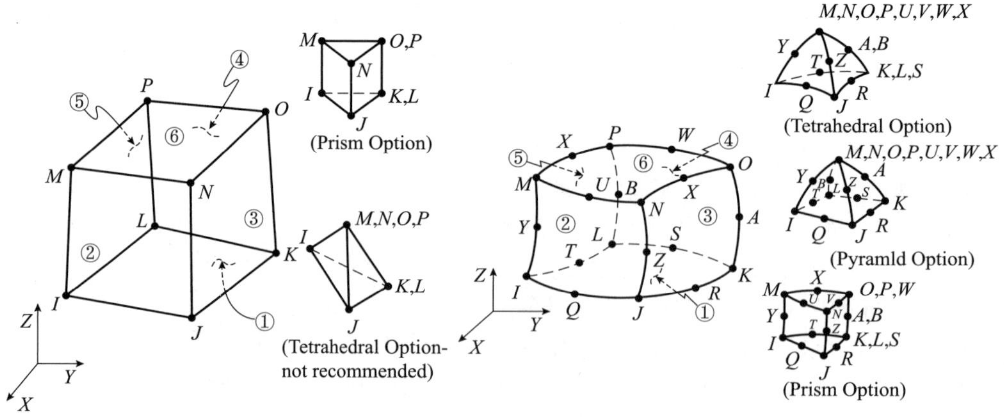

图 8.18 三维实体单元类型

8.4.3 壳单元

ANSYS 中的壳单元所使用理论主要包括：薄膜理论、薄壳理论和厚壳理论。薄壳单元假定初始与中面垂直的法线在受载过程中，仍保持直线并与中面垂直，不考虑剪切变形。厚壳单元假定初始与中面垂直的法线在受载过程中，仍保持直线但不再与中面垂直，剪切应变沿截面是个常值。

Shell181 和 Shell281 单元适合于分析从薄到中等厚度的板壳结构，可用于大多数的工程问题。单元每个节点有六个自由度，分别为沿节点 X、Y、Z 方向的平动及绕节点 X、Y、Z 轴的转动。该类单元具有强大的非线性功能，支持大多数非线性本构模型，包括率无关塑性，黏塑性/蠕变和超弹性等，并有截面数据定义、分析、可视化等功能，还能定义复合材料多层壳。

Shell181 和 Shell281 单元的形状、节点位置、坐标系如图 8.19 所示。Shell181 单元为 4 节点四边形单元，可退化成三角形单元。Shell281 单元为 8 节点四边形单元，也可退化成三角形单元，这种选项用于网格生成的过渡单元。壳单元的截面定义了垂直于壳 $X-Y$ 平面的形状。通过截面命令可以定义 Z 方向连续层，每层的厚度、材料、铺层角及积分点数都可以不同。对于 Shell181 单元，可设置单元选项 K3＝2(Full integration with incompatible model)，即采用非协调模式的完全积分，提高计算精度。对于 Shell 281 单元，采用默认单元选项。

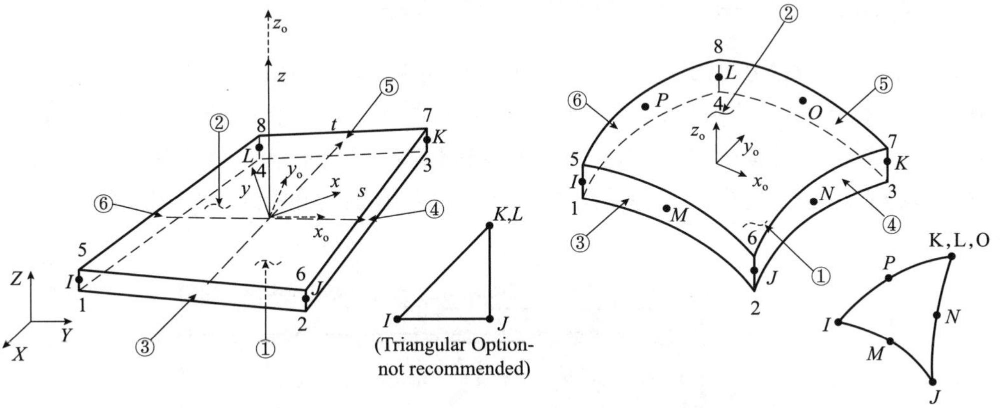

图 8.19　Shell181/Shell281 单元的几何构型

8.5 ANSYS 分析流程

8.5.1 基本分析流程

ANSYS 分析流程如图 8.20 所示。

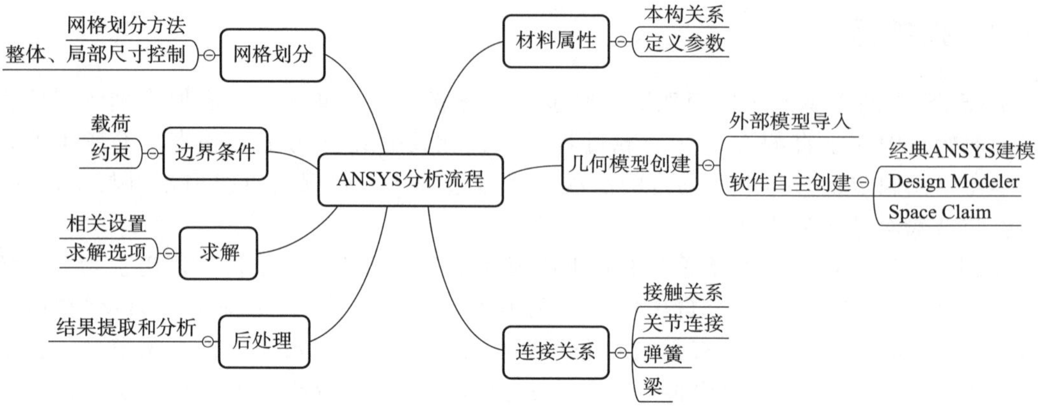

图 8.20　ANSYS 分析一般流程

对于经典 ANSYS，全部在经典 ANSYS 界面下交互或通过 APDL 语言编写程序完成。对于 Workbench 来说，上述流程通过项目流程图的分析系统依次完成。其中材料属性由【Engineering Data】进行控制和定义，可单独创建组件系统或通过流程图中单元格进行。几何模型创建主要通过 Design Modeler 或 Space Claim Direct Modeler 组件进行几何建模。连接关系、网格划分、边界条件及求解后处理等均通过 Workbench－Mechanical 环境进行控制和定义。

8.5.2　Workbench-Design Modeler 建模组件

Design Modeler(简称 DM)是 ANSYS Workbench 的一个组件，主要用于建立和编辑几何模型，基于 Parasolid 内核，具有强大的几何建模、几何修复功能和外部接口，采用了特征描述、参数化的实体设计方法，很方便地构造 2D 草图和 3D 实体模型，以基于特征创建的历程表达建模过程。其与第三方主流软件具有良好的接口和无缝衔接。DM 交互界面见图 8.21。

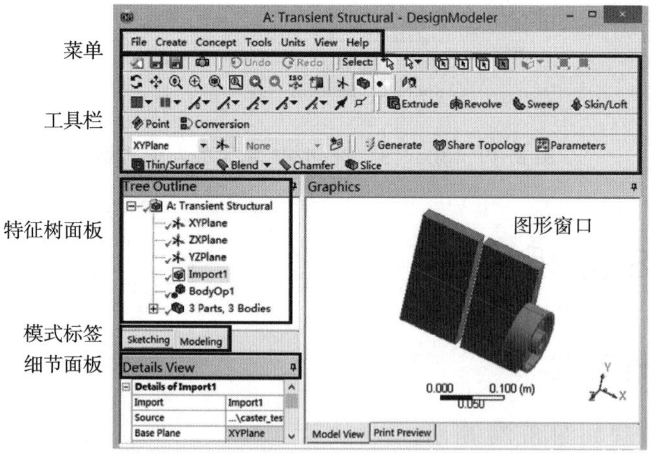

图 8.21　DM 交互界面

通过分析系统中【Geometry】单元格双击或右键启动，进入 DM 建模环境，DM 图形界面类似于多数建模软件，包括：菜单栏、工具栏、导航树、模式标签、状态栏、图形工作区等。

8.5.3　Workbench Mechanical 仿真环境

Mechanical 提供了一个仿真应用环境，可支持不同分析类型，包括静力学(线性/非线性)、动力学(模态、谐响应、谱分析、瞬态分析等)、热分析、流体分析及多物理场耦合分析等。如图 8.22 所示，交互界面具有共性，在此外环境中，完成材料分配、连接关系、网格划分、边界条件及求解后处理等操作。可以通过分析系统中【Model】、【Setup】、【Solution】等单元格进入 Mechanical 仿真环境。

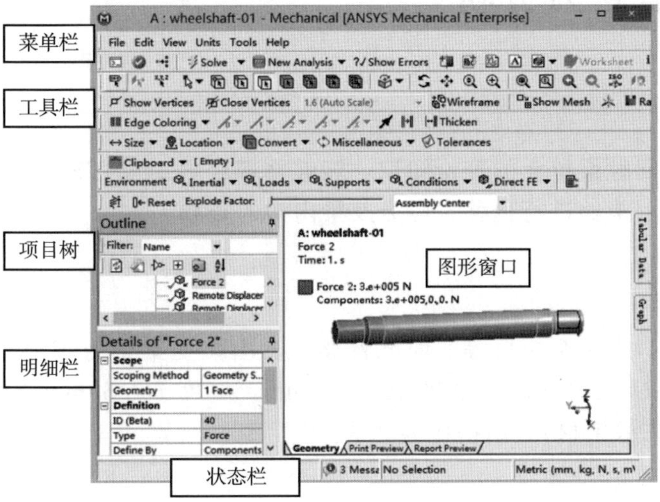

图 8.22　Mechanical 交互界面

第9章　经典 ANSYS 结构力学分析

9.1　悬臂梁受力分析

9.1.1　摘要

通过该例子，回顾梁单元的理论知识，能够掌握经典 ANSYS 的基本操作，熟悉静力学分析的基本流程，能够进行位移、应力及梁内力的查看。

9.1.2　问题描述

如图 9.1 所示，为一个矩形等截面悬臂梁，自由端受集中力 P 作用下，求该梁 A 点的挠度。其中长度 $L=2000\text{mm}$，高度 $H=100\text{mm}$，宽度 $B=50\text{mm}$，作用力 $P=1000\text{N}$，弹性模量 $E=200\text{GPa}$(钢材)，泊松比为 0.3。

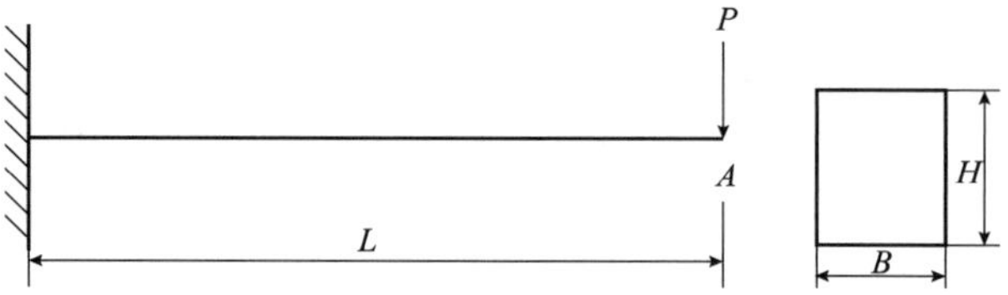

图 9.1　某悬臂梁

9.1.3　技术路线

此问题属于结构分析范畴，利用 ANSYS Mechanical APDL，选用国际单位制；通过软件界面操作方式实现。选用梁单元 Beam188；计算完成后，利用 Element Table 提取梁的内力，包括剪力与弯矩图。

9.1.4　操作步骤

1. 工作名称设置

(1)单击开始>程序>ANSYS 19.0>Mechanical APDL 19.0，启动 ANSYS，进入 ANSYS 的主界面(Mechanical APDL)，注意该方式是直接进入 ANSYS 主界面。

(2)定义工作文件名及工作标题。

定义工作文件名：GUI：Utility Menu>File>Change Jobname，在弹出的 Change

Jobname 对话框中输入文件名 Cantileverbeam，单击 OK 按钮。

定义工作标题：GUI：Utility Menu>File>Change Title，在弹出的 Change Title 对话框中输入 Beam Analysis，单击 OK 按钮。

关闭坐标符号的显示：GUI：Utility Menu>PlotCtrls>Window Control>Window Options，在弹出的 Window Options 对话框的 Location of triad 下拉列表框中选择 Not Shown 选项，单击 OK 按钮。

2. 建立几何模型(注意单位制)

(1)建立几何关键点。

Main Menu>Preprocessor>Modeling>Create>Keypoints>in active cs，弹出如图 9.2 所示的对话框后，在 NPT 域输入关键点(keypoint)编号，分别为 1、2。在 X，Y，Z Location in active CS 域输入三个方向的坐标值：关键点 1(0，0，0)，关键点 2(2，0，0)。

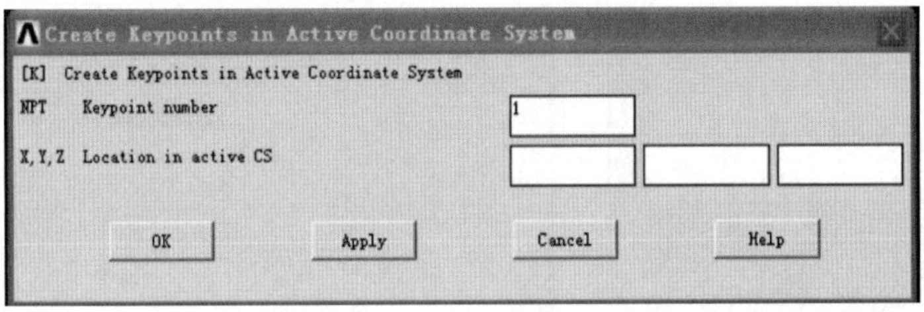

图 9.2　建立关键点

(2)建立方向关键点。

Main Menu>Preprocessor>Modeling>Create>Keypoints>in active cs，弹出对话框后，在 NPT 域输入关键点(keypoint)编号 10。在 X，Y，Z Location in active CS 域输入坐标：0、1、0。

(3)生成直线段。

Main Menu>Preprocessor>Modeling>Create>Lines>Straight line，弹出拾取对话框后，用鼠标选取两个关键点 1、2 后，单击 OK 按钮，生成直线。如图 9.3 所示。

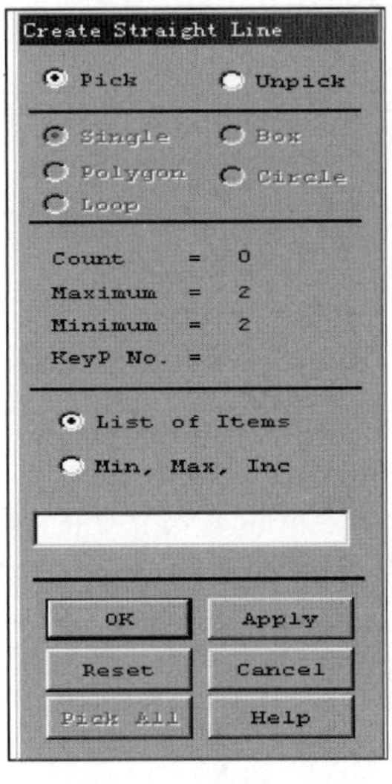

图 9.3　建立直线

3. 建立有限元模型

(1)选择单元。

点击菜单：Main Menu>Preprocessor>Element Type>Add/Edit/Delete。弹出如图 9.4(a)所示的单元类型对话框，单击 Add 按钮；弹出如图 9.4(b)所示的对话框，在左侧列表框中选择“Beam”，在右侧列表框中选择“2 node 188”，点击 OK 返回。在单元类型对话框架中，点击 Options，将 K3 设置为 Quadradic Form，点击 OK 按钮，如图 9.5 所示。

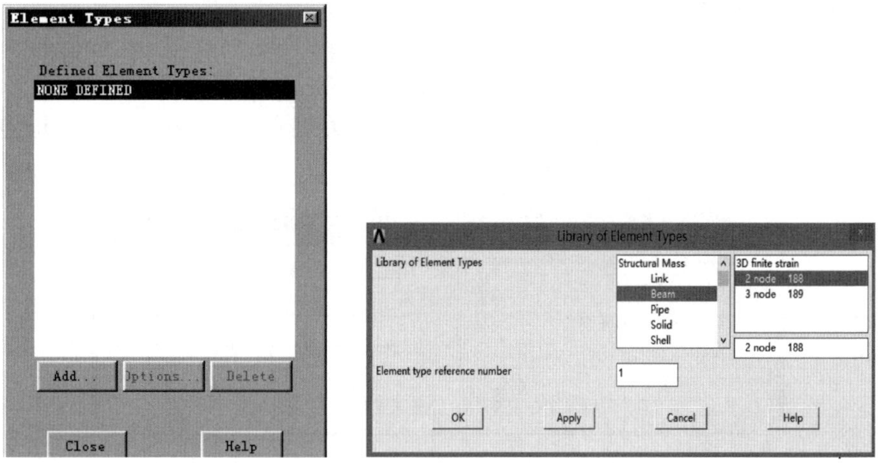

(a) (b)

图 9.4 选择单元类型

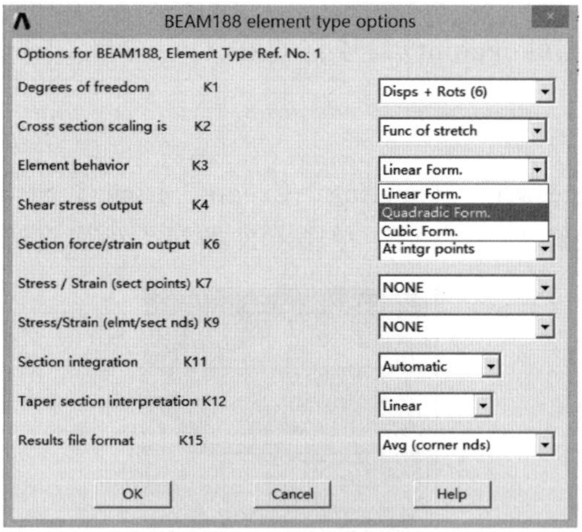

图 9.5 单元属性设置

(2)设置材料参数。

点击菜单 Main Menu>Preprocessor>Material Props>Material Models。在弹出的“Define Material Model Behavior”界面中双击 Structural>Linear>Elastic>Isotropic。

弹出如图 9.6 所示的对话框，在“EX”和“PRXY”文本框中输入弹性模量 2e11 Pa(注意单位)和泊松比 0.3，单击 OK 按钮，单击 Close 按钮。

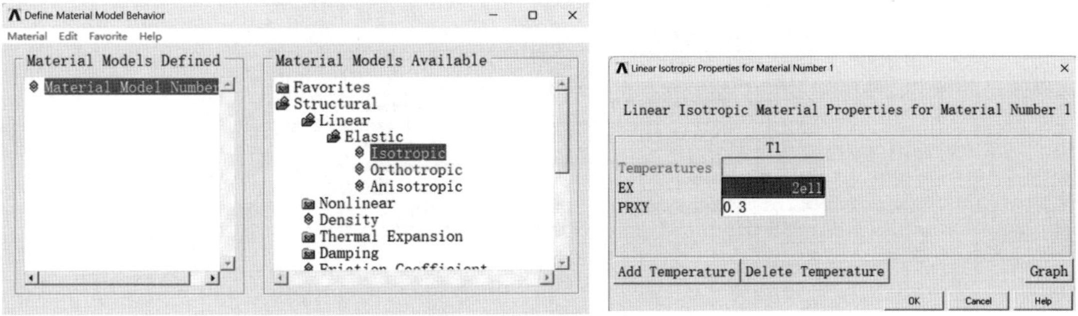

图 9.6　材料属性设置

(3)设置截面属性。

选择 Section>Beam>Common Sections，具体参数设置如图 9.7 所示。点击“OK”。

(4)网格控制及划分。

选择 Meshing>MeshTool，弹出对话框如图 9.8 所示，点击 Element Attributes: Lines，Set，弹出拾取对话框，如图 9.9 所示，在图形窗口中选择刚才建立的几何线，点击 OK 按钮。

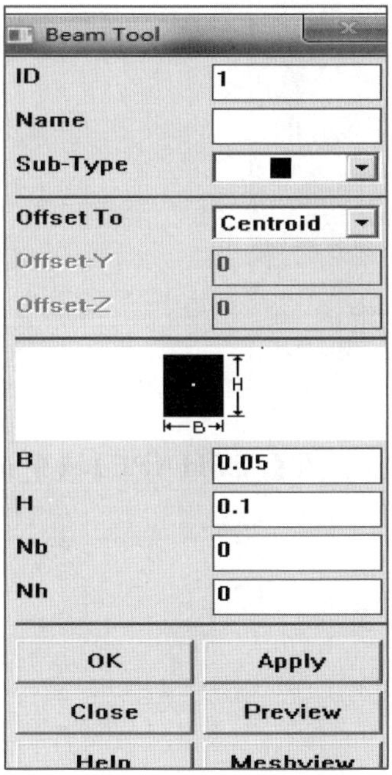

图 9.7　设置截面属性

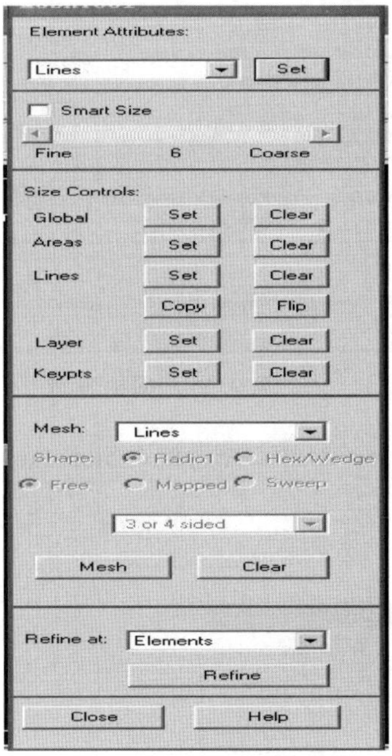

图 9.8　网格控制及划分

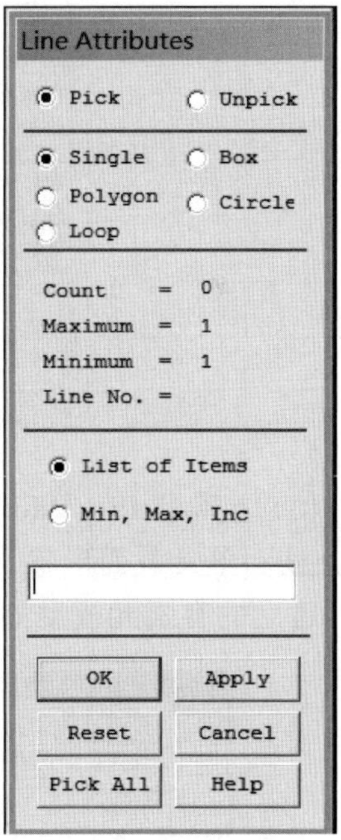

图 9.9　线拾取对话框

再次弹出如图 9.10 所示的对话框，选择 Pick Orientation Keypoint 为 Yes。点击 OK 后，选择关键点 10，点击 OK。

点击图中的 Size Controls: Lines，Set 选项。弹出拾取线对话框，在图形窗口中选择刚才建立的几何线，点击 OK 按钮。弹出网格设置对话框如图 9.11 所示，在 NDIV 对应区域设置网格分段为 10。

再点击图 9.8 中的 Mesh 按钮，选择建立的几何线，完成网格的划分。

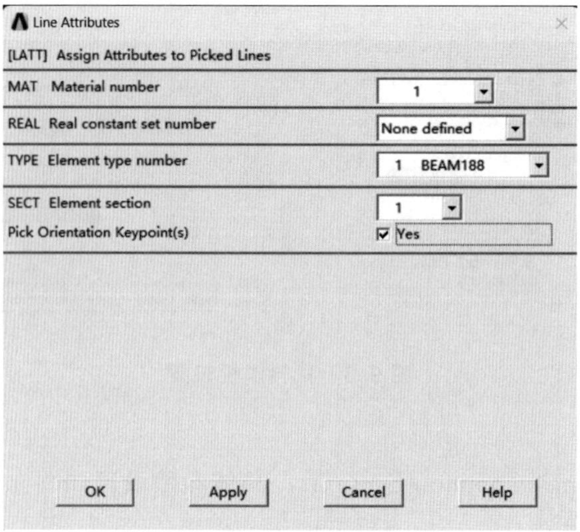

图 9.10 线的属性设置

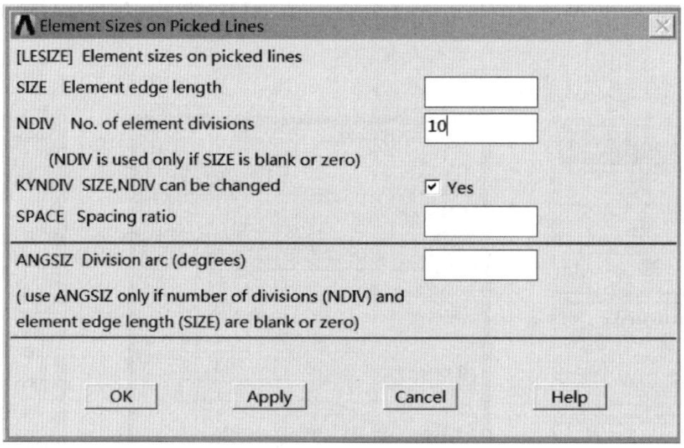

图 9.11 网格设置

(5)选择 Utility Menu>Plotctrls>Style>Size and Shape，在【/ESHAPE】域中选择 On，显示单元截面形状。

建立的有限元模型如图 9.12 所示。

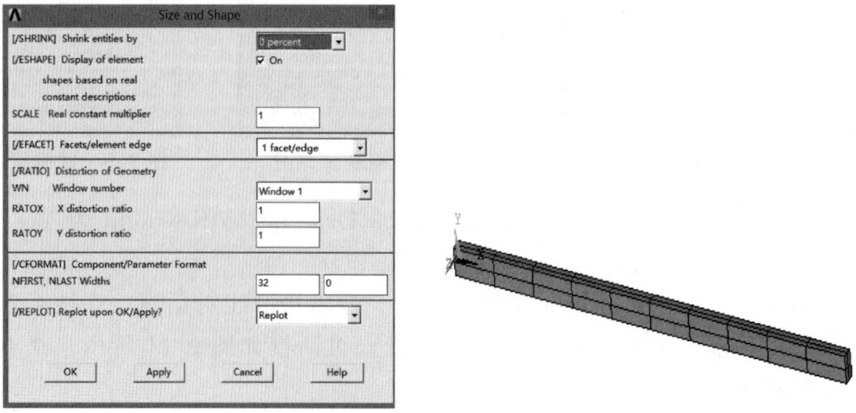

图 9.12 建立的有限元模型

4. 施加载荷和约束

(1)施加固定约束。

Main Menu > Solution > Define Loads > Apply > Structural > Displacement > On Nodes，拾取梁的最左端点，设置约束全部自由度，点击 OK，如图 9.13 所示。

(2)施加集中载荷。

Main Menu > Solution > Define Loads > Apply > Structural > Force/Moment > On Nodes，选择梁的最右端节点，点击 OK，弹出如图 9.14 所示对话框，设置集中载荷 Lab 选择 FY，其大小为-1000N(负号表示沿着 Y 轴负方向)。点击 OK 按钮。

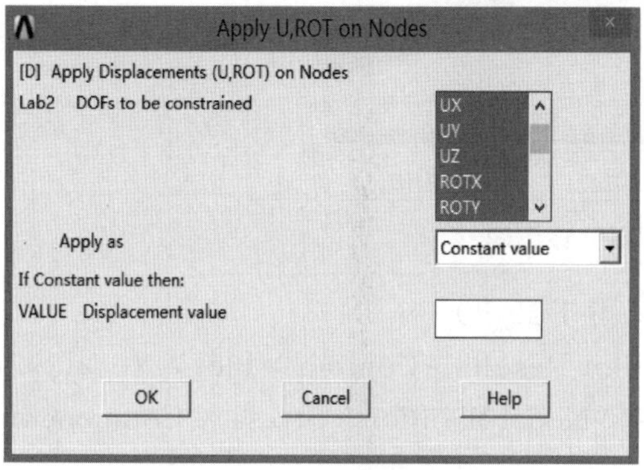

图 9.13　施加固定约束

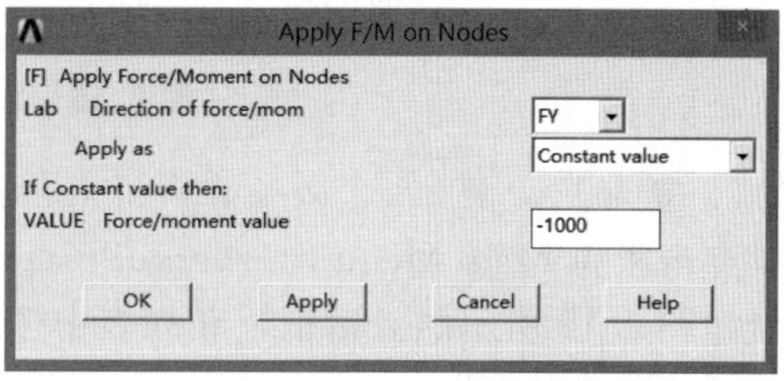

图 9.14　施加集中载荷

5. 求解

Main Menu > Solution > Solve Current LS，弹出如图 9.15 所示的/STATUS Command 及 Solve Current Load Step 对话框，浏览/STATUS Command 中出现的信息，然后关闭此窗口。单击 OK(开始求解)，关闭由于单元形状检查而出现的警告信息。求解结束后，关闭信息窗口。

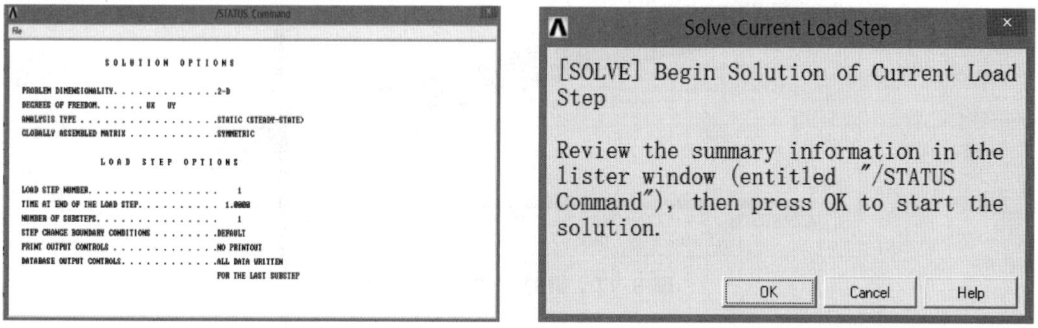

图 9.15　求解

9.1.5　结果与讨论

1. 查看梁的挠度

点击菜单 General Postproc>Plot Results>Contour>Plot>Nodal Solu，在弹出的对话框中，依次选择 DOF solution－Y Component of displacement，点击 OK 按钮，Y 方向挠度云图如图 9.16 所示。

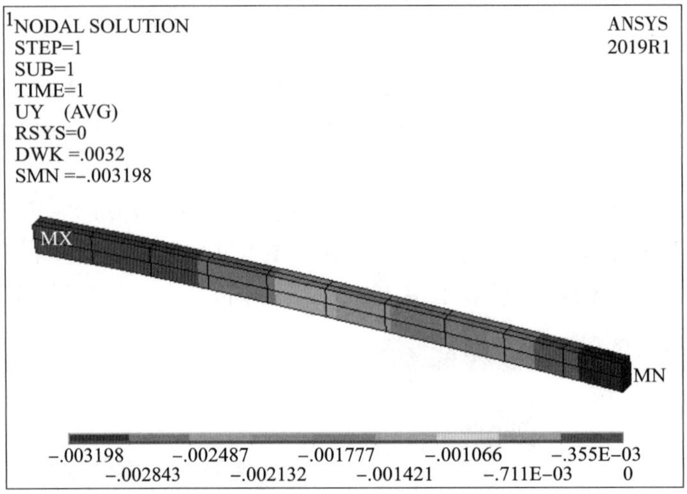

图 9.16　梁的 Y 向位移云图

2. 查看应力解(注意必须在/eshape激活状态下显示)

点击菜单 Main Menu>General Postproc>Plot Results>Contour>Plot>Nodal Solu。弹出如图 9.17 所示的对话框，在列表中依次选择"Nodal Solution、Stress X-Component of stress"，单击"OK"。

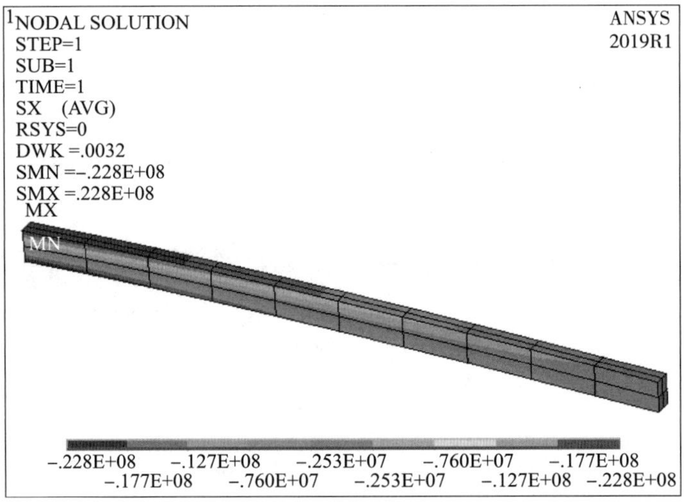

图 9.17　梁的 X 向应力云图

3. 提取内力：包括剪力和弯矩

点击菜单 Main Menu>General Postproc>Element Table>Define Table，单击 Add 按钮，弹出对话框，在 Item 和 Comp Results data item 下拉选择 By sequence num，右边上侧部分中选择 SMISC，在右下侧，SMISC，输入编号 2，单击 Apply 按钮。

再次选择 SMISC，在右下侧，SMISC，输入编号 15，完成弯矩的提取。(说明：编号需要查阅对应单元的帮助文档。)如图 9.18 所示。

再进行剪力的提取，依照上述步骤，分别提取 SMISC，5 及 SMISC，18。

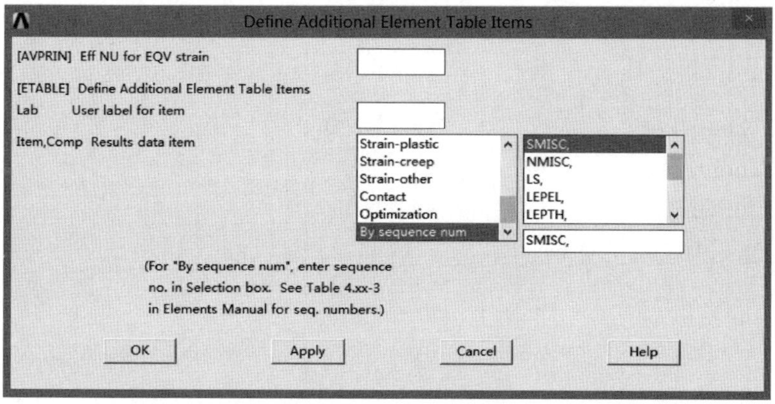

图 9.18　梁的单元表属性定义

4. 绘制剪力及弯矩图

Main Menu>General Postproc>Plot Results>Contour>Plot>Line Elem Res，在弹出的对话框中，在 LabI 选择 SMIS5，在 LabJ 选择 SMIS18，Fact 设置为-1，单击 OK 按钮，绘制的剪力图如图 9.19 所示。再在 LabI 中选择 SMIS2，在 LabJ 中选择 SMIS15，Fact 设置为-1，单击 OK 按钮，绘制的弯矩图如图 9.20 所示。

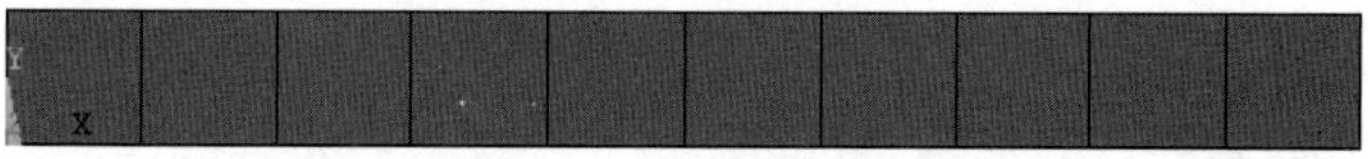

图 9.19　梁的剪力图

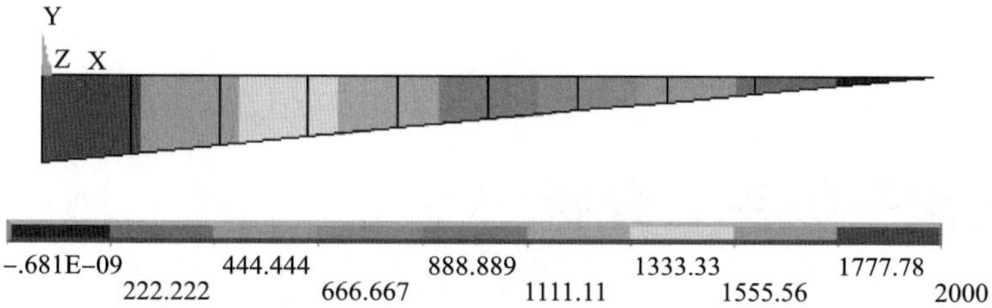

图 9.20　梁的弯矩图

附　APDL

```
finish
/clear
/prep7
k,1
k,2,2,
k,3,,1
l,1,2
mp,ex,1,2e11
```

```
mp,nuxy,1,0.3
et,1,188
KEYOPT,1,3,2
sectype,1,beam,rect,, 0
secoffset,cent
secdata,0.05,0.1
lesize,all,,,10
latt,1,,1,,3,,1
lmesh,all
/solu
d,1,all
f,2,fy,-1000
solve
/post1
set,first
pldisp,1
plnsol,u,y
plnsol,s,eqv
etable,smis5,smisc,5
etable,smis18,smisc,18
plls,smis5,smis18,-1
etable,smis2,smisc,2
etable,smis15,smisc,15
plls,smis2,smis15,-1
```

9.2 角支架平板受力分析

9.2.1 摘要

通过该例子，回顾平面问题有限元的理论知识，利用 ANSYS Mechanical 对某支架进行平面应力问题分析，学习掌握平面问题的分析过程，非均匀载荷的施加及结果的后处理。

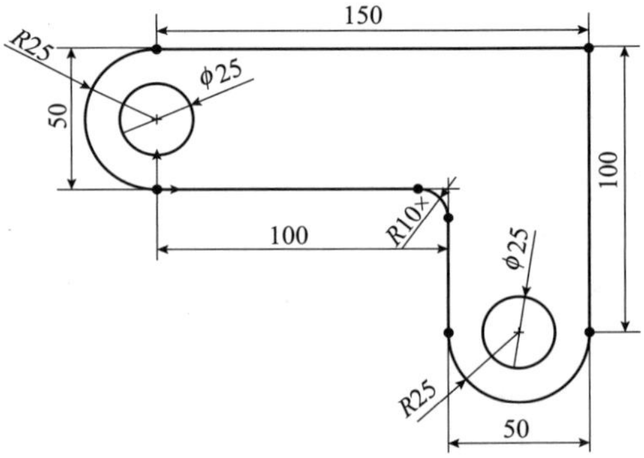

图 9.21 平面角支架

9.2.2 问题描述

角支架的尺寸如图 9.21 所示（单位：mm），其中厚度为 12mm，左上角的销孔完全固定。右下角的销孔上作用一梯度分布力，左半孔从 0.34MPa 至 3.44MPa，右半孔从

3.44MPa 至 0.34MPa。材料的弹性模量为 206GPa，泊松比为 0.27。计算其应力和变形分布。

9.2.3 技术路线

此问题属于结构分析范畴，借助 ANSYS Mechanical APDL 模块，通过软件界面操作方式和命令流(见附)两种方式实现。由于载荷仅作用于 *XY* 平面，而且厚度方向尺寸相对较小，所以按平面应力问题进行分析，选择平面 Plane182 单元；采用 mm，MPa 单位制。

9.2.4 操作步骤

1. 工作名称设置

改变工作名：拾取菜单 Utility Menu>File>Change Jobname。弹出如图 9.22 所示的对话框，在文本框中输入工作名“stress concentration”后单击 OK 按钮。

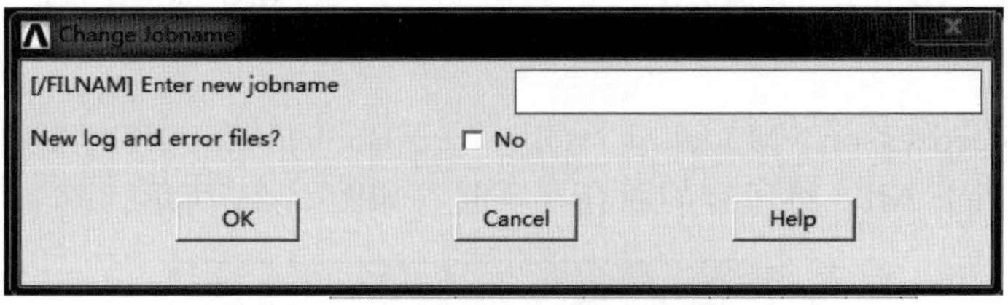

图 9.22　改变工作名称对话框

2. 建立几何模型

(1)创建两个矩形。

点击菜单 Main Menu>Preprocessor>Modeling>Create>Areas>Rectangle>By Dimensions，其中 X1，X2 为矩形相对于坐标原点左右两个边的 X 坐标，Y1，Y2 为矩形相对于坐标原点下上两个边的 Y 坐标。

输入如下数值 X1=0，X2=150；Y1=-25，Y2=25，单击 Apply，输入第二个矩形的坐标数值：X1=100，X2=150；Y1=-25，Y2=-75，单击 OK，如图 9.23 所示。

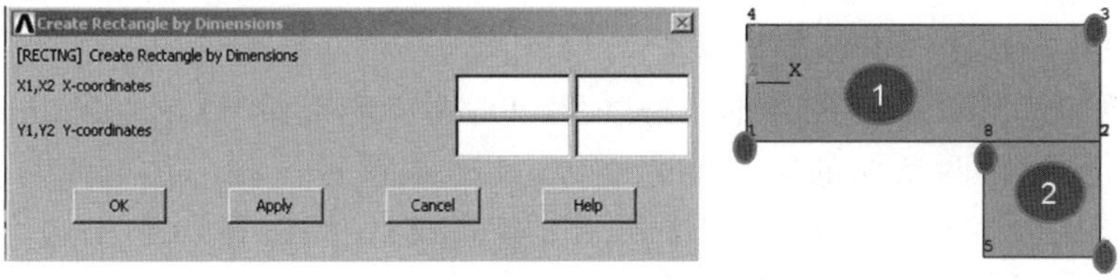

图 9.23　建立矩形

(2)创建两个外圆。

1)首先创建左上角的圆，Preprocessor>Modeling>Create>Areas>Circle>Solid Circle，创建一个圆心为(0，0)、半径为 25 的圆。参数值可以用键盘输入，也可以用鼠标移动得到。单击 OK 关闭该对话框，如图 9.24 所示。

2)移动工作平面，Utility Menu>WorkPlane>Offset WP to>Keypoints，弹出对话

框后，分别选取右侧矩形底边左右两个点作为关键点，单击 OK 按钮，则工作平面移动到了拾取的关键点的中点为原点的平面上。

3)其次创建右下角的圆，Preprocessor＞Modeling＞Create＞Areas＞Circle＞Solid Circle，创建圆心为(0，0)，半径为 25 的圆，单击 OK 关闭对话框。创建的图形如图 9.25 所示。单击 Toolbar 上的 SAVE _ DB 存盘。

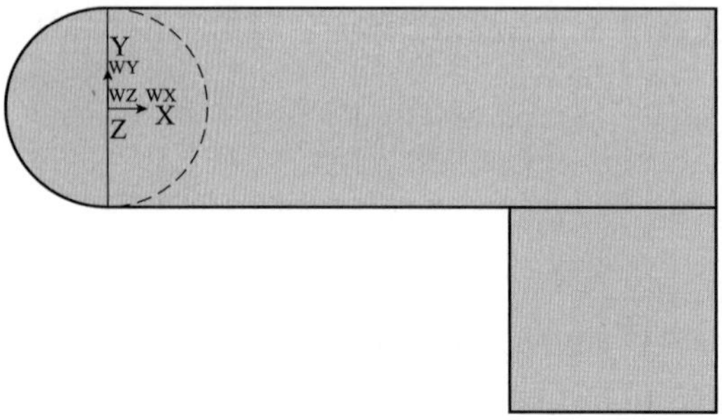

图 9.24 建立左上角的圆

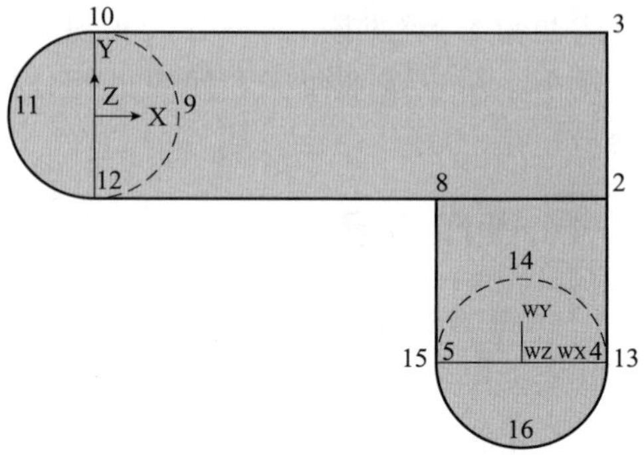

图 9.25 建立右下角的圆

(3)布尔操作。

点击菜单 Preprocessor＞Modeling＞Operate＞Booleans＞Add＞Areas。在弹出的拾取对话框中，选择 Pick All，将所有的面合在一起。如图 9.26 所示。

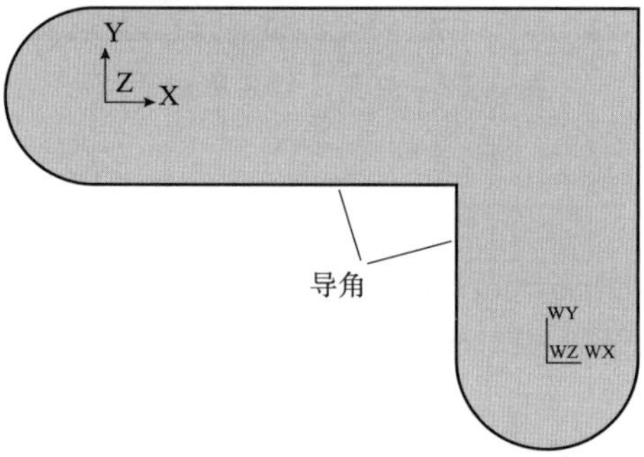

图 9.26 布尔操作

(4)进行线倒角。

显示线 Utility Menu＞Plot＞Line。

点击菜单 Main Menu＞Preprocessor＞Modeling＞Create＞Lines＞Line Fillet，弹出 Line Fillet 对话框，将两条线的标号输入 L17、L8(或鼠标选择，注意编号可能不一定是 17 与 8，这与操作顺序有关，图 9.26 中所示 2 条直线)，并设置半径为 10，单击 OK 关闭对话框。如图 9.27 所示，创建了两条线的倒角。

在此基础上，创建补丁面积，点击菜单 Preprocessor＞Modeling＞Create＞Areas＞Arbitray＞By Lines，如图 9.27 所示，用鼠标选择三条线 L1，L4，L5，单击 OK 关闭对话框。

再次进行布尔操作，将所有面积合在一起，点击菜单 Preprocessor＞Modeling＞Operate＞Booleans＞Add＞Areas。在弹出的拾取对话框中，选择 Pick All，将所有面合在一起，如图 9.27 所示。

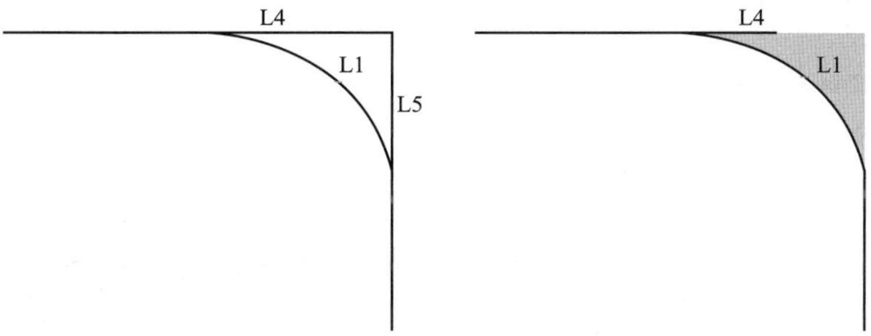

图 9.27　建立线倒角及补丁面

(5)创建托架的圆孔。

1)点击菜单 MainMenu>Preprocessor>Modeling>Create>Areas>Circle>Solid Circle，在弹出的对话框中，创建一个圆心在(0，0)，半径为 12.5 的小圆孔，即右下方圆。将工作平面坐标系恢复到与整体坐标系重合：执行 Utility Menu>WorkPlane>Offset WP to>global origin。

2)再次执行菜单路径

Main Menu>Preprocessor>Modeling>Create>Areas>Circle>Solid Circle，创建一个圆心为(0，0)，半径为 12.5 的小圆孔，即左上方圆。

3)从支架中减去两个小圆孔，保存数据

Main Menu>Preprocessor>Modeling>Operate>Booleans>Subtract>Areas，选取支架为基体，单击 Apply；选取两个小圆孔作为被减去部分，单击 OK 按钮，如图 9.28 所示。

点击工具条中的按钮 SAVE _ DB。

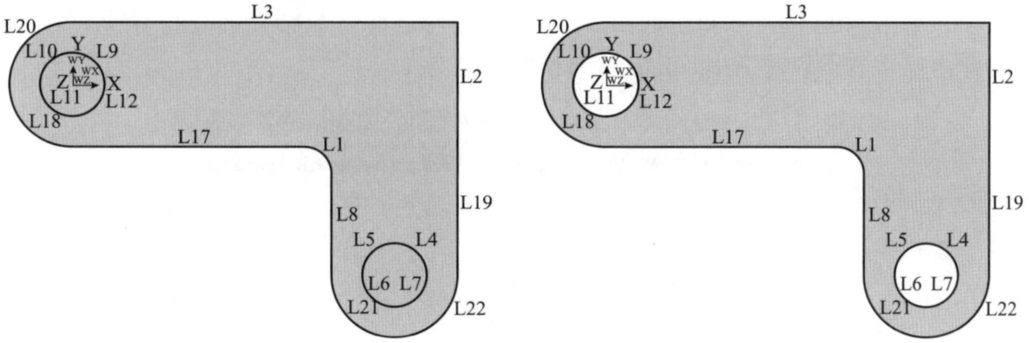

图 9.28　建立圆孔

3. 建立有限元模型

(1)选择单元类型。

点击菜单：Main Menu>Preprocessor>Element Type>Add/Edit/Delete。弹出如图 9.29 所示的对话框，单击 Add 按钮；弹出如图 9.29 所示的对话框，在左侧列表中选“Structural Solid”，在右侧列表中选“Quad 4node182”，单击 OK 按钮。

再单击 Options 选项，弹出对话框，在 K3 下拉框中，选择 Plane strs w/thk，即考虑厚度影响的平面应力，如图 9.30 所示。

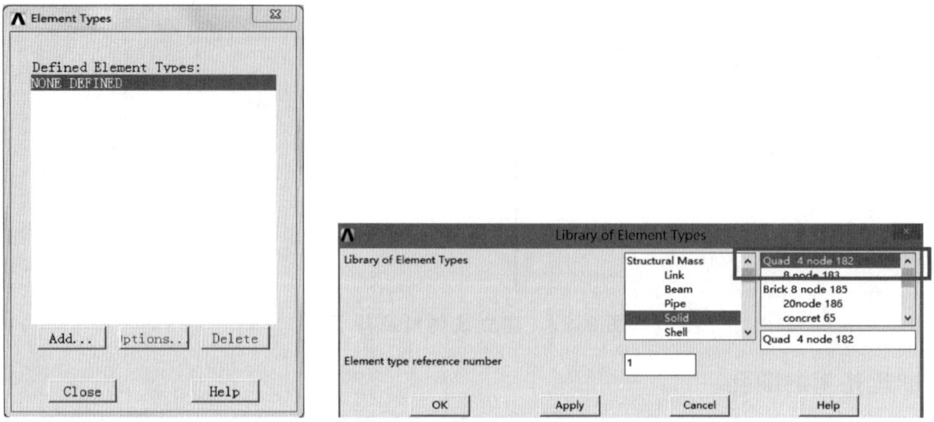

图 9.29　选择单元类型

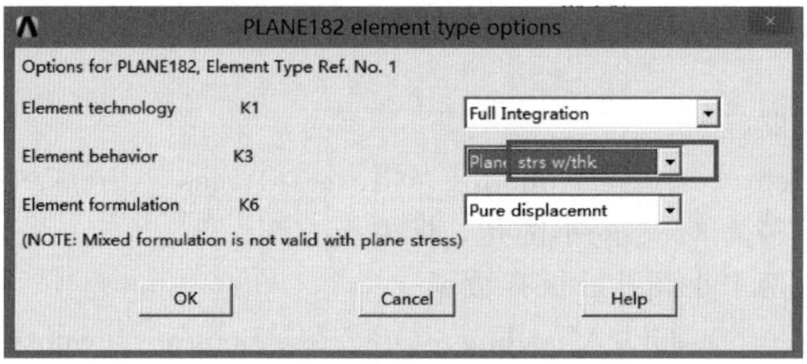

图 9.30　考虑厚度

(2)定义单元实常数。

点击菜单 Main Menu＞Preprocessor＞Real Constants＞Add/Edit/Delete，在弹出的对话框中，单击 Add 按钮，弹出如图 9.31 所示的对话框，选择 Plane182 单元，单击 OK 按钮，弹出实常数设置对话框，定义 THK 厚度值为 12。

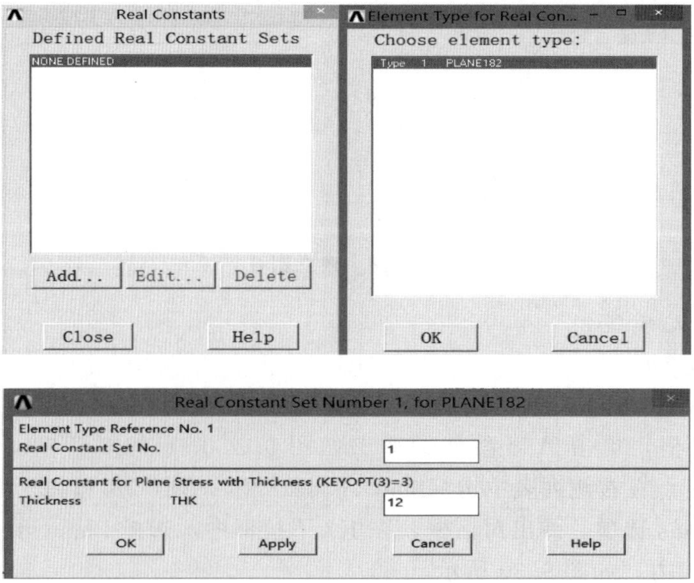

图 9.31　定义单元实常数

(3)定义材料特性。

点击菜单 Main Menu > Preprocessor > Material Props > Material Models。弹出如图 9.32 所示的对话框，在右侧列表中依次双击“Structural”“Linear”“Elastic”“Isotropic”，弹出对话框，在“EX”和“PRXY”文本框中输入弹性模量 2.06e5MPa(注意单位)和泊松比 0.27，单击 OK 按钮，单击 Close 按钮。

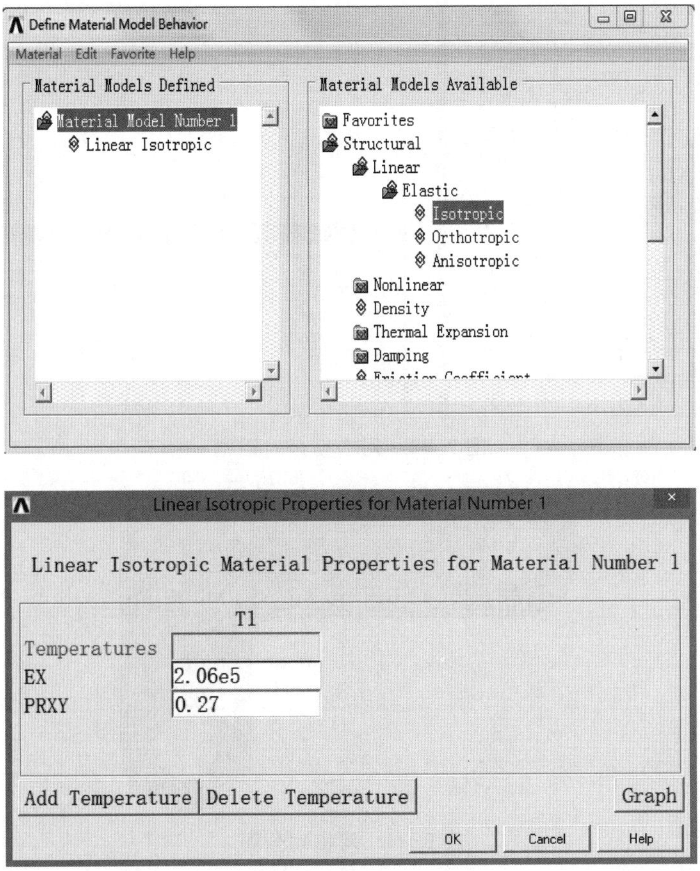

图 9.32　定义材料特性

(4)网格划分。

点击菜单 Main Menu>Preprocessor>Meshing>MeshTool...，点击 Global 中的 Set 按钮，如图 9.33 所示，弹出整体单元尺寸设置对话框，设置单元尺寸大小为 3。确认 MeshTool 的 Mesh 按钮。网格划分完毕，单击 OK 按钮，如图 9.33、图 9.34 所示。

4. 施加载荷和约束

(1)左上方孔全约束。

点击菜单 Main Menu>Solution>Define Loads>Apply>Structural>Displacement>On Lines，弹出拾取对话框，选择孔边的四条线，编号为 10、9、11、12，点击 OK 按钮，弹出如图 9.35 所示对话框，选择 ALL DOF 选项，在 VALUE 中输入值 0，单击 OK 按钮。

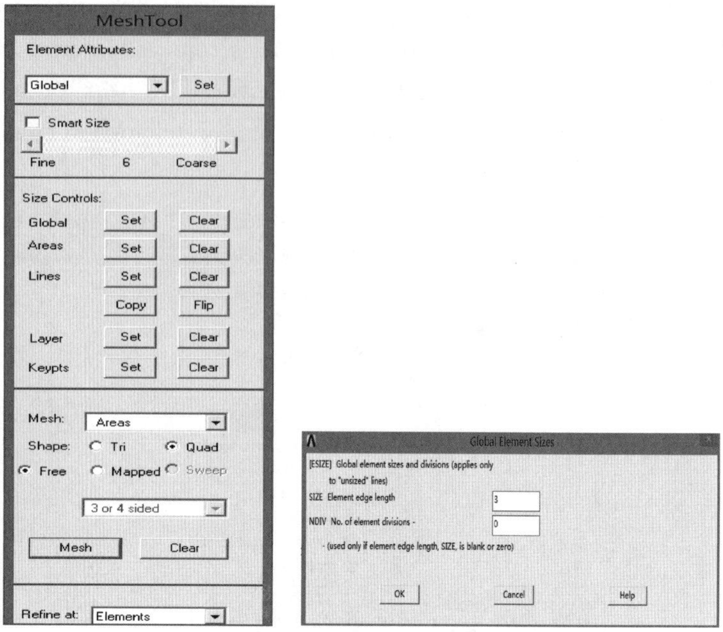

图 9.33　网格划分对话框

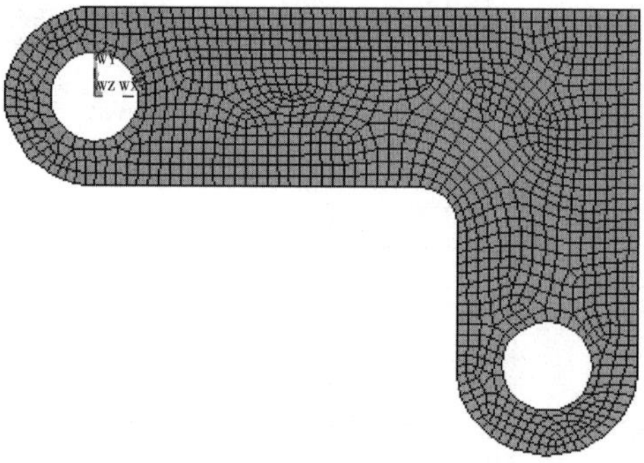

图 9.34　网格划分图

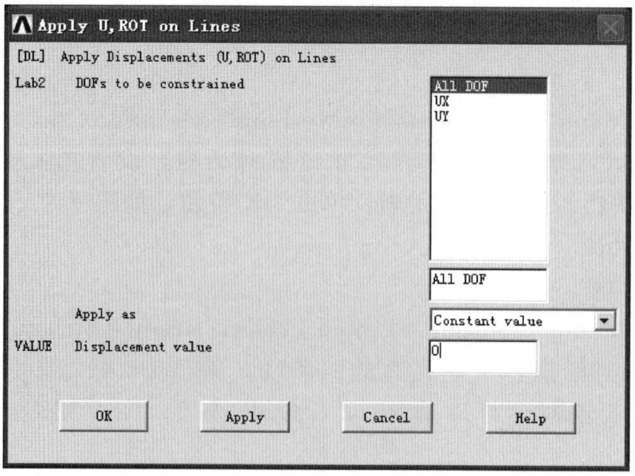

图 9.35　施加约束

(2)在右下孔施加均布压力作用。

点击菜单 Main Menu>Solution > Define Loads > Apply > Structural>Pressure>On Lines，拾取右下孔的左半弧线 L6，单击 OK 按钮。弹出如图 9.36 所示对话框，上面的 VALUE 输入 0.34，下面的 Value 输入 3.44，单击 OK 按钮。

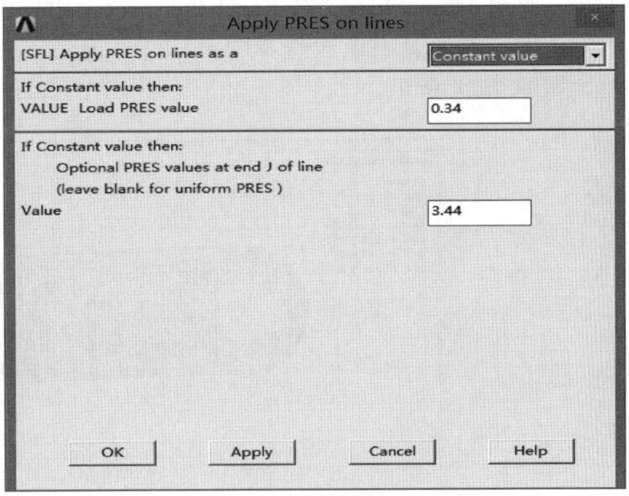

图 9.36　施加压力载荷对话框

同理，拾取右半下孔的右弧线 L7，单击 OK 按钮。弹出对话框，上面的 VALUE 输入 3.44，下面的 Value 输入 0.34，单击 OK 按钮。

点击工具条中的按钮 SAVE_DB 保存文件。

5. 求解

点击 Main Menu>Solution>Solve>Current LS。单击 OK(开始求解)。关闭由于单元形状检查而出现的警告信息。求解结束后，关闭信息窗口。

9.2.5　结果与讨论

1. 查看变形结果

点击菜单 Main Menu>General Postproc>Plot Results>Deformed Shape。弹出对话框，在列表中选择“Def+Under edge”，单击 OK 按钮。结果如图 9.37 所示。

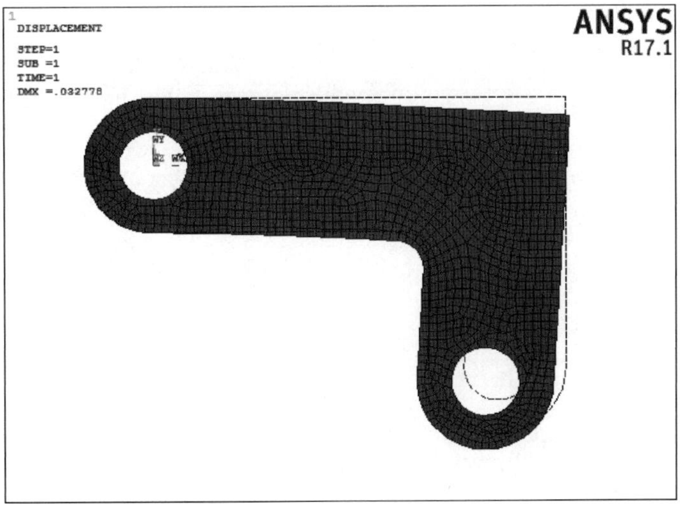

图 9.37　变形结果图

2. 绘制等效应力(von Mises)图

点击菜单 Main Menu>General Postproc>Plot Results>Contour>Plot>Nodal Solu。弹出对话框，在列表中依次选择“Nodal Solution、Stress、Von Mises SEQV”，单击 OK 按钮，如图 9.38 所示。

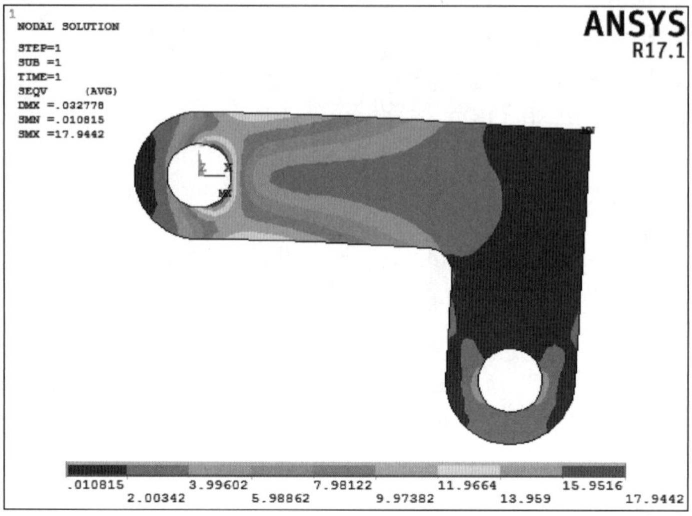

图 9.38　等效应力图

附　APDL

```
fini
/clear
/PREP7
ET,1,PLANE182
KEYOPT,1,3,3
R,1,12
MP,EX,1,2.06e5
MP,PRXY,1,0.27
RECTNG,0,150,-25,25,
RECTNG,100,150,-25,-75
WPSTYLE,,,,,,,,1
pcirc,25
kwpave,5,6
pcirc,25
aadd,all
/PNUM,LINE,1
LFILLT,17,8,10,,
FLST,2,3,4
FITEM,2,4
```

```
FITEM,2,5
FITEM,2,1
AL,P51X
AADD,all
pcirc,12.5
wpcsys,-1,0
pcirc,12.5
FLST,3,2,5,ORDE,2
FITEM,3,1
FITEM,3,3
ASBA,      2,P51X
SAVE
ESIZE,3
MSHAPE,0,2D
MSHKEY,0
AMESH,all
SAVE
FINISH
/SOL
ANTYPE,0
lsel,s,line,,9,12
DL,all,,ALL,0
lsel,s,line,,6
SFL,all,PRES,0.34,3.44
lsel,s,line,,7
SFL,all,PRES,3.44,0.34
SAVE
alls
SOLVE
FINISH
/POST1
SET,FIRST
PLDISP,1
PLNSOL,S,EQV,0,1.0
SAVE
FINISH
```

9.3 轴承座建模及分析

9.3.1 摘要

回顾空间实体单元，本例利用 ANSYS Mechanical APDL 对轴承座进行受力分析，学习掌握 ANSYS 自主实体建模、布尔操作、边界条件施加及后处理等功能。通过对于几何的分割处理等，尽可能提升网格划分质量。

9.3.2 问题描述

如图 9.39 所示，为一轴承座，具体尺寸如图所示，为英制单位(in)。材料弹性模量为 30×10^6 psi，泊松比为 0.3。轴承孔大孔受到推力载荷 1000psi，沉孔部分受到径向压力载荷 5000psi，分析其应力与变形情况。

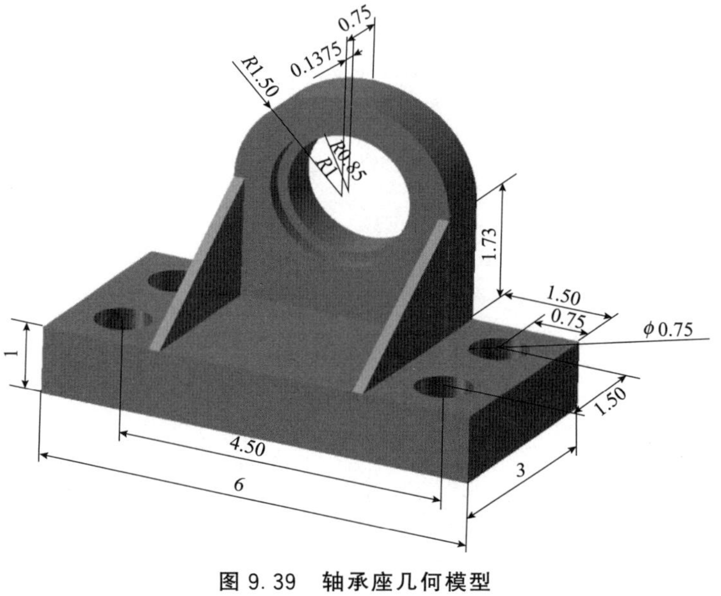

图 9.39 轴承座几何模型

9.3.3 技术路线

此问题属于结构分析范畴，借助 ANSYS Mechanical APDL 模块，通过软件界面操作方式和命令流(见附)两种方式实现。利用 ANSYS 完成自主建模，将其完成分割，通过扫略操作，尽可能实现全六面体划分；在轴承孔施加对称约束，底边施加法向约束。

9.3.4 操作步骤

1. 建立几何模型——基座部分

(1)生成长方体。

Main Menu>Preprocessor>Modeling>Create>Volume>Block>By Dimensions，输

入 X1＝0，X2＝3，Y1＝0，Y2＝1，Z1＝0，Z2＝3。如图 9.40 所示。

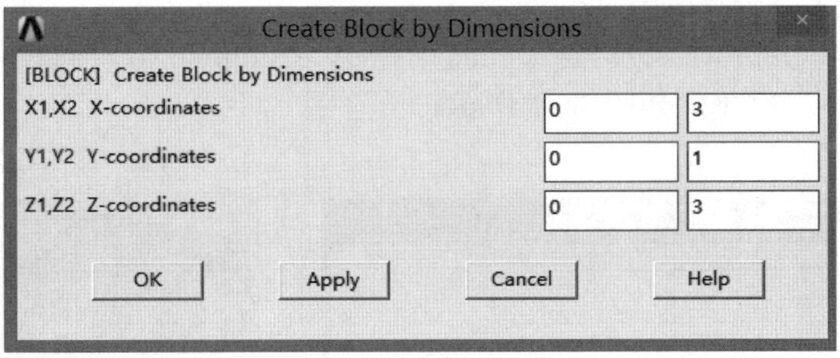

图 9.40　生成长方体

(2)显示工作平面。

Utility Menu＞WorkPlane＞Display Working Plane，平移并旋转工作平面 Utility Menu＞WorkPlane＞Offset WP by Increments，输入数值为：X，Y，Z Offsets 输入 2.25，1.25，0.75，点击 Apply。XY，YZ，ZX Angles 输入 0，－90 点击 OK，如图 9.41 所示。

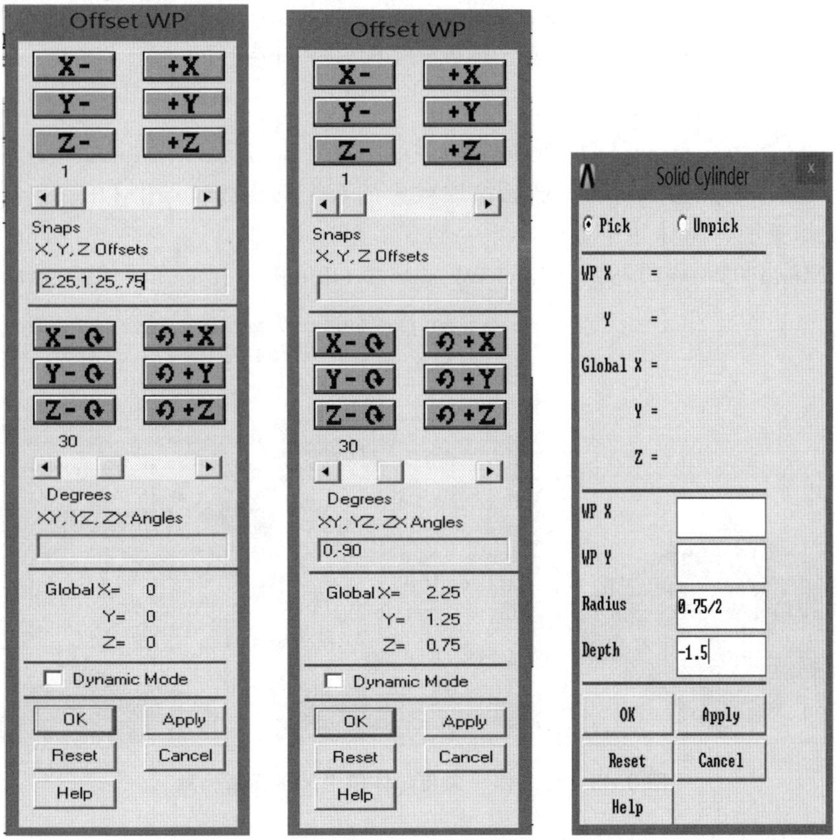

图 9.41　显示工作平面及创建圆柱体

(3)创建圆柱体。

Preprocessor＞Modeling＞Create＞Volumes＞Cylinder＞Solid Cylinder，在 Radius 中

输入 0.75/2，在 Depth 中输入-1.5，点击 OK，如图 9.41 所示。

(4)拷贝生成另一个圆柱体。

Main Menu>Preprocessor>Modeling>Copy>Volume 拾取圆柱体，点击 Apply，DZ 输入 1.5 然后点击 OK，如图 9.42 所示。

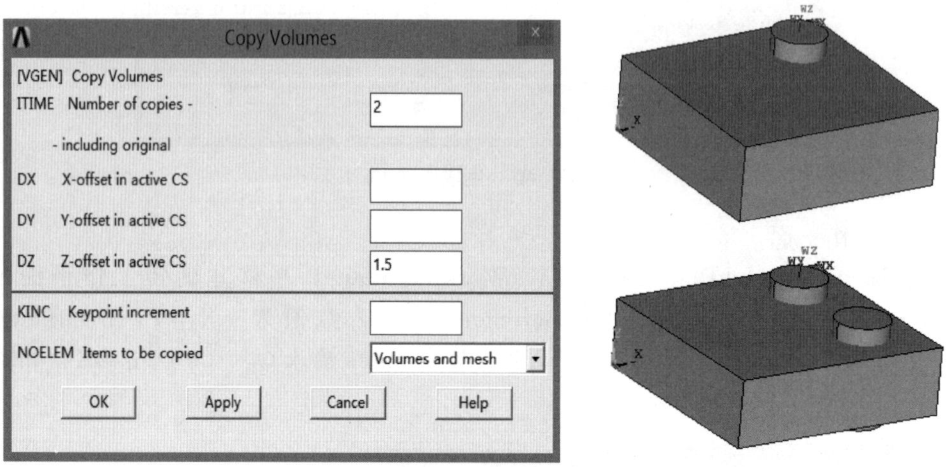

图 9.42 拷贝生成另一个圆柱体

(5)从长方体中减去两个圆柱体。

Main Menu>Preprocessor>Modeling>Operate>Booleans>Subtract Volumes，首先拾取被减的长方体，点击 Apply，然后拾取减去的两个圆柱体，点击 OK。

(6)使工作平面与总体笛卡儿坐标系一致。

Utility Menu>WorkPlane>Align WP with>Global Cartesian，如图 9.43 所示。

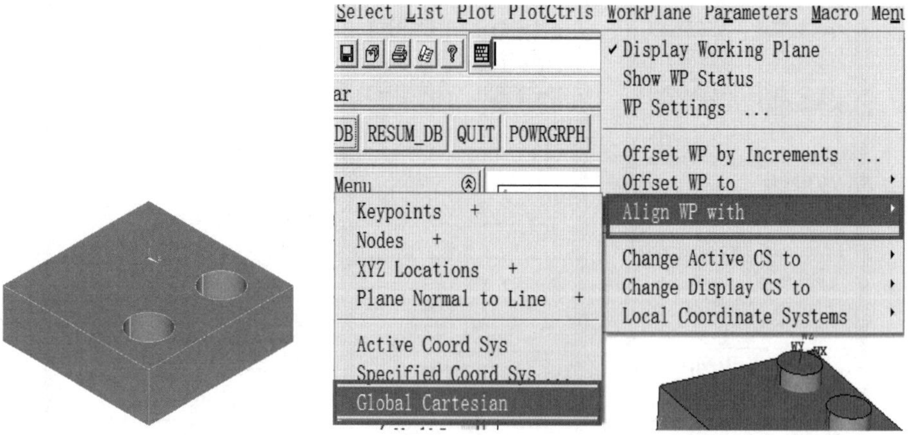

图 9.43 使工作平面与总体笛卡儿坐标系一致

2. 建立几何模型——支撑部分

(1)建立长方体。

Preprocessor>Modeling>Create>Volumes>Block>By 2 corners & Z，在创建实体块的参数表中输入下列数值：WP X=0，WP Y=1，Width=1.5，Height=1.75，Depth

=0.75，如图 9.44 所示。

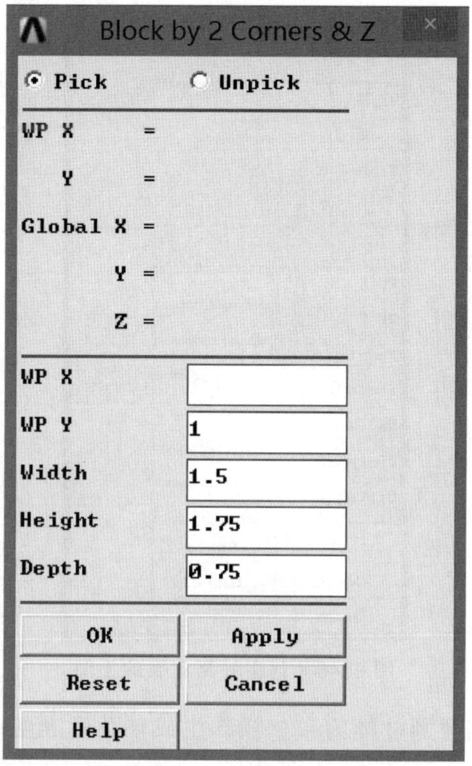

图 9.44　建立几何模型——支撑部分

(2)偏移工作平面到轴瓦支架的前表面。

Utility Menu>WorkPlane>Offset WP to>Keypoints，在刚刚创建的实体块的左上角拾取关键点，点击 OK，如图 9.45 所示。

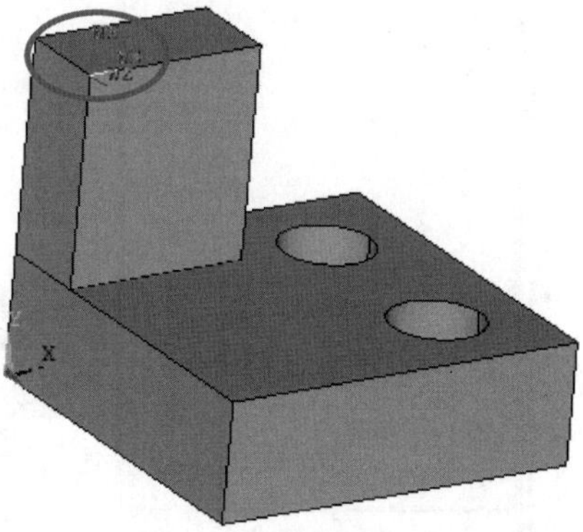

图 9.45　偏移工作平面到轴瓦支架的前表面

(3)保存文件：点击工具条中的按钮 SAVE _ DB。

(4)创建轴瓦支架的上部。

Main Menu>Preprocessor>Modeling>Create>Volumes>Cylinder>Partial Cylinder，输入下列参数值：WP X=0，WP Y=0，Rad-1=0，Theta-1=0，Rad-2=1.5，

Theta－2＝90，Depth＝－0.75，如图 9.46 所示。

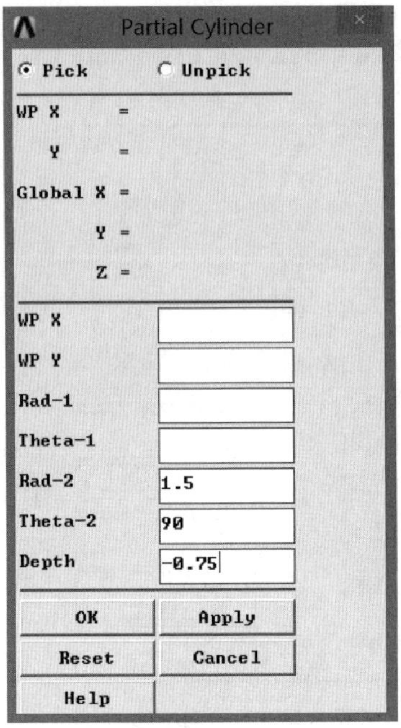

图 9.46　创建轴瓦支架的上部

(5)在轴承孔的位置创建圆柱体为布尔操作生成轴孔做准备。

Preprocessor＞Modeling＞Create＞Volumes＞Cylinder＞Solid Cylinder，在对话框中，输入下列参数值：WP X＝0，WP Y＝0，Radius＝1，Depth＝－0.1875。点击Apply。继续输入下列数值：WP X＝0，WP Y＝0，Radius＝0.85，Depth＝－2，点击 OK，如图 9.47 所示。

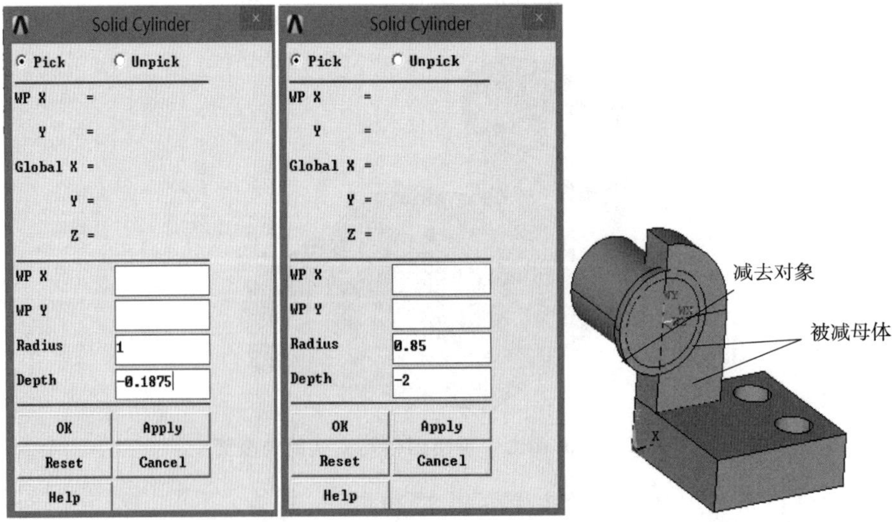

图 9.47　在轴承孔的位置创建圆柱体

(6)从轴瓦支架“减”去圆柱体形成轴孔。

Main Menu>Preprocessor>Modeling>Operate>Booleans>Subtract>Volumes，首先拾取构成轴瓦支架的两个体，作为布尔“减”操作的母体。单击 Apply，拾取大圆柱作为“减”去的对象。单击 Apply，如图 9.48 所示。

进一步，拾取上述的两个被减母体，单击 Apply，拾取小圆柱体，单击 OK。

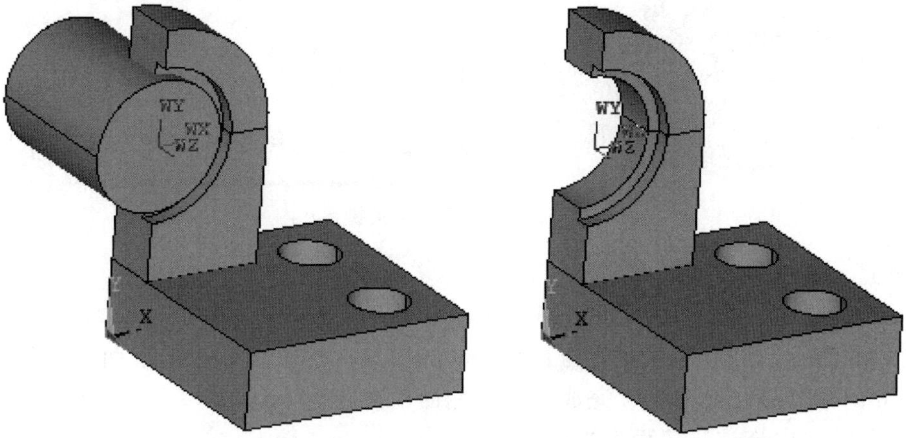

图 9.48 从轴瓦支架“减”去圆柱体形成轴孔

(7)合并重合的关键点。

Main Menu>Preprocessor>Numbering Ctrls>Merge Items，将 Label 设置为“Keypoints”，单击 OK，如图 9.49 所示。

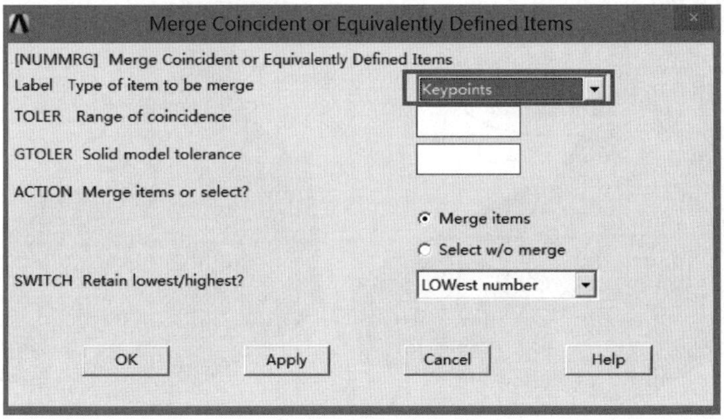

图 9.49 合并重合的关键点

3. 建立几何模型——肋板部分

(1)创建一个关键点。

在底座的上部前面边缘线的中点建立一个关键点，Main Menu>Preprocessor>Modeling>Create>Keypoints>KP between KPs +，拾取如图 9.50 所示的两个关键点，编号为 7 和 8，单击 OK，设定 RATI=0.5，单击 OK。

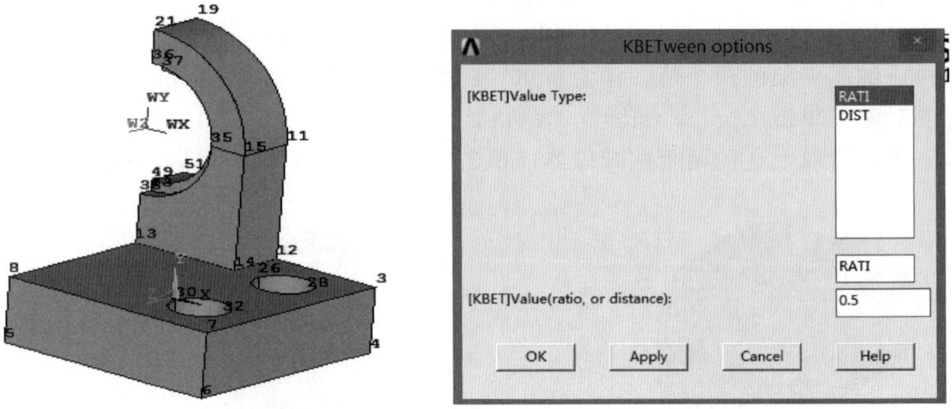

图 9.50 创建一个关键点

(2)创建一个三角面并形成三棱柱。

Main Menu＞Preprocessor＞Modeling＞Create＞Areas＞Arbitrary＞Through KPs，如上图右中圈所示，拾取轴承孔座与整个基座的交点，拾取轴承孔上下两个体的交点，拾取上步建立的关键点，单击 OK 完成三角形侧面的建模。

(3)沿面的法向拖拉三角面形成一个三棱柱。

Main Menu＞Preprocessor＞Modeling＞Operate＞Extrude＞Areas＞Along Normal，拾取三角面，单击 OK，输入 DIST＝－0.15，厚度的方向是向轴承孔中心，单击 OK。保存文件，如图 9.51 所示。

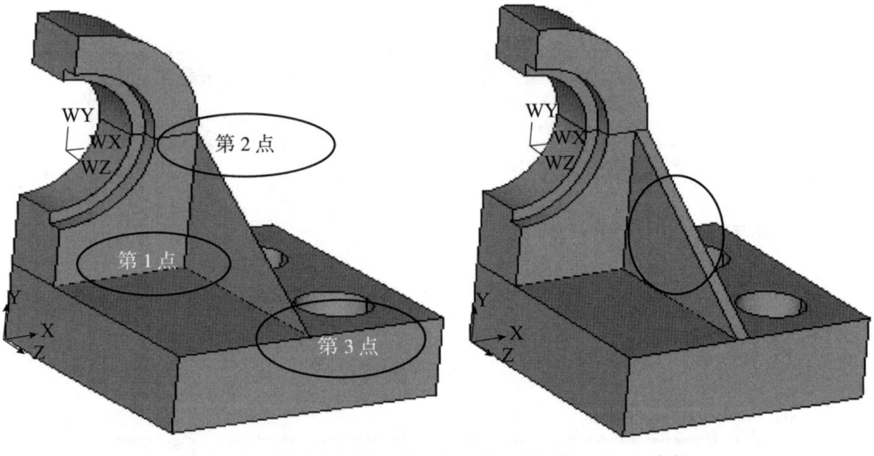

图 9.51 沿面的法向拖拉三角面形成一个三棱柱

(4)连接所有体。

Main Menu＞Preprocessor＞Modeling＞Operate＞Booleans＞Glue＞Volumes，在拾取框中，点击 Pick All。

(5)保存文件。

4. 几何模型切割操作，为网格划分做准备

(1)打开点、线、面和体的编号控制。

Utility Menu＞PlotCtrls＞Numbering 命令，弹出对话框，分别选中 KP、LINE、AREA

和 VOLU 的复选框，激活为 On，单击 OK 按钮，如图 9.52 所示。

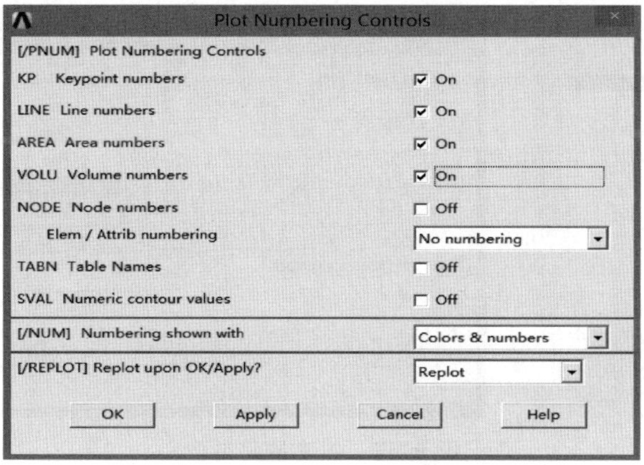

图 9.52　打开点、线、面和体的编号控制

(2)切分轴承座基座。

点击菜单 Utility Menu>WorkPlane>Align WP with>Keypoints，依次选择编号：12、14、11 的关键点，单击 OK 按钮。

点击菜单 Main Menu>Preprocessor>Modeling>Operate>Booleans>Divide>Volu by WorkPlane 命令，弹出拾取对话框，单击 Pick All 按钮。

(3)对轴承孔部分生成圆孔面。

点击菜单 MainMenu>Preprocessor>Modeling>Operate>Extrude>Lines>Along Lines，拾取编号为 46 的线，单击 Apply 按钮，拾取编号为 78 的线，单击 Apply 按钮。拾取编号为 49 的线，单击 Apply 按钮，拾取编号为 47 的线，单击 Apply 按钮。

(4)利用新生成的面分割体。

点击菜单 Main Menu>Preprocessor>Modeling>Operate>Booleans>Divide>Volu by Area 命令，弹出拾取对话框，单击 Pick All 按钮。

拾取编号为 6 的体，单击 Apply 按钮，拾取编号为 20 的面，单击 Apply 按钮。拾取编号为 5 的体，单击 Apply 按钮，拾取编号为 37 的面，单击 OK 按钮。

(5)平移工作平面，进行体切割。

点击菜单 Utility Menu>WorkPlane>Offset WP to>Keypoints，选择编号 18 的关键点，单击 OK 按钮。

点击菜单 Main Menu>Preprocessor>Modeling>Operate>Booleans>Divide>Volu by WorkPlane 命令，弹出拾取对话框，拾取编号为 7 的体，单击 OK 按钮。

(6)连接面操作。

点击菜单 Main Menu>Preprocessor>Meshing>Mesh>Volumes>Mapped>Concatenate>Areas，弹出拾取对话框，依次拾取编号为 12、26、34、48 的面，单击 OK 按钮。

5. 建立有限元模型

(1)创建单元类型。

Main Menu>Preprocessor>Element Type>Add/Edit/Delete，单击"Add"按钮；弹出如图 9.53 所示的对话框，在左侧列表中选择"Structural Solid"，在右侧列表中选择

“Brick 8 Node 185”，单击 OK 按钮，单击 Close 按钮。

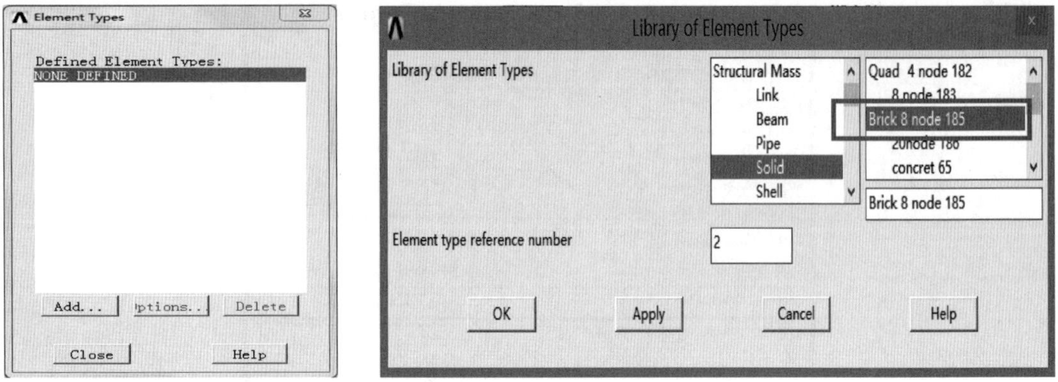

图 9.53　创建单元类型

(2)定义材料特性。

点击菜单 Main Menu>Preprocessor>Material Props>Material Models。在右侧列表中依次双击“Structural”“Linear”“Elastic”“Isotropic”，弹出如图 9.54 所示的对话框，在“EX”和“PRXY”文本框中输入弹性模量 30e6 和泊松比 0.3，单击 OK 按钮，单击 Close 按钮。

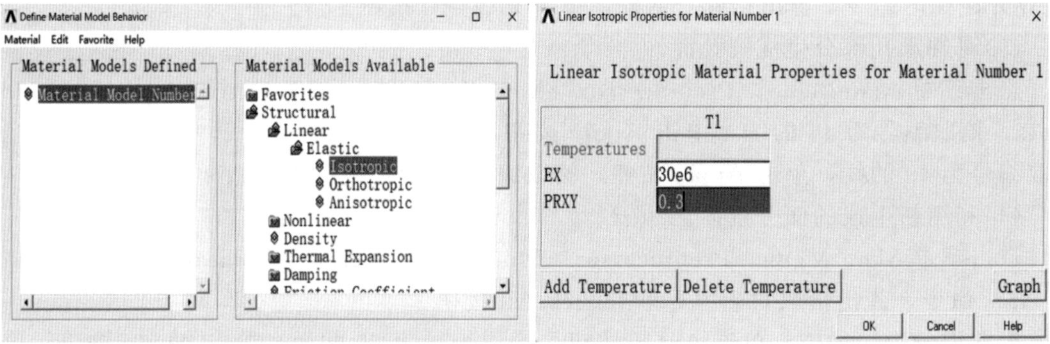

图 9.54　定义材料特性

(3)网格划分。

点击菜单 Main Menu>Preprocessor>Meshing>MeshTool...，如图 9.55 所示，点击 Global 中的 Set 按钮，弹出整体单元尺寸设置对话框，设置单元尺寸大小为 0.1。

确认 MeshTool 的各项为：Volumes，Hex/Wedge，Sweep，然后单击 Sweep 按钮，弹出拾取对话框，单击 Pick All 按钮。网格划分完毕，单击 OK 按钮。

(4)完成整体模型。

1)沿坐标平面镜射生成整个模型。

Main Menu>Preprocessor>Modeling>Reflect>Volumes，在拾取框中，点击 Pick All，在弹出的对话框中，选择“Y－Z plane，单击 OK。

2)关闭工作平面：Utility Menu>WorkPlane>Display Working Plane，如图 9.56 所示。

3)合并重合节点及关键点等。

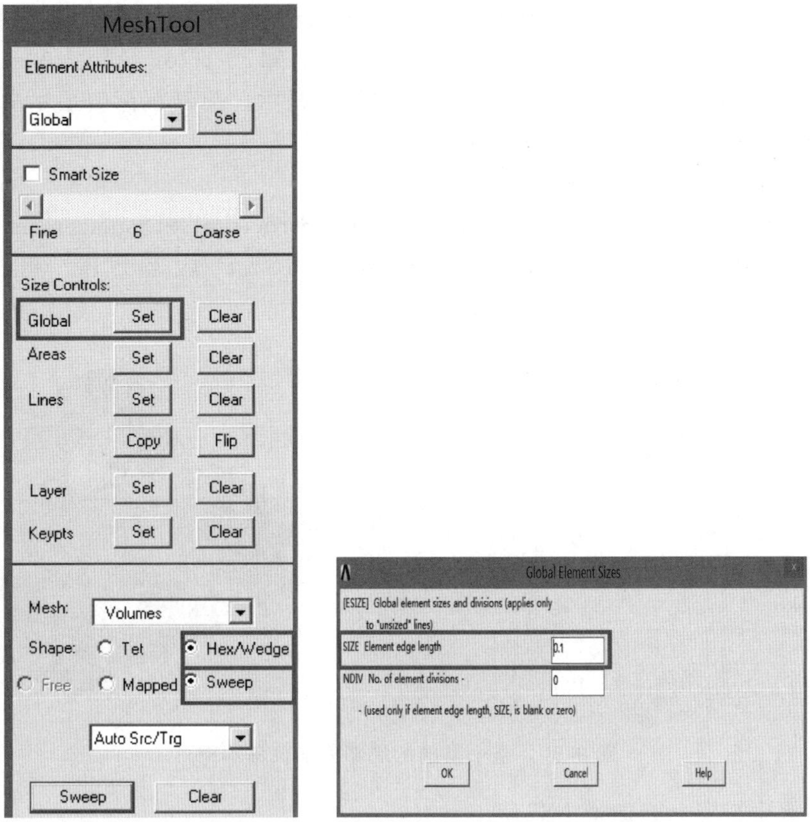

图 9.55　网格划分

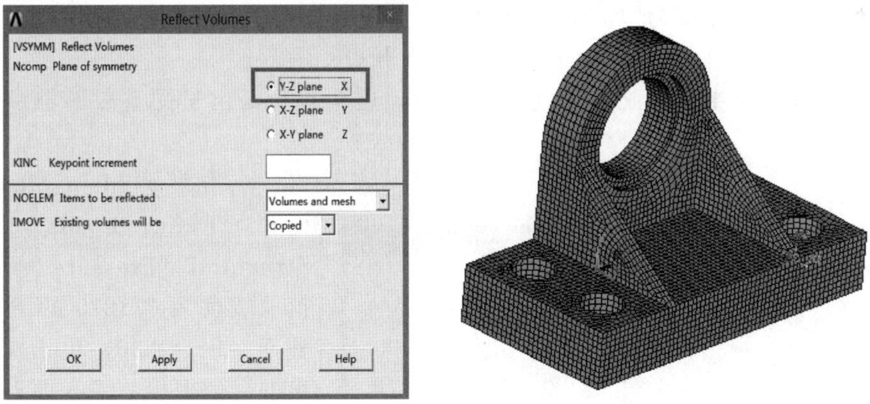

图 9.56　完成整体模型

Main Menu>Preprocessor>Numbering Ctrls>Merge Items，将 Label 设置为“all”，单击 OK。

4)保存文件，点击工具条中的 SAVE _ DB 按钮。

6．施加约束和载荷

(1)约束四个螺栓安装孔。

Main Menu>Solution>Loads>Apply>Structural>Displacement>Symmetry B. C. >On Areas。

首先绘制面：Utility Menu＞Plot＞Areas，依次拾取四个安装孔的 8 个柱面（每个圆柱面包括两个面），编号为：A62、A63、A58、A60、A17、A18、A15、A16。

说明：在拾取时，按住鼠标的左键便有实体增亮显示，拖动鼠标时显示的实体随之改变，此时松开左键即选中此实体。单击 OK。

（2）整个基座的底部施加位移约束（UY＝0）。

Main Menu＞Solution＞Define Loads＞Apply＞Structural＞Displacement＞On Lines，拾取基座底面的所有外边界线，Picking Menu 中的“count”应等于 10，单击 OK。选择 UY 作为约束自由度，单击 OK，如图 9.57 所示。

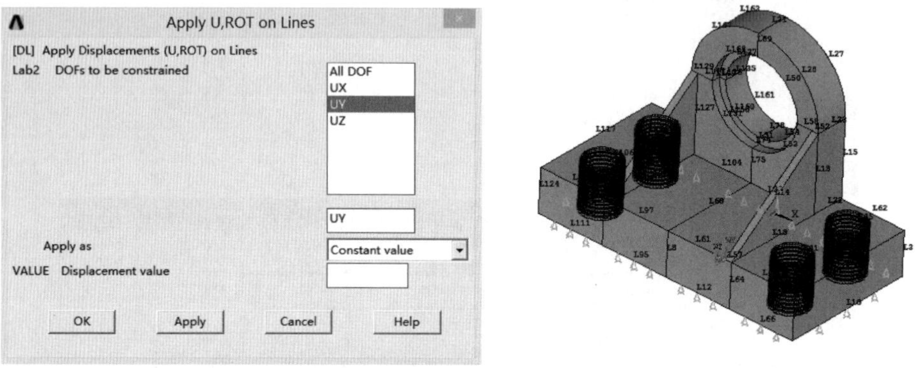

图 9.57 整个基座的底部施加位移约束

（3）在轴承孔圆周上施加推力载荷。

点击菜单 Main Menu＞Solution＞Define Loads＞Apply＞Structural＞Pressure＞On Areas，拾取轴承孔上宽度为“15”的四个面，编号为 A8、A21、A76、A82，单击 OK，在弹出的对话框中，输入面上的压力值“1000”，单击 OK。

（4）在轴承孔的下半部分施加径向压力载荷，这个载荷是由于受重载的轴承受到支撑作用而产生的。

点击菜单 Main Menu＞Solution＞Define Loads＞Apply＞Structural＞Pressure＞On Areas，拾取宽度为 0.1875 的下面两个圆柱面 A92、A36，单击 OK，在弹出的对话框中，输入面上的压力值“5000”，单击 OK。

（5）用箭头显示压力。

Utility Menu＞PlotCtrls＞Symbols…，设置用箭头显示压力值（“Show pres and convect as”），Arrows，单击 OK，如图 9.58 所示。

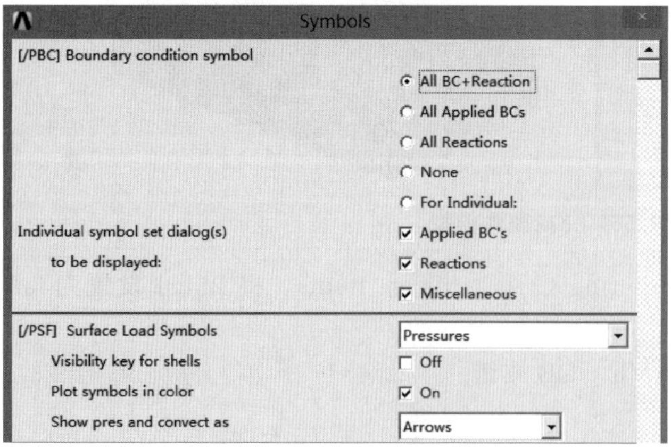

图 9.58 用箭头显示压力

7. 求解

Main Menu>Solution>Solve>Current LS，浏览 status window 中出现的信息，然后关闭此窗口。单击 OK(开始求解)。关闭由于单元形状检查而出现的警告信息。求解结束后，关闭信息窗口。

9.3.5 结果与讨论

(1)查看变形结果。

点击菜单 Main Menu>General Postproc>Plot Results>Deformed Shape。弹出对话框，在列表中选择“Def+Under edge”，单击 OK 按钮。结果如图 9.59 所示。

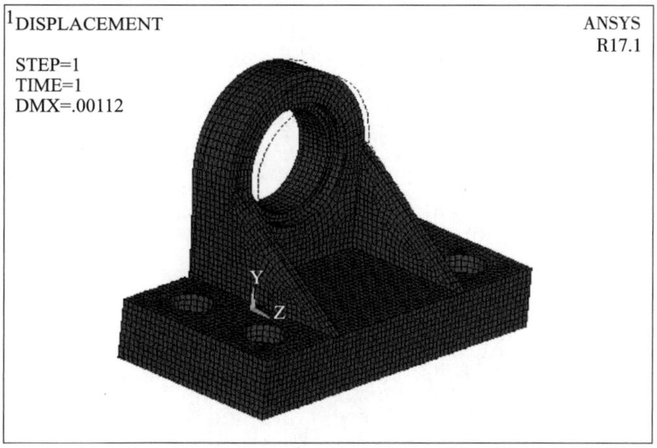

图 9.59　查看变形结果

(2)绘制等效应力(von Mises)图。

点击菜单 Main Menu>General Postproc>Plot Results>Contour>Plot>Nodal Solu。弹出如图 9.60 所示的对话框，在列表中依次选择“Nodal Solution>Stress>Von Mises SEQV”，单击 OK 按钮。

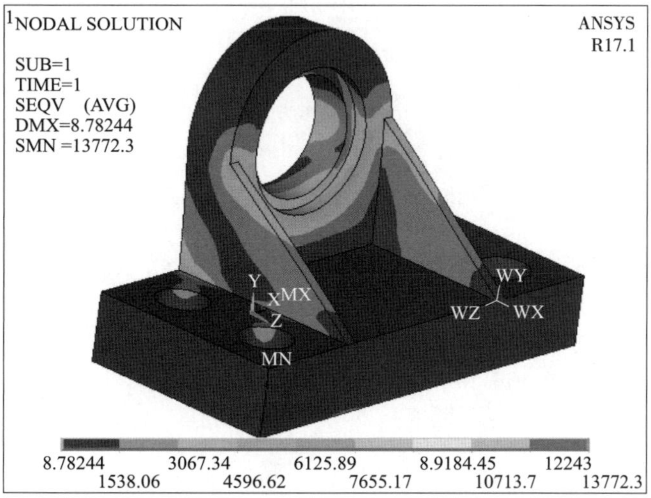

图 9.60　绘制等效应力(von Mises)图

附 APDL

```
finish
/clear
/prep7
et,1,185
mp,ex,1,30e6
mp,prxy,1,0.3
block,,3,,1,,3
wpoff,2.25,1.25,0.75
wpro,,-90
cyl4,,,0.75/2,,,,-1.5
vgen,2,2,,,,,1.5,,0
flst,3,2,6,orde,2
fitem,3,2
fitem,3,-3
vsbv,1,p51x
wpcsys,-1,0
blc4,,1,1.5,1.75,0.75
kwpave,16
cyl4,,,,,1.5,90,-0.75
cyl4,,,1,,,,-0.1875
cyl4,,,0.85,,,,-2
flst,2,2,6,orde,2
fitem,2,1
fitem,2,-2
vsbv,p51x,3
flst,2,2,6,orde,2
fitem,2,6
fitem,2,-7
vsbv,p51x,5
nummrg,kp,,,,low
kbetw,8,7,0,rati,0.5,
flst,2,3,3
fitem,2,15
fitem,2,14
fitem,2,9
a,p51x
voffst,3,0.15,,
```

```
vglue,all
kwplan,-1,12,14,11
vsbw,all
adrag,46,,,,,,78
adrag,49,,,,,,47
vsba,6,20
vsba,5,37
kwpave,18
vsbw,7
flst,2,4,5,orde,4
fitem,2,12
fitem,2,26
fitem,2,34
fitem,2,48
accat,p51x
esize,0.1,0,
mshape,0,3d
alls
vsweep,all
vsymm,x,all,,,,0,0
eplot
nummrg,all,,,,low
/solu
asel,s,area,,62,63
asel,a,area,,58,60,2
asel,a,area,,15,18,1
da,all,symm
lsel,s,loc,y
lsel,u,line,,16,17
lsel,u,line,,9
lsel,u,line,,112,114
lsel,u,line,,36,37
lsel,u,line,,42,43
dl,all,,uy
asel,s,area,,8,21,13
asel,a,area,,76,82,6
sfa,all,1,pres,1000
asel,s,area,,36,92,56
sfa,all,1,pres,5000
```

```
alls
solve
/POST1
SET,FIRST
PLDISP,1
PLNSOL,S,EQV,0,1.0
SAVE
FINISH
```

拓展阅读

结构力学研究的最新进展

结构力学作为工程科学的核心基础，专注于探究材料、构件及结构在荷载作用下的力学行为与变形规律，为各类工程结构的设计、优化与安全评估奠定理论基石并提供关键技术支持。近年来，伴随计算机技术、数值模拟手段与实验检测技术的迅猛发展，结构力学领域成果丰硕，为解决复杂工程问题开辟新径。

多功能材料整合多种材料优势，经精心设计的比例与层次组合，展现卓越综合性能，广泛应用于飞机机身、汽车车身等工程结构。当下，纳米材料、纤维增强复合材料和智能材料成为研究焦点。纳米材料因独特尺寸效应与量子特性，具备超常力学与功能特性，如碳纳米管可增强复合材料，在航空航天领域助力飞行器减重并提升强度刚度。纤维增强复合材料以高强度、低密度在现代工程中崭露头角，在风力发电叶片制造中，能兼顾承载与轻质需求，提高风能转换效率。智能材料可感知环境变化并自动调整性能，形状记忆合金与压电材料分别在自适应结构驱动与结构健康监测振动控制领域大显身手，如高层建筑中压电材料助力结构抗震抗风。

结构优化借助计算机仿真与先进算法，系统性优化工程结构性能与形状，改变传统依赖经验与主观判断的设计模式。在飞机、船舶等众多领域，结构优化技术缩短设计周期、提升结构性能、降低成本。拓扑优化在给定空间寻找材料最优分布，如优化机械零件减轻重量提高能效。形状优化调整结构外形，使桥梁兼具承载、美观与经济。参数优化通过调整关键参数，如建筑结构中梁柱尺寸与配筋率，保障安全并节约材料。

结构健康监测依靠传感器与数据采集系统实时监测诊断工程结构，及时发现潜在问题并预警。无损检测、机器学习与云计算等技术推动其发展。无损检测如超声、红外等技术可精准探测结构内部缺陷，为桥梁维护提供依据。机器学习分析处理大量监测数据，智能评估结构健康状态，用神经网络模型判断结构损伤。云计算提供强大数据存储与计算能力，实现大规模数据实时处理与远程监控，支持大型建筑与基础设施运维决策。

超材料具独特电磁波特性，可精准操控电磁波。在结构力学研究中，超材料在设计电磁波隔离层、超声波防护层等方面潜力巨大。例如，设计特定微观结构的超材料可完美吸收特定频段电磁波，制作电磁屏蔽材料。在声学领域，超材料用于设计超声波防护层。在光学器件与传感器设计中，超材料实现传统材料无法达成的功能，为相关领域带来机遇。

智能机器人集成多种先进功能，在结构力学领域可用于工程结构监测、检修与维护。其研发融合多学科知识，成为前沿课题。在建筑与桥梁运维中，智能机器人凭借灵活移动与高精度传感器，检测难以到达部位，传输检测数据，还可在危险环境应急抢修，提高效率与安全性。

实验与理论结合的研究方法在结构力学中越发重要。当前，实验技术不断创新，从传统静动力学试验拓展至多领域综合实验，如数字图像相关技术测量结构表面变形，超声发射技术监测内部损伤。同时，理论模型与计算方法持续完善，有限元分析等数值方法广泛应用，精确模拟分析复杂结构力学性能。实验与理论深度融合，助力深入理解结构力学行为，解决复杂工程问题。

随着科技进步与对工程结构要求的提升，结构力学在理论、技术与应用层面将不断突破。多功能材料等领域的成果将为工程结构创新设计与高效运维提供有力支撑。未来，结构力学有望在跨学科融合、应对极端工况与复杂环境等方面取得更大进展，为人类社会可持续发展贡献力量。

第 10 章　Workbench 静力学分析

10.1　平面刚架受力分析

10.1.1　摘要

针对某平面刚架进行受力分析，通过本例，掌握 Workbench 的基本操作，熟悉不同截面梁的建模过程，掌握梁的固支、焊接和铰接等连接方式的边界条件处理，掌握梁的挠度、剪力图和弯矩图等后处理。对于任意截面的复杂刚架的受力分析具有借鉴和指导作用。

10.1.2　问题描述

图 10.1 为平面刚架结构，其中 1 号梁和 2 号梁焊接，2 号梁和 3 号梁铰接，1 号梁和 3 号梁固定在地基上，各梁长度均为 10m，横截面均为 $0.5\times0.5\text{m}^2$ 的矩形截面，材料弹性模量均为 210GPa，泊松比为 0.3。1 号梁中间位置作用集中力 $F=10\text{kN}$，求解各梁的挠度及刚架的弯矩图和剪力图。

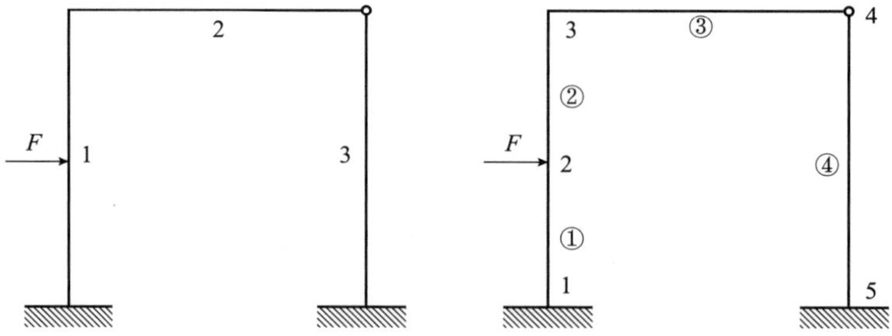

(a) 刚架结构　　(b) WB几何建模示意

图 10.1　平面刚架结构

10.1.3　技术路线

此问题属于结构分析范畴，采用 ANSYS Workbench 的静力学模块，通过软件界面操作方式实现。利用 Workbench 中 DM 模块完成几何线体的创建，为了方便加载，在载荷作用位置设置节点，几何建模建立 4 个线体，如图 10.1(b)所示；在 Mechanical 仿真环境中进行相关约束和载荷的相关施加，本例利用节点自由度耦合技术模拟铰链，完成约束的施加；进行求解和后处理。

10.1.4　操作步骤

1. 静力分析设置

(1)运行程序，启动 Workbench 19.0。工具箱中，双击或拖入静力分析模块【Static Structural】，在【Project Schematic】中出现静力分析项目流程图 A。定义分析名称为 plane frame。

(2)点击【Save】或【Save As】按钮，保存项目文件到合适的位置(可自定义)，名称为 plane frame.wbpj，如图 10.2 所示。

(3)点击菜单栏【Units】，将单位制设置为 Metric(kg，m，s,℃，A，N，V)，选择“Display Values in Project Units”。

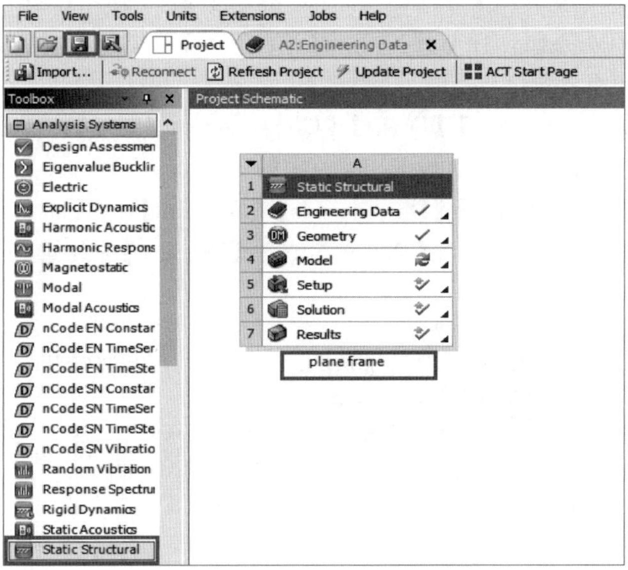

图 10.2　静力分析设置

2. 材料属性设置

操作步骤见图 10.3。

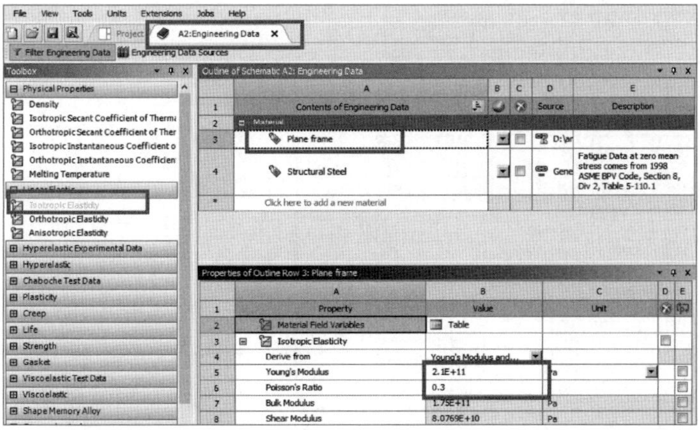

图 10.3　材料参数定义

(1)分析系统 A 中，左键双击【Project Schematic】中的【Engineering Data】单元格，进入工程数据窗口。

(2)单击【Click here to add a new material】，输入新材料名称 Plane frame。

(3)左侧工具箱【Toolbox】中，双击【Linear Elastic】-【Isotropic Elasticity】，定义线弹性各项同性材料属性。

(4)单击【Properties of Outline Row 3：plane frame】，材料属性窗口中，设置【Isotropic Elasticity】-【Young's Modulus】=2.1E+11Pa，【Poisson's Ratio】=0.3。

(5)单击工具栏中【Project】按钮，返回【Project Schematic】。

3. DM 模块中建立几何模型

(1)创建几何构造点。

1)选择【Project Schematic】中的【Geometry】，单击右键，选择 New DesignModeler Geometry，即进入 DM 界面，导航树中单击【XYPlane】工作平面，在【Tree Outline】中单击【Sketching】，创建草图。

2)单击【Sketching Toolboxs】-【Draw】-【Construction Point】，创建草图构造点。单击鼠标左键，依次在 X－Y 平面绘制图 10.1(b)中的 5 个点。

3)单击【Sketching Toolboxs】-【Dimensions】-【General】，在【Details View】明细窗口中设置如图 10.4 所示的尺寸值，并在【Dimensions】-【Display】中勾选【Value】，图形区显示尺寸数值。

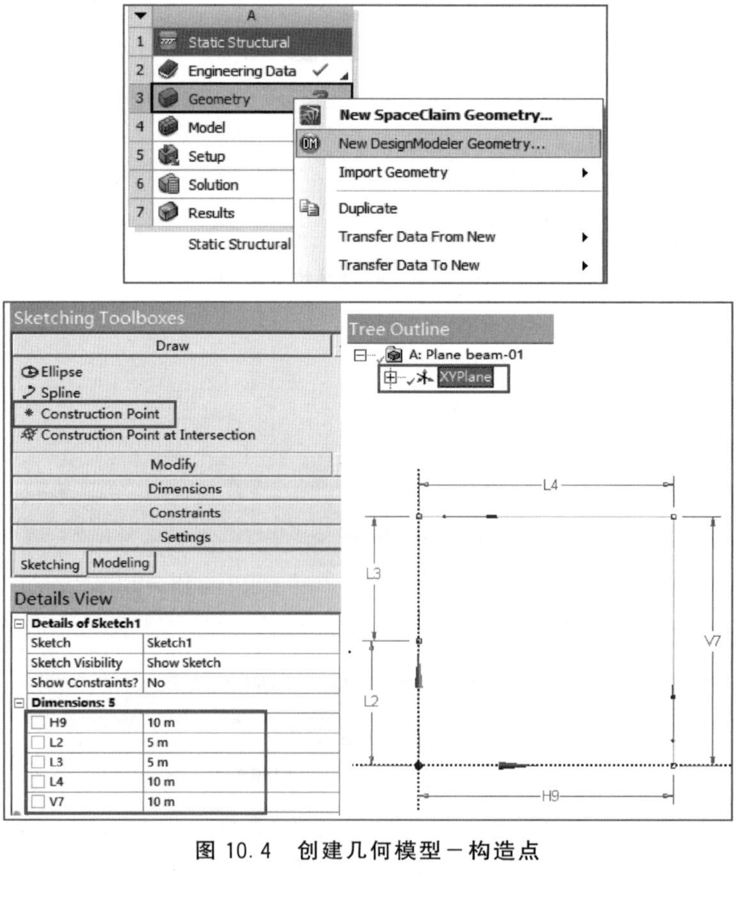

图 10.4　创建几何模型－构造点

(2)创建几何线体。

操作步骤见图 10.5。

1)菜单栏中选择【Concept】-【Lines From Points】，根据前述构造点创造线体。在图形窗口选取相邻两点，单击【Details View】-【Details of Line1】-【Point Segments】= Apply 确认选点，工具栏中选择【Generate】，即建立一个线体。

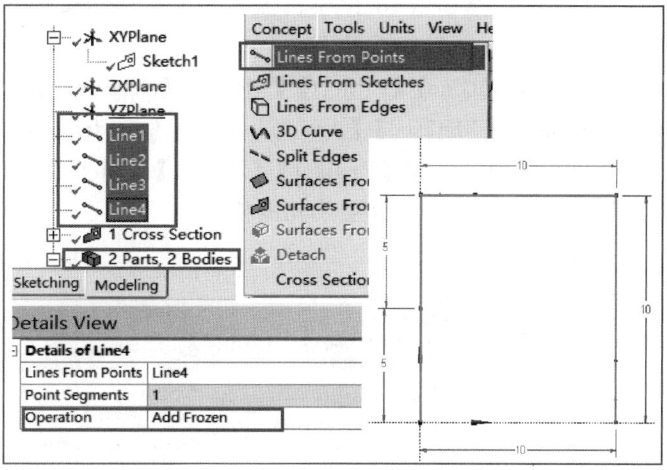

图 10.5 创建几何模型－创建线体

注意：按住 Ctrl 键选择两点，即按住 Ctrl 键可以同时选择多个元素，但如果按住 Ctrl 键单击已选择元素，表示取消选择。对于线体 1 和 2，在建立过程中【Operation】= Add Meterial，线体 3 建立时，【Operation】=Add Frozen，将 3 号梁的线体冻结。建立 3 号梁时，必须采用冻结操作，不然，将与前面的线体合为一个体。

2)在【Tree outline】显示生成 Line1～Line4 四条线，同时生成 2 个 Parts，即两个线体 Line Body。

(3)创建几何模型－梁截面。

操作步骤见图 10.6。

1)菜单栏中选择【Concept】-【Cross Section】-【Rectangular】，创建梁截面。单击【Details View】-【Dimensions】- B=0.5m，H=0.5m，梁截面显示在图形窗口。

2)选中【Tree outline】中的两个线体，单击【Details View】-【Details of Line Body】-【Cross Section】=Rect1，梁截面赋予上述线体。如果是不同截面，则分别执行上述操作。

3)菜单栏中单击【View】-【Cross Section Solids】，图形区的两个线体以横截面的实体形式显示。

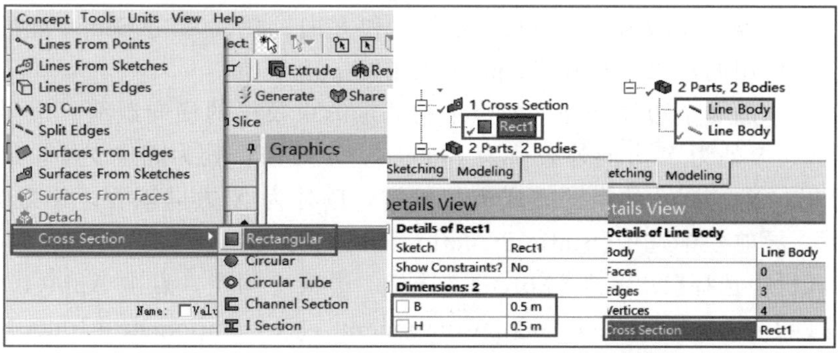

图 10.6 创建几何模型－线体赋予梁截面

4. 材料分配及网格划分

操作步骤见图 10.7。

(1)切换回 Workbench 项目流程窗口，双击【Project Schematic】中的【Model】，进入 Mechanical 界面，即分析界面。

(2)单击【Outline】-【Project】-【Model】-【Geometry】下面的两个 Line Body，单击【Details of "plane frame"】-【Material】-【Assignment】=Plane frame，为梁指定前面自定义的材料。

(3)单击【Outline】-【Project】-【Model】-【Mesh】，右击鼠标，选择【Generate Mesh】生成默认网格，图形区显示梁单元网格。

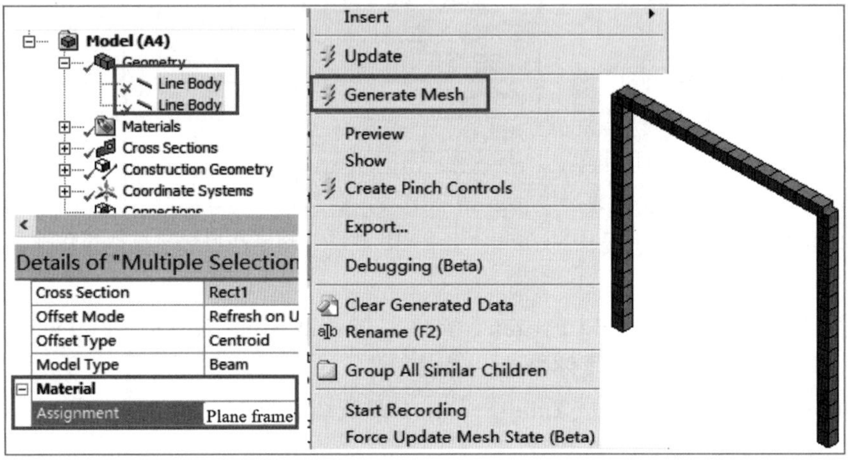

图 10.7 网格划分

5. 施加边界条件

在 Workbench 中施加载荷或约束时，首先，通过导航栏选中【Solution】分支，然后通过工具栏选择相应的载荷或约束，或右键选择相应的载荷或约束。具体操作时，可以有下面两种形式：

➢ 先选定作用范围，再施加支撑和荷载。即在图形窗口选择几何实体，然后选择载荷和支撑(工具栏或右键>插入)，如果需要，再定义大小和方向。

➢ 先确定要施加的支撑或荷载，再选定作用范围。从工具栏或者鼠标右击>插入，选择相应的载荷和支撑，如果需要，再定义大小和方向。然后单击 Scope 处的 Geometry，在图形界面选择作用的对象，再在 Scope 中点击"Apply"。

本案例需要添加 3 个边界条件，两竖梁的固定约束及梁的横向载荷。边界条件施加后如图 10.8 所示。A 处为 X 方向外载荷为 10000N，B 处和 C 处为固定支撑，D 处和 E 处为 2 号梁和 3 号梁，通过耦合约束的方式模拟铰链，D 处为 X 方向耦合，E 为 Y 方向耦合。具体操作如下，导航栏中选中【Static Structural(A5)】分支：

(1)在工具栏中选择【Loads】-【Force】，选择 1 号梁中间点，点击 Apply，单击【Details of "Force"】-【Definition】-【Define By】=Components，X Component=10000N，为梁施加集中载荷。

(2)在工具栏中选择【Supports】-【Fixed Support】，分别选图中 B 点和 C 点，为梁施加固定约束。

(3)在工具栏中选择【Conditions】-【Coupling】，选中 2 号梁右端点和 3 号梁上端点，Apply，单击【Details of “Coupling(Beta)”】-【Definition】-【DOF Selection】= X Component；同样选点定义 Y component，这样可以分别耦合 X 和 Y 两个方向，限制两个体的平移，但不限制两个体的转动，即可实现 2 号梁和 3 号梁的铰接约束。

注意：若【Conditions】中 Coupling 为灰色，表示该功能不可用。需要在 Project 页面，单击菜单【Tools】-【Options】-【Appearance】，在页面中勾选 Beta Options 选项，如图 10.8 右图所示。另外，选中 2 号梁右端点和 3 号梁上端点时按住 Ctrl 键进行选择。

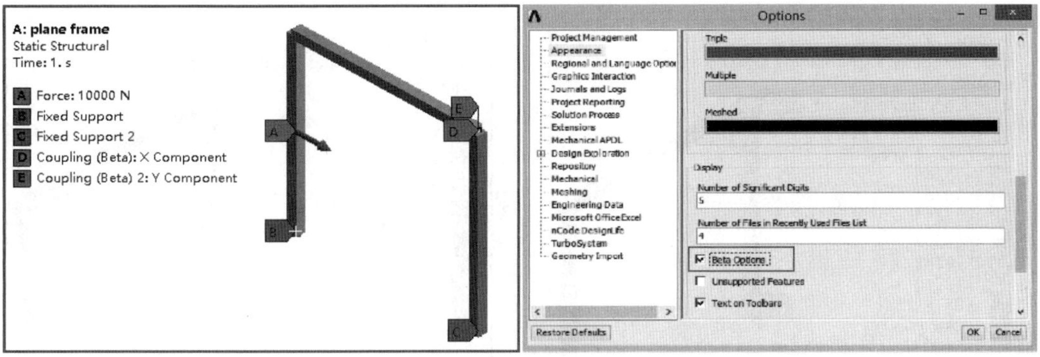

图 10.8　边界条件说明

6. 添加求解选项求解

操作步骤如图 10.9 所示。

(1)在导航栏中选中【Solution(A5)】，工具栏中单击【Deformation】-【Directional】，在求解工具栏中添加 X 方向变形图。

(2)工具栏中单击【Beam Results】-【Bending Moment】、【Shear Force】、【Shear - Moment Diagram】，在求解工具栏中插入梁的求解计算结果。

(3)工具栏中单击【Solve】求解。

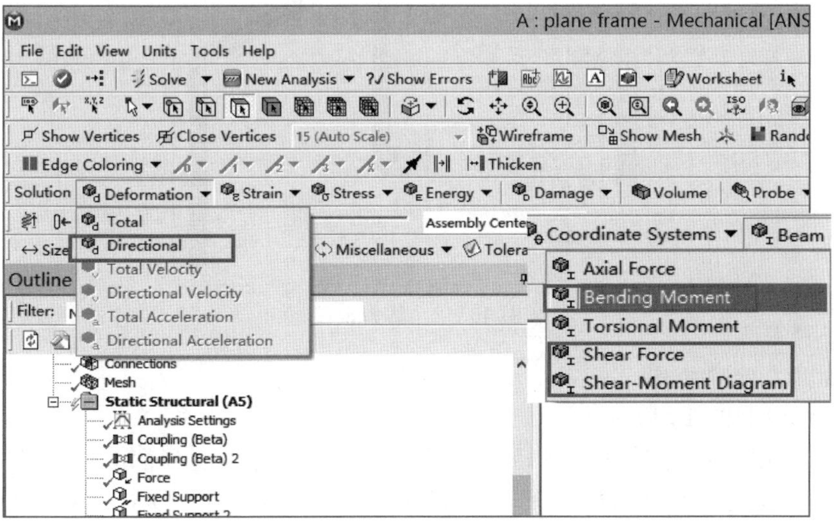

图 10.9　添加求解选项求解

10.1.5 结果与讨论

1. 变形、应力及内力结果

(1)在导航栏中选择【Directional Deformation】，图形区显示梁的变形云图，如图10.10所示，最大变形量为0.366mm。

(2)在导航栏中选择【Total Bending Moment】，图形区显示梁的弯矩云图，如图10.11所示，最大弯矩为3.31×10^7N·mm。

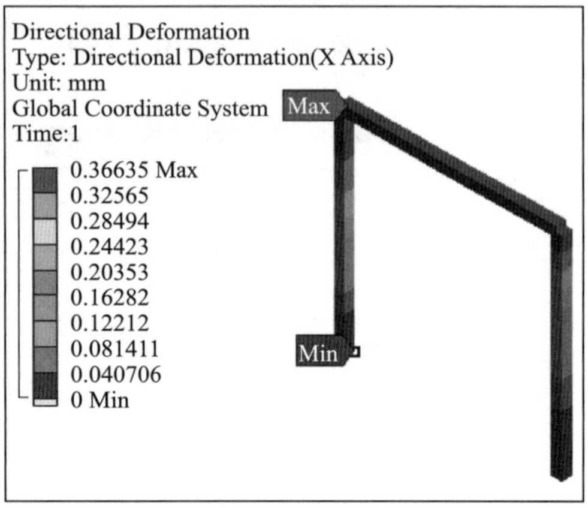

图10.10 变形云图

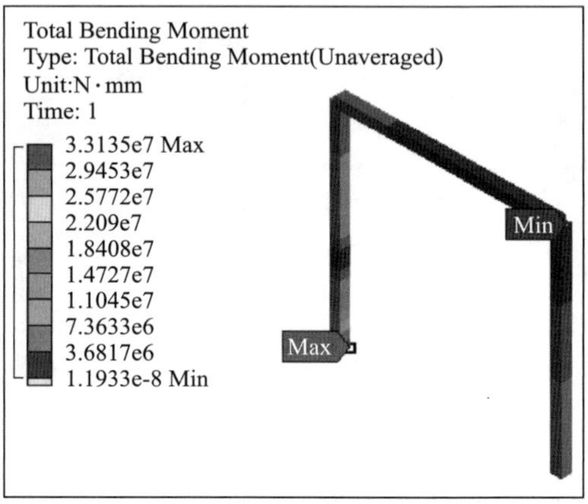

图10.11 弯矩云图

(3)在导航栏中选择【Total Shear Force】，图形区显示梁的剪力云图，如图10.12所示，最大剪力为8801N。

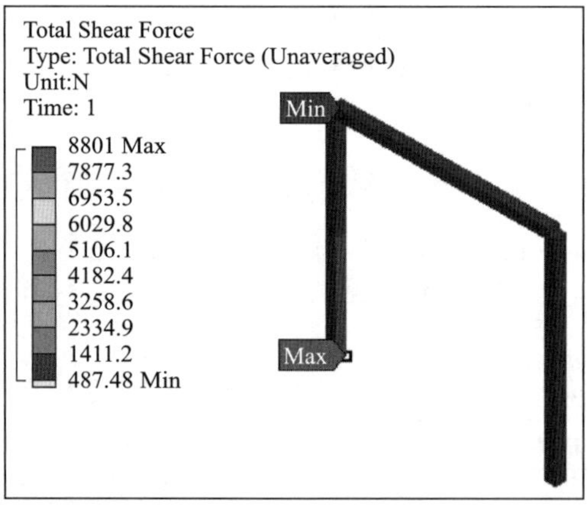

图10.12 剪力云图

2. 查看剪力—弯矩图

操作步骤如图10.13所示。

(1)定义一条沿轴线方向的路径。右键单击【Model】，选择【Insert】-【Construction Geometry】-【Path】。在导航栏下，右键单击【Details of "Path"】-【Definition】-【Path Type】=Edge。单击【Scope】-【Geometry】，选择图10.13中的四条边，点击Apply，求出这条路径上各点所对应的垂直于轴线方向的位移就可以画出挠曲线。

(2)导航栏中，右键【Solution】-【Insert】-【Beam Results】-【Shear - Moment Diagram】。

(3)单击【Details of "Total Shear - Moment Diagram"】-【Scope】-【Path】=Path，将剪力弯矩图映射到上述定义的路径上。右键【Total Shear - Moment Diagram】- Evaluate All Results。图形区显示梁的总剪力、总弯矩和总位移图，三个结果合并在一张图内。列表中按照梁的长度给出总剪力、总弯矩和总位移的具体数值。

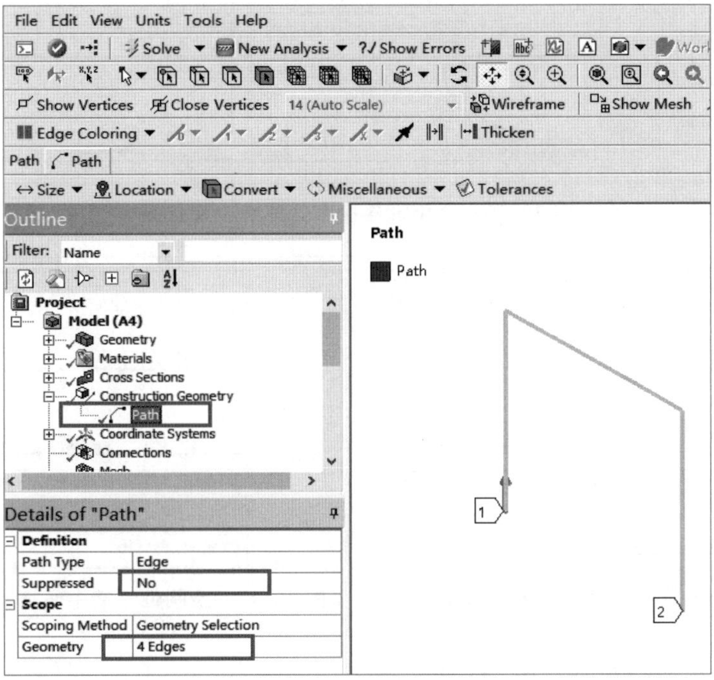

图 10.13　定义路径

3. 对比刚性接头情况

为了对比右侧节点是刚性连接与铰链连接的差异，进一步分析了三根梁全刚性连接的情况，从图 10.14、图 10.15 可以看出，刚性连接与铰链连接，在弯矩图和变形图上有明显差异。进一步分析了横梁在两种连接情况下的结果差异，如图 10.16、图 10.17 所示，可以看出弯矩有拐点出现，变形最大值左移。

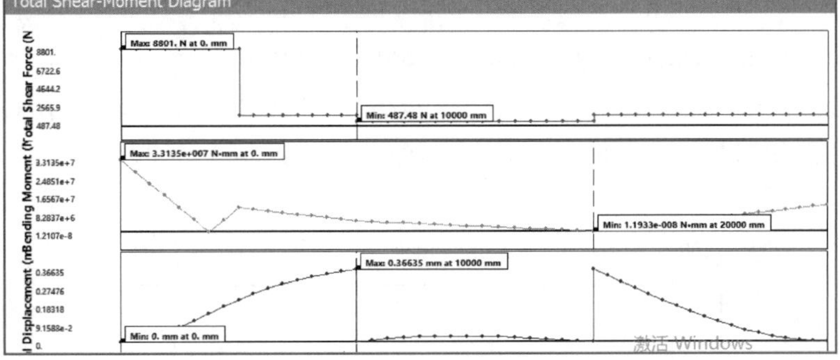

图 10.14　铰链连接整体剪力一弯矩图

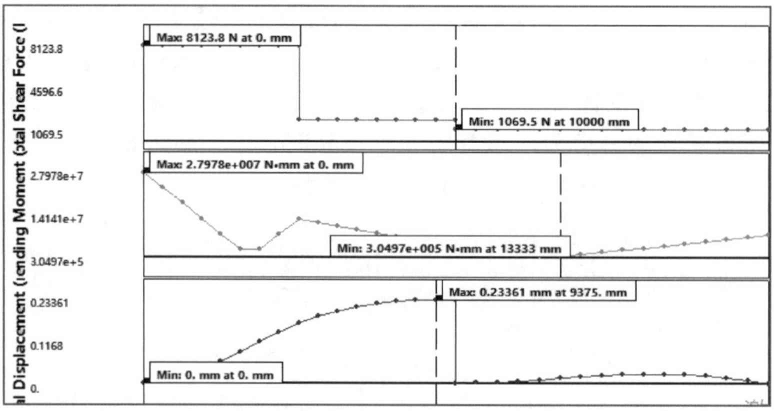

图 10.15　全刚性连接整体剪力－弯矩图

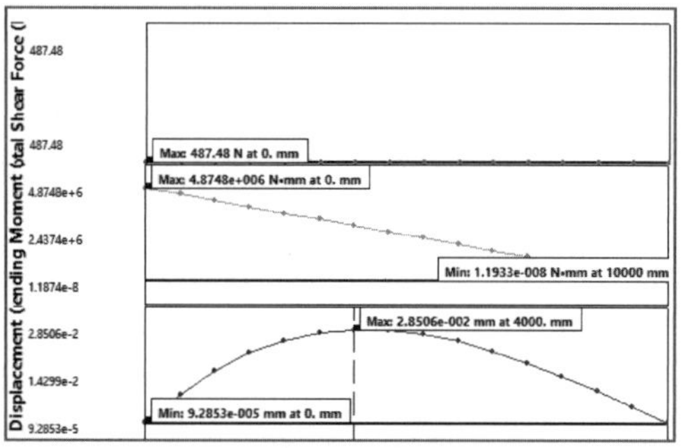

图 10.16　铰链连接中间横梁剪力－弯矩图

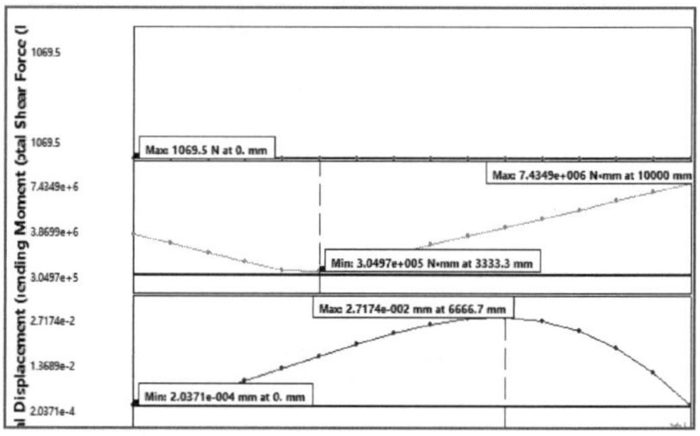

图 10.17　全刚性连接中间横梁剪力－弯矩图

10.2　车轴结构静强度校核

10.2.1　摘要

轴类零件是工程中使用广泛的一类零件。本算例采用实体单元针对某机车轴进行分析校核，计算工作状态下的结构应力及形变量，校核轴的强度是否满足要求，对于其他结构轴类零件的静强度分析具有借鉴和指导作用。

10.2.2　问题描述

已知车轴的材料的许用应力为 355MPa，弹性模量均 210GPa，泊松比为 0.3，密度为 $7830kg/m^3$，结构尺寸如图 10.18 所示，轴左侧 A 处固定支承，右侧 B 处可轴向移动，F=300kN，分别作用与 C、D 两截面，校核机车轴强度。

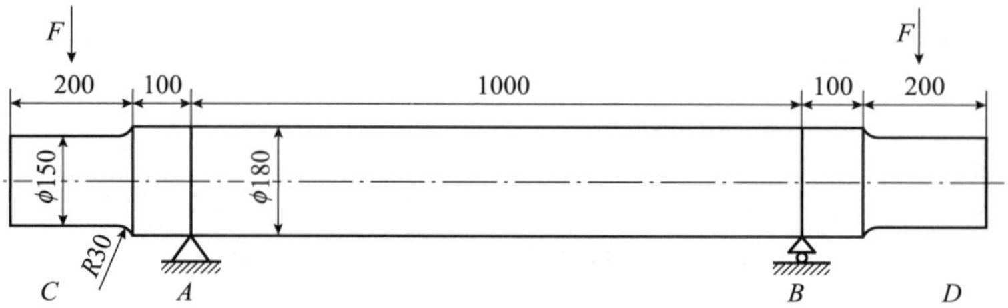

图 10.18　车轴尺寸

10.2.3　技术路线

此问题属于结构分析范畴，采用 ANSYS Workbench 的静力学模块，通过软件界面操作方式实现。利用第三方建模软件完成几何模型的建立，导入 Workbench 中 DM 模块；在 Mechanical 仿真环境中去进行相关约束和载荷的施加，使用三维实体单元进行分析，简支边界条件的施加通过远程位移的方式实现；进行求解和后处理。

10.2.4　操作步骤

1. 静力分析设置

操作步骤如图 10.19 所示。

(1)启动 Workbench，双击工具箱中静力分析模块【Static Structural】，在【Project Schematic】中出现静力分析项目流程图。

(2)定义分析文件名称 wheel shaft。

(3)点击【Save】按钮，保存项目文件名称为 wheel shaft. wbpj。

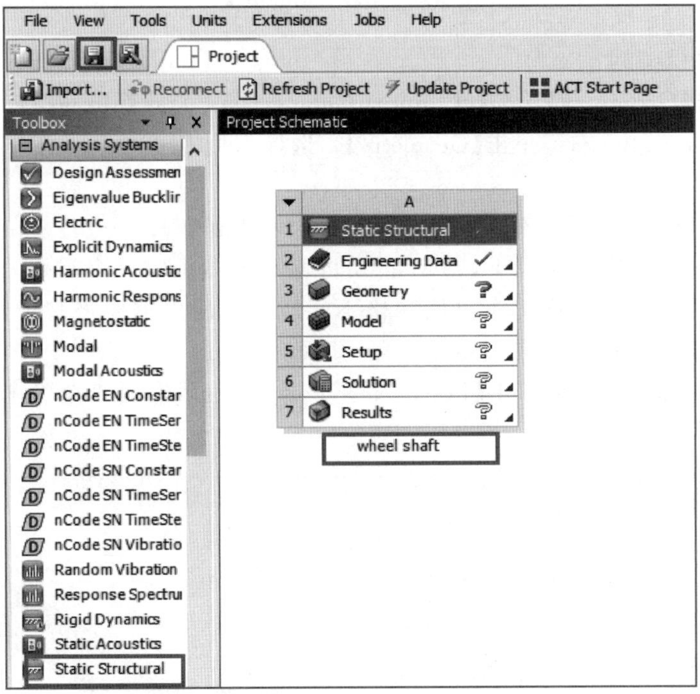

图 10.19　静力分析设置

2. 材料属性设置

操作步骤见图 10.20。

(1)双击【Project Schematic】中的【Engineering Data】单元格，进入工程数据窗口。

(2)单击【Click here to add a new material】，输入新材料名称 wheel shaft。

(3)双击【Toolbox】中的【Linear Elastic】-【Isotropic Elasticity】，定义线弹性各项同性材料属性。

(4)单击【Properties of Outline Row 3: wheel shaft】，定义【Isotropic Elasticity】-【Young's Modulus】=2E+11Pa，【Poisson's Ratio】=0.3。

(5)单击工具栏中【Project】按钮，返回【Project Schematic】。

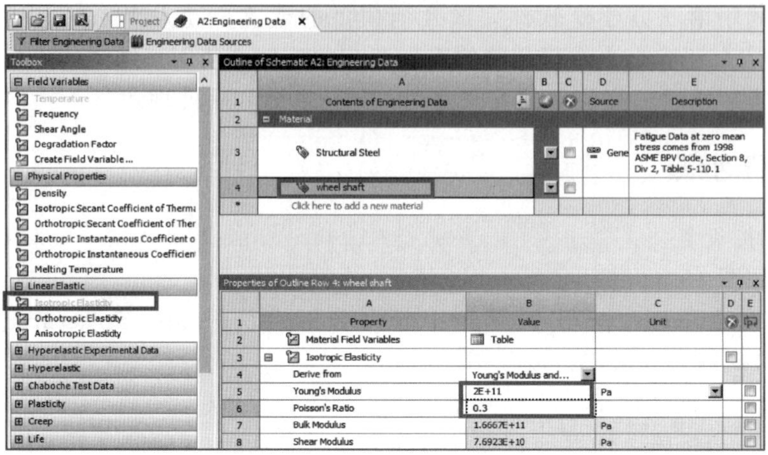

图 10.20　材料参数输入

3. 导入几何模型到 DM

(1)右键点击【Geometry】，选择【Import Geometry】，点击【Browse】，选择已建好的三维模型 wheel shaft. x_t。右键单击【Geometry】，选择 Edit Geometry in DesignModeler，进入 DesignModeler 界面。

(2)在【Tree Outline】下，右键点击【Import1】，点击【Generate】。在导航树中，新生成 3 Parts，3 Bodies，默认情况下，DM 自动将每一个体生成一个零件，单个零件独立划分网格，但多个零件在共享面上有可能网格不能匹配。所以需要将多个体形成一个零件，称为多体零件，多体零件可以在边界面上自动匹配网格。

(3)选择 3 个 Solid，右键单击【Form New Part】，表示形成 1 个 Part。图形区显示如图 10.21 所示的几何模型。

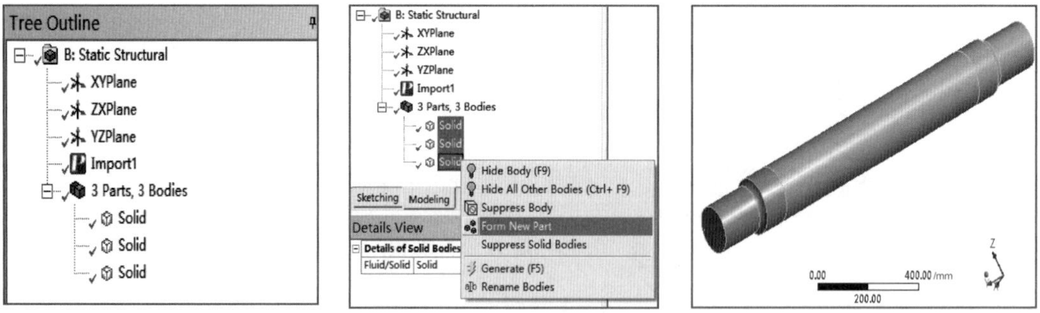

图 10.21　导入几何模型

4. 材料分配及网格划分

操作步骤如图 10.22 所示。

(1)切换回 Workbench 项目流程窗口，双击【Project Schematic】中的【Model】，进入 Mechanical 界面。在菜单栏【Units】下，确认单位制为“Metric(mm，kg，N，s，mV，mA)”。

(2)单击【Outline】-【Project】-【Model】-【Geometry】下面的 wheel shaft，注意这是一个多体零件，即多个体构成的零件，边界网格自动匹配。单击【Details of “wheel shaft”】-【Material】-【Assignment】=wheel shaft，为轴指定前面定义过的材料。

(3)单击【Mesh】-【Details of “Mesh”】-【Sizing】-【Element Size】=10mm。

(4)单击【Outline】-【Project】-【Mesh】，右击鼠标，选择【Generate Mesh】生成默认网格，图形区显示梁单元网格。

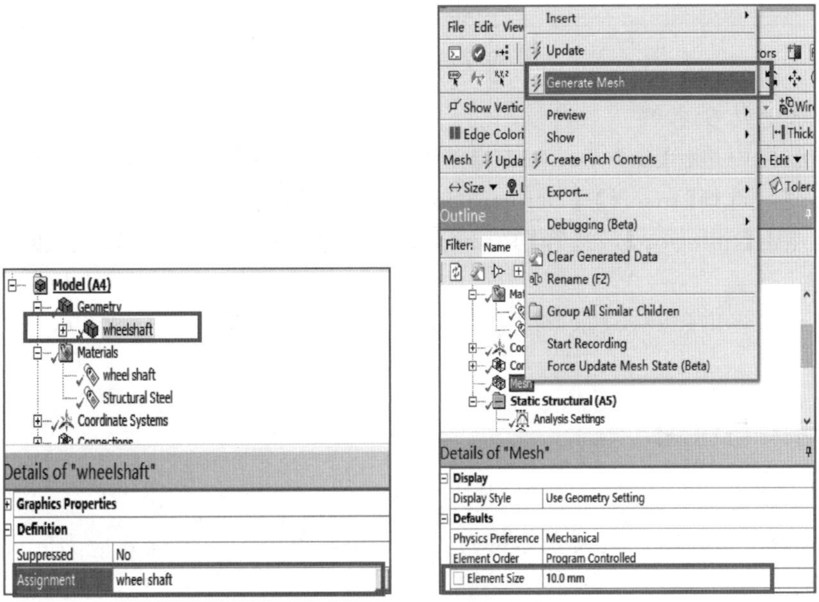

图 10.22　材料分配及网格划分

5. 施加边界条件

本例需要添加两类边界条件，在导航树中选择【Static Structural】，再进行下列操作。具体为：

(1)外载荷为轴外侧两个圆面上的集中载荷。设置为面选择状态，参考图 10.18 所示，选择左侧 C 截面，工具栏选择【Loads】-【Force】，单击【Details of “Force”】-【Definition】【Define By】=Components，X component=3e5N，为梁施加集中载荷。同理，选择右侧 D 截面，工具栏选择【Loads】-【Force】，单击【Details of “Force”】-【Definition】-【Define By】=Components，X component=3e5N，为梁施加集中载荷。

(2)轴左侧 A 处支撑为固定支座。设置为线选择状态，选择如图 10.23 中所示的线，即第 1 段轴与第 2 段轴的交界线。在工具栏中，单击【Supports】-【Remote Displacement】，在明细栏中限制五个方向自由度，即【Definition】-【X Component】=0，【Y Component】=0，【Z Component】=0，【Rotation X】=0，【Rotation Y】=0，【Rotation Z】=Free。

(3)轴右侧 B 处支撑为活动支座。设置为线选择状态，选第 2 段轴与第 3 段轴的交界线。在工具栏中，单击【Supports】-【Remote Displacement】，在明细栏中限制四个方向自由度，即【Definition】-【X Component】=0，【Y Component】=Free，【Z Component】=0，【Rotation X】=0，【Rotation Y】=0，【Rotation Z】=Free。载荷及约束实施完成之后的效果如图 10.23 所示。

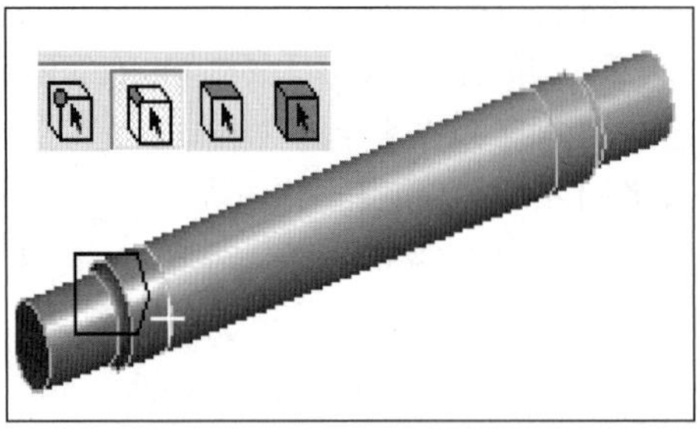

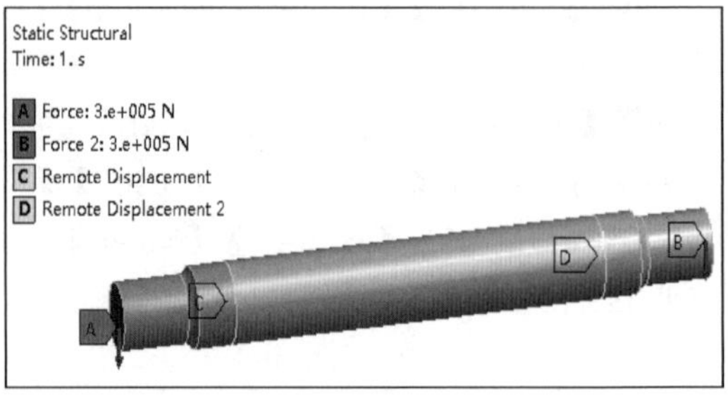

图 10.23 约束和外载荷

6. 添加求解选项求解

(1)在导航栏中选择【Solution(A5)】，工具栏中单击【Deformation】-【Total】，或右键点击【Solution】，选择【Insert】-【Deformation】-【Total】，在求解工具栏中添加总体变形图。

(2)右键点击【Solution】，选择【Insert】-【Stress】-【Von－Mises】，添加等效应力结果显示。

(3)工具栏中单击【Solve】求解，或右键点击【Solution】，点击 Solve，进入计算求解过程。

10.2.5 结果与讨论

1. 变形及等效应力结果

图 10.24 为位移云图，最大变形量为 1.73mm，图 10.25 为等效应力云图，最大应力为 339.3MPa。

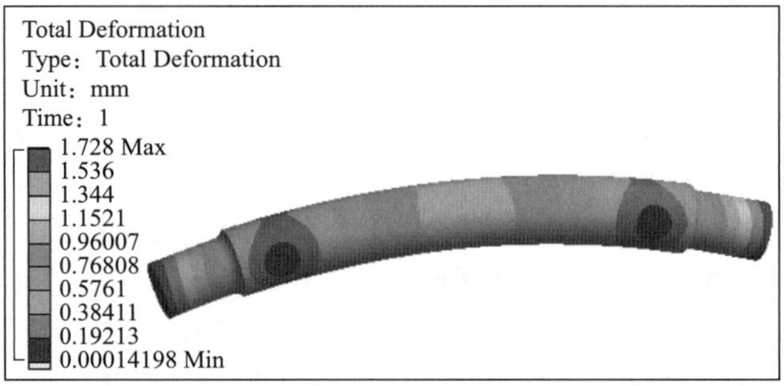

图 10.24 位移云图

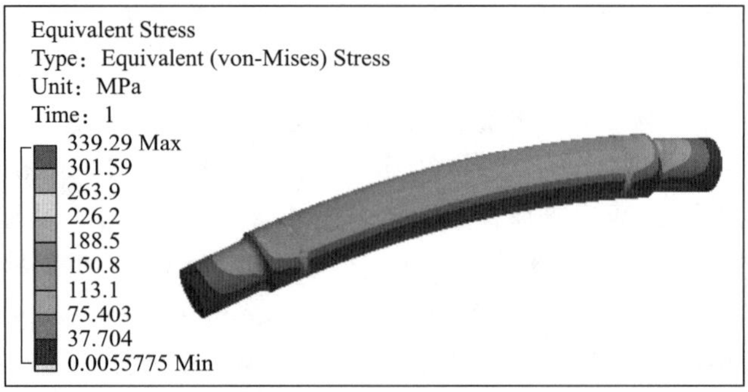

图 10.25 等效应力云图

2. 根据路径查看中间轴段拉应力

(1)在导航栏中右键单击【Model】，在弹出的对话框中选择【Insert】-【Construction Geometry】。再选择导航栏中上一步设置的【Construction Geometry】，右键单击【Insert】-【Path】。定义一条沿轴线方向的路径，用于查看中间段的应力。

(2)单击【Details of "Path"】-【Start】-【Location】旁边的【Click to Change】单元格处，用鼠标点击一下，然后选择粗轴的圆弧线作为起点，同样在【End】-【Location】旁边的【Click to Change】处定义终点，用鼠标点击一下。修改 X 轴的坐标为 90mm 或-90mm，即截面的上下端点。为了避免截面过渡处应力集中的影响，所以为了对比中间粗轴位置的应力，另外一种方法，直接输入起点坐标值(-90，900，0)与终点坐标值(-90，100，0)。图形区域显示路径沿轴向粗轴的边缘处，数字 1 为起点，2 为终点。

(3)添加拉应力：导航栏中选择【Solution】，选择【Insert】-【Stress】-【Normal Stress】。

(4)在导航栏中选择【Normal stress】。

(5)单击【Details of "Normal stress"】-【Scope】-【path】= path，【Type】= Normal Stress，【Orientation】=Y Axis，其余默认。将 Y 向正应力映射到上述定义的路径上。

(6)结果显示这段的应力近似相同，显示 157.34MPa，符合理论解，如图 10.26、图 10.27 所示。

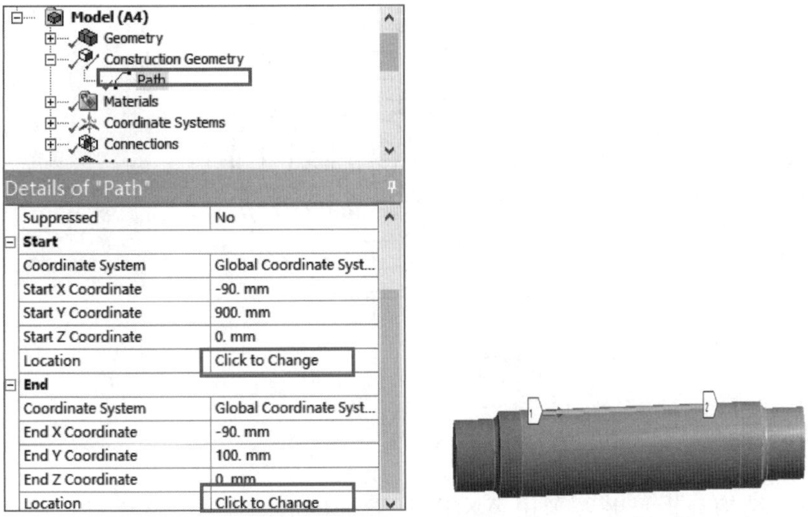

图 10.26　路径定义

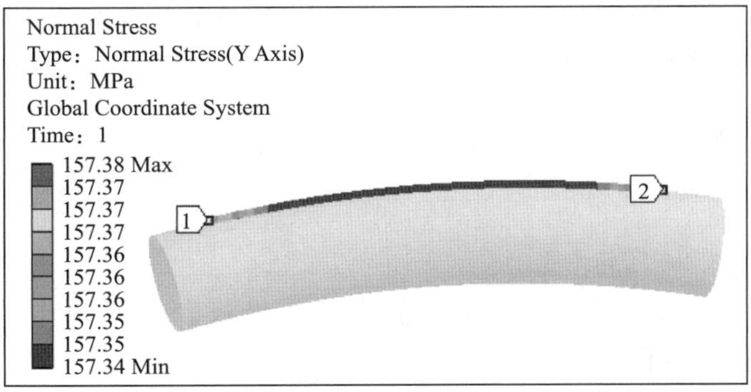

图 10.27　显示应力云图

10.3 车轮旋转时应力分析

10.3.1 摘要

本算例目的是对旋转的盘类零件进行静强度校核，该类问题是一个动力学问题，但高速平稳旋转仍可以简化成动平衡的静强度问题来解决，因车轮为旋转对称结构，取 1/6 作为几何模型进行有限元分析，在 ANSYS Workbench 软件中进行旋转对称设置，计算车轮在工作状态下的结构应力及形变量，对于具有对称性盘类零件的静强度分析具有借鉴和指导作用。

10.3.2 问题描述

轮子的平面图形和几何尺寸如图 10.28 轮子的平面图形和图 10.29 1/6 局部几何模型所示，单位：mm。材料弹性模量为 2.1×10^5 MPa，泊松比为 0.3，密度是 7800kg/m^3，许用应力为 350MPa，旋转角速度是 500rad/s，求解轮子在绕其轴向旋转时轮子内的应力情况。考虑对称性，简化的几何模型如图 10.29 所示。

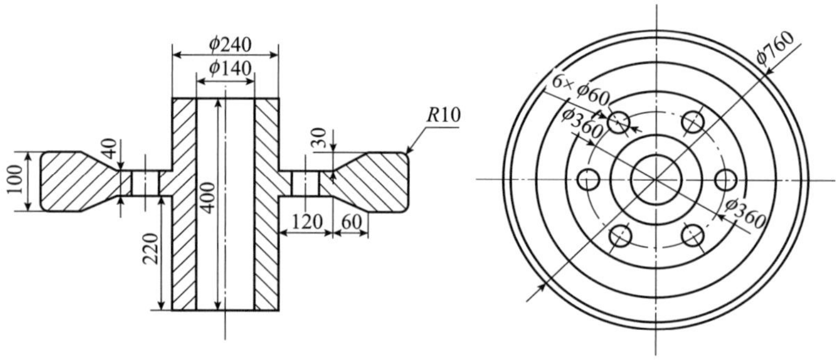

图 10.28 轮子的平面图形

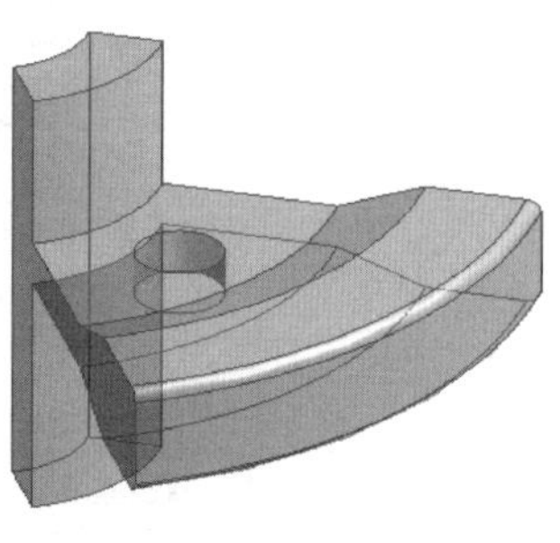

图 10.29 1/6 局部几何模型

10.3.3 技术路线

此问题属于结构分析范畴，采用 ANSYS Workbench 的静力学模块，通过软件界面操作方式实现。利用第三方建模软件完成 1/6 旋转对称局部模型的建立，导入 Workbench 中 DM 模块；使用三维实体单元进行分析，在 Mechanical 仿真环境中去进行相关旋转对称边界设置；进行求解和后处理。

10.3.4 操作步骤

1. 静力分析设置

操作步骤如图 10.30 所示。

(1)启动 Workbench，双击工具箱中静力分析模块【Static Structural】，在【Project Schematic】中出现静力分析项目列表。

(2)输入分析文件名称 Rotating wheel。

(3)点击【Save】按钮，保存项目文件名称为 Rotating wheel. wbpj。

(4)点击菜单栏【Units】，将单位制设置为 Metric(tonne，mm，s，℃，mA，N，mV)，选择“Display Values in Project Units”。

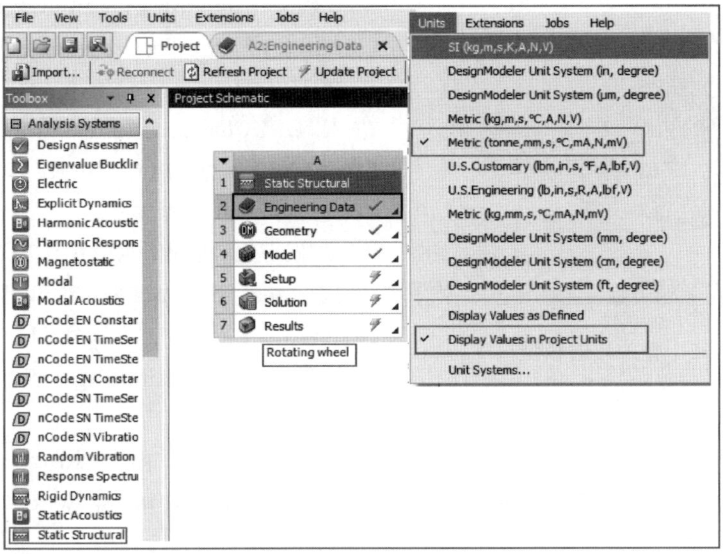

图 10.30　静力分析设置

2. 材料属性设置

操作步骤如图 10.31 所示。

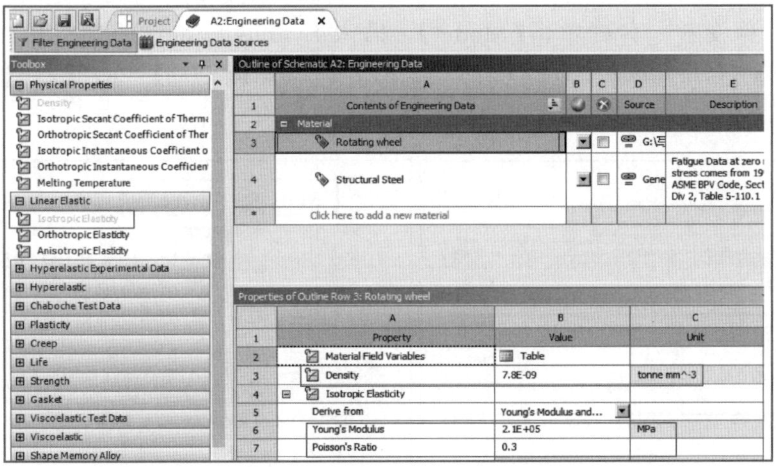

图 10.31　材料参数输入

(1)双击【Project Schematic】中的【Engineering Data】，进入工程数据窗口。

(2)单击【Click here to add a new material】，输入新材料名称 Rotating wheel。

(3)双击【Toolbox】中的【Linear Elastic】-【Isotropic Elasticity】，定义线弹性各项同性材料属性。

(4)单击【Properties of Outline Row 3：Rotating wheel】-【Isotropic Elasticity】-【Young's Modulus】=2.1E+5MPa，【Poisson's Ratio】=0.3。定义弹性模量为 2.1×10^5 MPa，泊松比为 0.3。

(5)选择【Physical Properties】-【Density】=7.8E-9，定义密度为 $7.8\times10^{-9}\,t/mm^3$。

(6)单击工具栏中【Project】按钮，返回【Project Schematic】。

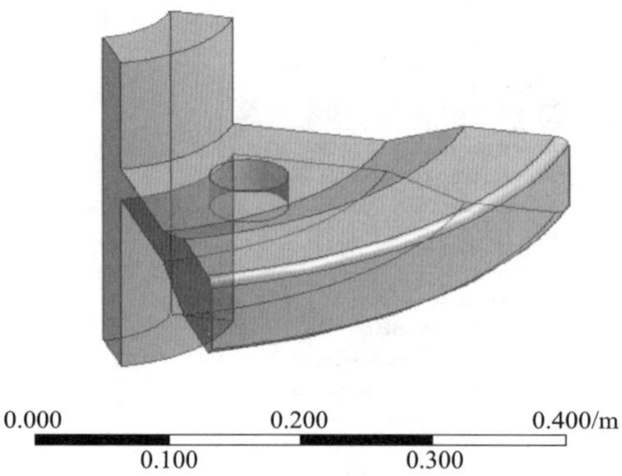

图 10.32 导入几何模型

3. 导入几何模型及旋转对称设置

(1)右键点击【Geometry】，选择【Import Geometry】，点击【Browse】，选择建好的三维模型 Rotating wheel. x_t。双击【Geometry】，进入 DM（DesignModeler）界面。右键点击【Import1】，点击【Generate】，图形区显示图 10.32 所示的几何模型。

(2)切换回 Workbench 项目流程窗口，双击【Project Schematic】中的【Model】，进入 Mechanical 界面。菜单栏【Units】中，确认单位制为“Metric(mm，kg，N，s，mV，mA)”及“rad/s”。

(3)单击【Outline】-【Project】-【Model】-【Geometry】下面的 Rotating wheel，单击【Details of “Rotating wheel”】-【Material】-【Assignment】=Rotating wheel，为车轮指定前面定义过的材料。

(4)定义柱坐标系，要求对称轴必须为 Z 轴。右键单击【Coordinate System】，选择插入“Coordinate System”。在新坐标系的明细栏中，把“Type”改为“Cylindrical”。单击【Origin】-【Define By】，选择 Global Coordinates，设置 X、Y、Z 三个坐标为 0。在“Principal Axis”中，点击改变坐标系的方向，将 Z 轴更改为整体的 Y 轴。

(5)旋转对称设置。右键单击【Model】，插入 Symmetry，在明细栏中，设置【Details of“Symmetry”】-【Graphical Expansion1(Beta)】-【Num Repeat】=6，【$\triangle\theta$】=60°，注意：坐标系选择刚才定义的柱坐标系，详见图 10.33。

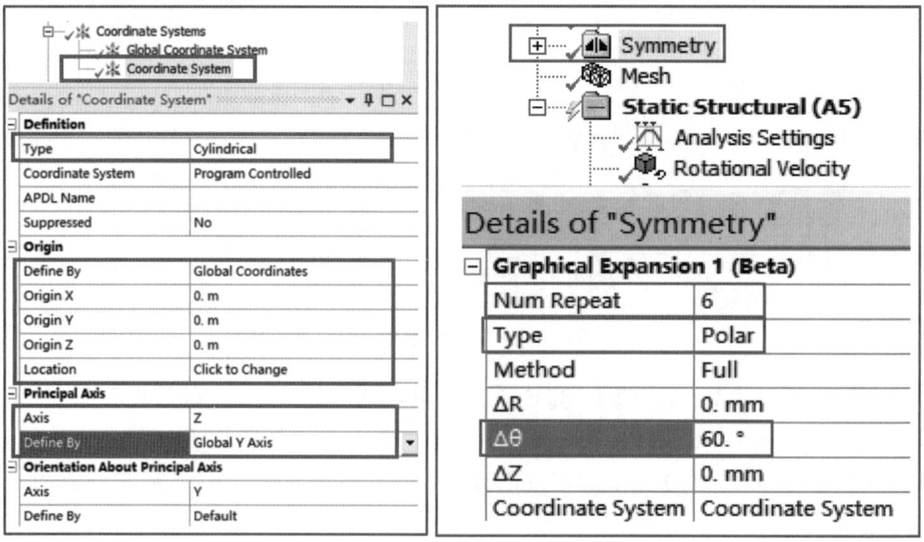

图 10.33 定义局部坐标系及对称设置

(6)右键单击【Symmetry】，插入 Cydic Region，设置【Details of“Cyclic Region”】-【Low Boundary】和【High Boundary】，坐标系选择刚才定义的柱坐标系，如图 10.34 所示。

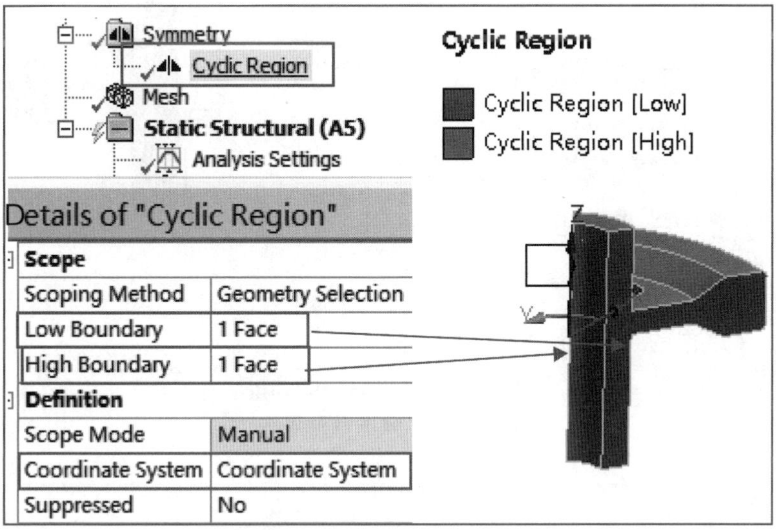

图 10.34　定义对称区域

4. 网格划分

单击【Outline】-【Project】-【Mesh】，右击鼠标，选择【Generate Mesh】生成默认网格，图形区显示单元网格，详见图 10.35。

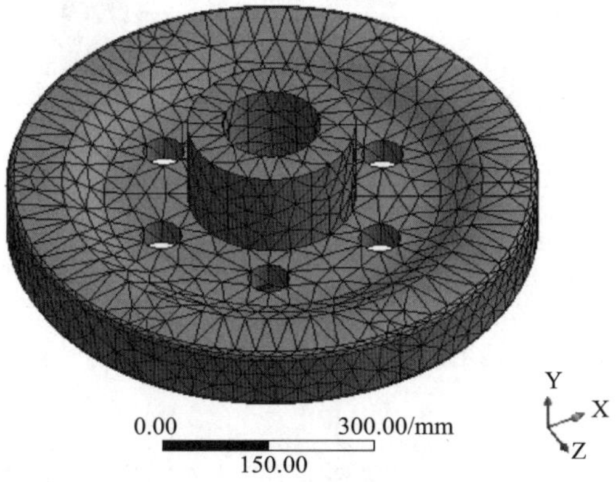

图 10.35　网格划分

5. 施加边界条件

(1)施加惯性载荷。在导航树中选择【Static Structural(A5)】，工具栏中，选择【Inertial】-【Rotational Velocity】，在明细栏中，坐标系设置为新建立的局部坐标系，设置【Definition】-【Define By】=Components，Z Component=500rad/s。详见图 10.36。

(2)在车轮旋转中心施加远程位移。在导航树中选择【Static Structural(A5)】，工具栏中，选择【Supports】-【Remote Displacement】，在明细栏中，选择内孔圆柱面，设置【Geometry】，单击 Apply。将三个方向坐标设置为 0。设置【Definition】-【X Component】=

Free，即释放 x 方向自由度，其余自由度均设置为 0，即限制其他方向自由度。详见图 10.37。

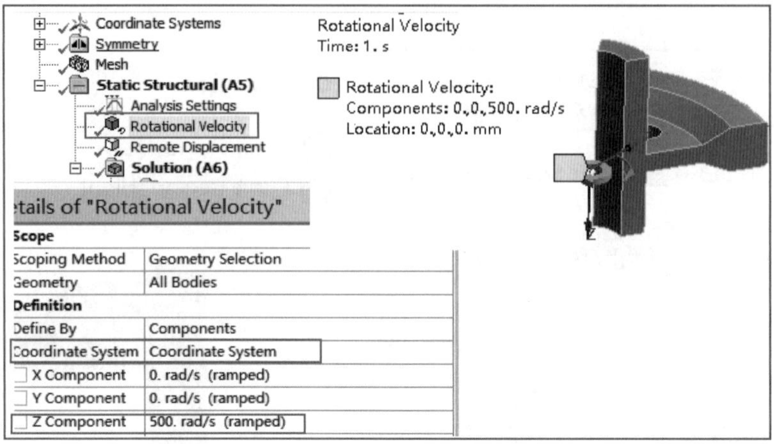

图 10.36 惯性载荷添加

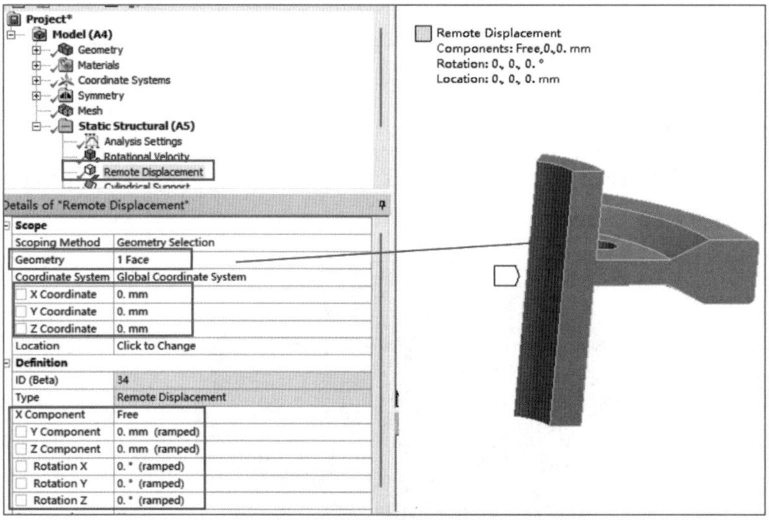

图 10.37 约束和外载荷

6. 添加求解选项求解

在设置好载荷和约束后，右键点击【Solution(A6)】，选择【Insert】-【Deformation】-【Total】，添加总体变形。进一步，右键点击【Solution】，选择【Insert】-【Stress】-【Von－Mises】，添加等效应力结果。右键点击【Solution】，点击 Solve，进入计算求解过程。

10.3.5 结果与讨论

(1)图 10.38 为总体变形云图，最大变形量为 0.15mm。

(2)图 10.39 为等效应力云图，最大应力为 280MPa。车轮的最大应力为 280MPa，低于材料需用应力，满足静强度要求，但安全裕度较小，可适当调整结构尺寸或者调整车轮转速。

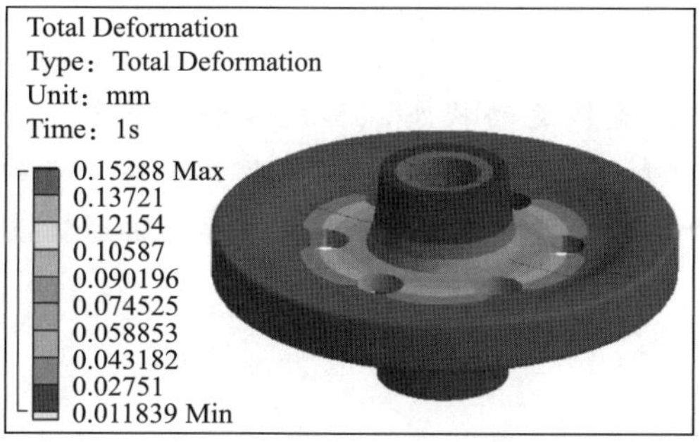

图 10.38　变形云图

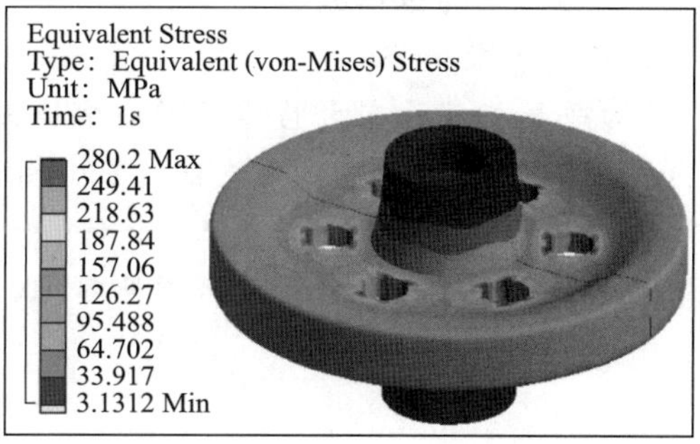

图 10.39　等效应力云图

拓展阅读

静力学的发展历程：古代智慧与现代应用

静力学作为研究物体在力作用下平衡状态的力学分支，其发展历程贯穿人类文明，从古代简单机械的应用到现代复杂工程的设计，始终扮演着不可或缺的角色。静力学的基本原理包括静力平衡、力的平行四边形法则、伐里农定理、潘索多边形原理，静力学在工程技术中起了重要作用，包括静力学在房屋与桥梁设计、机械工程及航空航天等领域中皆有重要用途，应用范围涵盖面广。静力学原理示意图见图 10.40 所示。

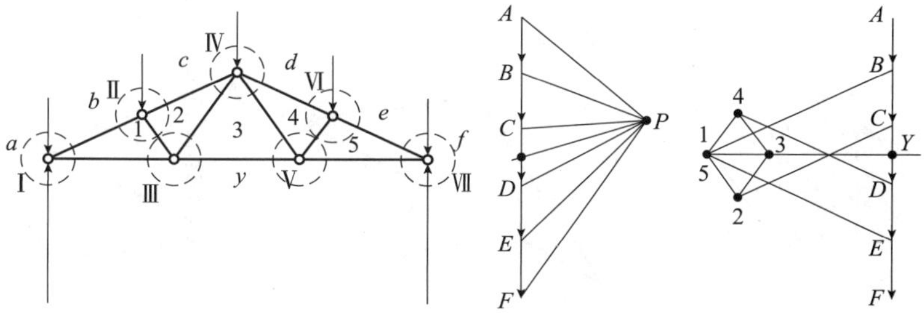

图 10.40　静力学原理示意图

静力学的萌芽可追溯至古代文明对力与平衡的朴素认知。在中国商代墓葬中，已出现利用杠杆原理设计的石门轴，展现了先民对力的传递与平衡的早期应用。古希腊时期，建筑师与工程师将力学知识融入建筑与运输实践，而阿基米德的研究则为静力学奠定了理论基础。

阿基米德通过对平衡与重心的系统探索，创立了杠杆理论，提出“给我一个支点，我就能撬动地球”的经典论断；他证明的浮力原理(阿基米德原理)与密度定理，不仅解释了物体浮沉现象，更在实践中解决了王冠纯度鉴定等实际问题。其贡献既包含对力的平衡条件、重心位置的理论突破，也体现在利用简单机械完成大型工程的实践创新，成为静力学当之无愧的奠基人之一。

一、静力学的基本原理

1. 静力平衡

静力平衡指物体在力的作用下处于静止或匀速直线运动状态，其核心条件是合力为零且合力矩为零(即物体不发生旋转)。以平衡木为例，其平衡稳定性取决于重心与支点的相对位置，当重心恰好位于支点正上方时，力矩为零，平衡木保持稳定；若重心偏移，力矩失衡，便会发生旋转。平衡木示意见图 10.41 所示。

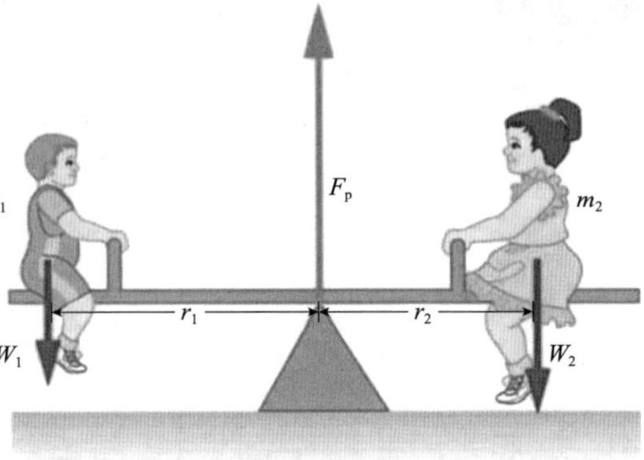

图 10.41 平衡木示意图

2. 力的平行四边形法则

当多个力作用于同一物体时，其共同作用效果可通过“平行四边形法则”求解：以两个力为邻边作平行四边形，其对角线即为合力的大小与方向。例如，两人沿不同方向推箱子时，箱子的运动方向由两个推力的合力决定。该原理为复杂受力分析提供了简洁的数学工具，广泛应用于机械运转、结构承重等场景。力的平行四边形法则原理示意见图 10.42 所示。

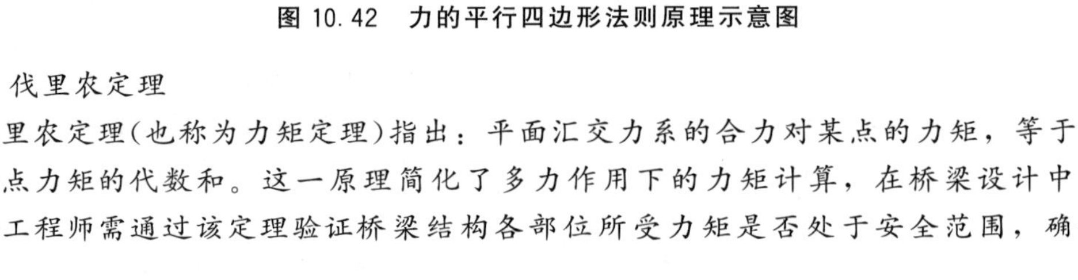

图 10.42 力的平行四边形法则原理示意图

3. 伐里农定理

伐里农定理(也称为力矩定理)指出：平面汇交力系的合力对某点的力矩，等于各分力对同一点力矩的代数和。这一原理简化了多力作用下的力矩计算，在桥梁设计中尤为重要——工程师需通过该定理验证桥梁结构各部位所受力矩是否处于安全范围，确保整体平衡。

4. 潘索多边形原理

潘索多边形原理用于解决平面一般力系的平衡问题：将所有力按比例绘制为矢量，依次首尾相连形成多边形，若多边形闭合，则力系平衡。在建筑设计中，该原理可帮助确定材料的最大承载力，通过分析力的多边形闭合条件，判断结构是否会因受力失衡而破坏。

二、静力学在工程技术中的关键应用

1. 房屋与桥梁设计

静力学是建筑结构安全的“隐形守护者”。在房屋设计中，需通过静力分析计算柱子、墙壁、楼板的荷载分布，确保材料强度与受力匹配；桥梁设计中，利用静力学确定桥墩的间距、截面尺寸及承重能力，例如悬索桥的缆索张力、梁桥的支座反力等，均需通过静力平衡方程求解。

2. 机械工程

在机械设计中，静力学用于分析零部件的受力状态：汽车发动机的曲柄连杆机构、机床的刀具受力等，均需通过静力计算验证其强度与稳定性；此外，机械系统的平衡设计(如转子动平衡)也依赖静力学原理，以避免振动过大导致的故障。

3. 航空航天工程

航空航天器的平衡控制是静力学的典型应用。飞机设计中，需精确计算重心位置与升力、重力、推力的平衡关系，确保起降与飞行姿态稳定；航天器在轨道运行时，通过静力学分析调整推进器推力，维持其预定姿态。

三、结语

静力学从古代的经验积累发展为系统的理论体系，深刻影响着人类改造自然的进程。它不仅是建筑、机械、航空航天等工程领域的基础，更帮助人类理解自然界的力与平衡规律。随着科技进步，静力学与计算机仿真、智能材料等领域的融合，将为更复杂的工程问题提供解决方案，持续推动人类文明的发展与进步。

第 11 章　Workbench 接触分析

11.1　叶轮泵体的静力学分析

11.1.1　摘要

利用 Workbench 进行叶轮泵体的静力学分析。通过该算例，学习掌握简单接触关系设置，轴承载荷的施加及无摩擦约束的设置等，为工程中复杂装配体的受力分析提供必须的指导和帮助。

11.1.2　问题描述

如图 11.1 所示的叶轮泵体，是由 5 个零件组成的装配体。泵壳采用塑料聚乙烯材料，弹性模量为 1.1×10^{9} Pa，泊松比为 0.42，拉伸极限为 25MPa。其他为钢材，弹性模量为 2×10^{11} Pa，泊松比为 0.3。假设泵壳相对其他部件是刚性的，在其安装面上施加一个无摩擦约束，无摩擦接触用来模拟螺栓和安装孔间的接触。用轴承载荷力（$X=100$N）模拟传动带产生的力，轴承载荷分布在与皮带接触的滑轮面。当皮带轮上受到 100N 的压紧力时，分析在负载作用下，叶轮变形量，会不会超过 0.075mm；当使用塑料泵壳时，在安装孔周围应力是否会超过材料的拉伸极限？

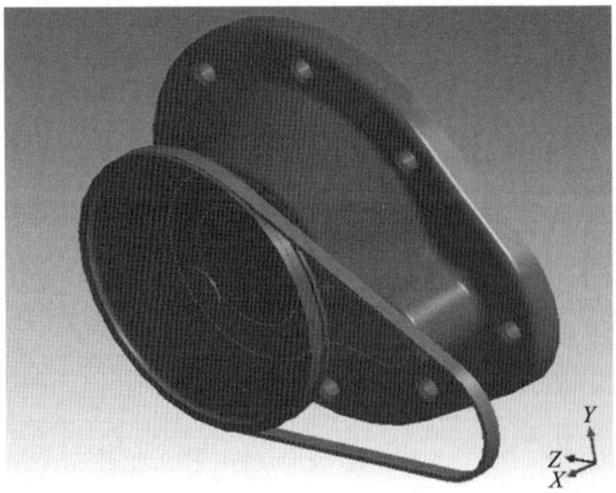

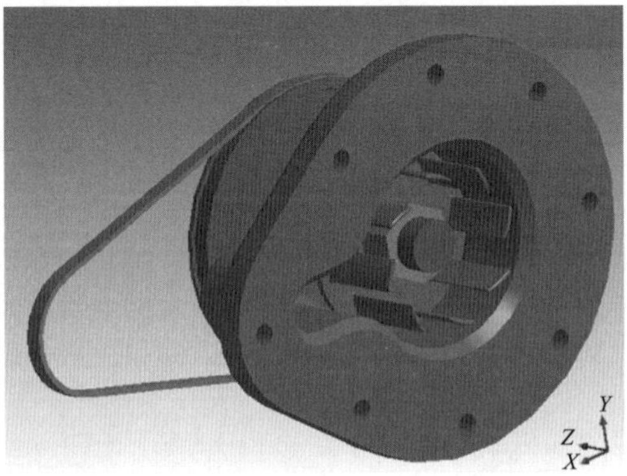

图 11.1　叶轮泵体

11.1.3　技术路线

采用 ANSYS Workbench 的静力学模块，通过软件界面操作方式实现。利用外部建模软件完成几何体的创建，将其导入 ANSYS Workbench 的 DM 中；在 Mechanical 仿真环境中进行接触关系设置，完成约束的施加；皮带作用力通过“轴承载荷”施加；进行求解和后处理。

11.1.4　操作步骤

1. 静力分析预设置

(1)启动 Workbench 19.0。在工具箱中，双击或拖入静力分析模块【Static Structural】，在【Project Schematic】中出现静力分析项目流程图 A。定义分析名称 pump。

(2)点击菜单栏【Units】，将单位制设置为 Metric(kg，mm，s,℃，mA，N，mV)，选择“Display Values in Project Units”。如图 11.2 所示。

(3)点击【Save】或【Save As】按钮，保存项目文件到合适的位置(可自定义)。

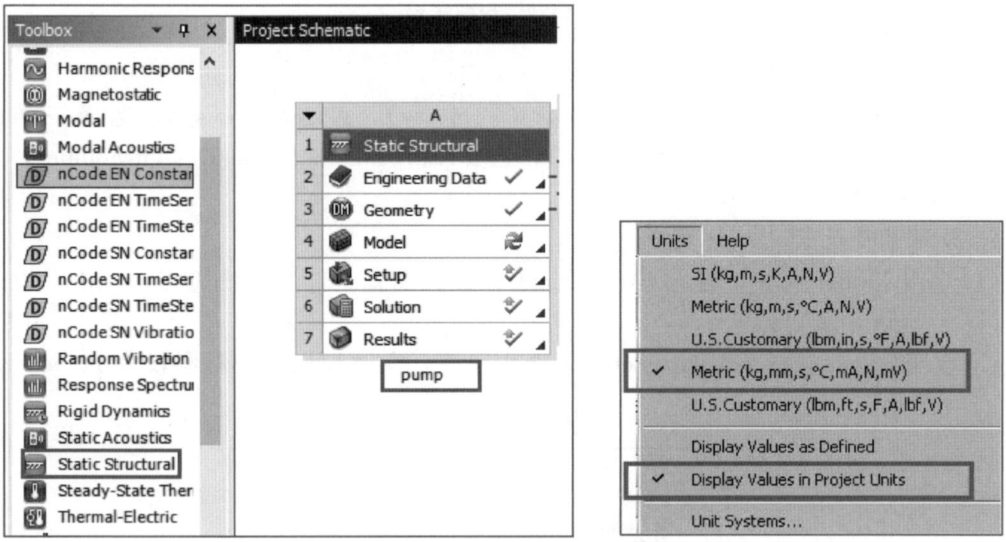

图 11.2　静力学分析流程及单位制

2. 材料属性设置

操作步骤如图 11.3 所示。

(1)双击【Project Schematic】中的【Engineering Data】单元格，进入工程数据窗口。在已有结构钢材料基础上，增加塑料聚乙烯材料。

(2)单击数据源【Engineering Data Sources】，选择【General Materials】，在【Outline of General Materials】中，找到 Polyethylene 材料，点击其后 B 列的“+”图标，表示添加该材料到当前项目分析中。

(3)单击工具栏中的【Project】按钮，返回【Project Schematic】。

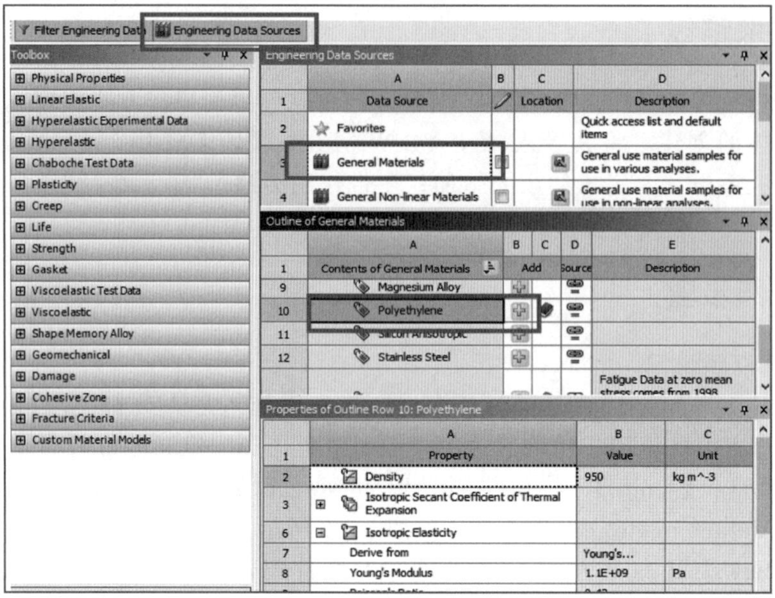

图 11.3 材料添加

3. 导入几何模型到 DM

右键点击【Geometry】，选择【Import Geometry】，点击【Browse】，选择三维模型 pump _ assy3. stp。右键单击【Geometry】，选择 Edit Geometry in DesignModeler，进入 DesignModeler 界面。

4. 接触属性设置及网格划分

(1)双击 Model 模块，进入 Mechanical 界面。设置单位制系统 Units>Metric(mm，kg，N，s，mV，mA)。

(2)改变泵壳的材料，在 Geometry 下选中泵壳，在明细栏下把材料设为 Polyethylene，如图 11.4 所示。

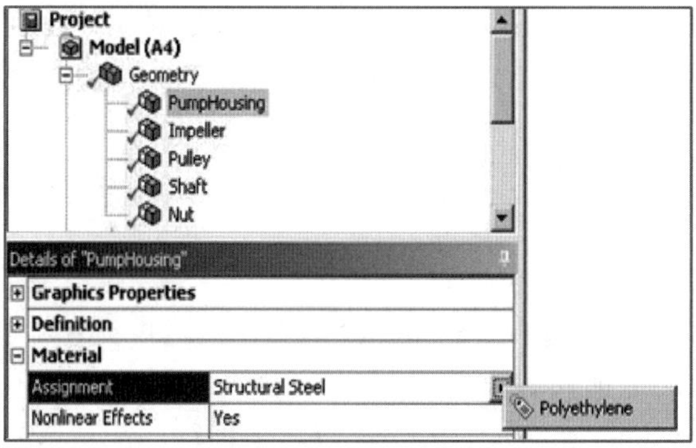

图 11.4 改变材料

(3)设置接触行为。默认自动创建了 7 个接触对，而且均为绑定接触。按住 shift 键选中所有接触，右键选择“Rename Based on Definition”，将接触对根据其名称重命名。

(4)选择接触对 PumpHousing To Shaft，从明细栏 Details of Multiple Selection 框中，

改变接触类型为 No Separation，其余接触仍为 Bonded，如图 11.5 所示。

(5)在导航树中，单击【Mesh】，右击鼠标，选择【Generate Mesh】，生成默认网格。

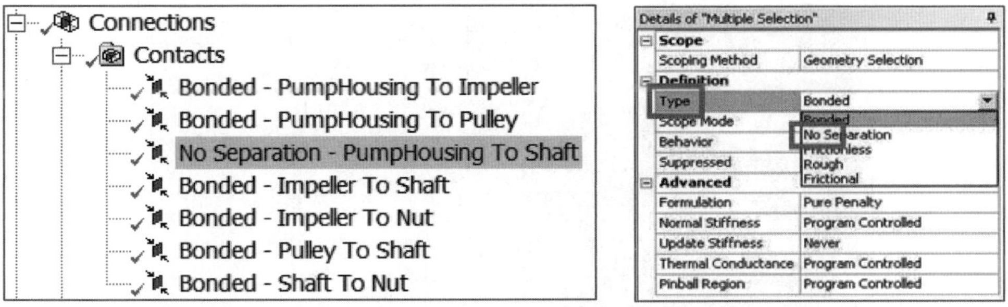

图 11.5　修改接触类型

5. 施加载荷和约束

(1)进入静力结构分支，在皮带轮上施加轴承载荷。选中【Static Structural(A5)】分支。工具栏设置为面选择模式，选中皮带轮的沟面，右键单击 Insert>Bearing Load，在明细栏中，设置【Definition】-【Define By】=Components，X Component=100N，施加轴承载荷。如图 11.6 所示。

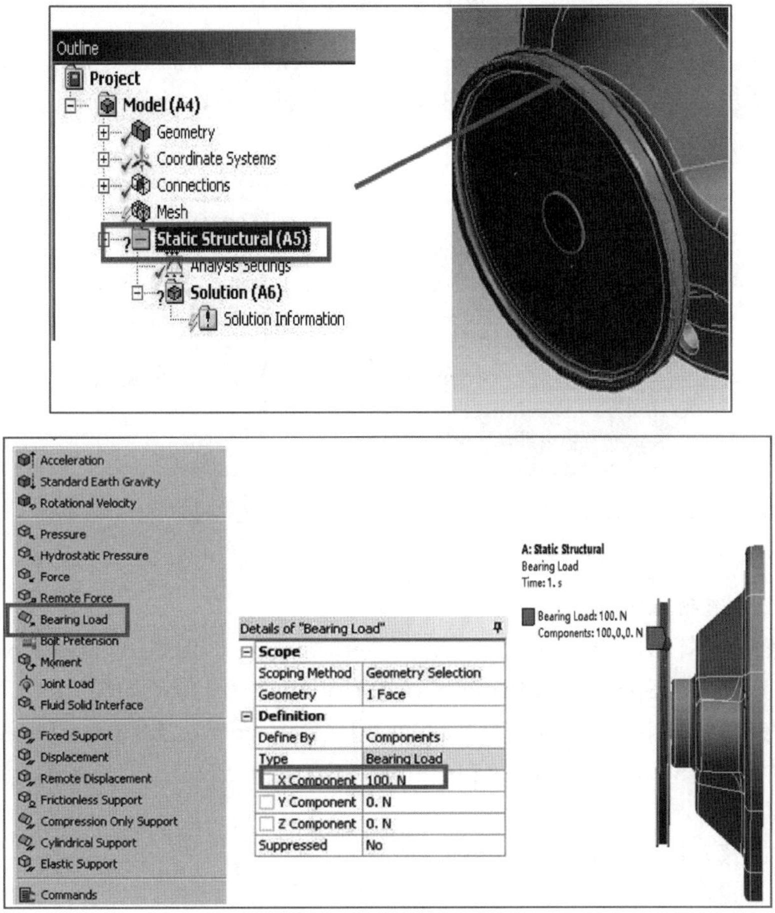

图 11.6　施加轴承载荷

(2)给泵壳施加约束，在泵壳的表面施加无摩擦约束。选中泵壳的装配面，如图 11.7 所示。

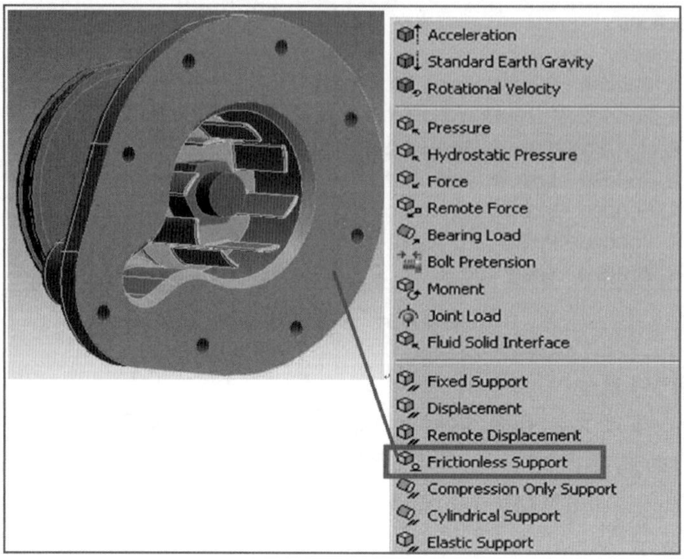

图 11.7　施加约束

(3)给装配孔部分施加无摩擦约束，共 8 个孔，注意多个面需要通过按住 Ctrl 键来依次选择。右键单击 Insert>Frictionless Support，或通过工具栏单击 Supports，选择 Frictionless Support。如图 11.8 所示。

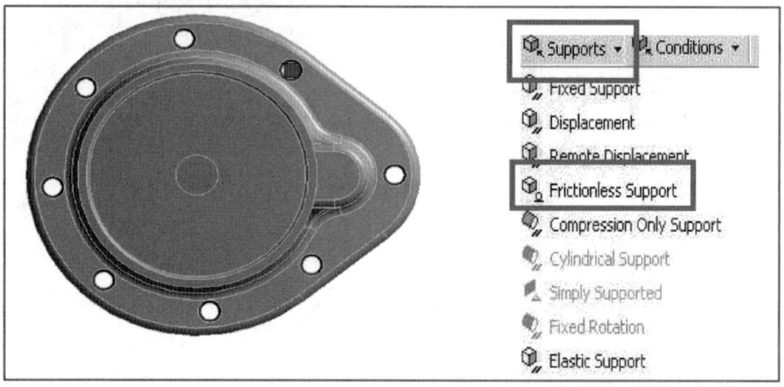

图 11.8　给装配孔部分施加无摩擦约束

6. 添加求解选项求解

(1)在设置好载荷和约束后，在 Static Structural 分支，选中 Analysis Settings 并在明细栏窗口中，把 Weak Springs 由 Program Controlled 改为 Off，如图 11.9 所示。

(2)右键点击【Solution(A6)】，选择【Insert】-【Deformation】-【Total】，添加总体变形。进一步，右键点击【Solution】，选择【Insert】-【Stress】-【Von－Mises】，添加等效应力结果。

(3)右键点击【Solution】，点击 Solve。

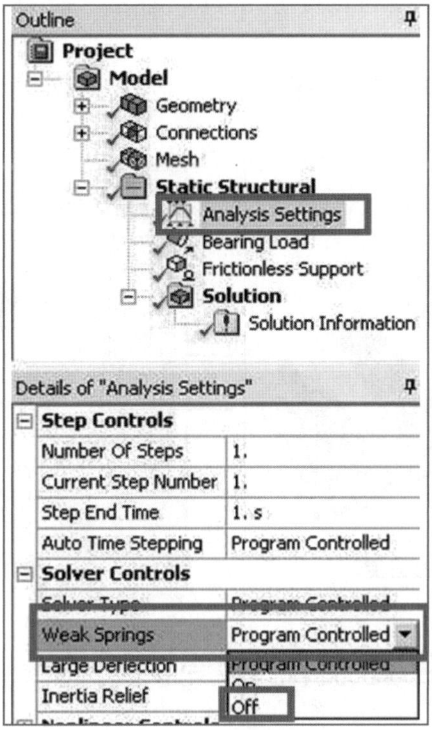

图 11.9　关闭弱弹簧效应

11.1.5　结果与讨论

(1)查看单个零件的结果：选中 Solution，设置实体选择模式。选择叶轮(impeller)，鼠标右键单击 Insert>Stress>Equivalent(von－Mises)，重复上面的过程，并插入叶轮的 Total Deformation(整体变形)结果，如图 11.10 所示。

重复上面的过程，泵壳(Pumphousing)的应力和整体变形结果。

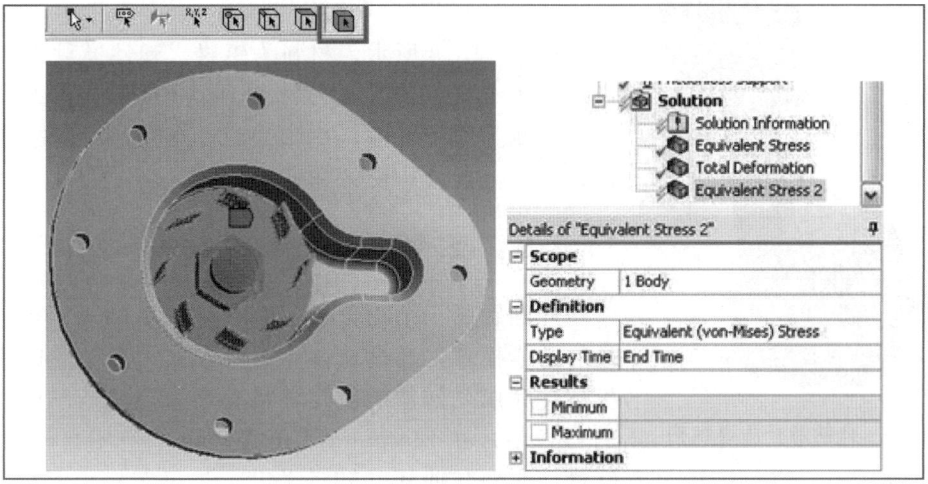

图 11.10　查看单个实体的结果

(2)查看叶轮的变形。如图 11.11 所示可以看出：最大的变形接近 0.023mm(小于 0.075mm)。

(3)查看泵壳的整体等效应力，由图 11.12 可知，其应力水平低于材料的弹性极限(抗拉强度为 25MPa)。

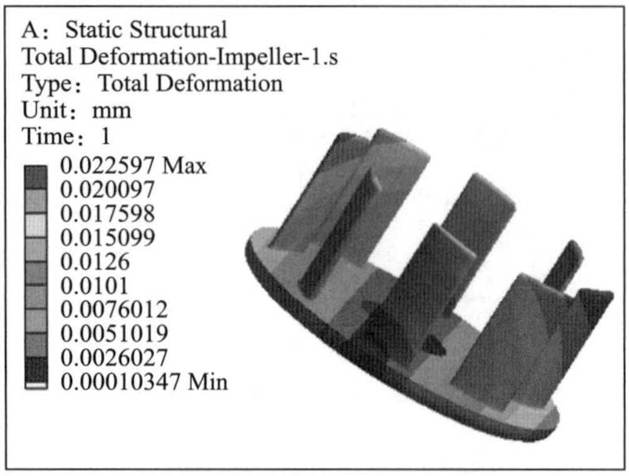

图 11.11 叶轮变形云图

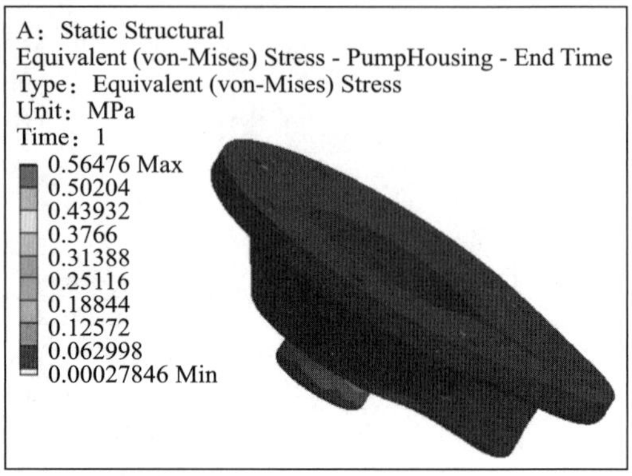

图 11.12 应力云图

11.2 曲轴连杆活塞装配体受力分析

11.2.1 摘要

曲轴连杆活塞结构是常见的机械结构，利用 ANSYS Workbench 完成曲柄连杆活塞装配体的受力分析。在曲轴一连杆一活塞装配体中，共包括 4 个零件，一般情况下，零件之间为接触连接关系，本例中使用关节代替接触连接。通过该算例，学习掌握接触及关节关系的设置，圆柱约束及无摩擦约束的设置等，能够在实际问题中灵活应用各种连接方法开展分析。

图 11.13 曲柄连杆活塞结构

11.2.2 问题描述

如图 11.13 所示，材料为钢材，弹性模量为 200GPa，泊松比为 0.3。在活塞顶端受到均匀压力作用 0.5MPa；曲柄一侧为固定支撑，一侧为圆柱支撑；活塞柱面为无摩擦约束，分析结构受力和变形情况。

11.2.3 技术路线

此问题属于结构分析范畴，采用 ANSYS Workbench 的静力学模块，通过软件界面操作方式实现。利用外部建模软件完成几何体的创建，将其导入 ANSYS Workbench 的 DM 中；在 Mechanical 仿真环境中使用自动关节特性去创建连接关系，进行接触关系设置，连杆与曲柄是转动关节，连杆与销钉是转动关节，销钉与活塞是绑定接触关系。完成约束的施加；进行求解和后处理。

11.2.4　操作步骤

1. 打开文件预设置

(1)启动 Workbench，开始一个新的项目分析，从菜单栏 File，选择“Open”，浏览找到压缩文件“Crank _ Connection. wbpz”并打开(注：Wbpz 为 Workbench 的压缩文件)，使用默认名字在相同路径下“Save”保存文件。在【Project Schematic】中出现静力分析项目流程图 A。

(2)在菜单栏 Units 中，将单位制设置为 Metric(kg，mm，s,℃，mA，N，mV)，选择“Display Values in Project Units”。

2. 创建连接关系

(1)双击 Model 模块，进入 Mechanical 界面。设置单位制系统 Units>Metric(mm，kg，N，s，mV，mA)。

(2)当进入 Mechanical 模块后，可以看到导入的三维装配体模型，导航栏中，Geometry 下可以看到 4 个零件。材料为默认结构钢。如图 11.14 所示。

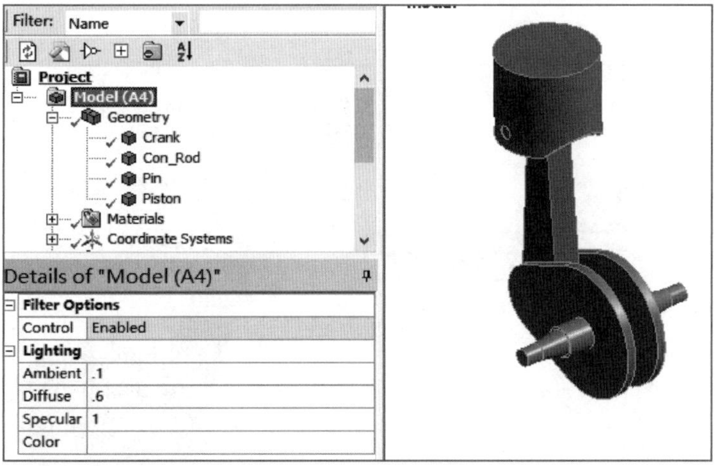

图 11.14　单位设置

(3)定义连接组。导航树中选中 Connections 分支(注意当前已有活塞与销钉的绑定连接)，右键单击 Insert>Connection Group，在 connection group details 中，设置 Connection 类型为“Joint”，如图 11.15 所示。

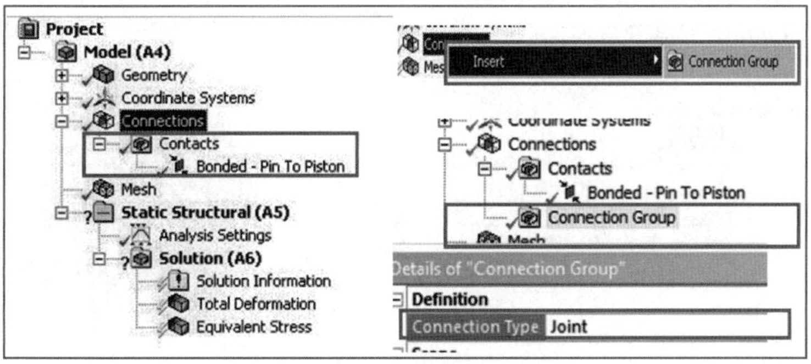

图 11.15　连接组设置

(4)生成自动关系。选中“Connection Group”分支，右键单击 Create Automatic Connections，有四个新的铰链生成。选中 Joints 分支，右键单击 Rename Based on Definition。重命名它们，使后续步骤更方便，如图 11.16 所示。

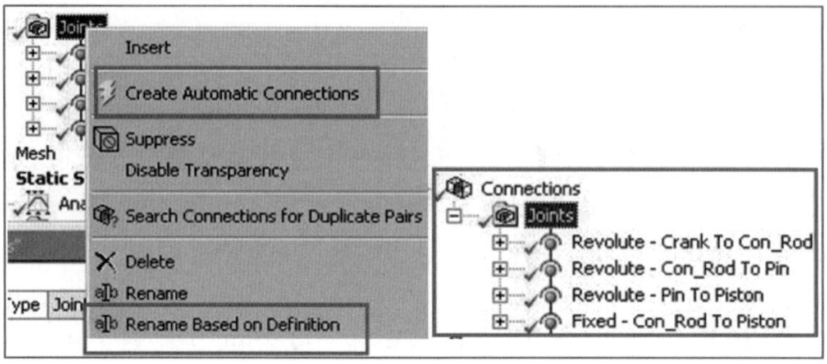

图 11.16　生成 Joints 分支

(5)选中曲轴与连杆关节、销钉与连杆，即创建的前 2 个关节“Crank To Con _ Rod”“Con _ Rod To Pin”，在连杆和曲柄轴之间、销钉和连杆之间定义了转动副，保留这 2 个关节，如图 11.17 所示。

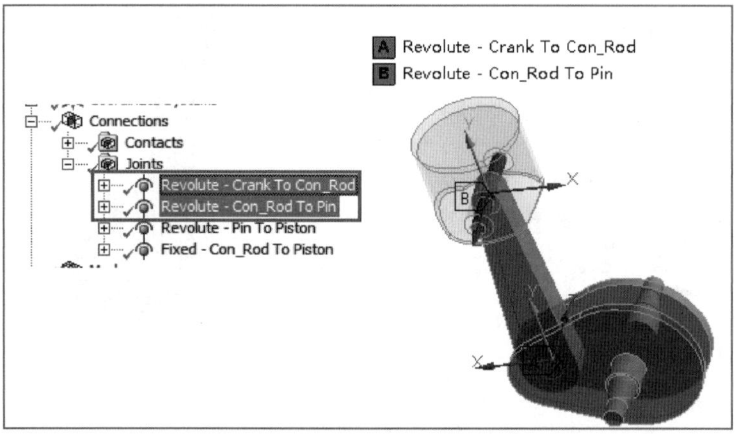

图 11.17　保留 2 个转动关节

(6)选中销钉与活塞之间的关节，即“Pin To Piston”，这里自动定义了一个转动铰链，将其修改为固定连接。由于在前面已经定义了活塞与销钉的绑定接触，两者作用是一致的，可以删减任何一个。本例选择删除了该关节，保留绑定接触关系，如图 11.18 所示。右键单击，选择 Delete the Revolute joint。

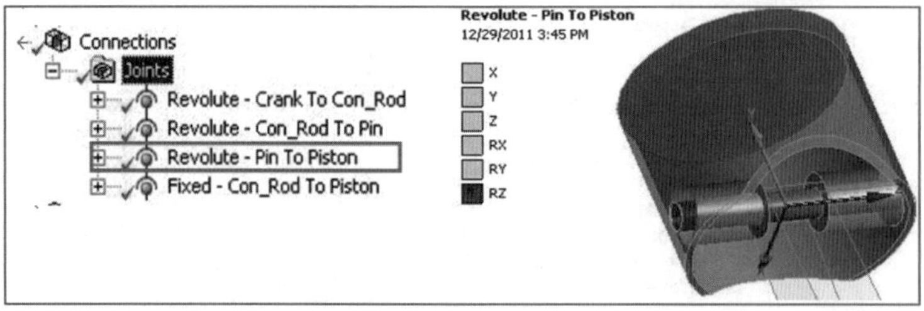

图 11.18　定义固定连接或删除

(7)选择连杆与活塞之间的关键，即“Con _ Rod To Piston”，在这两者相邻面创建了一个固定铰链，如图 11.19 所示。这个铰链是不需要的，而且它会妨碍装配体的正常运动。右键单击，选择 Delete the fixed joint。

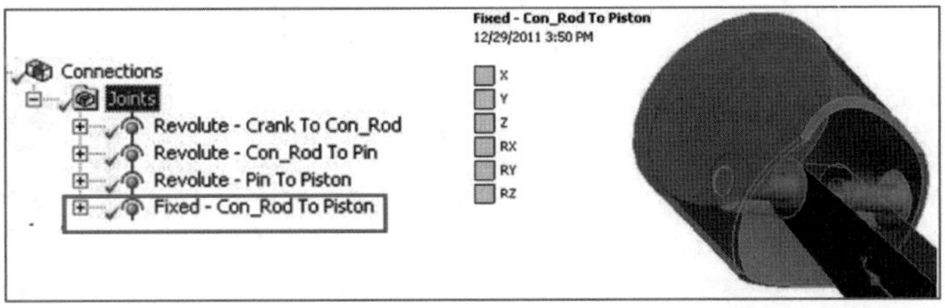

图 11.19　删除不必要的关节

3. 施加边界条件

(1)施加固定支撑，选中【Static Structural(A5)】分支，选中曲轴的锥形圆柱面，插入固定约束，如图 11.20 中 A 处所示。右键单击【Insert>Fixed Support】。施加圆柱支撑约束。选中曲轴圆柱面，插入圆柱支撑约束，如图 11.20 中 B 处所示，右键单击【Insert>Cylindrical Support】，在明细栏中设置：Radial＝Fixed，Axial＝Free，Tangential＝Free。

活塞圆柱面施加无摩擦约束。选中如图 11.20 所示的 C 处，插入无摩擦约束，右键单击【Insert>Frictionless Support】。

(2)顶部施加压力载荷。选中如图 11.20 所示的 D 处，即活塞的圆形顶面，右键单击【Insert>Pressure】。在明细栏中，输入压力大小为＝0.5MPa。如图 11.20 右图所示。

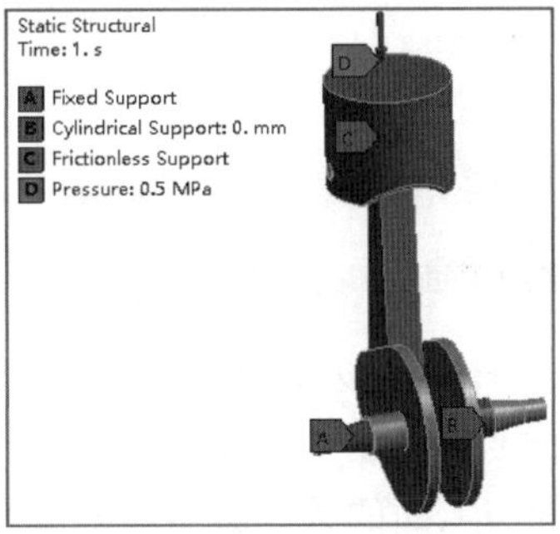

Details of "Pressure"

Scope	
Scoping Method	Geometry Selection
Geometry	1 Face
Definition	
ID (Beta)	170
Type	Pressure
Define By	Normal To
Applied By	Surface Effect
Magnitude	0.5 MPa (ramped)
Suppressed	No

图 11.20　定义载荷和约束

4. 添加求解选项求解

(1)右键点击【Solution(A6)】，选择【Insert】-【Deformation】-【Total】，添加总体变形。进一步，右键点击【Solution】，选择【Insert】-【Stress】-【Von-Mises】，添加等效应力结果。

(2)将 A5 中的“Cylindrical Support”和“Fixed Support”拖入 A6 中来获得作用反力 Force Reaction，或者右键单击【Insert】-【Probe】-【Force Reaction】，在明细栏中 Boundary Condition 处分别选择 Fixed Support，Cylindrical Support 如图 11.21 所示。

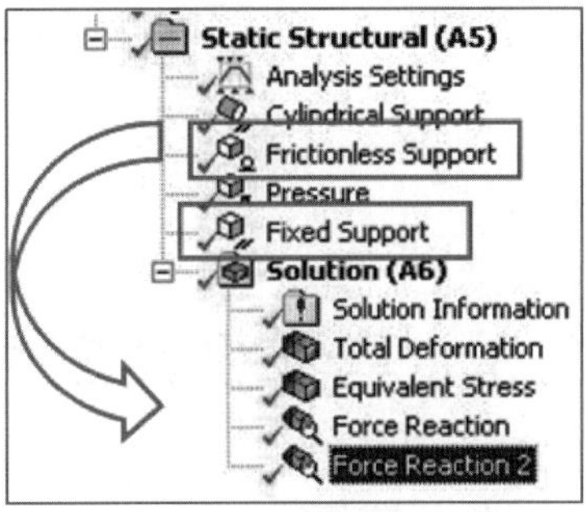

图 11.21　结果选项及作用反力

(3)右键点击【Solution】，点击 Solve。

11.2.5 结果与讨论

(1)求解完成后，分别查看图 11.22 位移云图和图 11.23 等效应力云图。

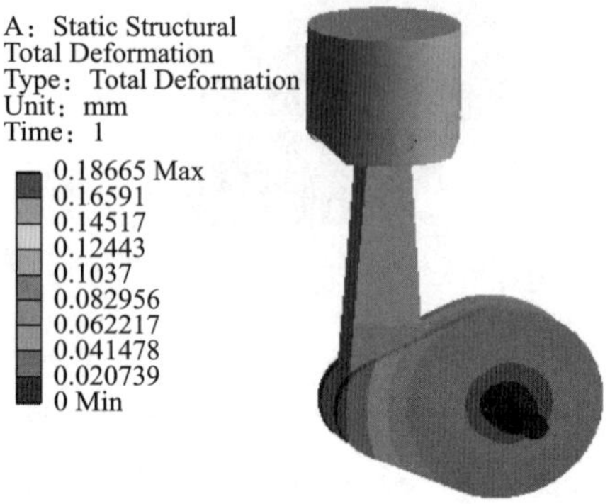

图 11.22 位移云图

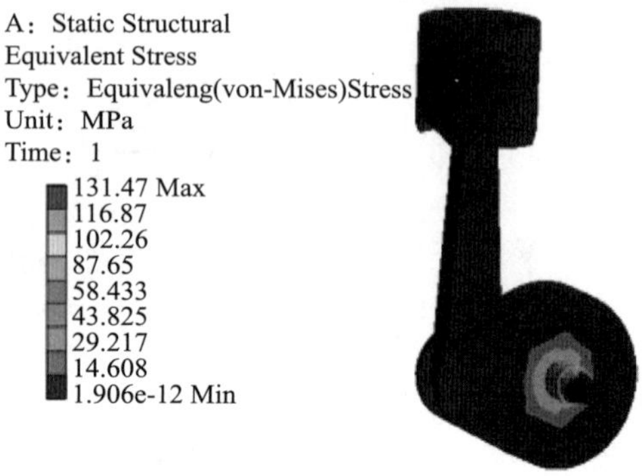

图 11.23 等效应力云图

(2)查看结果是否满足力平衡条件。选中图 11.24 所示的活塞的顶面(在状态栏)，其面积约等于 $9740mm^2$。因此，Y 方向的外力合力为 4870N。

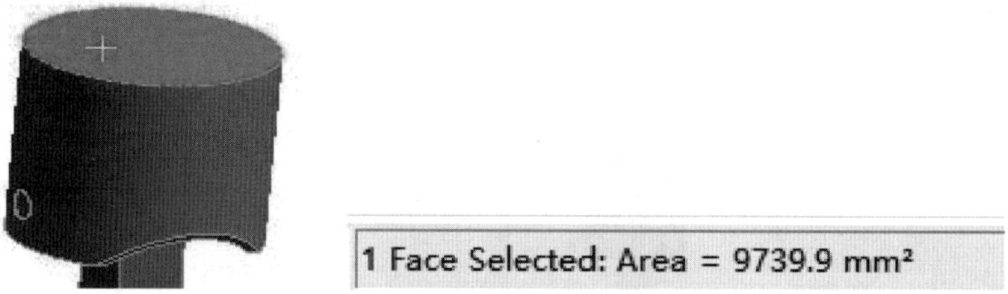

图 11.24 活塞的顶面

查看约束反力：如图 11.25 所示，固定约束的 Y 方向反作用力＝3959N，圆柱面约束的 Y 方向反作用力＝968N，总的 Y 轴反作用力为(3959＋ 968)＝4927N，会有约 57N 的误差产生。这与网格质量有关，本例使用默认的网格可能与上面的数据会有一些细微的差距。

X Axis	295.47 N	X Axis	-295.47 N
Y Axis	3958.5 N	Y Axis	967.51 N
Z Axis	304.81 N	Z Axis	0. N
Total	3981.2 N	Total	1011.6 N

图 11.25 曲轴上固定约束动力＋曲轴圆柱面约束反力

11.3 基于平面应力模型的齿轮齿条传动分析

11.3.1 摘要

齿轮齿条传动是机械行业重要的传动方式之一，通过计算齿条传递一定作用力时，齿轮所需要的扭矩，为实际应用提供一定的指导和参考。通过 ANSYS Workbench，利用平面应力模型模拟齿轮齿条的传动约束反力矩。

11.3.2　问题描述

假定设计某冲床，使其能够通过齿条传递 2500N 的驱动力。为了实现正常加载，需要知道齿轮施加多大的扭矩才能传递设计所需要的力？材料为钢材，弹性模量为 2×10^{11} Pa，泊松比为 0.3。如图 11.26 所示。

图 11.26　齿轮齿条

11.3.3　技术路线

采用 ANSYS Workbench 的静力学模块，通过软件界面操作方式实现。由外部建模软件建立二维模型，包括齿轮、齿条两个零件，导入 Mechanical 仿真环境中进行平面应力分析。在齿轮中心使用“远端位移”对齿轮进行约束，这种类型的约束能提供转动和平移约束。在齿条中加载驱动力，通过提取远端位移的反作用力矩求得所需要的扭矩。

11.3.4　操作步骤

1. 静力学分析及预设置

(1) 启动 Workbench 19.0。在工具箱中，双击或拖入静力分析模块【Static Structural】，在【Project Schematic】中出现静力分析项目流程图 A。定义分析名称 2D gear。如图 11.27 所示。

(2)右键单击 Geometry 单元格，选择“Properties”。将“Analysis Type”指定为“2D”，如图 11.28 所示。

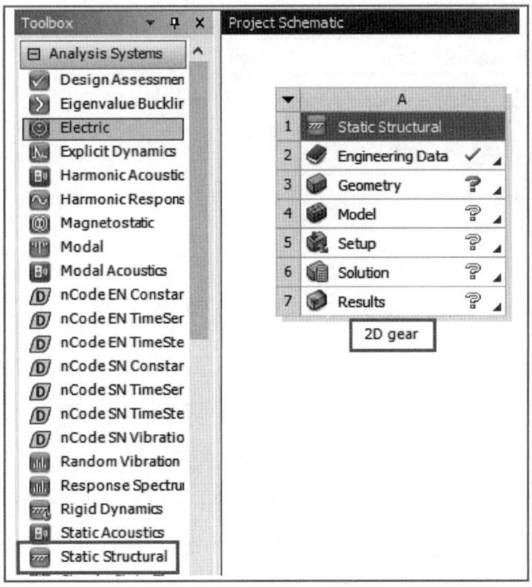

图 11.27　静力学分析设置

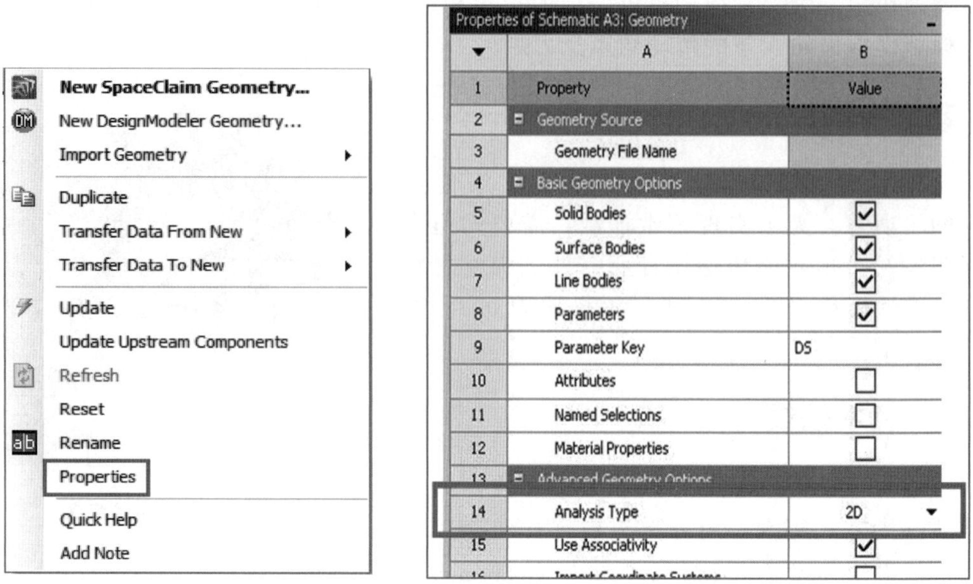

图 11.28　Analysis Type 设置

2. 导入几何模型

右键点击【Geometry】，选择【Import Geometry】，点击【Browse】，选择已有模型“gear_2D.stp”。如图 11.29 所示。

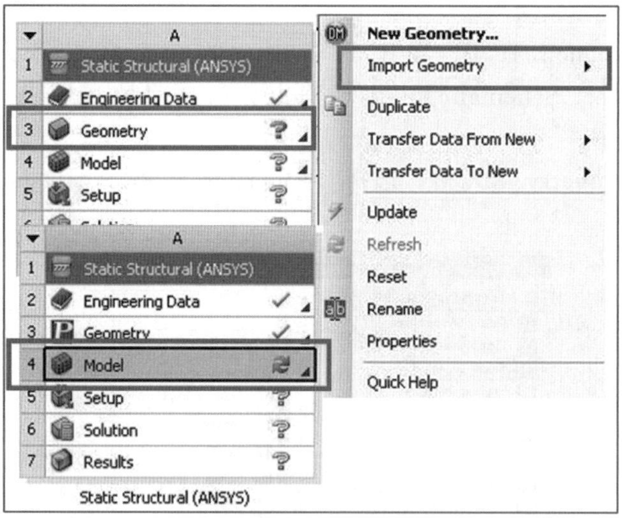

图 11.29　导入几何模型

3. 平面应力及接触设置

(1)双击“Model”单元格，进入 Mechanical 界面。设置单位制系统“Units>Metric (mm，kg，N，s，mV，mA)”。分配材料为默认结构钢。

(2)设置平面应力选项：在导航树中，单击 Model 下“Geometry”分支，里面包括齿轮和齿条两个零件。在明细栏中，将“2D Behavior”设置为“Plane Stress”(默认)。如图 11.30 所示。

(3)定义零件厚度。导入的是 2D 面体模型，选中齿轮、齿条部分，设置厚度为 12mm。如图 11.31 所示。

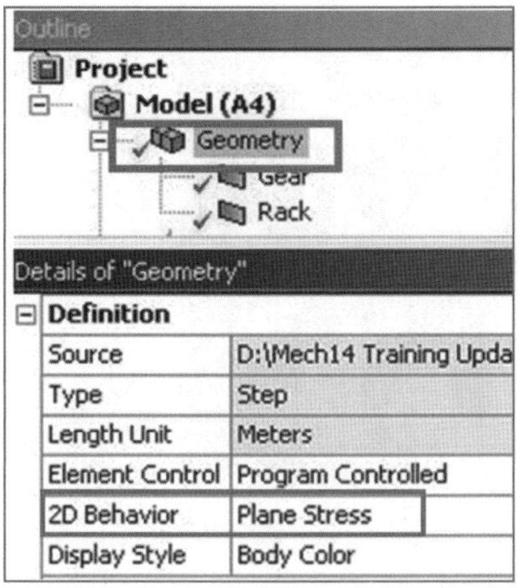

图 11.30　设置平面应力

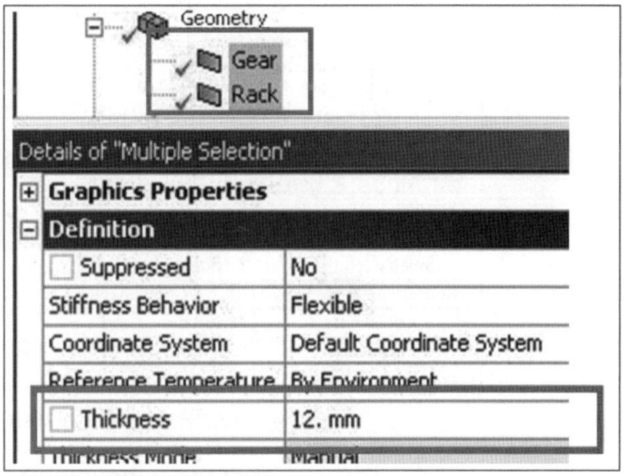

图 11.31　定义零件厚度

(4)两个零件，系统自动探测到接触关系。导航树中，选择 Connections 下接触分支，接触类型默认为绑定接触，将接触类型改为“No Separation”。如图 11.32 所示。

(5)在导航树中，单击【Mesh】，右击鼠标，选择【Generate Mesh】，生成默认网格。如图 11.33 所示。

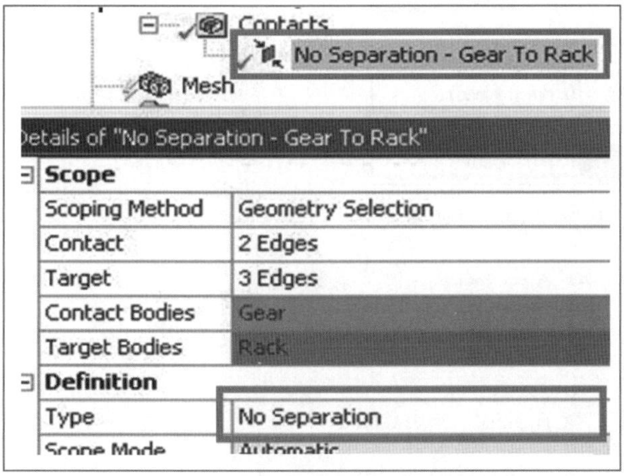

图 11.32　设置接触类型

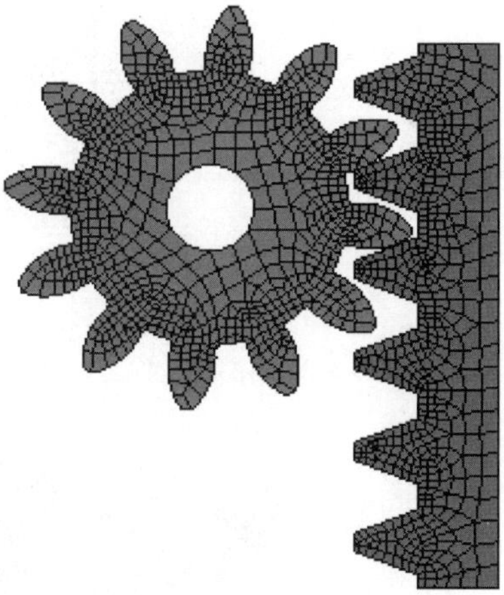

图 11.33　网格划分

4. 施加边界条件

(1)在齿轮中心设置一个远程点。工具栏设置为线选择模式。导航树中选择 Model，右键单击插入 Remote Points，在明细栏 Geometry 处，选择齿轮中心圆线，点击 Apply，明细窗口中显示远端点坐标(48.939mm，83.5mm)。如图 11.34 所示。

(2)施加远程位移：右键单击 Insert>Remote Displacement，在明细窗口中进行设置，如图 11.35 所示，将 Scoping Method 改为“Remote Point”，从已建立的 Remote Point 列表中选择“Remote Point”，将 X，Y and Rotation Z 三个自由度分别设置为 0。

(3)施加无摩擦约束：如图 11.36 所示，选择齿条的右边边缘，点击右键单击“Insert>

Frictionless Support”。

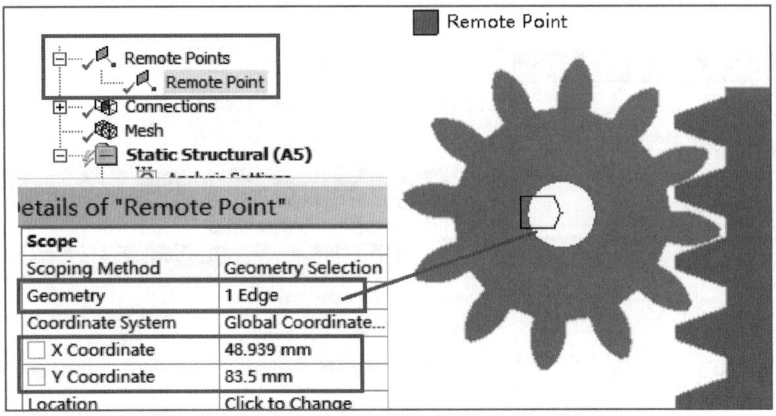

图 11.34　添加远程点

图 11.35　施加远程位移约束

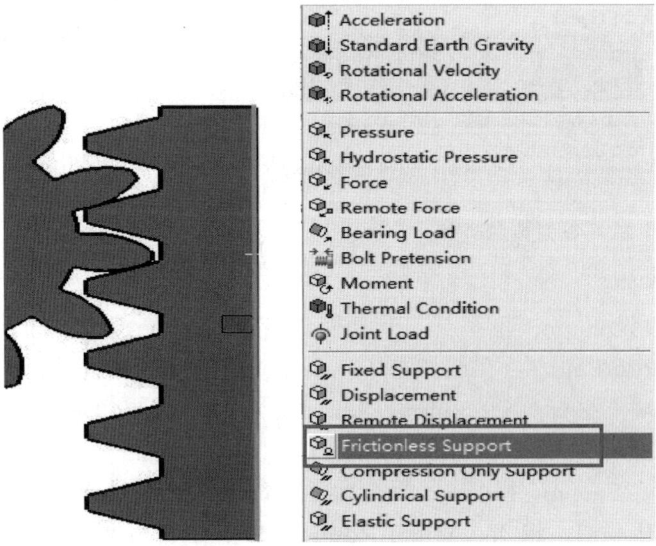

图 11.36　施加无摩擦约束

(4)施加推力载荷：选择齿条的下边缘，右键单击“Insert＞Force”。在明细栏中，设置【Definition】-【Define By】=Components，Y Component=2500N，施加推力载荷。如图 11.37 所示。

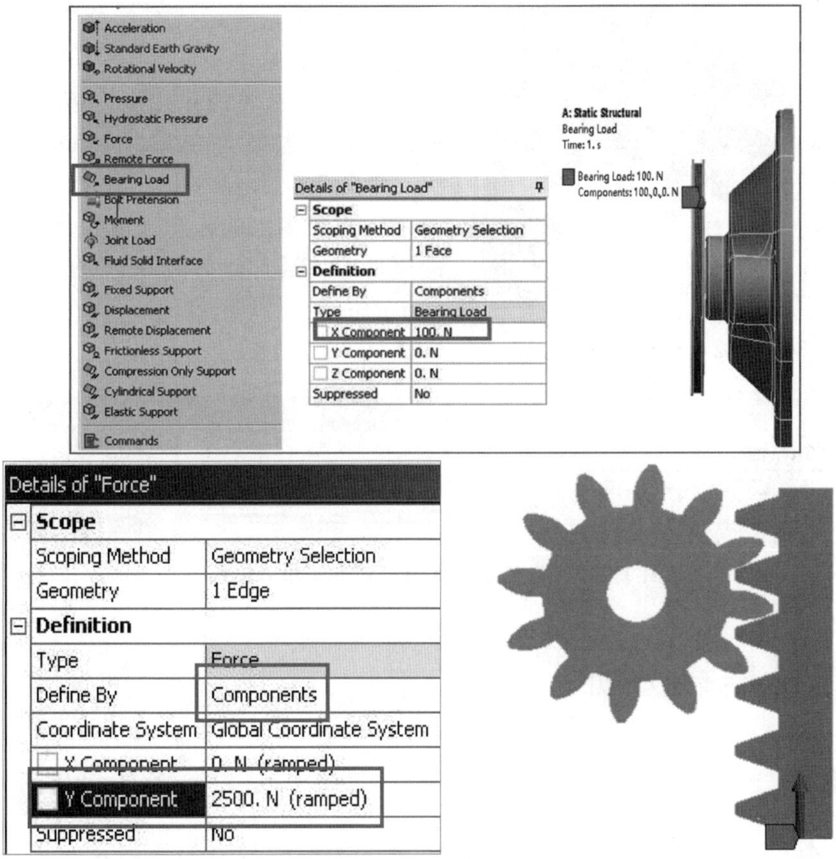

图 11.37　施加推力载荷

5. 添加求解选项求解

(1)在导航树中，右键点击【Solution(A6)】，选择【Insert】-【Deformation】-【Total】，添加总体变形。进一步，右键点击【Solution】，选择【Insert】-【Stress】-【Von-Mises】，添加等效应力结果。

(2)添加远程位移约束反力矩和反力。从工具栏选择“Probe＞Moment Reaction”，在 Boundary Condition 中，选择“Remote Displacement”。同理增加“Probe＞Force Reaction”。如图 11.38 所示。

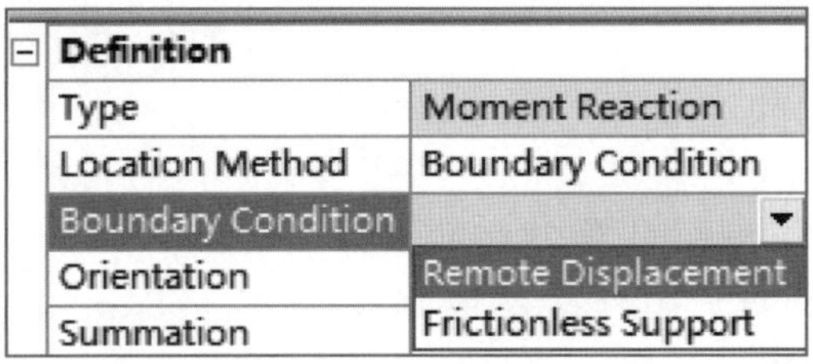

图 11.38　添加约束反力矩

(3)右键点击【Solution】，点击 Solve。

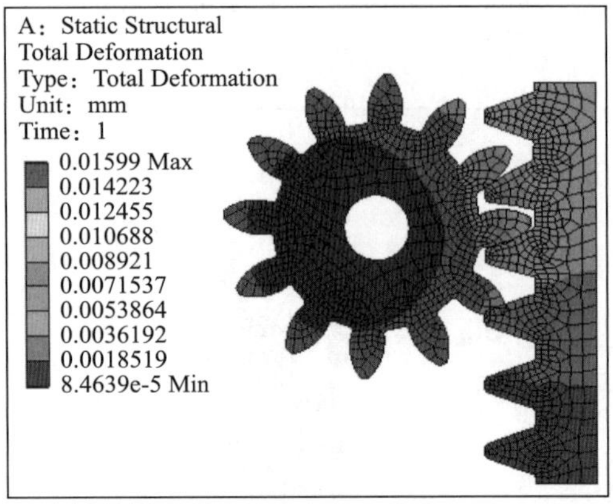

图 11.39　齿轮齿条变形结果

11.3.5　结果与讨论

(1)求解完成后，查看总变形云图，总变形 0.015mm。

(2)查看齿轮的作用反力矩。Moment Reaction 中反力矩为 92kN·mm，Force Reaction 中约束反力合力为 2680N。初始分析目标是确定需要多大的力矩才能使齿条产生 2500N 的驱动力。通过计算结果，说明需要 92kN·mm 的力矩。如图 11.39、图 11.40 所示。

Results	
Maximum Value Over Time	
Z Axis	-92020 N·mm
Total	92020 N·mm

Results	
X Axis	965.74 N
Y Axis	-2500. N
Total	2680. N

图 11.40　齿轮齿条反力矩和反作用力结果

11.4　螺栓连接分析

11.4.1　摘要

螺栓连接是工程中常见的结构，经常需要考虑螺栓预紧力的作用及效果。通过该算例，学习掌握接触设置及螺栓预紧力的施加方法，为工程中螺栓连接研究提供一定的参考。

11.4.2　问题描述

如图 11.41 所示的管夹装配体，分析在螺栓预紧力作用下的铜管变形及应力情况，其中管子材料是铜合金，其他零件的材料都是钢。假定管夹在工作中所受的预紧力是 1000N，则管与管夹间的摩擦系数是 0.4。

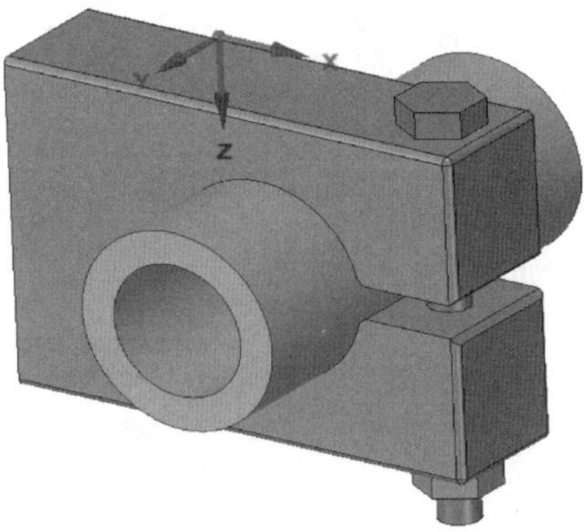

图 11.41　管夹装配体

11.4.3　技术路线

采用 ANSYS Workbench 的静力学模块，通过软件界面操作方式实现。由外部建模软件建立三维模型，包括多个零件，导入 Mechanical

仿真环境中进行相关接触设置，其中管与管夹间属于摩擦接触，其他的接触区域将处理成绑定的或者无分离的。

11.4.4　操作步骤

1. 静力学分析及预设置

启动 Workbench 19.0。在工具箱中，双击或拖入静力分析模块【Static Structural】，在【Project Schematic】中出现静力分析项目流程图 A。定义分析名称 Bolt analysis。如图 11.42 所示。

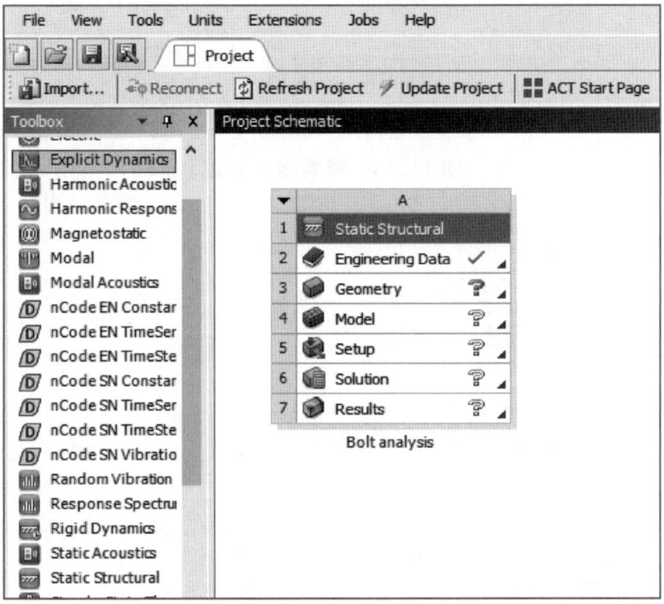

图 11.42　启动 Workbench 及静力学设置

2. 材料属性设置

(1)双击【Project Schematic】中的【Engineering Data】单元格，进入工程数据窗口。在已有结构钢材料基础上，增加 Copper Alloy 材料。

(2)单击数据源【Engineering Data Sources】，选择【General Materials】，在【Outline of General Materials】中，找到 Copper Alloy 材料，点击其后 B 列的“＋”图标，表示添加该材料到当前项目分析中。

(3)单击工具栏中的【Project】按钮，返回【Project Schematic】。如图 11.43 所示。

3. 导入外部几何模型

右键点击【Geometry】，选择【Import Geometry】，点击【Browse】，选择三维模型 Pipe _ clamp. x _ t。

4. 接触设置及网格划分

(1)双击 Model(A4)模块，进入 Mechanical 界面。设置单位制系统 Units>Metric (mm，kg，N，s，mV，mA)。

(2)改变管子的材料，在 Geometry 下选中 Part 2 即管子，在明细栏下通过 Material 栏中 Assignment 将 Copper Alloy 赋予管子，如图 11.44 所示。

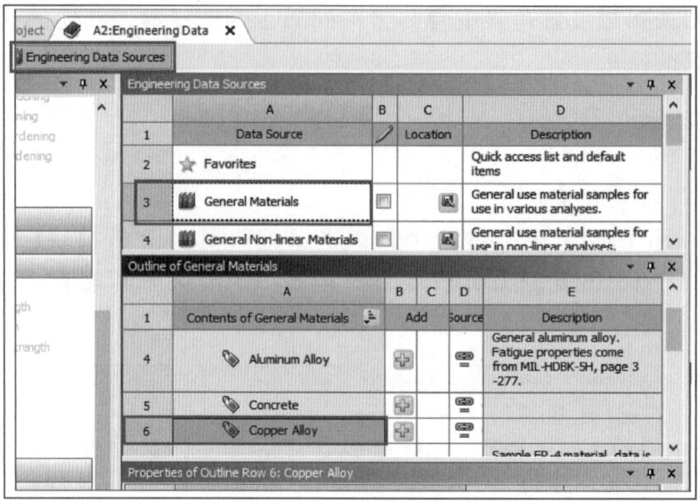

图 11.43　材料属性设置

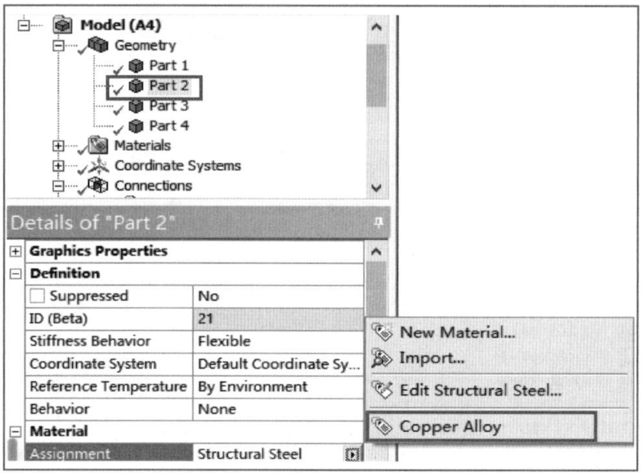

图 11.44　修改材料为铜合金

(3)导入模型时，系统根据每个实体之间产生接触，自动创建了 4 个接触对。在导航栏中找到 Connections 中的“Contacts”分支，按住 shift 键，选择所有的接触定义。在“Details of Multiple Selection”窗口中，在“Advanced”中把接触算法改为“Augmented Lagrange”。如图 11.45 所示。

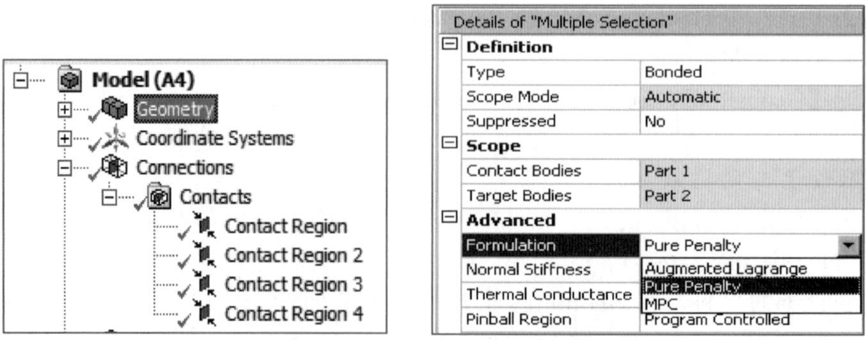

图 11.45　接触定义及接触算法修改

(4)修改接触属性。

此装配体涉及 4 个接触对。选择第 1 个接触，定义了管子与管夹的接触。在明细栏中，把接触类型"Type" 修改为摩擦的"Frictional"，"摩擦系数"值为 0.4，这将产生非线性接触。选择第 2 个接触分支，定义了螺栓与管夹之间的接触。在明细栏中，把接触类型"Type" 改为"No Separation"。剩下的两个接触区域螺母与管夹接触面、螺栓与螺母之间，采用缺省的绑定接触类型来模拟。如图 11.46 所示。

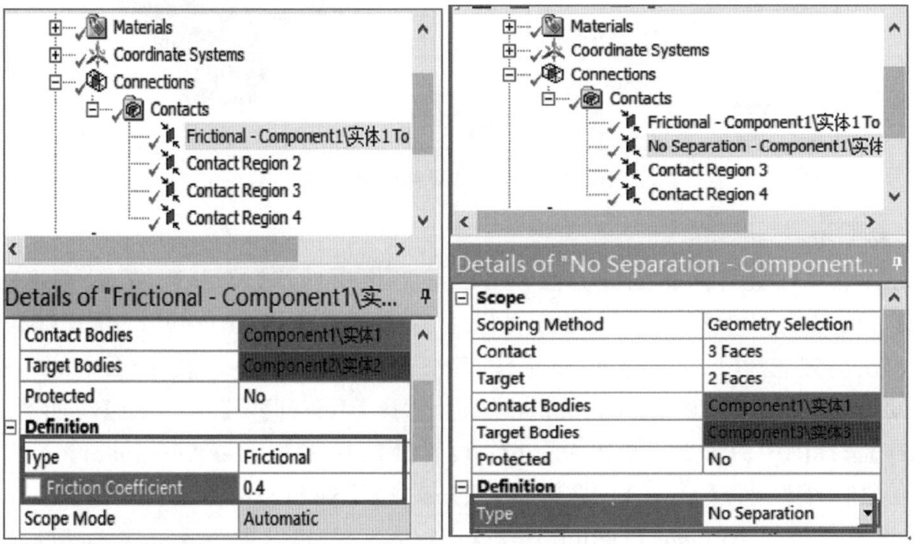

图 11.46 修改接触属性

(5)创建局部柱坐标系。

沿着管子的轴向创建一个局部坐标系，在导航栏中选择 Coordinate System 分支，右键单击 Insert>Coordinate System。在明细栏中，在 Origin 中 Geometry，选择管子内表面，点击 Apply，系统将会沿圆柱内表面自动创建一个局部坐标系。如图 11.47 所示。

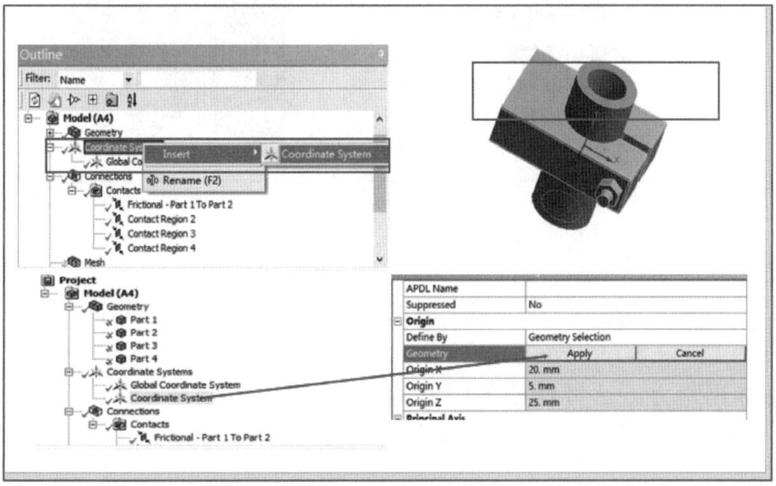

图 11.47 创建局部坐标系

在新建坐标系的明细栏下，把坐标系“Type”改为“Cylindrical”。在“Principal Axis”中，点击改变坐标系的方向，将Z轴更改为整体的Y轴。如图11.48所示。

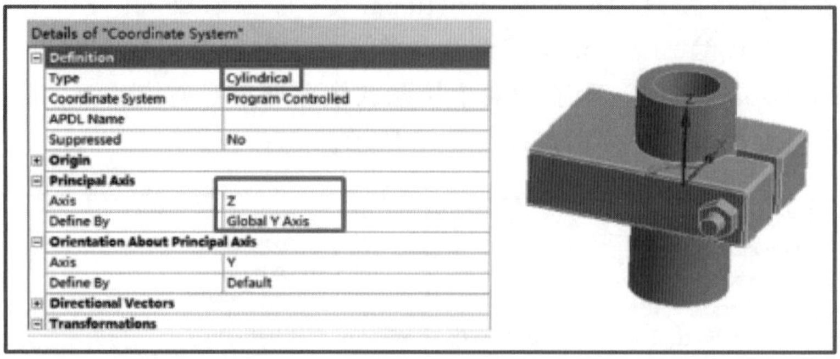

图11.48　修改局部柱坐标系

5. 网格划分

(1)对各个零件进行网格划分方法设置。导航树中选择【Mesh】，右键选择【Insert】-【Method】，明细窗口中【Geometry】选择图中的管子，单击“Apply”，设置【Method】为Sweep。再次右键选择【Insert】-【Method】，明细窗口中【Geometry】选择图中的螺栓，单击Apply，设置【Method】为MultiZone。右键选择【Insert】-【Method】，明细窗口中【Geometry】选择图中的管夹，单击Apply，设置【Method】为Hex Dominant。

(2)在导航树中选择【Mesh】，右键选择【Insert】-【Sizing】，明细窗口中【Geometry】选择图中的管子，单击Apply，【Definition】-【Element Size】设置为3mm。同理，螺栓尺寸设置为2mm。

(3)在导航树中选择【Mesh】，右键选择【Generate Mesh】，生成网格。如图11.49所示。

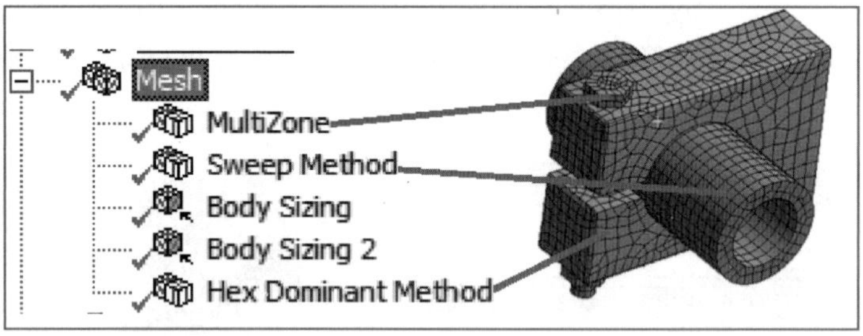

图11.49　网格划分

6. 施加载荷和约束

(1)施加固定约束。点击“Static Structural(A5)”分支。选择管子的一个端面，鼠标右键单击Insert>Fixed Support。如图11.50所示。

(2)施加螺栓预紧力。选择螺栓的圆柱表面，右键单击“Insert>Bolt Pretension”。在螺栓预紧载荷的明细栏中，“Preload”值为输入1000N，即施加1000N的预紧力。如图11.51所示。

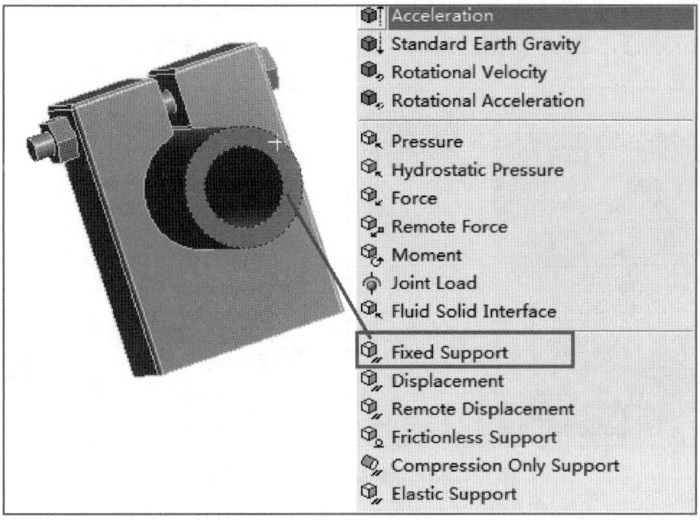

图 11.50　施加固定约束

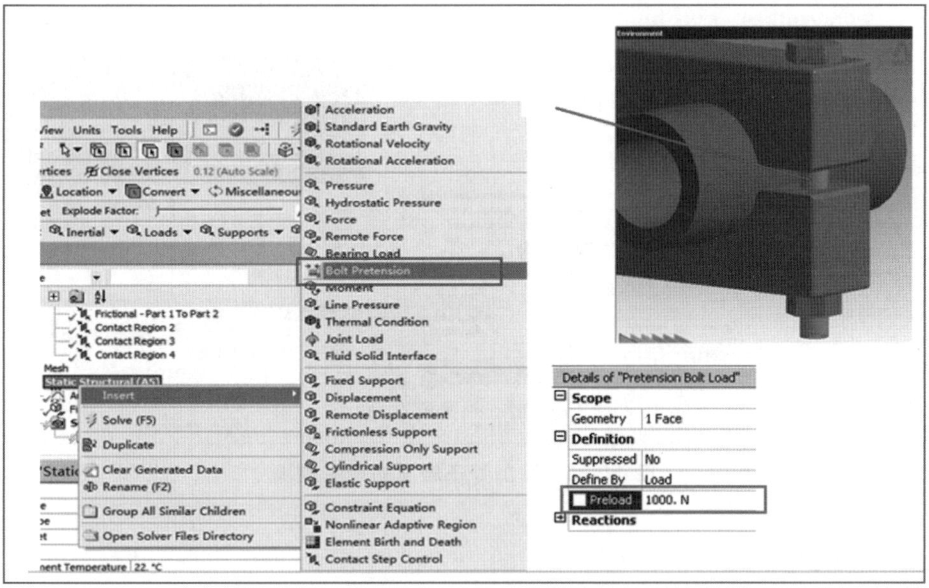

图 11.51　施加螺栓预紧力

7. 添加求解选项求解并查看结果

(1)在设置好载荷和约束后，右键点击【Solution】，选择【Insert】-【Deformation】-【Total】，添加整体变形约束结果显示，右键点击【Solution】，选择【Insert】-【Stress】-【Von - Mises】，添加整体等效应力结果显示。

(2)添加管子的方向变形。如图 11.52 所示，将选择对象切换到“体”；选择管子。右键点击【Solution】，选择【Insert】-【Deformation】-【Directional】，在“Directional Deformation”的明细栏中，将坐标系改成“Coordinate System”，即开始创建的局部柱坐标系。

(3)添加管子表面的接触情况。转换到“面”选择模式，选择管子的外表面。右键点击【Solution】，选择【Insert】-【Contact Tool】，在 Solution 分支下，增加了 Contact Tool，右键点击【Contact Tool】，选择【Insert】-【Pressure】和【Frictional Stress】。如图 11.53 所示。

(4)点击【Solution】，右键点击 Solve，进入计算求解过程。

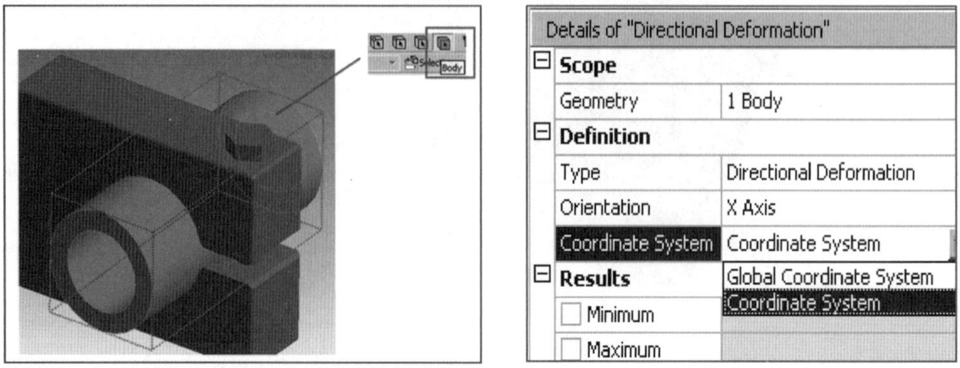

图 11.52 添加管子方向的变形

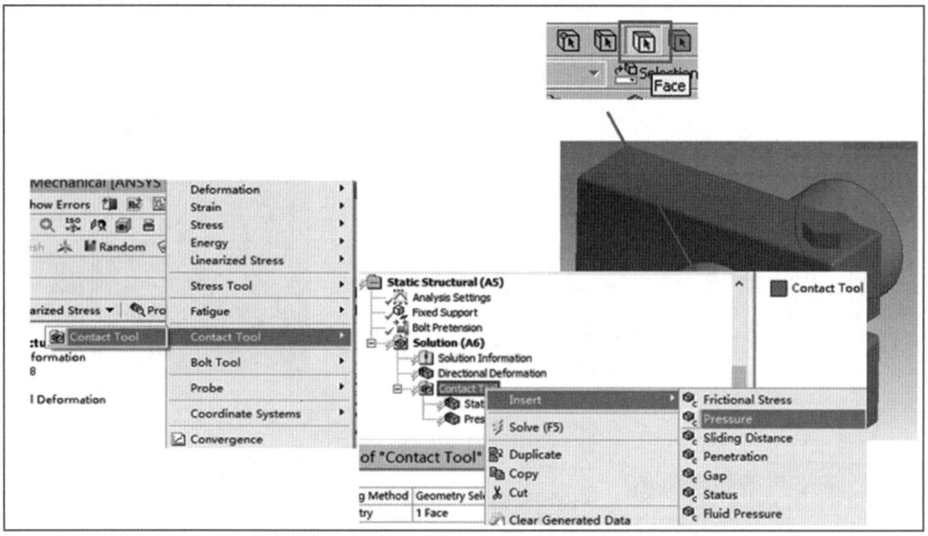

图 11.53 添加管子表面的接触情况

11.4.5 结果与讨论

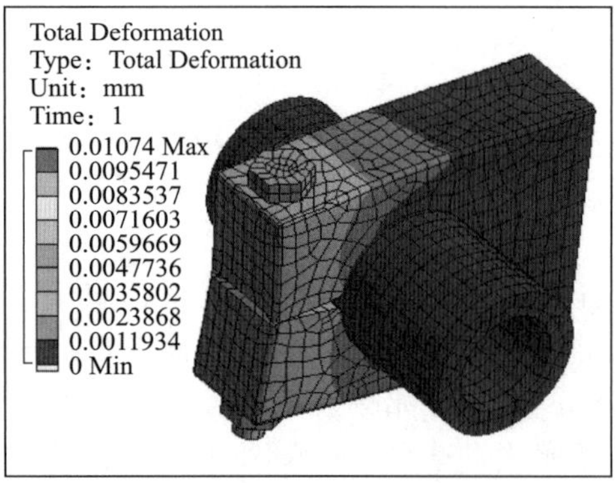

图 11.54 装配体总体变形

本例的摩擦接触为非线性求解，求解根据硬件情况可能需要几分钟甚至更多的时间。通过激活求解分支的 Worksheet，可以看到整个求解过程。注意，静力分析过程中，时间仅仅是一个跟踪器。

(1)点击并绘制装配体的“Total Deformation”。如图 11.54 所示。

(2)点击并绘制“Directional Deformation”结果。本例只显示了管子截面上的局部结果。由于在管轴上使用了局部坐标系，X 方向即是径向。如图 11.55 所示。

(3)接触区的行为可通过点击接触结果对象来查看，如图 11.56 所示为接触压力情况。

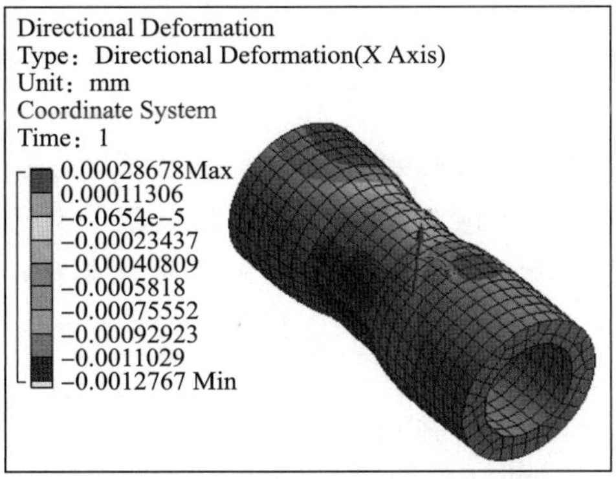

图 11.55　管子径向变形情况

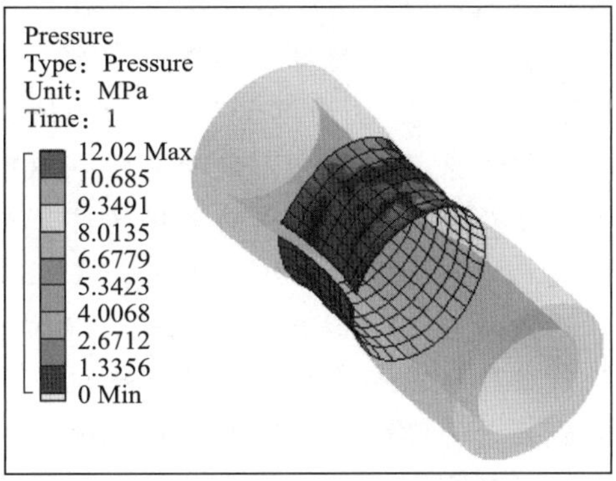

图 11.56　接触压力局部结果显示

拓展阅读

非线性动力学前沿研究

非线性动力学作为探索复杂系统行为的核心学科，借助计算机技术与数值模拟的革新，正深刻重塑人类对自然与社会现象的认知。其研究对象涵盖从物理学到社会科学的非线性动态系统，通过数学模型揭示看似无序背后的深层规律，已成为跨学科研究的热点领域。

混沌理论是非线性动力学的基石，聚焦于对初始条件的极端敏感性(“蝴蝶效应”)、Lyapunov 指数与吸引子等核心特征的解析。即使是确定性系统，微小初始差异也可能导致长期行为的巨大偏差，这一特性使混沌理论在天气预报、经济预测等领域具有关键价值——例如，气候模型中通过分析 Lyapunov 指数可评估预报的可信周期，金融市场借助混沌特性解释价格波动的不可预测性。奇异吸引子作为混沌系统的标志性结构，如洛伦兹吸引子的“蝴蝶形”轨迹，直观展现了有序与无序的辩证统一。

非线性波动研究超越传统线性叠加原理，探索声波、光波、水波等在复杂介质中的演化规律。光纤通信中，光信号的非线性畸变会限制传输容量，研究者通过求解非线性薛定谔方程，设计补偿算法以延长传输距离；海洋工程中，非线性海浪的“畸形波”现象(突然出现的巨波)可通过非线性波动理论预测，为船舶安全提供保障。此外，可控波前相干技术在医学超声成像中实现了高精度病灶定位，彰显了理论研究的实用价值。

网络动力学聚焦社会网络、神经网络、互联网等多系统互联的动态行为。通过分析节点度分布、聚类系数等拓扑特征，可揭示网络的鲁棒性与脆弱性——例如，互联网的“无标度网络”特性使其对随机故障具有免疫力，但易受核心节点攻击；社交网络中，信息传播的“小世界效应”可通过优化节点连接加速公共卫生知识的普及。在脑科学领域，神经网络动力学模型帮助解析记忆形成机制，为阿尔茨海默病的早期诊断提供新思路。

工程系统中的非线性振动普遍存在，如桥梁颤振、航天器姿态震荡等。传统线性控制方法难以应对，研究者通过设计自适应控制器实现精准调控，高层建筑安装的磁流变阻尼器，可根据振动强度实时调整阻尼系数，风力发电机的非线性振动抑制系统，通过改变叶片刚度参数，将风能利用效率提升15%。智能材料(如压电陶瓷)的引入，更使振动控制从"被动减震"升级为"主动调谐"，推动机械工程向智能化发展。

自组织现象揭示系统无需外部指令即可通过内部交互形成有序结构。生物学中，心肌细胞的同步跳动源于细胞间的电化学信号自组织；城市演化中，商业区的集聚、交通网络的形成是人口与资源自组织的结果。在人工智能领域，受蚁群自组织觅食行为启发的优化算法，已成功应用于物流路径规划，效率较传统方法提升30%。这类研究为理解生命起源、设计群体机器人系统提供了全新视角。

非线性动力学的前沿探索，正打破学科壁垒，为气候预测、疾病防控、工程优化等现实问题提供解决方案。随着跨学科融合的深化，其理论与应用将持续拓展，助力人类更好地驾驭复杂世界。

第 12 章　Workbench 动力学分析

12.1　机翼有预应力模态分析

12.1.1　摘要

通过 ANSYS Workbench 模拟机翼有预应力的振动特性，了解其固有频率和振型。学习掌握预应力模态分析功能，对于工程中的其他问题：如张紧的弦、高速旋转机构等的模态分析有借鉴和指导作用。

12.1.2　问题描述

如图 12.1 所示的简易机翼模型，由钛合金制成，一端固定，下表面承受向上的压力 0.1psi(1psi = 6.9kPa)，材料弹性模量为 96GPa，泊松比为 0.36。试计算在其压力作用下的前 6 阶固有频率。

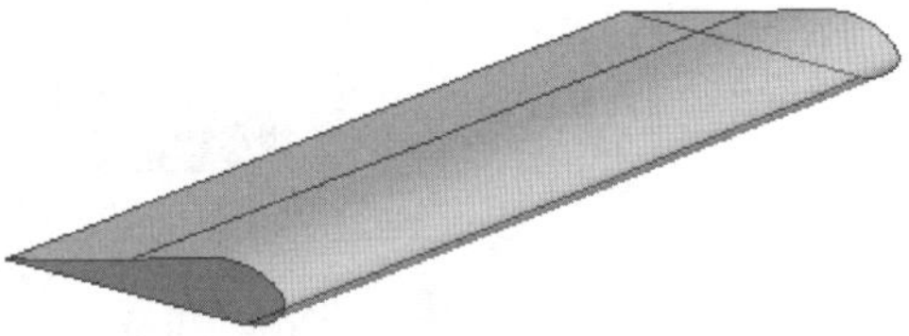

图 12.1　简易机翼模型

12.1.3　技术路线

此问题属于结构分析范畴，采用 ANSYS Workbench 的静力学和模态分析模块完成。利用外部建模软件完成几何体的创建，将其导入 ANSYS Workbench 的 DM；在 Mechanical 仿真环境中进行静力学设置，完成约束的施加；进行求解和后处理。在此基础上，进一步完成模态分析。

12.1.4　操作步骤

1. 预应力模态分析流程设置

启动 Workbench 19.0。如图 12.2 所示，在工具箱中，双击“Static Structural(ANSYS)”分析类型去添加一个静力学分析流程。再将工具箱中“Modal(ANSYS)”分析拖放至静力学分析的“solution”阶段，形成了有预应力模态分析的流程树。

2. 材料属性设置

操作步骤如图 12.3 所示。

(1)双击【Project Schematic】中的【Engineering Data】单元格，进入工程数据窗口。在

已有结构钢材料基础上，增加钛合金材料。

(2)单击数据源【Engineering Data Sources】，选择【General Materials】，在【Outline of General Materials】中，找到 Titanium Alloy 材料，点击其后 B 列的“+”图标，表示添加该材料到当前项目分析中。

(3)单击工具栏中的【Project】按钮，返回【Project Schematic】。

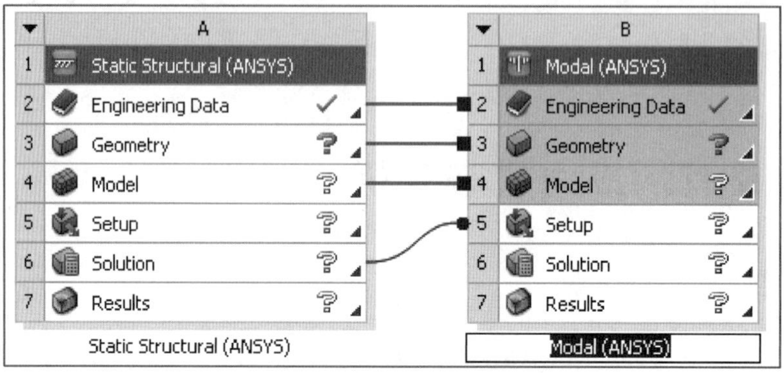

图 12.2 预应力模态分析流程

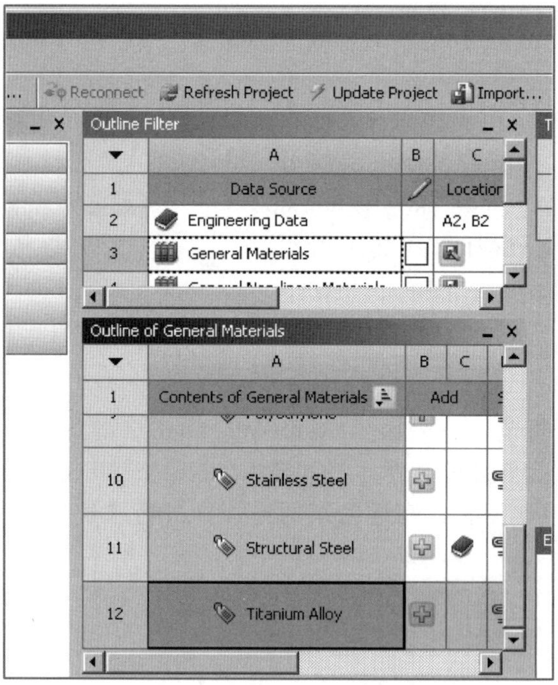

图 12.3 设置钛合金材料

3. 导入几何模型到 DM

在【Static Structural (ANSYS)】流程树中，右键点击【Geometry】，选择【Import Geometry】，点击【Browse】，选择三维模型 Wing. iges。右键单击【Geometry】，选择 Edit Geometry in DesignModeler，进入 DesignModeler 界面。导入模型如图 12.4 所示。

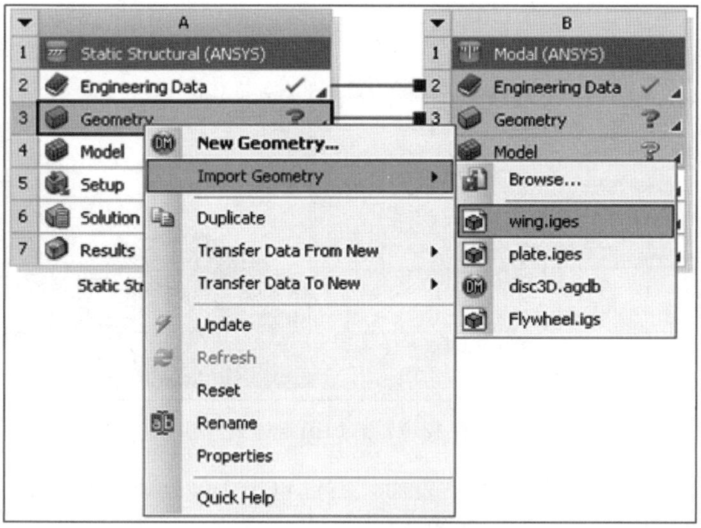

图 12.4　导入模型

4. 网格划分及模态分析设置

(1)双击 Model 模块，进入 Mechanical 界面。设置单位制系统 Units＞U. S. (in，lbm，lbf，F，s，V，A)、Degrees、RPM。

(2)改变机翼的材料，在 Geometry 下选中该机翼模型，在 Details 下把材料设为 Titanium Alloy，如图 12.5 所示。

(3)在导航树中，单击【Mesh】，右击鼠标，选择【Generate Mesh】，生成默认网格。网格划分如图 12.6 所示。

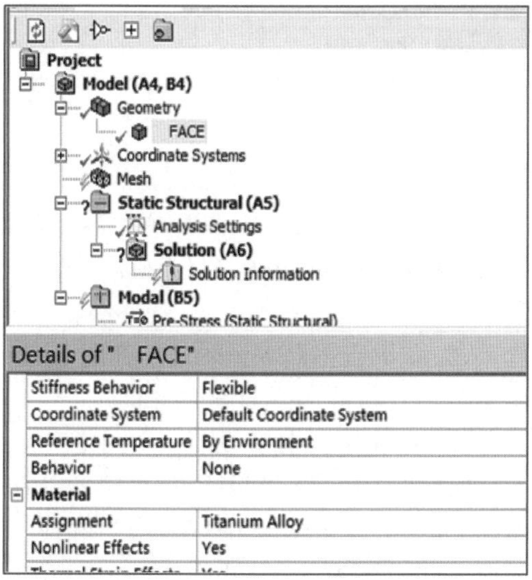

图 12.5　改变机翼的材料

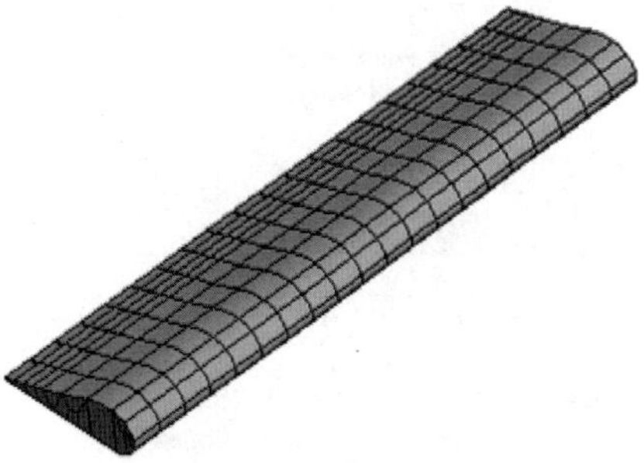

图 12.6　网格划分

5. 施加边界条件

(1)施加固定约束：选中【Static Structural(A5)】分支，右键单击 Insert＞Fixed Support，切换至面选择方式，选择一端面，施加全约束，如图 12.7 所示。

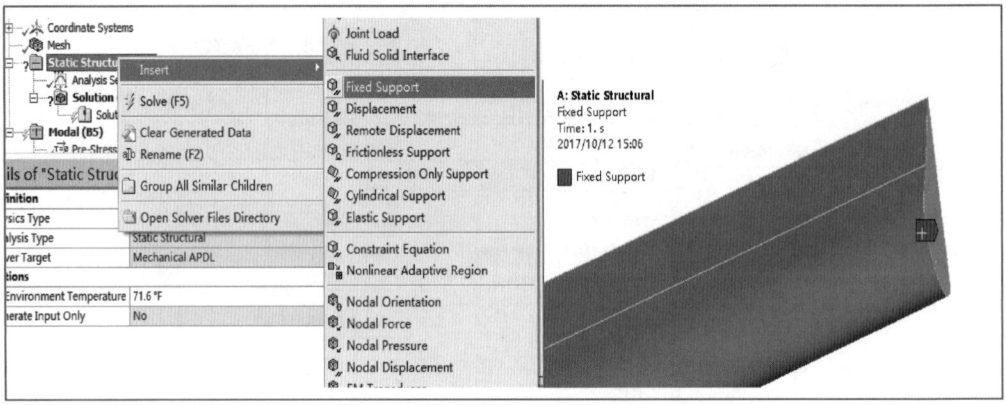

图 12.7　施加固定约束

(2)施加压力载荷：选择机翼的下表面，右键单击 Insert>Pressure。在压力明细定义框中，定义 Magnitude 为 0.1psi，如图 12.8 所示。

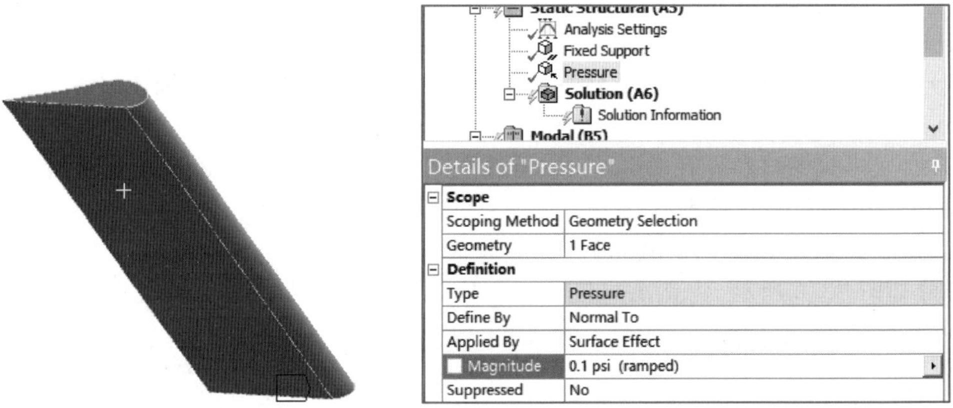

图 12.8　施加压力载荷

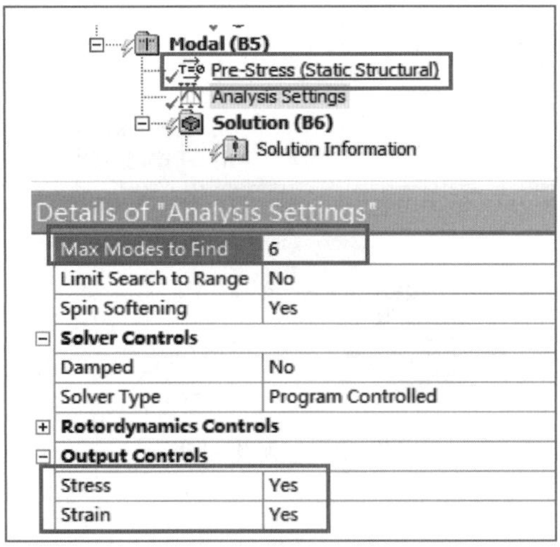

图 12.9　模态分析设置

6. 分析求解

(1)右键点击【Solution(A6)】，选择【Insert】-【Deformation】-【Total】，添加总体变形。

(2)右键点击【Solution】，点击 Solve。求解模型，获得静力学计算结果。

(3)模态分析求解设置，选中【Modal】分支，明细栏中，设置最大模态阶数为 6，分别在 Output Controls 中打开应力和应变计算选项，即设置为 Yes，如图 12.9 所示。

(4)再次点击 Solve，求解模型，获得有预应力的模态分析计算。

12.1.5　结果与讨论

(1)求解完成后，选择 Modal 的 Solution 分支，点击右侧的 Tabular Data，则显示计算的前 6 阶固有频率列表。在列表上，按住 shift 选择并右键单击 Create Mode Shape Results，则会计算对应的振型，如图 12.10 所示。

(2)进一步，可以查看各阶频率对应的振型。Solution(B6)右键 Evaluate All Results，通过频率，指导工程设计中避免共振发生；通过振型，可以了解振动及刚度的分布情况，对于薄弱位置应注意加强，改善振动特性。如图 12.11 所示为某阶振型。

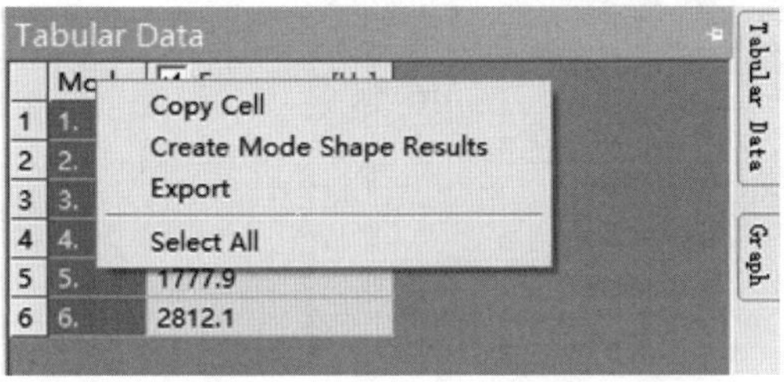

图 12.10　Tabular Data

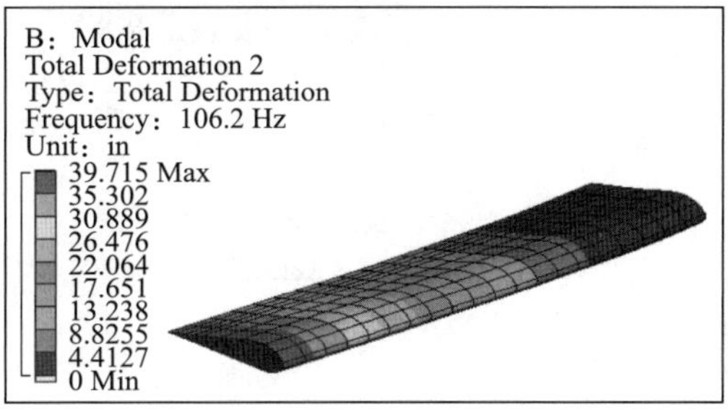

图 12.11　模态振型

12.2　车架谐响应分析

12.2.1　摘要

本算例目的是对车架做谐响应分析，在实际工作中，车架支撑着相关设备，所受的载荷假定正弦变化，需要考虑车架的模态特性及周期性载荷作用下的响应情况，为车架的优化设计提供指导帮助。

12.2.2　问题描述

研究如图 12.12 所示的机架的谐响应。假定机架为一焊接件，由结构钢制造，该设备在 Y 方向上传递 400N 的力，并以 200Hz 频率运行，该设备被连接在与其他相互作用 60°相位差的两个不同位置上。结构钢的阻尼比为常数 0.02。试分析确定机架的频率响应与应力、变形状况。

图 12.12　机架结构图

12.2.3　技术路线

利用外部建模软件完成几何体的创建，将其导入 ANSYS Workbench 的 DM；在 Mechanical 仿真环境中进行动力学设置，首先进行模态分析，再进行谐响应分析。虽然在谐分析中并不一定要求模态分析，但这样能更好地了解结构的固有频率的情况，有助于选择谐分析中被认为更重要的频率响应结果。

12.2.4 操作步骤

1. 设置分析流程

(1)双击“Modal”分析类型，添加一个新分析流程，如图 12.13 所示。同时，将“Harmonic Response”分析拖放至静力学分析的“solution”阶段，使其共享相关数据。

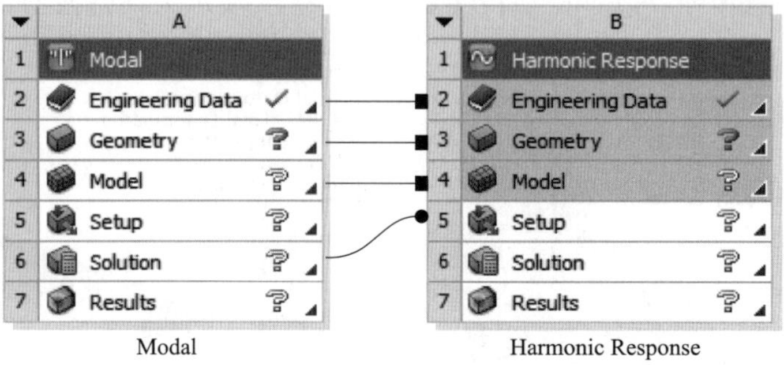

图 12.13 添加一个新分析流程

(2)单位制设置。将单位制改为毫米，“Units>Metric(mm，kg，MPa,℃，s)”，如图 12.14 所示。

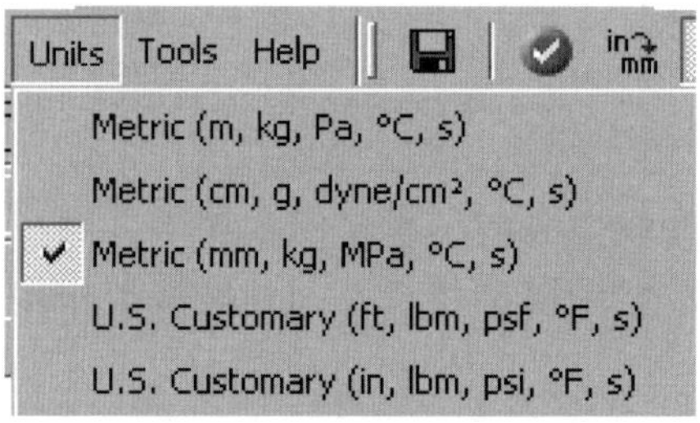

图 12.14 将单位制改为毫米

(3)点击【Save】按钮，保存项目文件名称为 chejia.wbpj。

2. 材料属性设置

材料属性采用默认的结构钢材料。

3. 导入几何模型

右键点击【Geometry】，选择【Import Geometry】，点击【Browse】，最后选择在 CAD 软件里面建好的三维模型 chejia.x_t。

4. 接触设置及网格划分

(1)双击【Model】模块，进入仿真模块。导入模型时，系统根据每个实体之间产生接触，自动创建了 8 个接触对，如图 12.15 第 1 图所示。接触类型均为 Bonded，不作修改。

(2)在导航树中选择【Mesh】，明细窗口中设置整体单元大小，【Element Size】为 10mm。右键选择【Insert】-【Method】，在明细窗口中【Geometry】选择图 12.15 第 2 图中 A 处所指的 4 个体，单击“Apply”，设置【Method】为 MultiZone。

在导航树中选择【Mesh】，右键选择【Insert】-【Sizing】，明细窗口中【Geometry】选择图 12.15 第 2 图中 B 处所指的 4 个圆孔边，确认后单击 Apply，明细窗口中【Definition】-【type】为 Number of Divisions，数值为 10。

(3)在导航树中选择【Mesh】，右键选择【Generate Mesh】，生成网格。如图 12.15 所示。

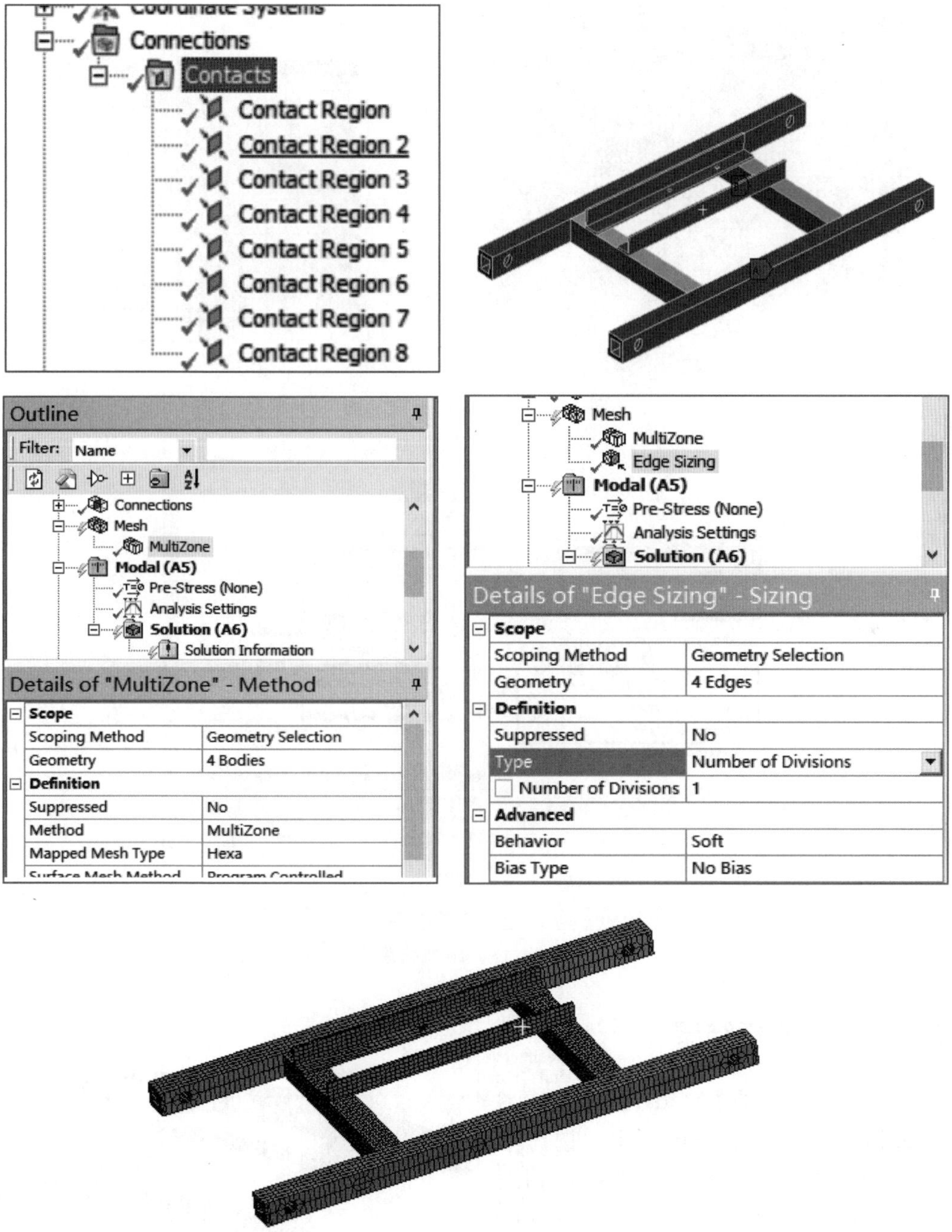

图 12.15　网格划分

5. 施加载荷和约束

(1)在导航树中选择【Modal】，右键选择【Insert】-【Cylindrical Supports】，选中在机架管子部分的 8 个圆柱孔表面，明细窗口中【Geometry】单击 Apply，确认所选的面。如图 12.16 所示。

(2)将圆柱体约束定义修改为：【Radial】= Fixed，【Axial】= Fixed，【Tangential】= Free，如图 12.17 所示。

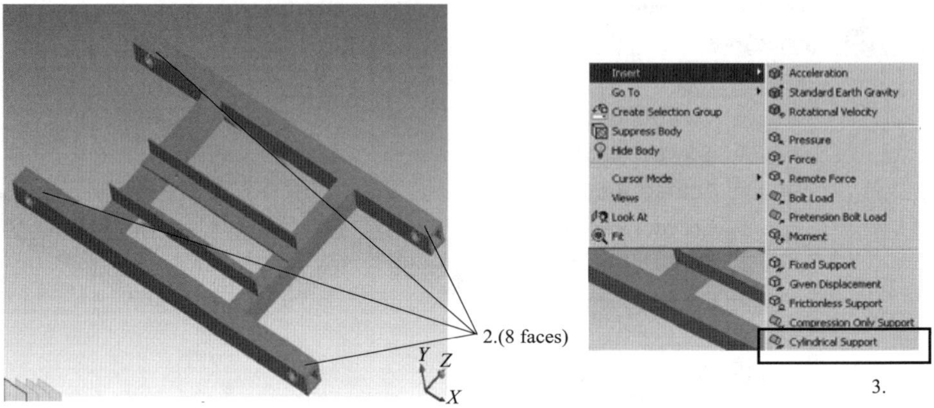

图 12.16　选取约束施加面

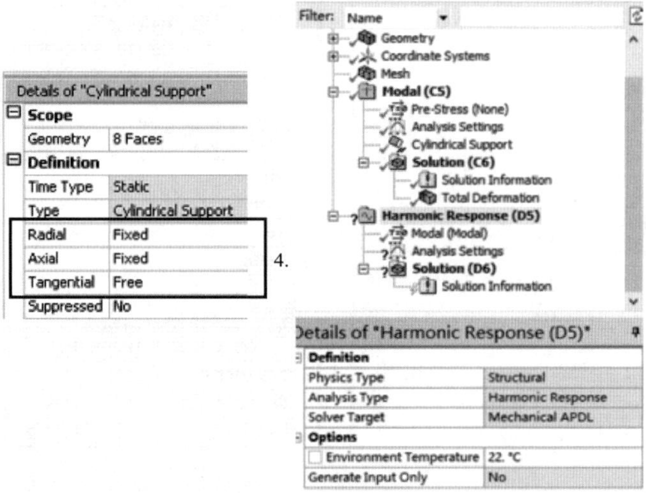

图 12.17　施加约束

12.2.5　模态分析结果

点击导航树中的【Modal】-【Solution】，右键点击 Solve，进入模态计算求解过程。模态的结果表明一阶固有频率大约为 147.9Hz，主要由 Y 方向的运动控制。如图 12.18 所示。

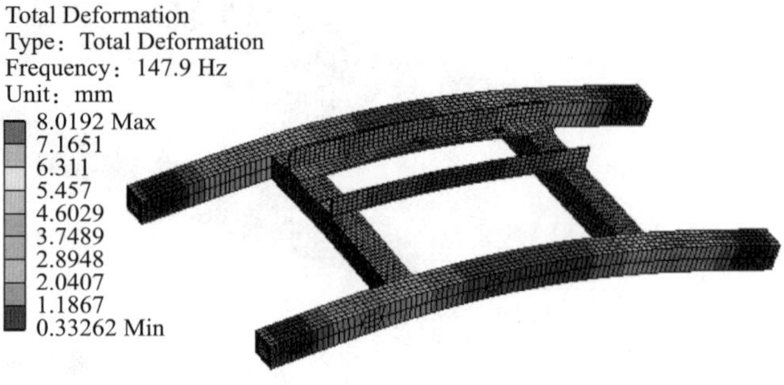

图 12.18　第一阶振型

12.2.6　谐响应分析设置

(1)进行分析设置，如图 12.19 所示。

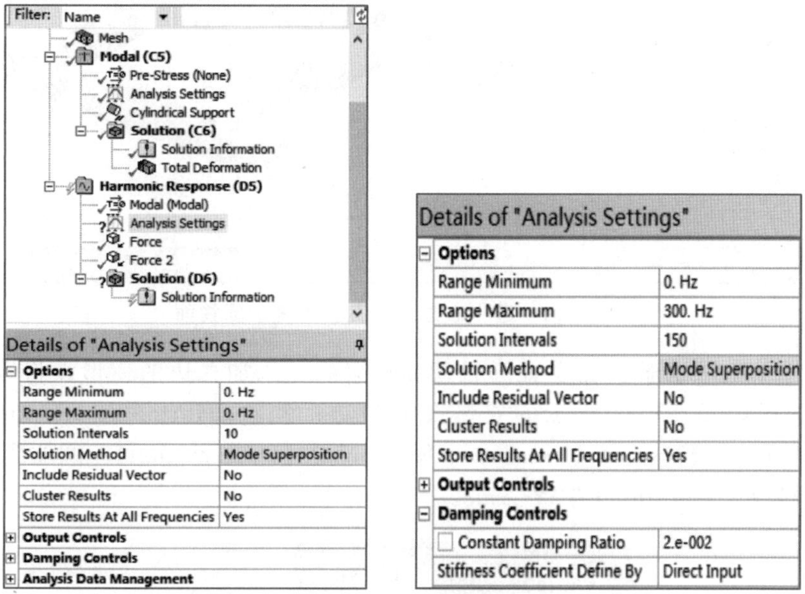

图 12.19　分析设置

选择【Harmonic Response D5】-【Analysis Settings】，在明细窗口中，指定频率范围最大值：300Hz，求解频率点 Solution Intervals：150，恒定阻尼比 Constant Damping Ratio：0.02。

(2)施加谐波载荷。选中左边安装孔上的两个圆柱面，右键选择【Insert】-【Force】。从力的明细窗中指明，时间类型：简谐；定义方式：分量，Y 方向分量：400N。如图 12.20 所示。

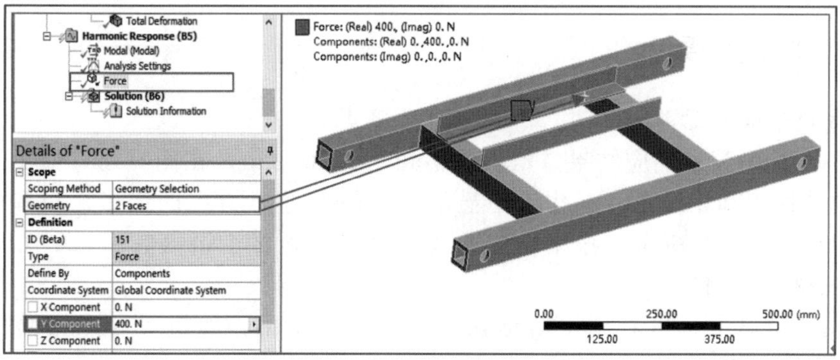

图 12.20　施加谐波载荷

(3)选中右边安装孔上的两个圆柱面，右键选择【Insert】-【Force】。从力的明细窗中指明，时间类型：简谐；定义方式：分量，Y 方向分量：400N，相位角：60°，如图 12.21 所示。

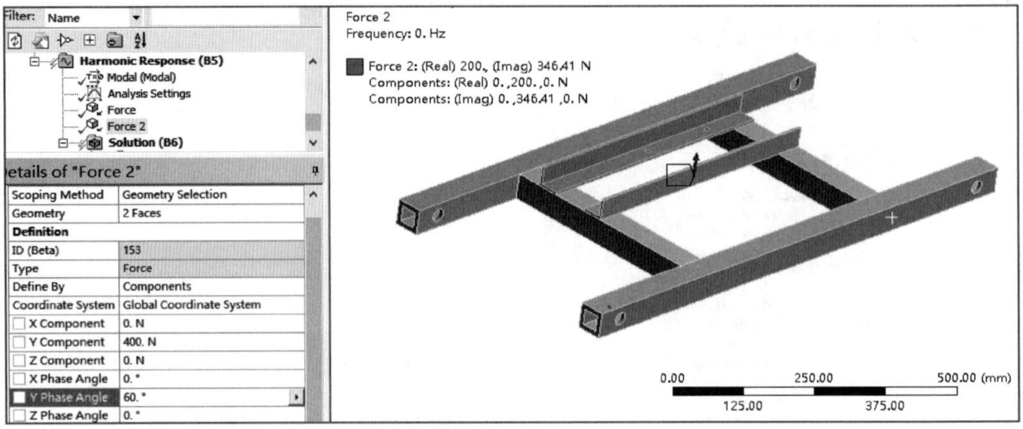

图 12.21　选中右边安装孔上的两个圆柱面

(4)添加求解选项求解：在设置好载荷和约束后，添加孔边的变形，将选择对象改变为“Edge”，选择如图 12.22 所示的安装孔的顶边；选中【Harmonic Response】-【Solution】，右键点击选择【Insert】-【Frequency Response】-【Deformation】，添加变形结果显示；在明显栏中设置【Orientation】为“Y Axis”。

图 12.22　添加孔边的变形

(5)点击【Solution】，右键点击 Solve，进入计算求解过程。

12.2.7　谐响应结果

1. 查看频率响应结果

(1)选中添加的频率响应结果。默认的格式是 Bode plot，在同一窗口显示了加载孔边的沿 Y 方向的振幅和相位角。工作表中显示了加载孔边 Y 方向的变形振幅和相位角随频率的变化，如图 12.23 所示。振幅响应曲线上可以看到 2 个谐振频率，Y 方向 1 阶频率 148Hz，2 阶频率 222Hz。

(2)从明细窗口中可以看到 1 阶谐振频率对应的结果，如最大变形振幅 1.0739mm，响应频率 148Hz、相位角-59.015°。如图 12.24 所示。

(3)为了对比阻尼的作用，设置阻尼比为 0，计算的频率响应结果如图 12.25 所示，可以看出，对比阻尼比为 0.02 时，响应振幅有显著的增加，达到了 31.454mm，说明阻尼对于振动的衰减有明显的作用。

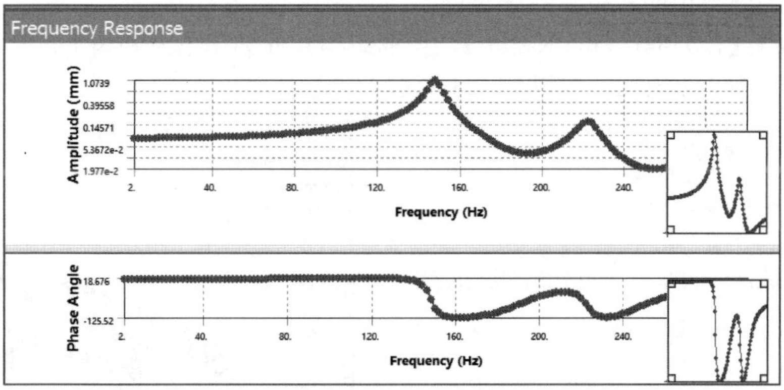

图 12.23 频率响应结果

Details of "Frequency Response"	
Coordinate System	Global Coordinate System
Suppressed	No
Options	
Frequency Range	Use Parent
Minimum Frequency	0. Hz
Maximum Frequency	300. Hz
Display	Bode
Chart Viewing Style	Log Y
Results	
Maximum Ampli...	1.0739 mm
Frequency	148. Hz
Phase Angle	-59.015 °
Real	0.55288 mm
Imaginary	-0.92069 mm

图 12.24 明细窗口

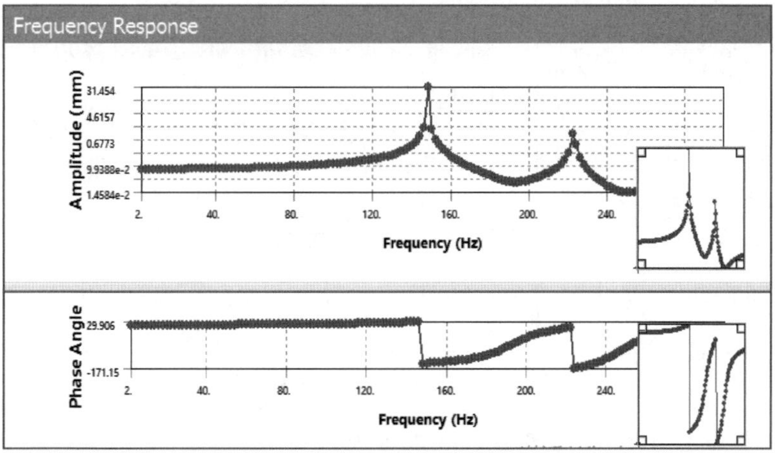

图 12.25 频率响应结果(无阻尼)

2. 谐振频率下的结构总变形

(1)在导航树中选择【Solution(C6)】，右击鼠标【Insert】-【Deformation】-【Total】，则插入总变形【Total Deformation】。

(2)在明细栏窗口中指定【Frequency】148Hz，【Sweeping Phase】59.015°。注意这个相

角与频率响应的结果中的相位角符号相反。

(3)右击鼠标【Evaluate this Result】，获取结构在此频率下及相角下的总变形响应，结果显示最大变形为 1.15mm。如图 12.26 所示。

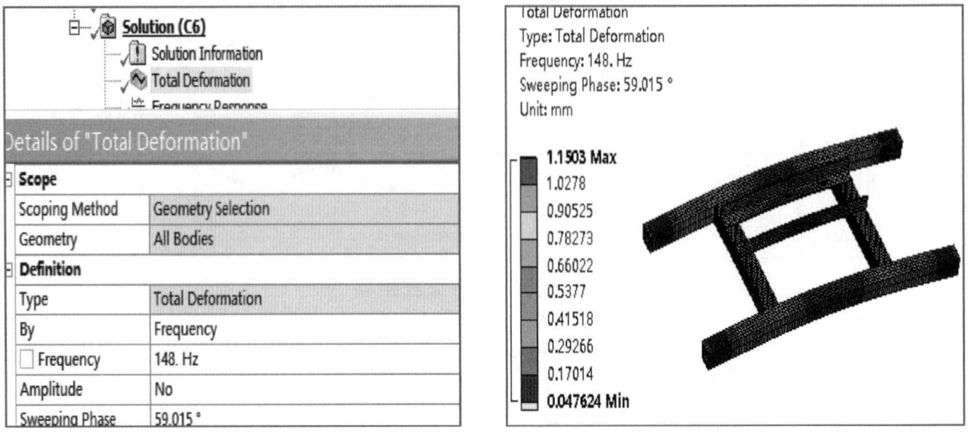

图 12.26　谐振频率总体变形图

3. 分析感兴趣的频率 200Hz 时变形的相位响应情况

(1)选择孔顶边，右键点击选择【Insert】-【Phase Response】-【Deformation】，插入【Phase Response】。

(2)在明细窗口中设置【Orientation】= Y Axis，指定【Frequency】= 200Hz。如图 12.27 左图所示。

(3)结果如图 12.27 右图所示，不同的输入力之间结果(在选定点处)的对比由相位响应图可以看出：在选定位置，200Hz 频率下不同激励力的输入对比，第二个激励力滞后 60°相位角，输出变形的相角为-48.657°。

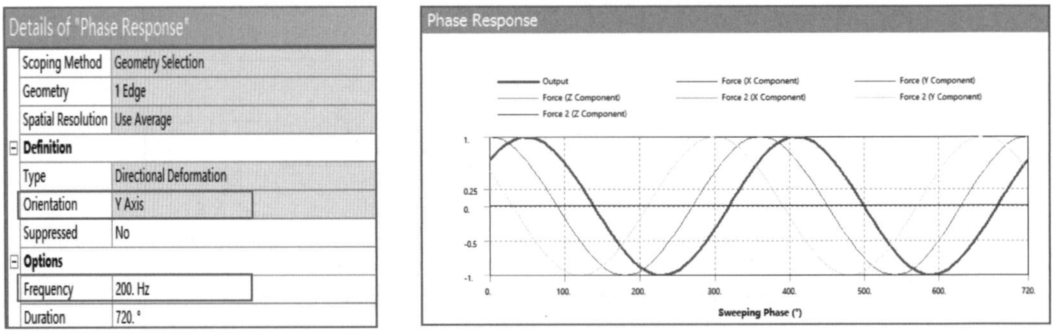

图 12.27　200Hz 下相位响应图

4. 获取频率为 200Hz 时的等效应力及变形

(1)在导航树中选择【Solution】，右击鼠标【Insert】-【Deformation】-【Total】，则插入总变形【Total Deformation】。右击鼠标【Insert】-【Stress】-【Equivalent Stress】，则插入等效应力。

(2)在明细栏窗口中指定【Frequency】=200Hz，【Sweeping Phase】=48.657°。注意这个相角与频率响应的结果中的相位角符号相反。

(3)可以看到结构在此频率下的变形及等效应力，如图 12.28 所示。

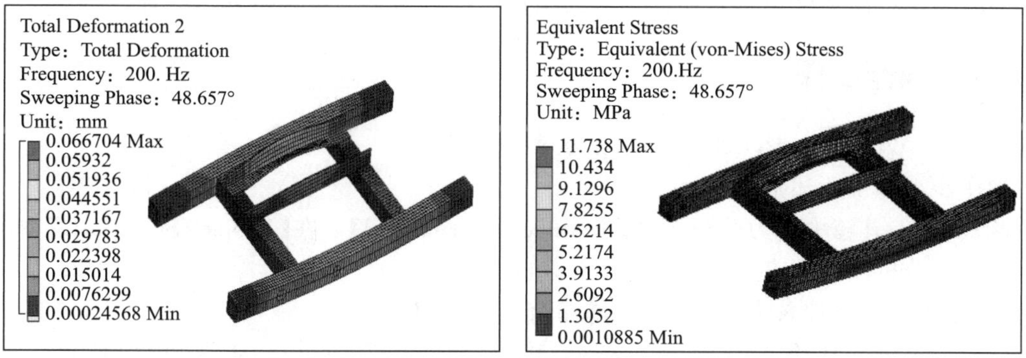

图 12.28　变形和应力图

12.3　压缩机曲轴的瞬态分析

12.3.1　摘要

在实际工作中，曲轴所受的载荷随时间变化，对曲轴仅作静力分析无法满足结构的安全性，需要考虑在转动情况下的位移、速度等及其对应的变形和应力情况。本例对某往复式压缩机的曲轴进行刚体动力学瞬态特性分析获得质心的位移、速度和加速度曲线；并对其进行柔体动力学分析得到曲轴各点处的位移、速度、加速度曲线和应力分布。

12.3.2　问题描述

普通碳钢材料曲轴，主轴颈为 45mm，全长 190mm，具体尺寸见图 12.29。曲轴中心连接连杆，曲轴和轴瓦接触部位承受非均布载荷，曲轴转速 $n=11\text{rad/s}$，试分析曲轴的应力分布和动力学特性(位移、速度、加速度曲线)。

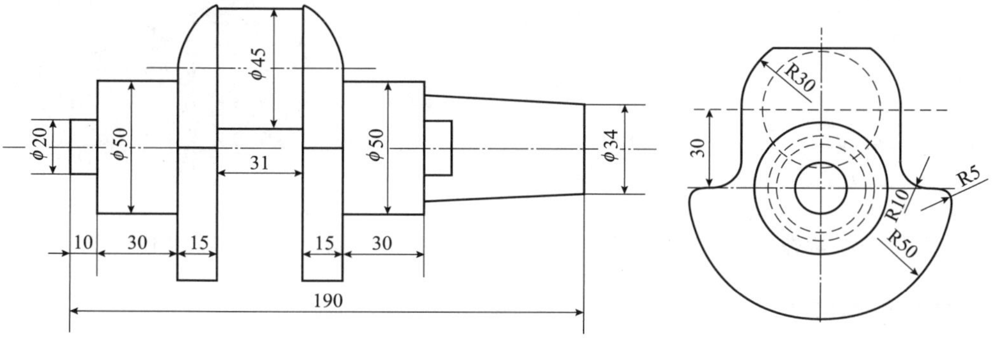

图 12.29　曲轴结构尺寸

12.3.3　技术路线

此问题属于结构分析范畴，采用 ANSYS Workbench 的瞬态支力学分析模块完成。利用外部建模软件完成几何体的创建，将其导入 ANSYS Workbench 的 DM；在 Mechanical 仿真环境中进行静力学设置，完成约束的施加；进行瞬态分析求解和后处理。

12.3.4 操作步骤

1. 打开 Workbench，进行瞬态动力学分析设置

操作步骤如下所述。

(1)双击工具箱中静力分析模块【Transient Structural】，在【Project Schematic】中出现瞬态动力学分析项目列表。

(2)输入分析文件名称 Rigid Transient Structural。

(3)点击【Save】按钮，保存项目文件名称为 crankshaft. wbpj。如图 12.30 所示。

2. 材料属性设置

(1)双击【Project Schematic】中的【Engineering Data】，进入工程数据窗口。默认采用工程数据库中的 Structural Steel 数据。

(2)单击工具栏中的【Project】按钮，返回【Project Schematic】。

3. 导入几何模型

右键点击【Geometry】，选择【Import Geometry】，点击【Browse】，最后选择已经建好的三维模型 crankshaft. x _ t。双击【Geometry】，进入 DM(DesignModeler)界面。右键点击【Import1】，点击【Generate】，图形区显示图 12.31 所示的几何模型。

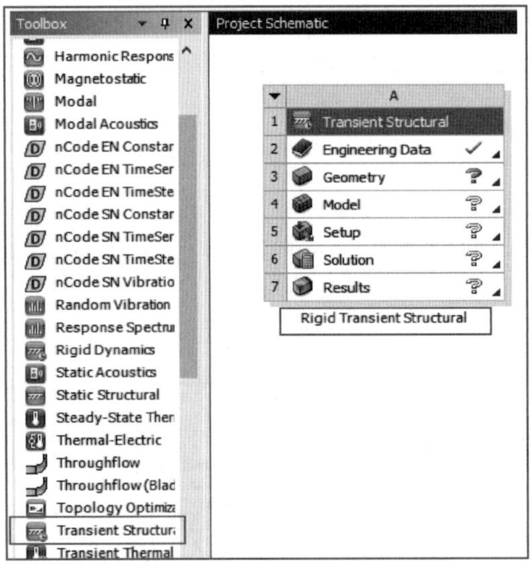

图 12.30 瞬态动力学分析设置

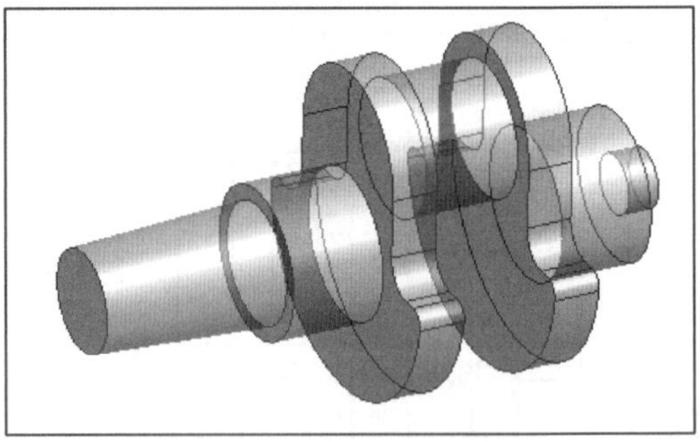

图 12.31 导入几何模型

4. 材料属性设置

操作步骤如图 12.32 所示。

(1)切换回 Workbench 项目流程窗口，双击【Project Schematic】中的【Model】，进入 Mechanical 界面。

(2)单击【Model】-【Geometry】-【crankshaft01】。在明细栏中，设置【Definition】-【Stiffness Behavior】=Rigid。

(3)单击【Details of “crankshaft01”】-【Material】-【Assignment】=Structural steel。

(4)图形区出现质心坐标系。

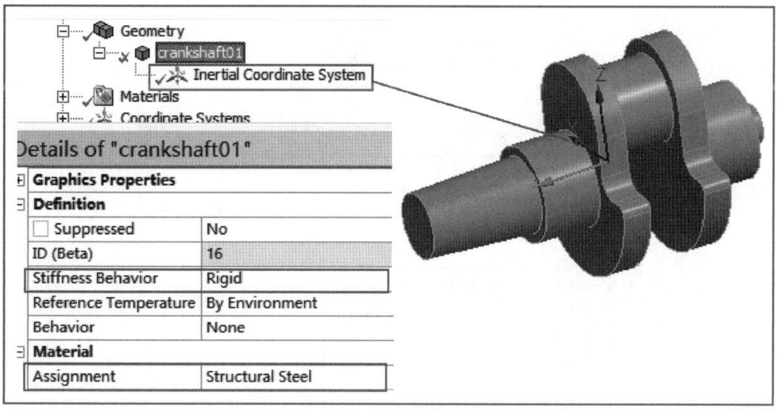

图 12.32　设置计算模型为刚体

5. 设置运动副

操作步骤如图 12.33 所示。

(1)在导航树中选择【Connections】，右键插入【Joints】。添加运动副 Joints。

(2)在明细设置中设置【Connection Type】=Body-Ground，【Type】=Revolute。

(3)运动坐标系设置，【Mobile】-【Scope】，选择图示蓝色面的两个轴承支撑位置。轴承支撑轴心为回转中心线。如图 12.33 所示，RZ 为仅有的保留自由度。

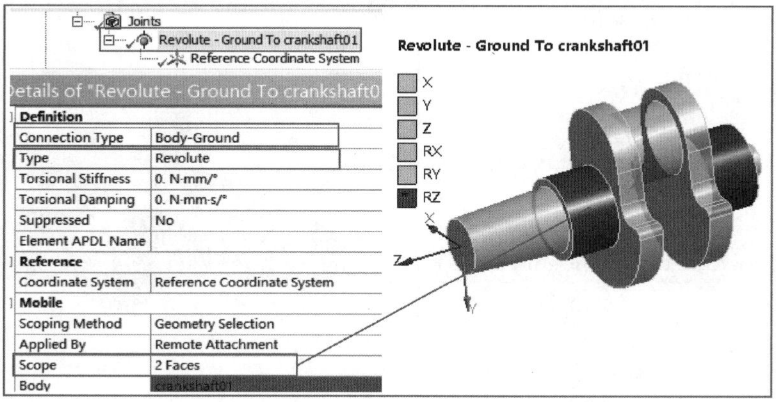

图 12.33　设置运动副

6. 求解设置及边界条件施加

(1)求解设置，单击目录树中的【Transient】-【Analysis Settings】，在【Details of “Analysis Settings”】-【Step Controls】-【Step End Time】=1s，【Define By】=Substeps，InitialSubsteps=100，Minimum Substeps=100，Maximum Substeps=1000。打开大变形开关，Large Deflection=On。如图 12.34 所示。

(2)添加运动副载荷，在导航树中选择【Transient(A5)】，工具栏中选择【Loads】-【Joint Load】。

(3)明细窗口设置【Scope】-【Joint】=Revolute Ground to crankshaft01，初始条件设置

为转速为 11 rad/s，即【Definition】-【Type】=Rotational Velocity=11rad/s。图形区显示转速及方向。如图 12.35 所示。

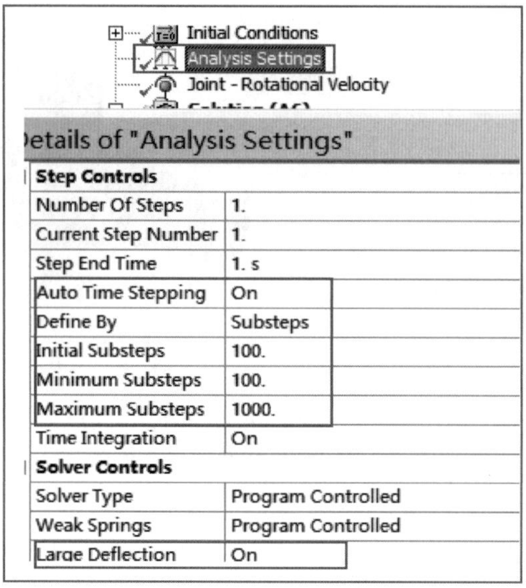

图 12.34 求解设置

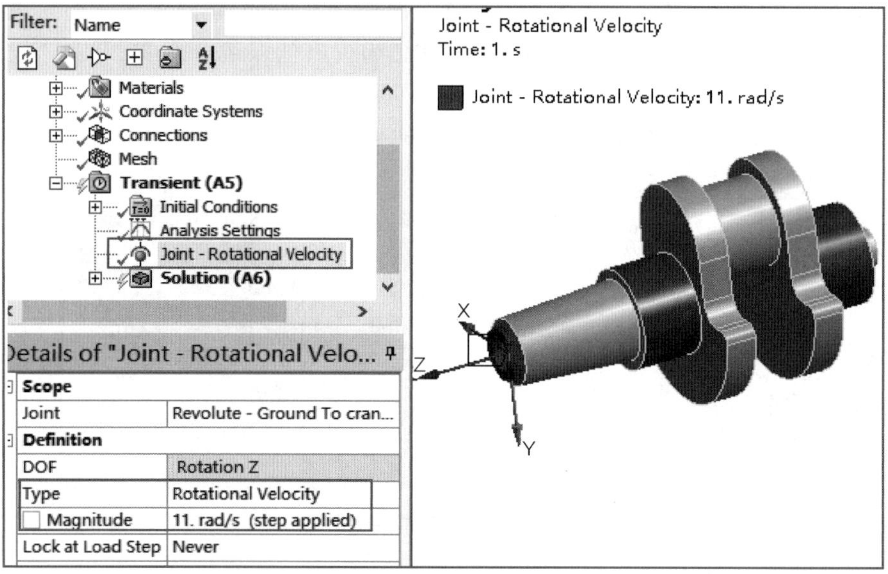

图 12.35 施加关节载荷

7. 结果选项及求解

(1)在设置好载荷和约束后，右键点击【Solution(A6)】，选择【Insert】-【Deformation】-【Total】，添加总位移结果；右键点击【Solution(A6)】，选择【Insert】-【Deformation】-【Total Velocity】，添加总速度结果；右键点击【Solution(A6)】，选择【Insert】-【Deformation】-【Total Acceleration】，添加总加速度结果。

(2)工具栏选择【Probe】-【Joint】，导航树选择【Joint Probe】，明细窗口设置

【Definition】-【Boundary Condition】= Revolute Ground to crankshaft01，添加支座反力。

(3)右键点击 Solution，点击 Solve，进入计算求解过程。

8. 结果分析

图 12.36 为质心的总位移图和位移曲线，位移为 5.0884mm，图 12.37 为质心的总速度图和速度曲线，速度为 39.707mm/s，图 12.38 为质心的总加速度图和加速度曲线，加速度为 436.56mm/s^2，图 12.39 为质心的支反力图和支反力曲线，注意速度和加速度结果在开始时不稳定，有波动。

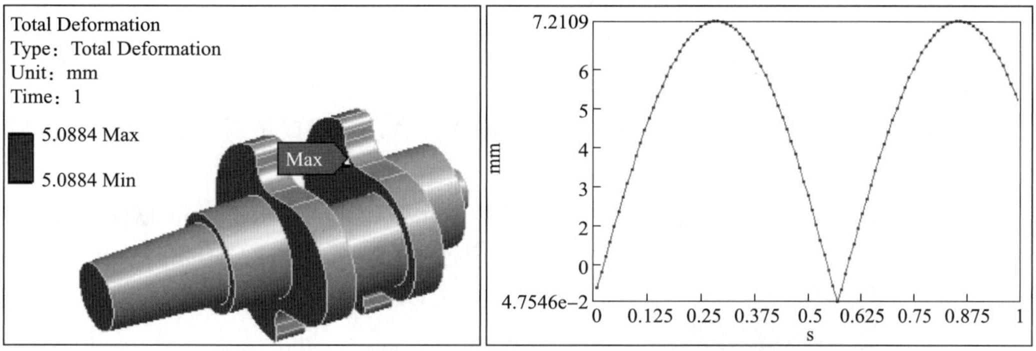

图 12.36　质心的总位移图和位移曲线

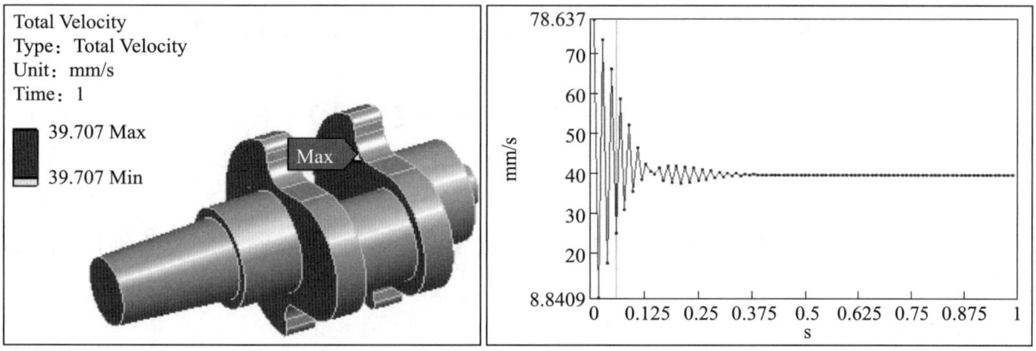

图 12.37　质心的总速度图和速度曲线

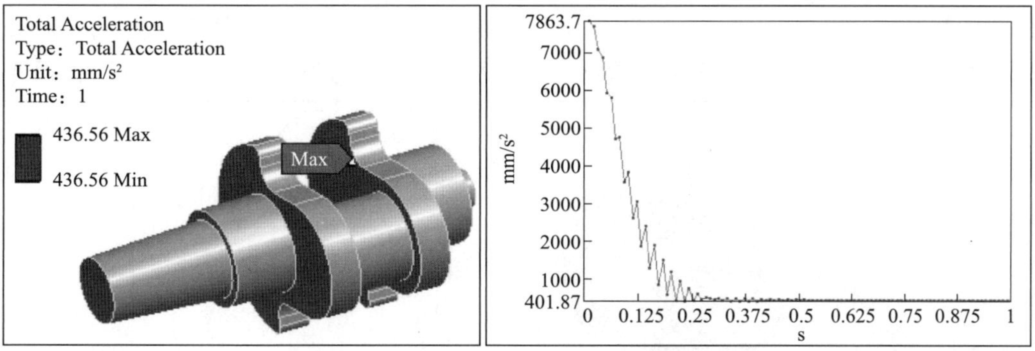

图 12.38　质心的总加速度图和加速度曲线

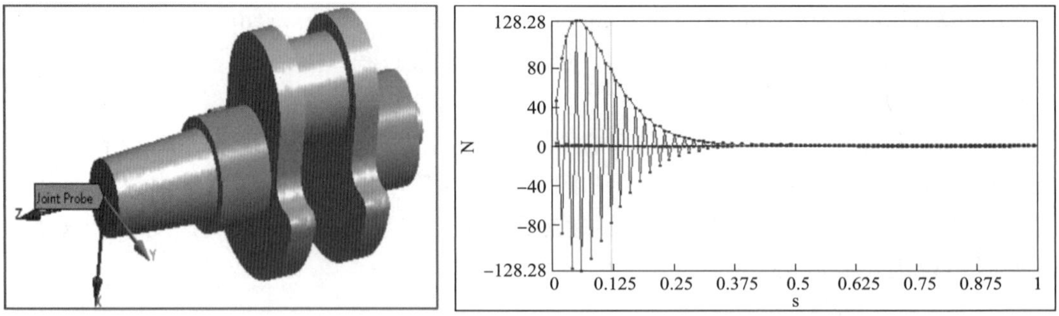

图 12.39　质心的支反力图和支反力曲线

9. 对曲柄进行柔性动力分析

(1)复制一个新的分析，项目流程图中，选择分析 A，单击鼠标右键，选择【Duplicate】，得到新的瞬态分析 B。

(2)定义零件柔性行为。双击 B 中的【Model】单元格，进入【Mechanical】分析环境，在目录树中选择【Geometry】-【crankshaft01】，明细栏中设置【Definition】-【Stiffiness Behavior】= Flexible。

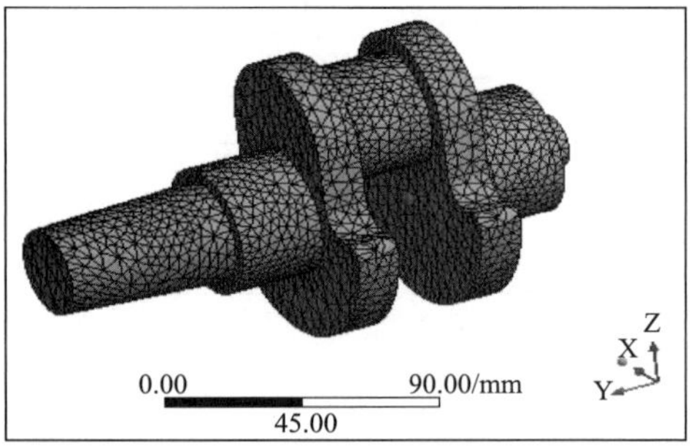

图 12.40　网格图

(3)在导航树中，单击【Model】-【Geometry】下面的 crankshaft，单击【Details of "crankshaft - 01"】-【Material】-【Assignment】= Structure Steel，为曲轴指定材料。

(4)单击【Mesh】，右击鼠标，选【Generate Mesh】生成默认网格，图形区显示如图 12.40 所示。

(5)添加应力结果，选择【Solution】-【Stress】-【Equivalent Stress】，为曲轴添加平均应力。其他求解设置不变。右键点击 Solution，点击 Solve，进入计算求解过程。

(6)结果分析

图 12.41 为柔性体的总位移图和位移变化曲线，位移最大值为 84.657mm；图 12.42 为总速度图和速度曲线，最大速度为 659.95mm/s；图 12.43 为总加速度图和加速度曲线，最大加速度为 7259.3mm/s^2；图 12.44 为支反力图和支反力的响应曲线，注意速度和加速度结果在开始时不稳定，有波动。图 12.45 为等效应力云图，最大应力为 0.0038MPa，位于曲拐外侧。

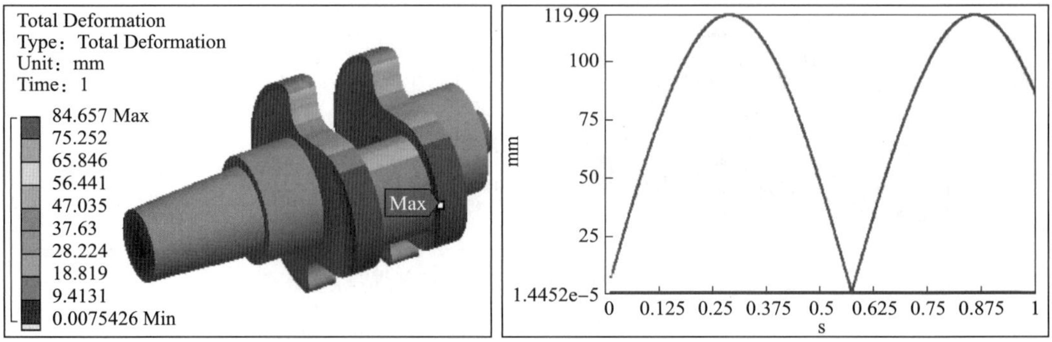

图 12.41　柔性体的总位移图和位移变化曲线

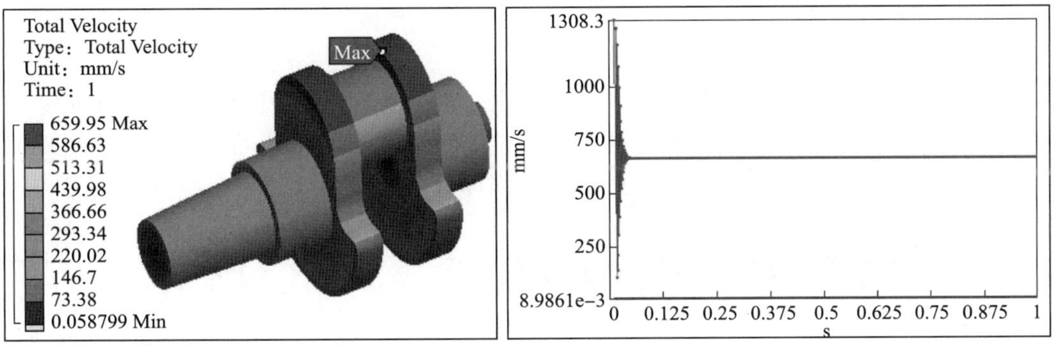

图 12.42　总速度图和速度曲线

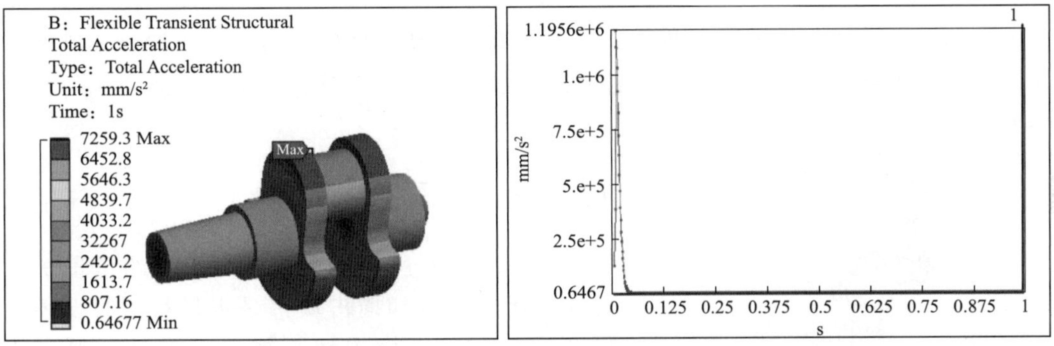

图 12.43　总加速度图和加速度曲线

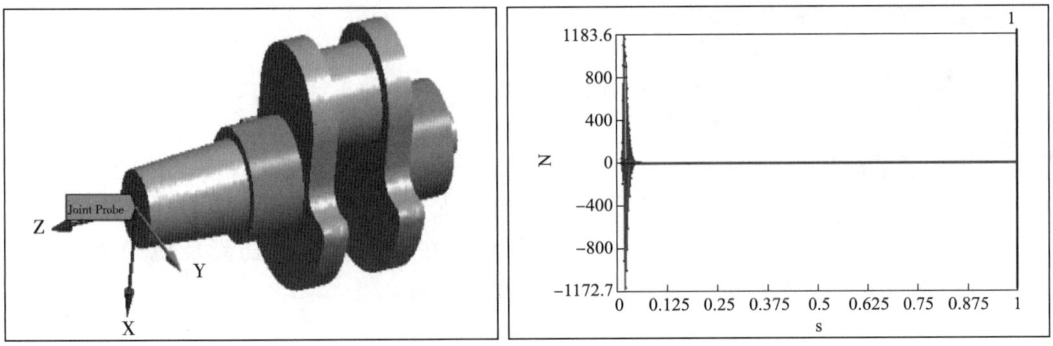

图 12.44　支反力图和支反力的响应曲线

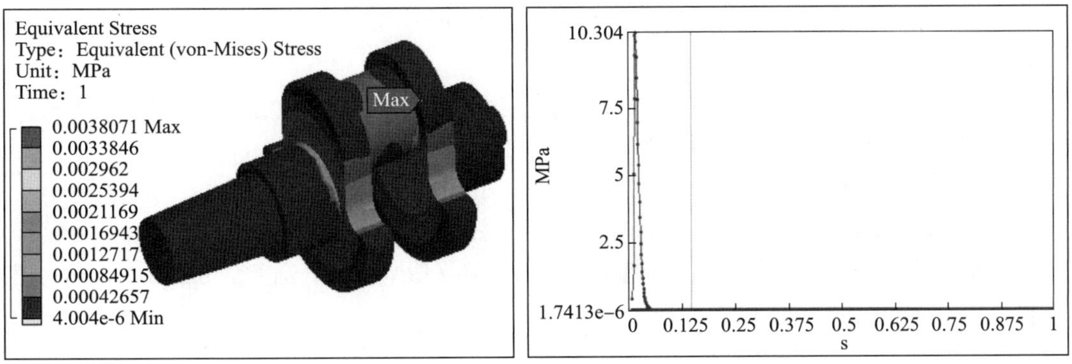

图 12.45　等效应力云图

12.3.5 结果与讨论

对曲轴进行刚体和柔性体分析结果可以看出，刚体分析中，模型简化为一个质点，求得的是质心的变化，而柔性体计算中得到的是整个模型的不同位置的结果，最大处距离质心有一定距离，所以最大变形、最大速度都比刚体分析的数值大。

12.4 铸轮受冲击瞬态响应分析

12.4.1 摘要

工程中，许多结构受到冲击载荷的作用。本例以某轮形结构为例，模拟物理跌落撞击测试仿真，分析其在受到撞击块作用时的动态响应情况，为瞬态分析的实际应用提供一定的参考和指导作用。

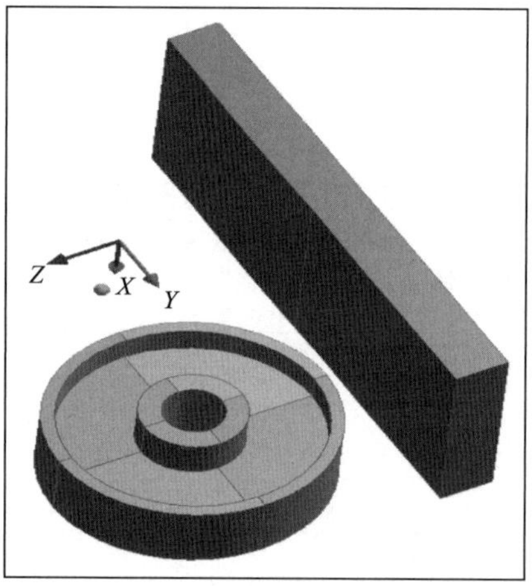

图 12.46 某铸轮受冲击示意图

12.4.2 问题描述

如图 12.46 所示，本例中由下落的重量块撞击铸轮边缘，铸轮和撞击块都是钢材料，假设铸轮下轴孔端面约束，撞击块只能上下平动，阻尼比为 0.02。试分析确定某铸轮边缘在受到冲击时的动态响应。

12.4.3 技术路线

此问题属于结构分析范畴，采用 ANSYS Workbench 的瞬态支力学分析模块完成。利用 DM 完成几何体的创建，在 Mechanical 仿真环境中进行瞬态分析设置，完成约束的施加；进行瞬态分析求解和后处理。

12.4.4 操作步骤

1. 打开 Workbench，进行瞬态动力学分析设置

操作步骤如图 12.47 所示。

(1)双击工具箱中结构瞬态分析模块【Transient Structural(ANSYS)】，在【Project Schematic】中出现瞬态动力学分析流程图。

(2)定义分析文件名称 CraneTransient Structural。

(3)点击【Save】按钮，保存项目文件名称为 Crane. wbpj。

(4)单位制设置，菜单栏【Units】设置“Metric(kg，mm，s,℃，mA，N，mV)”及“Display Values in Project Units”开关打开(On)。

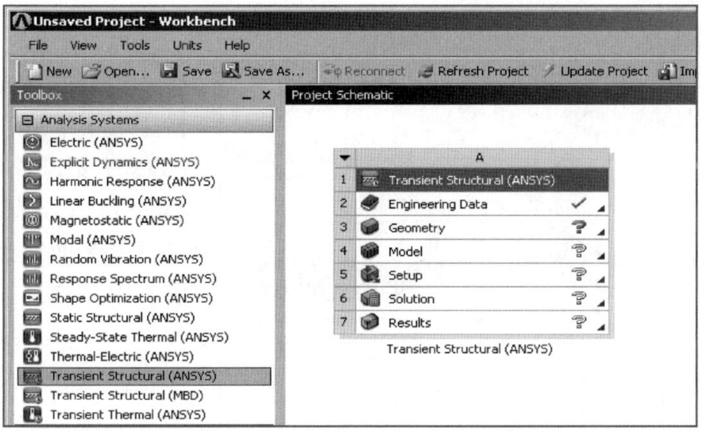

图 12.47　瞬态动力学分析设置

2. 材料属性设置

(1)双击【Project Schematic】中的【Engineering Data】，进入工程数据窗口。默认采用工程数据库中的 Structural Steel 数据。

(2)单击工具栏中【Project】按钮，返回【Project Schematic】。

3. 导入几何模型

(1)右键点击【Geometry】，选择【Import Geometry】，点击【Browse】，选择 caster_test2.agdb。

(2)右键单击【Geometry】，选择 Edit Geometry in DesignModeler，进入 DesignModeler 界面。在 DM 导航栏中，右键点击【Import1】，点击【Generate】，图形区显示如图 12.48 所示的几何模型。包括 3 个 Parts 和 3 个 Bodies。

4. 接触设置及网格划分

(1)切换回 Workbench 项目流程窗口，双击【Project Schematic】中的【Model】，进入 Mechanical 界面。设置单位制为“Metric(m，kg，N，s，V，A)”。

(2)将其中的一个零件模型进行抑制，即不参与计算。这里在分析中只使用较低位置的撞击块进行撞击。对该撞击块施加初始速度，并考虑重力势能所产生的动量。如图 12.49 所示。

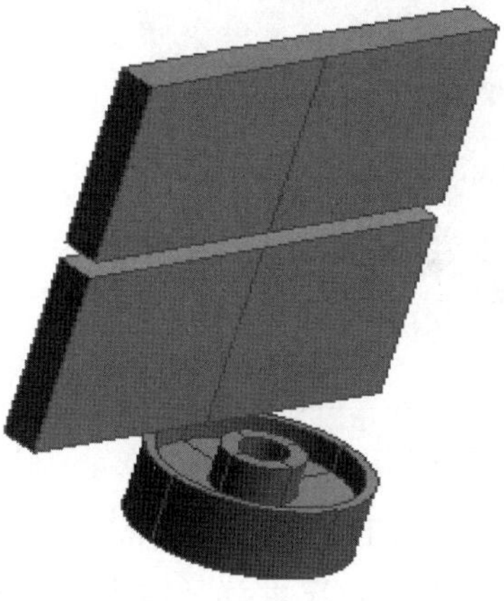

图 12.48　几何模型

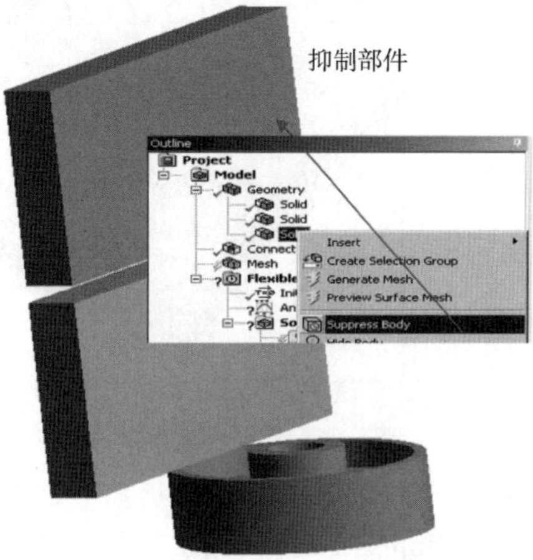

图 12.49　抑制一个模型

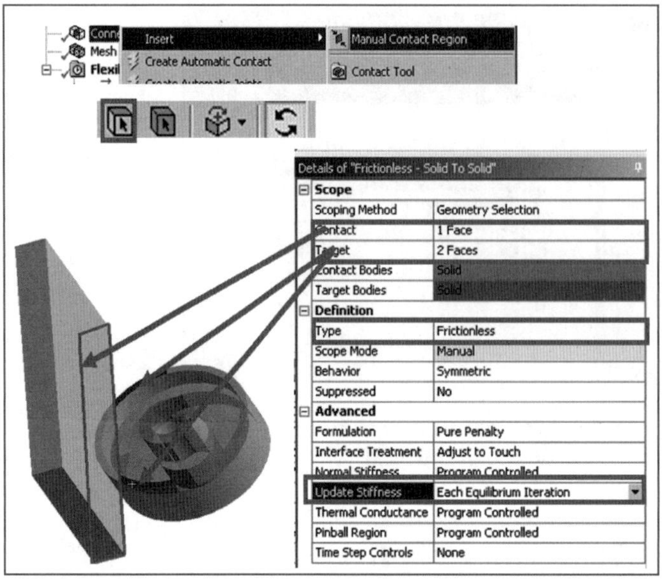

图 12.50　定义接触关系

(3)定义撞击块下表面和铸轮上边缘面之间的接触。在导航栏中找到【Connections】-【Contact】分支，右键单击【Insert】-【Manual Contact Region】。工具栏设置为面选择状态，在接触明细栏中，选择撞击块的下表面作为 contact，铸轮上边缘处 2 个面为 target。接触类型为："Fircitionless"，同时修改"Update Stiffness"为"Each Equilibrium Iteration"。如图 12.50 所示。

(4)单击导航栏中的【Mesh】，右键点击【Generate Mesh】，生成默认网格。

5. 施加约束和载荷

(1)在铸轮下表面轴孔端施加约束，导航树中选择【Transient Structural】，右键单击【Insert】-【Fixed Support】，使用面选择过滤，左键选择图中孔端的表面，如图 12.51 所示。

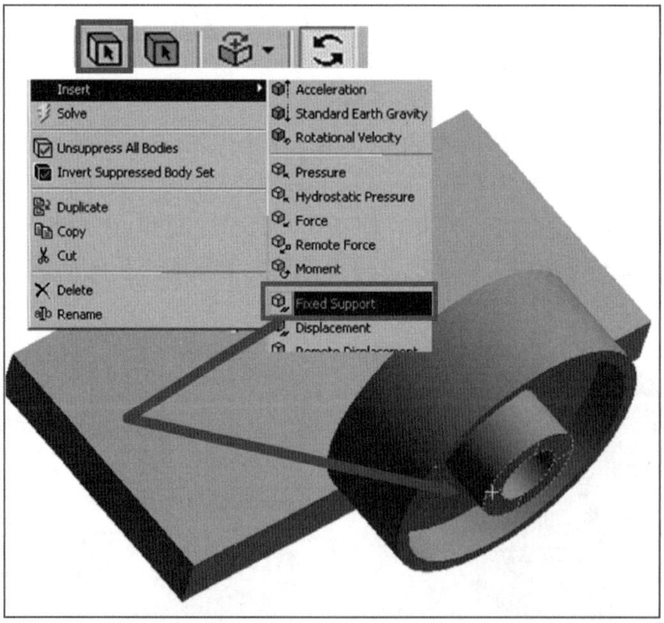

图 12.51　施加固定约束

(2)控制撞击块只能上下平动。在导航树中选择【Transient Structural】，右键单击【Insert】-【Frictionless Support】，工具栏修改面选择模式，左键选择撞击块所有 4 个侧面。

注意：可能不止四个侧面，取决于其在 CAD 工具中几何的生成方式。如图 12.52 所示。

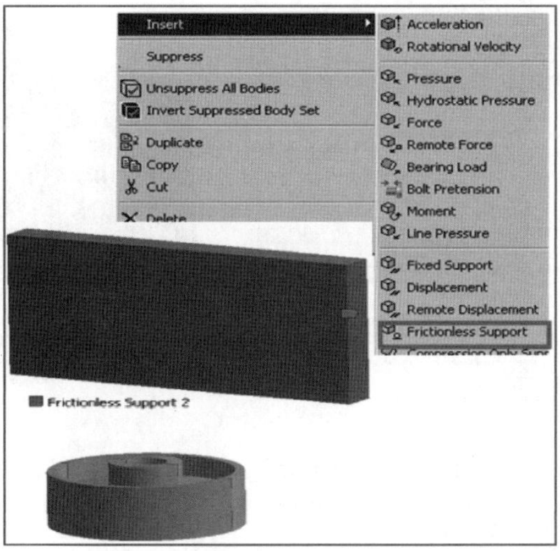

图 12.52　控制撞击块只能上下平动

(3)施加重力载荷。在导航树中选择【Transient Structural】，右键单击【Insert】-【Standard Earth Gravity】，考虑质量的重力效应。在重力加速度明细栏窗口中，设置重力方向为＋X。注意重力加速度的方向和实际方向一致。如图 12.53 所示。

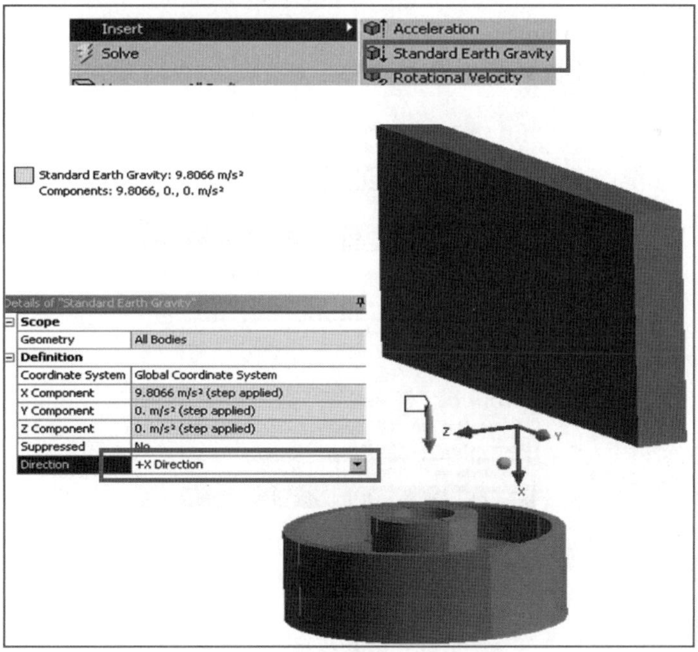

图 12.53　施加重力载荷

(4)施加撞击块的初始速度。

在导航树中选择【Initial Conditions】，在图形窗口中选择作用对象撞击块。右键单击【Insert】-【Velocity】输入 X 方向 10m/s，注意：初速度只作用于撞击块，不作用于铸轮，如图 12.54 所示。

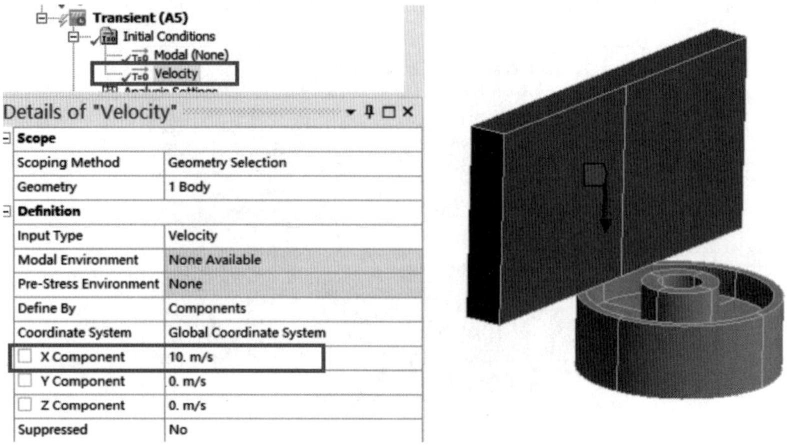

图 12.54　施加撞击块的初始速度

6. 瞬态分析求解设置

(1)添加变形和等效应力结果，右键单击【Solution】-【Stress】-【Equivalent Stress】和【Total Deformation】等感兴趣的结果。

(2)在导航树中选择【Analysis Settings】，分别设置载荷步数“Number Of Steps”为“1”；“Current Step Number”为“1”；“Step End Time”载荷步结束时间为“0.001”，初始时间步长“Initial Time Step”为“0.0001”，最小时间步长“Minimum Time Step”值为“3e－5”，最大时间步长“Maximum Time Step”值为“2e－4”。

设置完成，检查后提交开始瞬态分析求解。如图 12.55 所示。

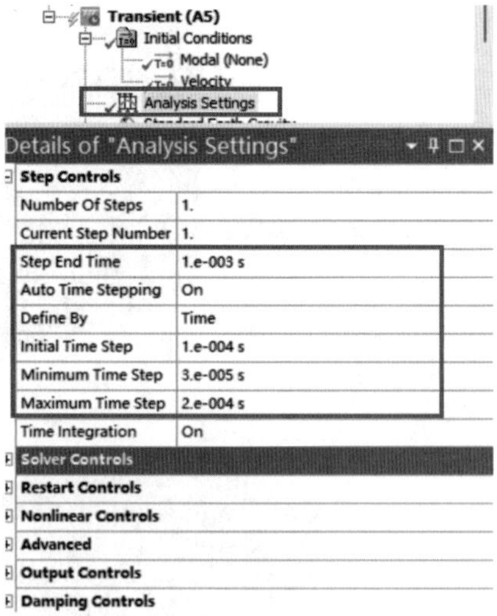

图 12.55　瞬态分析求解设置

12.4.5　结果与讨论

求解完成后，可以查看感兴趣的结果。例如查看冲击作用下的结构等效应力。如图 12.56 所示。

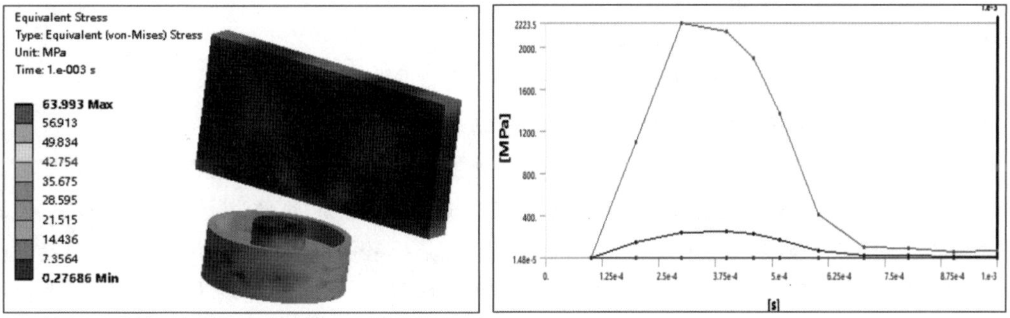

图 12.56　等效应力云图及动态变化历程图

拓展阅读

复合材料构件设计理论及仿真前沿进展

在航空航天、航海等高端装备领域，复合材料构件正面临服役环境极端化与性能需求多元化的双重挑战。实现超轻量化、超高承载、极端耐热等指标与隐身、抗爆、减隔振等功能的集成，亟须在设计理论与仿真方法上取得突破。当前，国内外研究聚焦于多场耦合机理、多尺度建模、数据驱动仿真及动力学响应等前沿方向，形成了一系列创新性成果。

一、多场耦合机理与本构模型创新

复合材料在热氧化、力学载荷等多物理场作用下的耦合行为是设计理论的核心难题。传统研究多基于弱耦合模型或实验定性评估，难以揭示扩散—反应—变形的强耦合机制。清华大学团队提出的扩展逐层理论，通过建立热力学一致的多场本构模型，实现了层合结构三维裂纹尖端应力强度因子的精确预测，其多场耦合半离散时间积分方法解决了传统交叉积分的误差问题。郑州大学研发的多层梯度多场耦合纳米复合材料，通过引入功能梯度界面，结合格林函数与遗传算法优化，显著提升了多铁复合材料的磁电效应与界面强度，为极端环境下的多功能设计提供了新思路。

二、多尺度建模与跨尺度分析突破

复合材料的多尺度特性要求从微观纤维/基体到宏观结构的全尺度耦合分析。西安交通大学构建的多尺度嵌套细化模型，基于通用单胞模型与率相关非弹性本构，实现了从细观组分失效到宏观结构破坏的全流程模拟。该模型在风机叶片健康监测中，通过光纤光栅传感网络验证了计算精度，为复杂结构的损伤演化预测提供了可靠工具。此外，AI 与有限元融合的 DirectFE2 方法，通过卷积神经网络识别关键特征区域，将计算网格减少 80%，同时保持 95%以上的精度，显著提升了多尺度仿真效率。

三、动力学分析与动态响应控制

在爆炸、冲击等动态载荷下，复合材料的响应行为与静载工况存在显著差异。Ansys-Workbench 等工具通过建立包含惯性、阻尼与刚度矩阵的动力学模型，可模拟复合材料在动态载荷下的振动特性与失效模式。美国空军实验室开发的多参数多目标协同优化算法，结合负质量、拓扑保护等新概念，设计出集承载、防热、隐身于一体的高超声速飞行器构件。宝马公司应用多尺度数据管道技术，成功预测了碳纤维增强塑料车门中微小裂纹的扩展路径，验证了动态本构模型的有效性。

四、数据驱动仿真与智能化平台构建

传统仿真方法依赖经验与试错，而数据驱动技术正推动设计范式革新。基于能量泛函与聚类分析的降阶模型，通过构建复合材料单胞基因库与典型结构数据库，支持一体化设计与评估。AI代理模型如MatGAN系统，可通过对抗生成网络探索材料组分一性能关系，10分钟内生成200种候选结构，其中3种经实验验证可行。国内团队开发的Open-MultiScale框架，实现了分子动力学与有限元的无缝耦合，为复合材料全流程仿真提供了高效平台。

五、强度寿命评估与失效预测革新

复合材料的疲劳寿命预测需综合考虑缺陷演化与多场耦合效应。传统方法基于连续介质损伤力学与帕里斯定律，而新兴技术如有限元相场法与统计法，通过建立含真实缺陷的三维模型，结合智能算法优化，显著提升了预测精度。宁德时代将分子模拟与宏观热力学结合，将锂电隔膜循环寿命预测误差从15%降至2．8%。特斯拉采用多尺度碰撞模型，融合纤维断裂与基体裂纹扩展机制，将整车侧碰仿真时间从72小时缩短至45分钟，误差小于5%。

六、未来趋势与挑战

当前研究正朝着三个方向深化：一是跨尺度机理融合，如量子计算赋能的界面优化与元宇宙研发平台的AR交互设计；二是智能化工具链整合，开发包含参数化建模、仿真、预测的端到端系统；三是极端环境适应性设计，解决高温、腐蚀等复杂条件下的多场耦合失效问题。随着AI、量子计算与实验检测技术的深度融合，复合材料设计将逐步实现从“经验试错”到“精准预测”的范式转变，为高端装备的性能跃升提供核心支撑。

参考文献

1. 曾攀．有限元分析及应用．北京：清华大学出版社，2004.

2. 胡于进，王璋奇 编著．有限元分析及应用．北京：清华大学出版社，2009.

3. 徐芝纶．弹性力学简明教材(第三版)．北京：高等教育出版社，2002.

4. T. R. Chandrupatla，A. D. Belegundu 著，曾攀，雷丽萍 译．北京：机械工业出版社，2014.

5. Klaus-Jürgen Bathe 著，轩建平 译．有限元法 理论、格式与求解方法．北京：高等教育出版社，2019.

6. Amar Khennane 著，江文强，郝克明，慈铁军 译．Matlab 和 Abaqus 有限元分析理论与应用．北京：电子工业出版社，2020.

7. 郭吉坦，薛齐文 编著．有限元法与程序设计．北京：机械工业出版社，2019.

8. 周博，薛世峰 编著．基于 Matlab 的有限元法与 ANSYS 应用．北京：科学工业出版社，2015.

9. 杨建国 主编．焊接结构有限元分析基础及 MSC. Marc 实现．北京：机械工业出版社，2012.

10. Zienkiewicz O C，Taylor R L 著．The Finite Element Method New York：McGraw－Hill ，1991.

11. 张洪伟，高相胜，张庆余 编著．ANSYS 非线性有限元分析方法及范例应用，北京：中国水利水电出版社，2013.

12. 张洪伟 主编．有限元方法与 ANSYS 应用(云教材)，西安：西安交通大学出版社，2021.

13. 许京荆．ANSYS Workbench 工程实例详解，北京：人民邮电出版社，2015.

14. 中国计算数学奠基人冯康[J]，计算数学，2020，42(3)：258－260.

15. 钟万勰，程耿东．跨世纪的中国计算力学[J]，力学与实践，1999，21(1)：11－16.

16. 陶然，贺春旺，罗俊荣，毛贻齐，马连华．复合材料构建设计理论及仿真研究进展[J]，中国工程科学，2023，25(1)：121－130.

17. ANSYS，Inc. ANSYS Help System，Release 19[M].

18. ANSYS，Inc. ANSYS Mechanical APDL Verification Manual[M].

19. ANSYS，Inc. Ansys _ Workbench _ Verification _ Manual[M].